© Éditions Decoopman
I.S.B.N. 978-2-917254-49-3

Dépot légal : 4e trimestre 2011

Ouvrages parus
dans la même collection :

- *Des mécanismes élémentaires* - L. E. Loche
- *Traité pratique des engrenages* - L. Wève
- *Distribution de la vapeur* - M. Castelnau
- *Fabriquer des moteurs Stirling* - A. Ross
- *Moteurs* - Tome 1 et 2 - Max de Nansouty
- *Moteurs & Gazogènes* – L. Letombe
- *L'Artillerie moderne de monde industriel)* – L. Huard
- *La Marine de guerre de monde industriel)* – L. Huard
- *Locomotive & Chemin de Fer* – L. Figuier
- *Engrenages & Transmissions* – G. Franche
- *La machine locomotive* – E. Sauvage
- *Gouvernails à vapeur FARCOT* – J. Farcot
- *Les bateaux à vapeur* – L. Figuier
- *Les Locomobiles* – L. Figuier
- *La machine à vapeur T1* – E. Sauvage
- *La machine à vapeur T2* – E. Sauvage
- *Manuel du moteur Stirling pour le modéliste* – D. Lyonnet
- *Les chemins de fer* – A. Guillemin
- *Tiroirs et distributeurs de vapeur* – A. Madamet
- *La Marine de guerre – A. Sauvaire–Jourdan*
- *L'A.B.C. du Chauffeur* – H. Mathieu
- *La navigation sous–marine* – G.L. Pesce
- *Histoire de la machine à vapeur* – R.H. Thurston
- *Les paquebots à grande vitesse* – M. Dumoulin
- *Les Moteurs* – H. de Graffigny
- *Les Torpilles* – E. Hennebert
- *507 Mouvements mécaniques* – H. Brown
- *Les Machines* – E. Collignon
- *La Vapeur* – A. Guillemin

Olivier Lacaux
Jean Castanier

Ces ouvrages sont disponibles aux

Éditions Decoopman

Ferrières
30440 Saint-Laurent-le-Minier
Tel : +33 (0)4.67.73.90.95
web : www.decoopman.com
e.mail : editions@decoopman.com
Catalogue gratuit sur simple demande

GOUVERNAILS
À VAPEUR
FARCOT

LE SERVOMOTEUR
OU
MOTEUR-ASSERVI

SES PRINCIPES CONSTITUTIFS — VARIANTES DIVERSES
APPLICATION À LA MANOEUVRE DES GOUVERNAILS

DESCRIPTION THÉORIQUE ET PRATIQUE

PAR

JOSEPH FARCOT

1873

CHAPITRE I

PRINCIPES ET TYPES PRIMITIFS.

---

§ 1. — Principes généraux.

Dans le cours des longues et persévérantes recherches que nous avons poursuivies depuis une dizaine d'années pour l'application des régulateurs aux machines de mer, nous nous sommes trouvé arrêté devant une grande difficulté quand il s'est agi de faire mouvoir et conduire les organes de régulation très lourds et très résistants des machines de 500 à 1000 chevaux, par l'appareil régulateur lui-même. Cela devenait tout à fait impraticable, et il nous a fallu chercher un auxiliaire puissant et obéissant pour manoeuvrer ces organes.

Nous avons imaginé dans ce but l'emploi d'un petit cylindre à vapeur dont le petit tiroir serait conduit par le régulateur ; mais des expériences spéciales nous ont montré bientôt que le piston de ce cylindre étant, comme dans toute machine, abandonné à lui-même pendant sa course, et restant indépendant du régulateur qui ne conduit que le tiroir, devient tout à fait instable dans son mouvement et passe instantanément, sans motif, ou pour la moindre ouverture du tiroir, d'une extrémité à l'autre de sa course.

Ce résultat s'explique facilement et se reproduirait avec tout autre moteur auxiliaire rapide, mais il rendait tout à fait impossible l'utilisation d'un tel système. Nous avons donc dû chercher une solution nouvelle permettant au régulateur de tenir complètement en bride le piston auxiliaire, et nous avons été ainsi conduit à la découverte du nouvel engin que nous allons décrire et qui, bien que d'une grande simplicité, en principe, et composé en majeure partie d'éléments connus, employés ordinairement dans les machines, constitue un appareil tout à fait nouveau dans ses résultats et son mode d'action, et dont les applications seront aussi étendues que l'emploi du travail mécanique lui-même en général.

Car cet engin donne le moyen de produire instantanément, et de supprimer de même, en un point indiqué, une force aussi considérable que l'on veut, de lui faire accomplir la course utile, rectiligne ou curviligne, alternative ou continue, que le travail exige, sans que le conducteur, animé ou mécanique, qui dirige la manoeuvre ait autre chose à faire que de donner ses ordres ou indications en exerçant sur un point du système articulé une action ou une réaction de la plus faible intensité.

Cet engin constitue donc la solution nécessaire de ce problème si difficile et fréquent néanmoins : *réunir à la fois rapidité, instantanéité même, du mouvement et précision la plus grande possible de manoeuvre.* Dans tous les autres appareils connus, on n'obtient guère la précision qu'en opérant par ralentissement et en sacrifiant la rapidité d'action, si ce n'est peut-être en employant des accumulateurs totalisant le travail ralenti antérieur, mais dont la puissance est essentiellement limitée et toujours insuffisante pour un service un peu rapide.

Voici quelles ont été pour nous les données du problème et, par suite, les bases de la solution, constituant trois principes distincts et essentiels :

1. Trouver un système de *rênes* ou de *frein autonome se réglant de lui-même* que l'on puisse imposer à tout moteur de genre quelconque et assez puissant pour rendre ce moteur complètement dépendant de son conducteur et l'asservir à toutes ses volontés, en faire un aide ou plutôt un serviteur aussi obéissant que vigoureux et complètement discipliné, tandis que, dans toute machine à vapeur, par exemple, le piston qui reçoit la pression motrice est, dans son mouvement, toujours plus ou moins indépendant du tiroir qui lui donne sa vapeur.
2. Constituer dans ce but un système articulé sur un des points duquel *le conducteur indiquera la marche à suivre en* CHEMINANT LUI-MÊME *et effectuant une partie extrêmement minime et, relativement, à peine appréciable du travail*, et disposer les choses de telle façon que *lorsque la main du conducteur s'arrête, le moteur s'arrête* immédiatement et sûrement, *se retenant lui-même par sa propre puissance*, que le moteur avance, se ralentisse, stoppe, change de marche en suivant pas à pas et avec la plus grande précision le doigt indicateur du conducteur dont il imite servilement tous les gestes.
3. *Placer les centres du système articulé de telle façon que tout mouvement utile de la manivelle ou de l'organe conduit puisse se produire sans agir, quand le conducteur marche sur le tiroir* ou sur l'appareil de distribution, ce dernier ne devant être commandé que par le mouvement relatif du doigt indicateur du conducteur.

Ces trois principes peuvent se résumer dans l'énoncé ou principe fondamental que voici :

> *Asservir tout moteur au gouvernement absolu d'un conducteur* EN FAISANT CHEMINER *directement ou par un intermédiaire quelconque,* LA MAIN DE CELUI-CI , AVEC L'ORGANE SUR LEQUEL AGIT LE MOTEUR, *de telle sorte que tous deux marchent, s'arrêtent, reculent, reviennent ensemble, et que le moteur suive pas à pas le doigt indicateur du conducteur dont il imite servilement tous les gestes.*

Nous avons cru qu'il était nécessaire de donner un nom nouveau et caractéristique à cet engin nouveau et l'avons appelé servomoteur ou moteur asservi.

§ 2. — Types primitifs.

Nous représentons, figures 1, 2, 3, 4, une des nombreuses variantes que l'on pourra constituer sur ces principes, et qui est le type exécuté le premier pour le service des régulateurs.

a est un cylindre moteur fonctionnant sous la pression relative d'un fluide quelconque, vapeur, gaz, air, eau, et agissant par pression ou dépression, vide relatif, etc.

Le piston *b* recevant le mouvement par l'admission ou par l'échappement du fluide, de la vapeur, par exemple, selon le mode de tiroir adopté, poussera la bielle *v* qui transmet, par le levier-manivelle *d*, le mouvement à l'arbre *j* sur lequel se produit la résistance, et qu'il s'agit de manœuvrer par rotation.

Le conducteur de l'appareil, au lieu de mouvoir directement le tiroir *c* du cylindre, suit sur la tige *m* le mouvement produit par le piston, poussant ou tirant légèrement sur le doigt *s*, auquel il fait ainsi tout d'abord décrire le petit chemin angulaire que lui permet sa liaison avec le système articulé *s p q r t* qui commande le tiroir *c*, à course réduite. Ce dernier, étant limité dans sa boîte aux deux extrémités de sa course, limite lui-même l'oscillation angulaire possible du doigt *s* par rapport au levier *d*, en vertu de laquelle s'effectue la distribution de vapeur. On peut aussi limiter directement la course du doigt *s* au moyen des deux butoirs *s' s"* fixés sur le levier *d*.

On comprend facilement que, dès que le tiroir *c*, suivant le mouvement du doigt *s*, aura découvert en partie ou en totalité les orifices d'admission et d'échappement, le piston *b*, étant alors actionné par la vapeur, poussera ou tirera le levier *d* tant que le conducteur suivra son mouvement, sur la tige *m* et le doigt *s*, en ne produisant pour cela sur le levier *d* et dans le sens de la translation qu'un effort auxiliaire très minime, égal à la résistance du tiroir et de son système articulé *s p q r t*.

Si le conducteur s'arrête ou ralentit la translation de la tige *m*, le piston s'arrête lui-même ou ralentit sa course car, dès qu'il tend à marcher plus vite relativement que le conducteur, il fait tirer ou pousser le doigt *s* sur la tige *m* en sens inverse du mouvement et ferme le tiroir, le levier *d* transportant toujours avec lui le doigt *s* dont le centre d'oscillation est en *o*.

En effet la situation du tiroir *c* sur sa glace étant constamment subordonnée à la position angulaire du doigts par rapport au levier *d*, il est évident que le piston, en s'accélérant hors de propos, produit le même effet que si le conducteur tirait ou poussait la tige *m* et le doigt *s* en sens inverse du mouvement ; *chacune des extrémités de la branche s devient ainsi tour à tour, relativement, point fixe et point mobile* et l'action du conducteur est de fait constamment indépendante et dominatrice de celle du piston *b*, qu'il gouverne sans être entraîné ou influencé par lui.

Ce piston, fermant lui-même son tiroir dès qu'il tend à marcher plus vite que le conducteur ou en sens inverse, ne pourra par conséquent cheminer que selon les indications et la mesure permise par la tige *m* qui le tient en bride comme la main d'un cavalier marchant à terre conduit son cheval par le mors.

Fig. 1

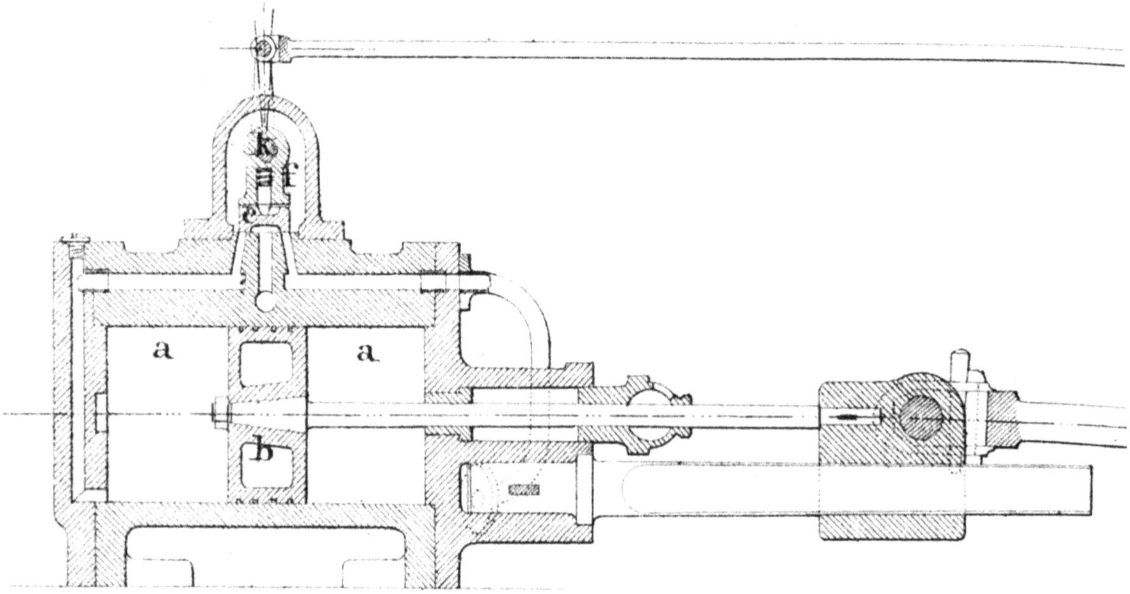

Fig. 3

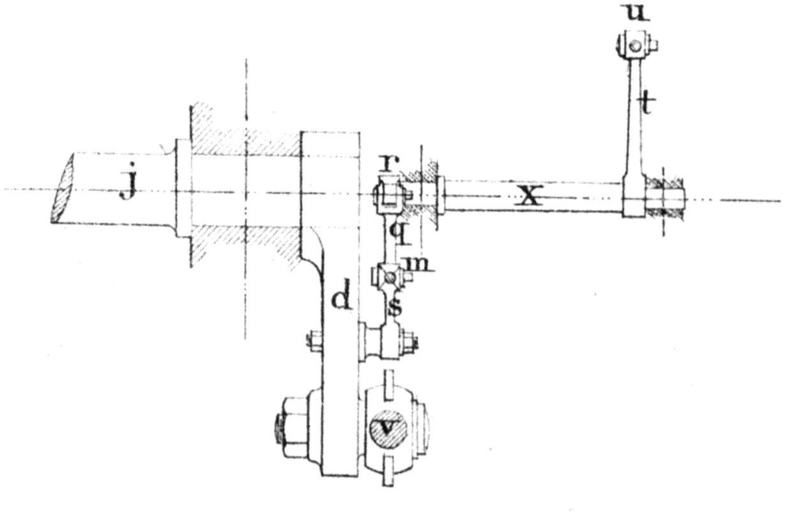

Fig. 1bis

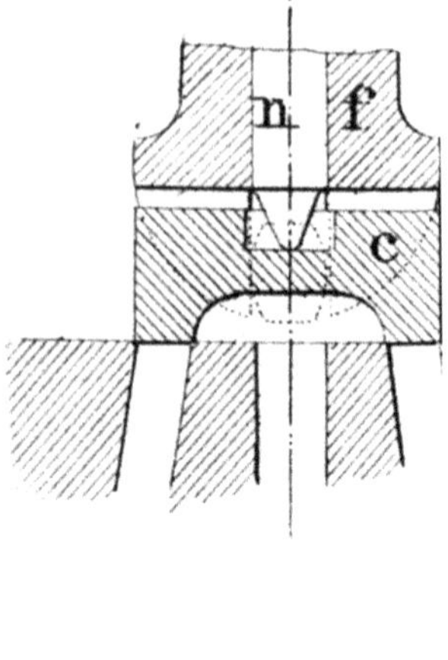

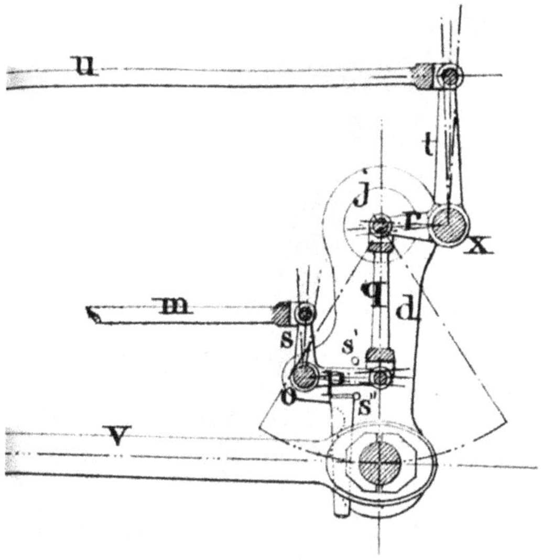

Fig. 2

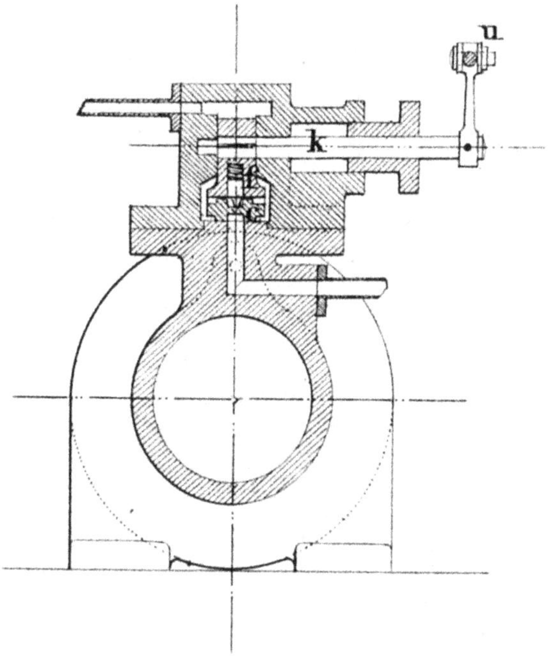

Fig. 2 bis

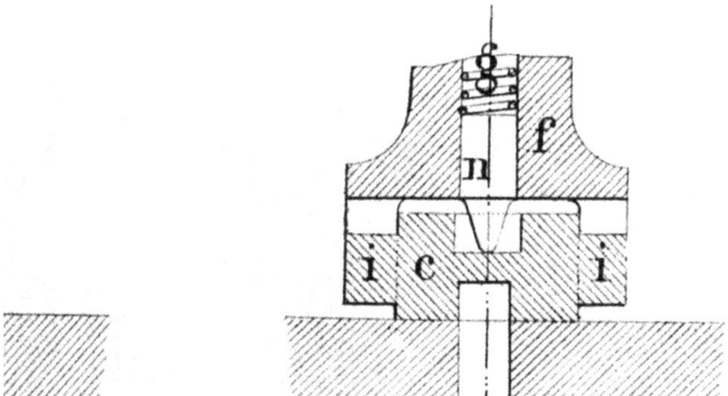

Fig. 4

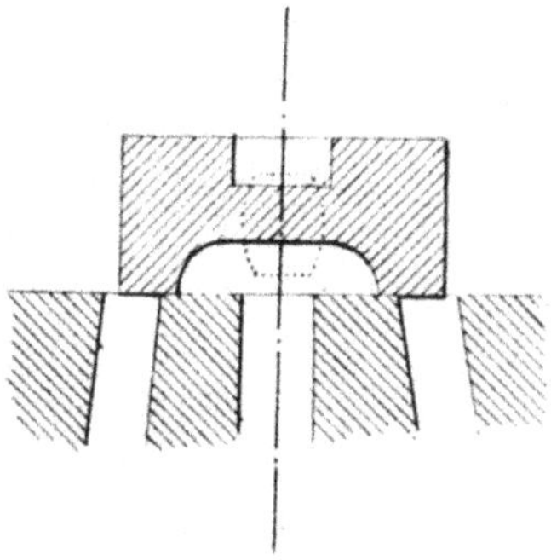

Il est évident, par suite, que pour changer la marche du piston il suffit de changer le sens de celle de la tige *m* et de son action sur le doigt *s*.

On reconnaît facilement que dans le système articulé *s p q r t*, le doigt *s* manoeuvre l'autre branche *p* de l'équerre *s p* et par suite la bielle *q*, puis l'équerre *r t* qui tourne sur son axe fixe *x* et commande le tiroir par la bielle supérieure *u*.

L'équerre asservissante s p qui, comme nous le verrons plus loin, *peut être dans beaucoup de cas avantageusement transformée en un simple balancier droit*, constitue la *partie essentielle des rênes* et la base même de l'asservissement. Elle peut être définie en principe, comme *formée d'une barre rigide*, plus ou moins coudée ou droite, selon les circonstances, *à trois centres d'articulation* par lesquels *elle relie ensemble le tiroir, le piston et la main du conducteur*, les constituant solidaires entre eux, de telle sorte *que le conducteur et le piston manœuvrent tour à tour le tiroir selon que l'articulation respective de chacun d'eux devient point mobile ou point fixe.*

Il est à remarquer que le bout de l'équerre *r t* sur lequel agit la bielle *q* est maintenu à très peu près au même centre géométrique que l'axe de rotation de l'arbre *j* à manœuvrer, de telle sorte que, conformément au troisième principe indiqué ci-dessus (en 3°), tout mouvement du levier *d* peut se produire, quand le conducteur marche, sans agir sur le tiroir, qui n'est commandé que par le mouvement relatif du doigt *s* par rapport au levier *d* ou sous l'impulsion et par l'arrêt de la tige *m*, qui, avec le système articulé *s p q r t*, sert de rênes au conducteur.

C'est là une particularité essentielle et constitutive du système.

Le tiroir *c* du cylindre peut être d'une disposition quelconque ; mais, comme il doit être gouverné par le conducteur de l'appareil, il faut nécessairement qu'il soit le moins résistant possible.

La disposition représentée fig. 1, 1 bis, fig. 2, 2 bis, réalise cette condition importante.

On reconnaît facilement que ce système consiste en un tiroir ordinaire *c* dont on réduira la course et les dimensions autant que possible, et dont le tracé pourra varier selon les circonstances et conditions de marche, mais commandé par un bras *f* tournant autour de l'axe *k*, le moment de résistance du frottement de la garniture d'étoupe étant ainsi réduit au minimum.

Le bras *j* entraîne le tiroir en engrenant par son extrémité avec deux dents *i i* venues latéralement sur le tiroir : un ressort *y*, placé dans le bras *f*, pousse constamment le doigt *n* contre le tiroir ; la pointe de ce doigt agit au centre géométrique d'oscillation, pris par rapport au bras *f* du tiroir, qu'il maintient ainsi appliqué contre la glace du cylindre sans produire un effort résistant sensible.

Le tiroir pourra utilement être fait à découvrement, c'est-à-dire plus court que l'écartement extrême des orifices (fig. 4). de façon à donner de la vapeur également des deux côtés du piston lorsqu'il arrive à sa position milieu ; il pourra ainsi, dans certains cas, arrêter plus facilement ce piston et le fera mouvoir en avançant lui-même au delà, d'un côté ou de l'autre, et faisant échapper la vapeur du côté vers lequel le piston doit marcher.

Fig. 5

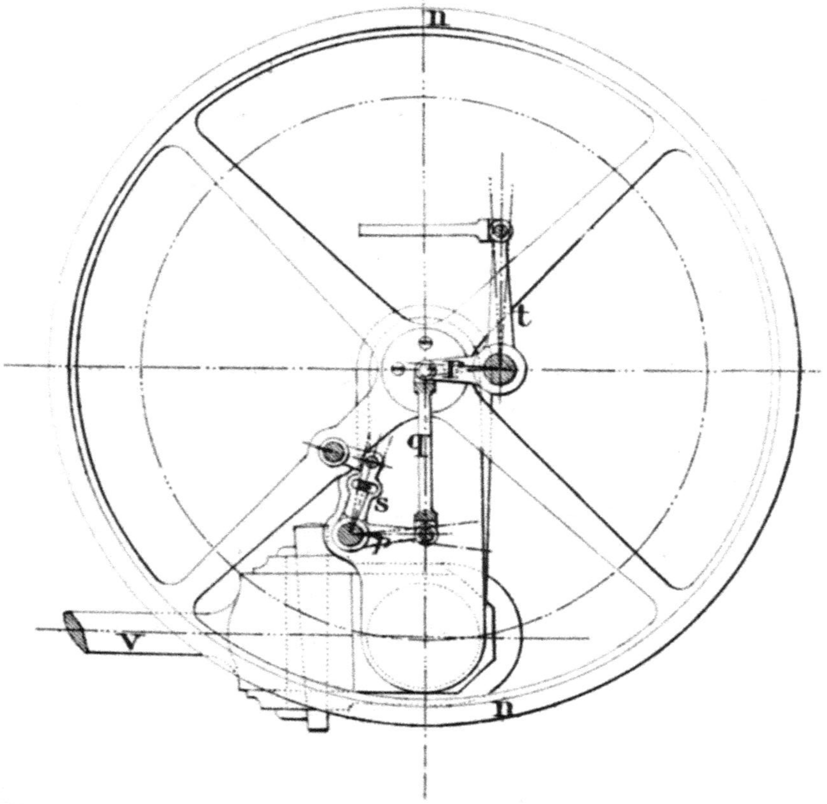

Fig. 6

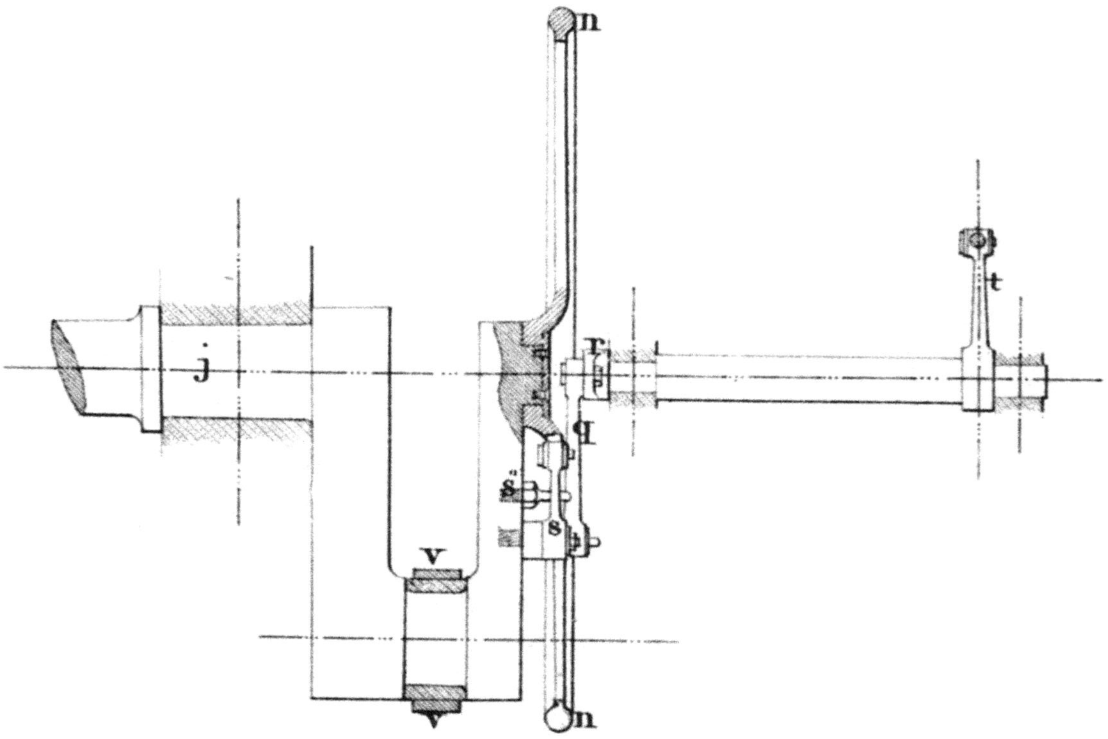

On donnera, ou non, du recouvrement intérieur selon les circonstances. Ce tiroir peut aussi être d'un tracé tout autre et de système quelconque.

Nous verrons au chapitre IV, dans la description des servomoteurs de gouvernails, un emploi bien plus important de ce *tiroir à découvrement*, au point de vue de l'économie de vapeur.

Nous ferons remarquer que, comme le représente la figure 1, il sera très utile de *disposer les galeries ou conduits d'arrivée et de sortie de vapeur* de manière qu'elles aboutissent toutes deux *en bas du cylindre* supposé horizontal, afin que *la purge de l'eau condensée s'effectue ainsi spontanément* et constamment sans organe spécial.

Il est facile de comprendre que le système de distribution automatique ou *selfacting* qui constitue la partie essentielle et comme les RÊNES ou le *frein autonome* du servomoteur, pourra être modifié dans ses détails de bien des façons, suivant les applications, mais en conservant toujours les trois principes constitutifs de la construction et de l'action du système tel que nous les avons exposés ci-dessus (en 1°, 2° 3°, § 1).

§ 3. — Type primitif à rotation continue.

On appliquera facilement au mouvement de rotation continue la variante de rênes que nous venons de décrire : les fig. 5 et 6 représentent une des dispositions que l'on peut adopter dans ce but.

La bielle motrice *v* est supposée transportée dans un plan différent de celui du frein autonome ; le conducteur manoeuvre au moyen du volant *n* agissant en toute position sur le doigt *s* dont le butoir *s"* limite la course angulaire et, par suite, sur le tiroir que conduit le frein autonome articulé *s p q r t*, et qui sera de système quelconque, équilibré ou non.

Pour faciliter le passage des points morts du mouvement du tiroir qui coïncident avec ceux de la manivelle principale *d*, il conviendra de donner un certain jeu longitudinal à l'articulation de la bielle *q*, avec le bras *r* situé en face du centre de l'arbre *j*.

Cette variante à rotation continue devrait pour exécution être étudiée spécialement dans certains détails ; mais nous verrons plus loin, § 5, que nous avons constitué un système plus simple et plus complet avec une autre variante.

Nous devons dire néanmoins que l'on simplifierait et améliorerait considérablement la variante des fig. 5 et 6, en transformant le bouton central manœuvré par la bielle *q* des rênes en un maneton faisant fonction d'excentrique pour commander directement un tiroir quelconque et glissant dans une coulisse rectiligne ou de courbure spéciale *montée sur le bout de l'arbre perpendiculairement à la direction de la manivelle, les rênes étant orientées en conséquence sur le volant n* ; de telle sorte que, si ce maneton est amené au centre, la course du tiroir devient nulle, et que si, au contraire, on pousse ou tire ce maneton dans la coulisse au-delà ou en deçà du centre par l'effet du mouvement des rênes, dans un sens ou dans un autre, la marche est changée instantanément comme par un décalage d'excentrique dans les machines ordinaires, avec ou sans avance.

Cette variante simplifiée se comprend facilement et pourra être modifiée de bien des façons.

CHAPITRE II

VARIANTES DIVERSES.

§ 4. — Variante actuellement habituelle.

Nous représentons (fig. 7, 8) la variante de rênes que nous employons maintenant le plus habituellement pour servomoteurs à mouvement angulaire alternatif, et qui a été appliquée en principe pour les gouvernails : on en reconnaît immédiatement toute la simplicité.

Son système de rênes dérive du précédent et consiste en un seul balancier *s p* mobile sur la manivelle *d* à l'extrémité duquel la main du conducteur agissant en *m'* asservira complètement le mouvement du piston *b* comme dans le type primitif. On reconnaît facilement, en effet, que, lorsque le conducteur pousse ou tire sur cette poignée *m'*, les choses se passent exactement comme lorsque, dans le type précédent, il agit sur la bielle *m* ou sur la branche *s* de l'équerre *s p* (fig. 1) et qu'aussi le piston ne peut se mouvoir indépendamment de cette poignée ni sans réagir lui-même sur le tiroir *c* de la même manière que dans le type précité.

Nous ferons remarquer que :

1. Le balancier constituant cette nouvelle variante des rênes et qui peut être de longueur plus grande ou plus courte que la manivelle, n'est autre chose que l'équerre *s p* de nos rênes primitives (fig. 1, 3), redressée, ramenée parallèlement à la manivelle et ayant son extrémité active placée en face du centre de rotation conformément à notre troisième principe constitutif du servomoteur (§ 1).
2. Ce balancier pourra avoir son point d'oscillation *a* situé entre ses deux extrémités ou à l'une d'elles, selon les circonstances, agissant comme levier de genre varié.
3. Son centre d'oscillation *o* sera fixé sur la manivelle ou sur un bras spécial, relié à l'arbre ou axe de rotation.

On constituera pour mouvement de rotation continue un système de rênes simple et efficace en appliquant cette variante comme nous allons le voir, et la transformant suivant les principes exposés antérieurement et selon les circonstances.

Fig. 7.

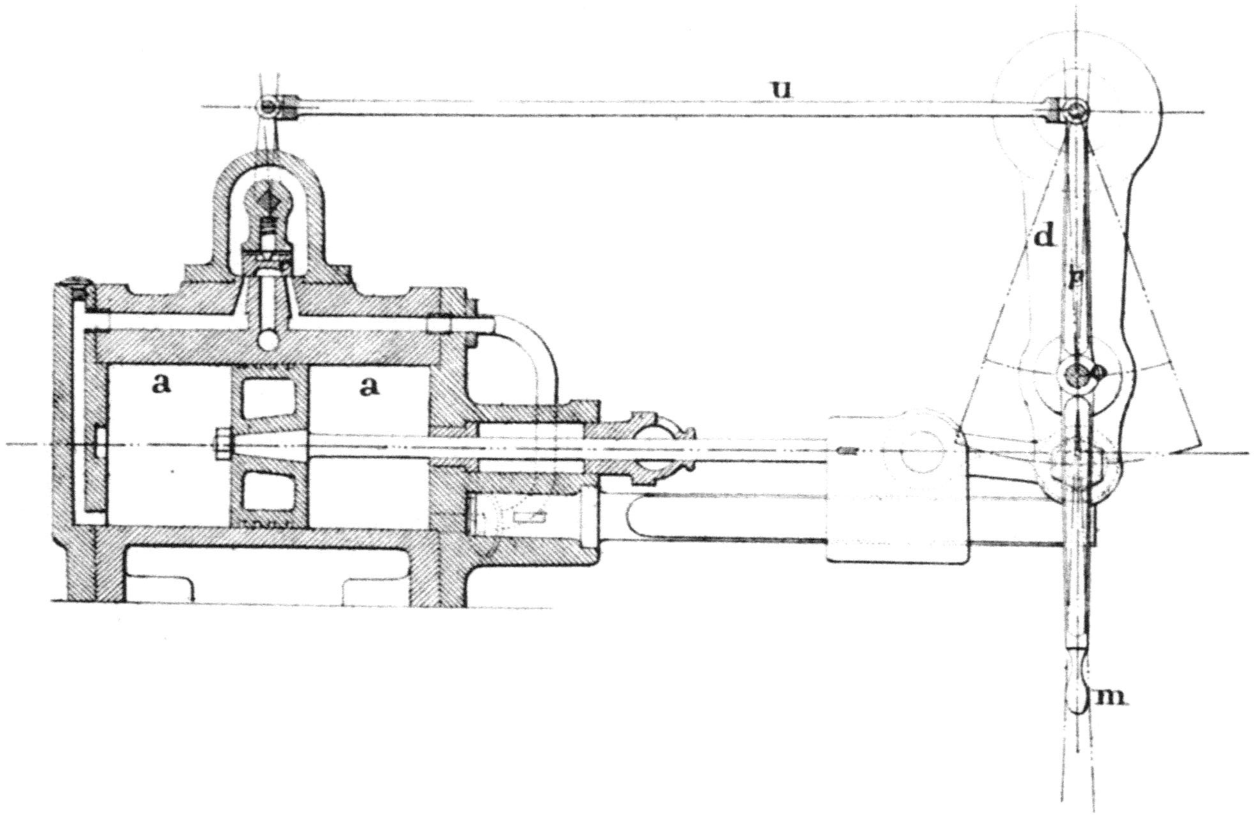

Fig. 8

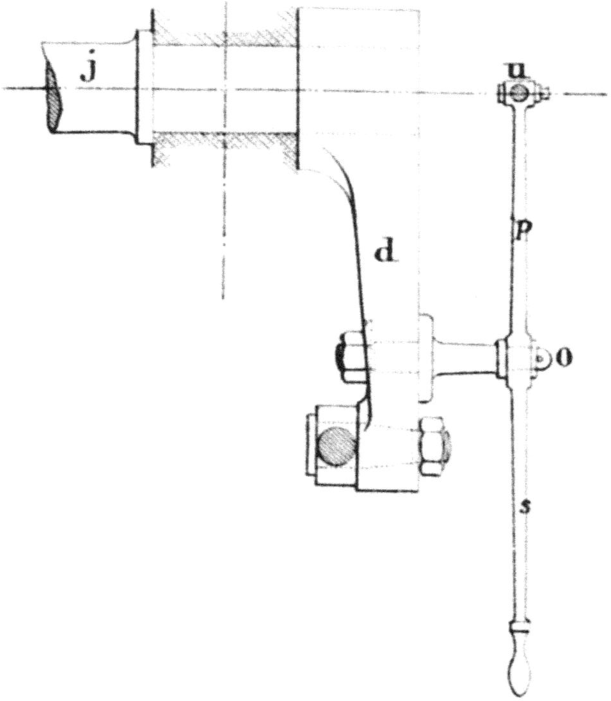

Fig. 9

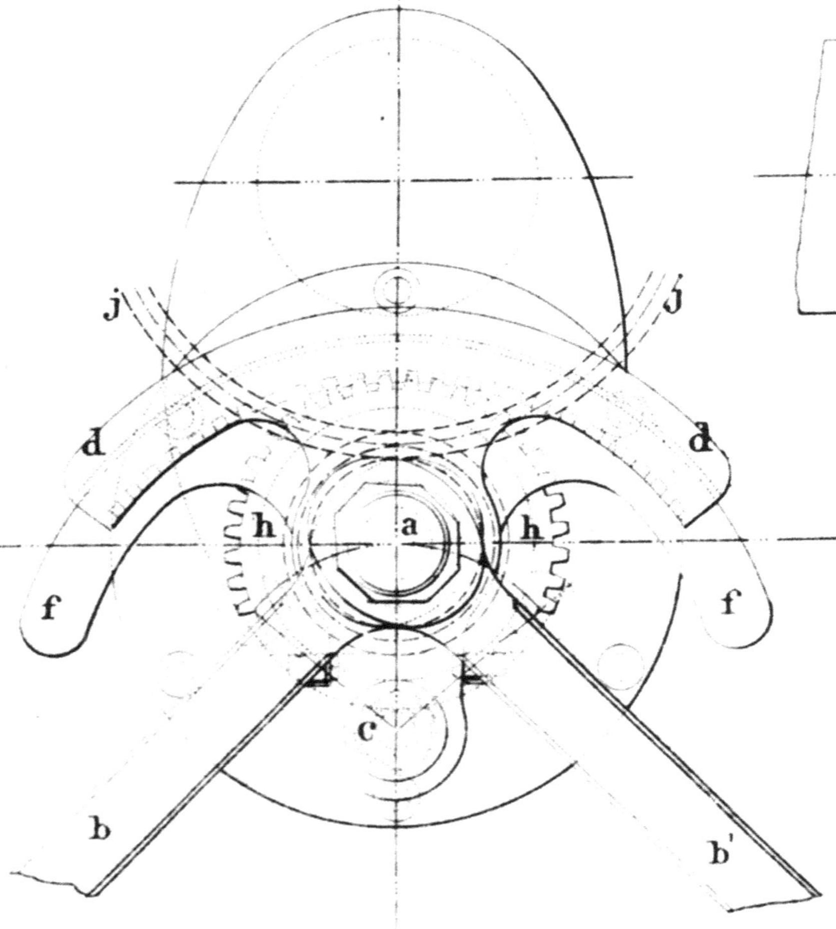

Fig 10

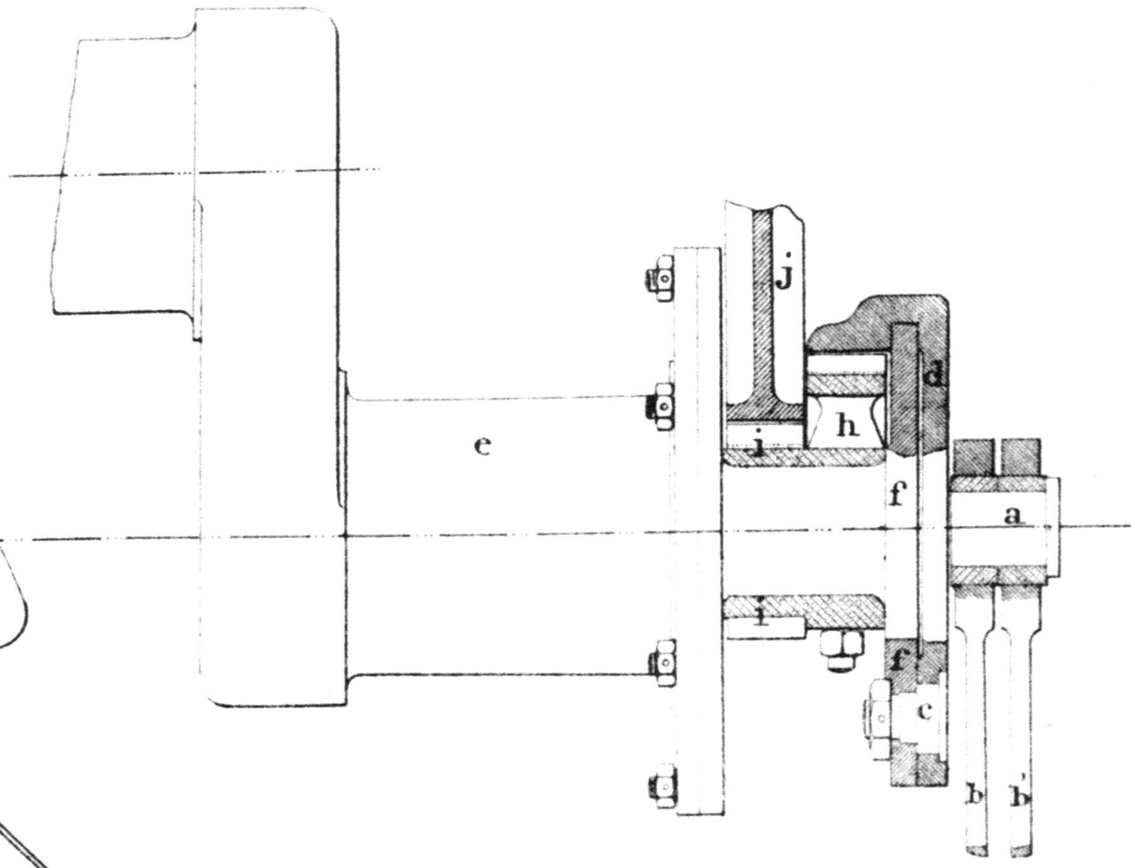

§ 5. — Variante habituelle pour rotation continue.

Nous représentons (fig. 9, 10) le système de rênes ainsi constitué, disposé, par exemple, pour l'asservissement des machines à rotation d'une tour cuirassée.

Les machines sont supposées inclinées l'une vers l'autre et faisant ensemble un angle de 90° degrés.

a est le bouton de distribution commandant les tiroirs et faisant fonction d'excentrique.

b b' bielles manœuvrant les tiroirs.

Le bouton *a* fait corps avec un plateau *d*, de fer ou de tout autre métal, denté intérieurement à sa circonférence extrême, et pouvant osciller autour d'un centre ou axe *c* de rotation, fixé lui-même sur un autre plateau *f*, calé à l'extrémité de l'arbre *e* principal ou faisant corps avec lui.

Un pignon ou secteur denté *h*, en deux pièces, engrenant avec la crémaillère ou denture circulaire intérieure du plateau mobile *d*, peut, en tournant à droite ou à gauche, faire subir à ce plateau un déplacement angulaire variable, et produire ainsi l'effet d'un décalage d'excentrique pour la distribution, en transportant le bouton *a* à droite ou à gauche de sa position angulaire moyenne.

Quand le bouton *a* passe sur cette ligne moyenne, il se trouve en même temps, comme le représente la figure 9, exactement en face de l'arbre *e* principal, et lui est concentrique ; c'est la position stop dans laquelle les tiroirs ne subissent plus aucun mouvement.

On voit donc que le changement de marche le plus rapide et le plus efficace est ainsi constitué, la rotation partielle du pignon ou secteur *h* suffisant pour effectuer instantanément, marche en un sens, puis stoppe, puis marche en sens contraire du premier.

La courbure du mouvement angulaire et circulaire, décrit par le bouton *a* dans ce déplacement, produit une avance utile et notable pour la distribution ; car le bouton *a* se trouve ainsi, à chaque extrémité de sa course, calé à plus de 90 degrés avec la manivelle motrice, coudée ou non, qui, pour l'état des choses représenté figures 9 et 10, aurait son corps dans la direction verticale au-dessus de l'arbre *e*.

Pour obtenir un asservissement exact et précis, il suffit que la main du conducteur agisse sur le pignon *h* ; c'est ce que l'on obtiendrait en calant sur ce pignon un volant à main par exemple analogue à ceux de nos premières variantes de rênes à rotation continue.

C'est ce que l'on fera pour mouvements ordinaires ; mais, dans l'application considérée, le conducteur étant placé sur la tour mobile, et l'arbre à manivelle n'étant pas à sa portée, il commandera les rênes et le pignon *h*, par l'intermédiaire d'une série de roues légères constituées dans le même rapport total que la transmission de mouvement principale de la tour. Le pignon *i*, voisin de celui *h* et faisant corps avec lui, est le dernier élément de cette transmission légère ; il est actionné par une roue *j* fixée sur le bâti ou par tout autre moyen.

Fig. 11.

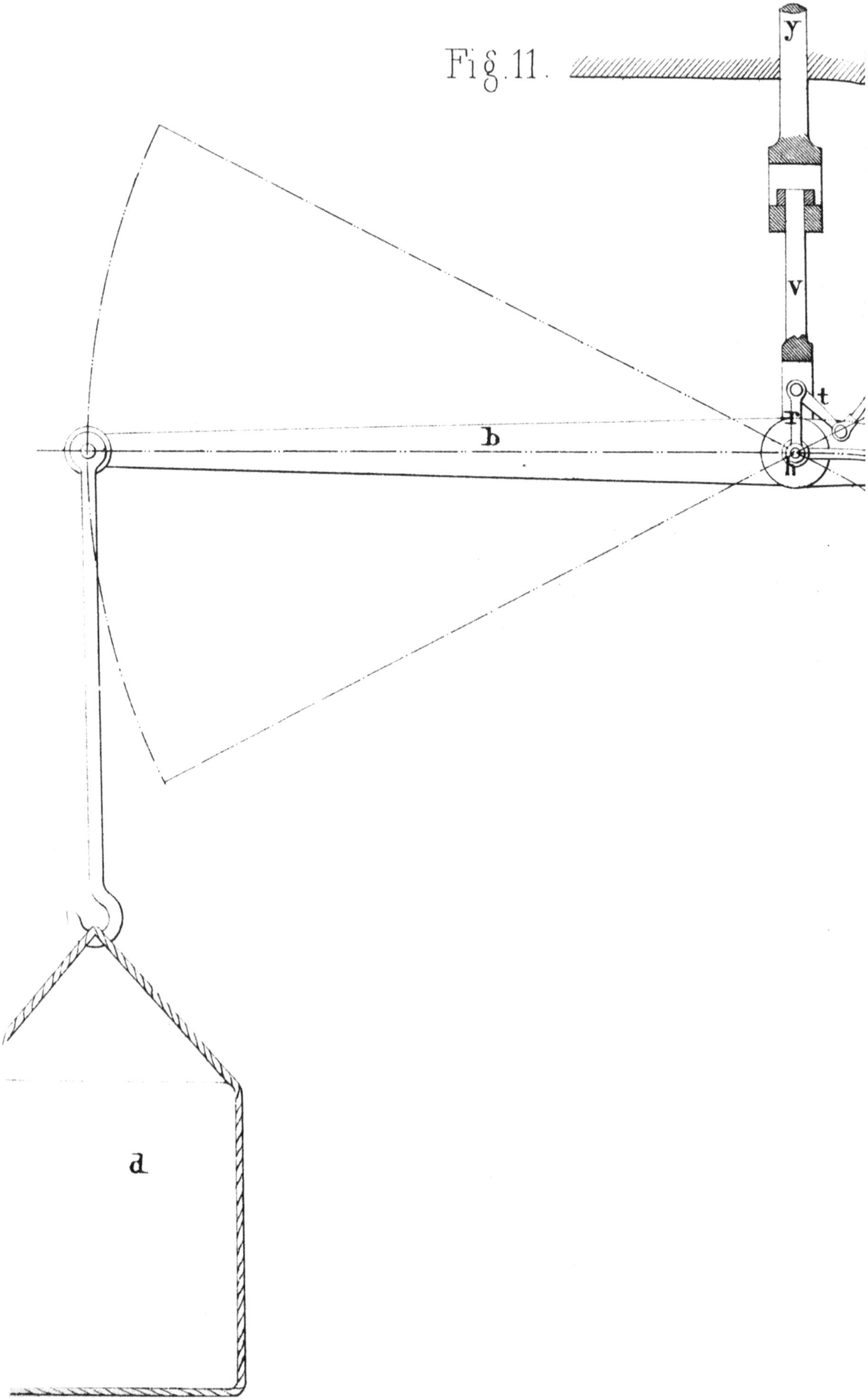

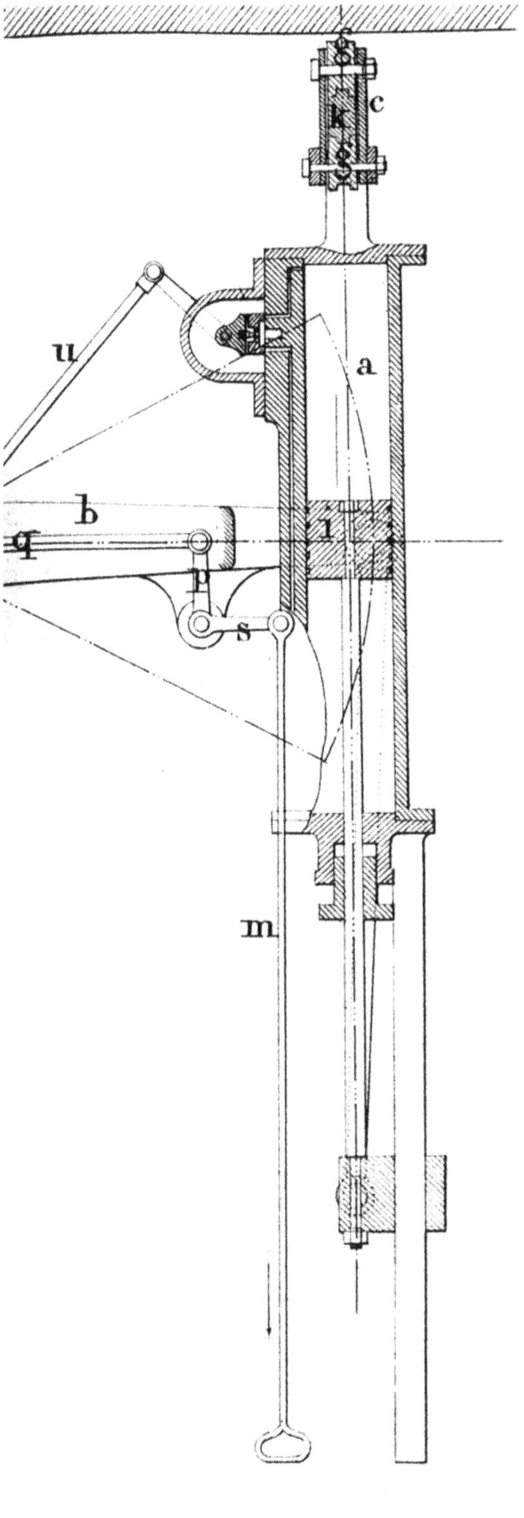

Fig. 12.

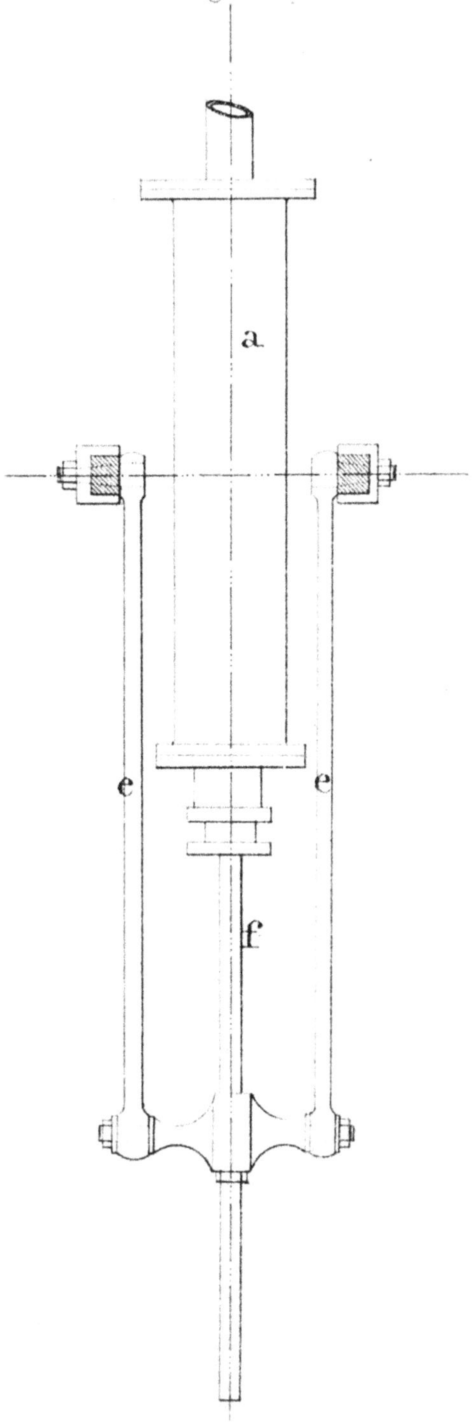

La ligne géométrique qui joint le centre *c* au centre du bouton *a* constitue en réalité le balancier des rênes suivant la variante décrite ci-dessus, § 4 ; le plateau mobile *d*, malgré ses formes nouvelles, n'est donc pas autre chose que le corps matériel de ce balancier ; il sera manœuvré par le conducteur, soit au moyen d'un volant à main, monté directement sur l'arbre *e* ou sur le pignon *h*, comme nous l'avons dit, soit au moyen d'une transmission quelconque actionnant ce pignon *h*, par l'intermédiaire du pignon *i* ou de toute autre façon.

Cette variante de notre système de rênes sera d'un emploi très commode, avantageux et sûr pour machines à mouvement de rotation continu.

§ 6. Variantes du servomoteur pour applications spéciales.

Nous allons décrire quelques dispositions spéciales qui seront utiles dans certains cas, notamment pour la construction de petits appareils de levage, destinés à saisir un fardeau et à le placer instantanément, avec précision, juste à l'endroit désigné.

Les figures 11 et 12 représentent un servomoteur constitué, pour ce qui concerne les rênes et leur principe d'action, conformément à la description que nous avons donnée dans notre premier type, § 2. Dans cet appareil le cylindre *a* est mobile, ainsi que le balancier *b*, dans un plan horizontal ou perpendiculaire au plan d'oscillation. On reconnaît facilement par l'inspection des figures que le cylindre *a*, attaché à un chariot supérieur *c*, roule sur galets *gg*, étant suspendu au rail *k*, et se trouve ainsi maintenu dans le plan d'oscillation, tout en acquérant la propriété de se mouvoir transversalement avec l'ensemble de l'appareil tournant autour de l'axe vertical *v y*, et de déplacer ainsi à volonté dans tous les sens la charge *d* que l'on veut mouvoir.

Le balancier est commandé par deux bielles latérales *e*, reliées à la tige *f* du piston, afin de permettre au centre *h* d'oscillation d'être le plus rapproché possible du plafond.

Le balancier pourrait aussi être commandé directement sans bielles par la tige du piston ; une légère oscillation du cylindre *a* suffirait pour compenser la flèche décrite par l'extrémité du balancier.

La conduite de l'appareil est , comme nous l'avons exposé précédemment, obtenue avec toute la précision désirable, au moyen des rênes *s p q r t* qui transmettent à la tige *u*, manœuvrant le tiroir, l'action résultant, dans un sens ou dans l'autre, du mouvement de la bielle *m* que tient le conducteur ou du déplacement du balancier *b*.

Le piston *i* agira en poussant pour mouvoir la charge *d*. On pourra le faire agir en tirant ; il suffit pour cela de placer le cylindre au-dessous du balancier, ou bien de le transporter du côté de la charge, en le laissant au-dessus, ou bien encore d'employer un renvoi de mouvement quelconque selon les circonstances. On pourra aussi amplifier le mouvement, soit par l'inégalité des bras du balancier, comme l'indique la figure 1, soit par poulies, chaînes, moufles, ou par tout autre organe accessoire connu.

Les figures 13 et 14 représentent une variante de la disposition indiquée figures 11 et 12 ; seulement le cylindre *a*, au lieu d'être fixe verticalement et attaché à un chariot comme dans la figure 11, est mobile sur la tige *f* de son piston fixe et oscille sur ses tourillons *l l'* supportés par le balancier *b*.

On reconnaît encore dans cette variante les rênes *s p q* qui transmettent à la tige *u*, manœuvrant le tiroir, le mouvement dans un sens ou dans l'autre, produit par la bielle *m* que tient le conducteur.

Le piston, dans ce cas, est fixe, et le cylindre se meut verticalement de bas en haut ou de haut en bas, suivant que l'introduction de vapeur se fait en dessus ou en dessous du piston. Ce mouvement de va-et-vient est transmis directement au balancier *b* sur l'un des bras duquel le cylindre est monté.

Pour que l'oscillation du cylindre n'ait aucune influence sur les rênes *s p q*, et par suite sur le tiroir, il faut, ainsi que le représente le dessin, que le point extrême *j* du levier du tiroir, soit comme le point *h*, indépendant du mouvement angulaire subi et, par conséquent, bien au centre ou axe géométrique d'oscillation du cylindre, conformément au troisième principe constitutif énoncé en 3° § 1.

On reconnaît que, dans cette disposition, le système de rênes est légèrement modifié, bien que constitué d'après nos principes primitifs. La portion ponctuée, formée de la bielle *q* et du bras *r*, doit être considérée comme inutile et nulle dans ce cas particulier. N'ayant servi que de base de déduction pour le raisonnement et, en quelque sorte, de tracé de construction d'après le type primitif, elle devra être supprimée ; l'ensemble des rênes est ainsi réduit au système *s p u t* figuré en traits pleins.

§ 7. — Variante de rênes pour asservissement de moteurs divers.

Nous représentons (figures 15 et 16) une nouvelle variante de rênes applicable à un moteur quelconque.

l est la tige conductrice.

s p équerre oscillante constituant la partie principale des rênes.

On voit que la branche *p* de cette équerre est garnie de chaque côté d'une denture de crémaillère pouvant engrener avec l'un ou l'autre des pignons *m n* qui tournent en sens contraire et sont commandés tous les deux par la roue *i*.

Le système de rênes ainsi constitué étant adapté, par l'articulation *j*, à l'extrémité d'une tige *k* à mouvoir, on comprend immédiatement que si le conducteur pousse, par exemple, la tige *l* dans le sens indiqué par la flèche, les branches *s p* de l'équerre se déplaceront immédiatement du jeu angulaire disponible faisant engrener une des crémaillères de *p* dans l'un des pignons, et par suite ce pignon *m* entraînera tout le système *k j s p* dans le sens de sa rotation, produisant ainsi une translation de même sens que la direction donnée par le conducteur.

L'effet inverse se produira par le pignon *n* quand la tige *l* sera tirée en sens inverse, ou bien lorsque, cette tige restant immobile sous la main du conducteur, la barre *k*, par une cause quelconque, tendra à continuer intempestivement

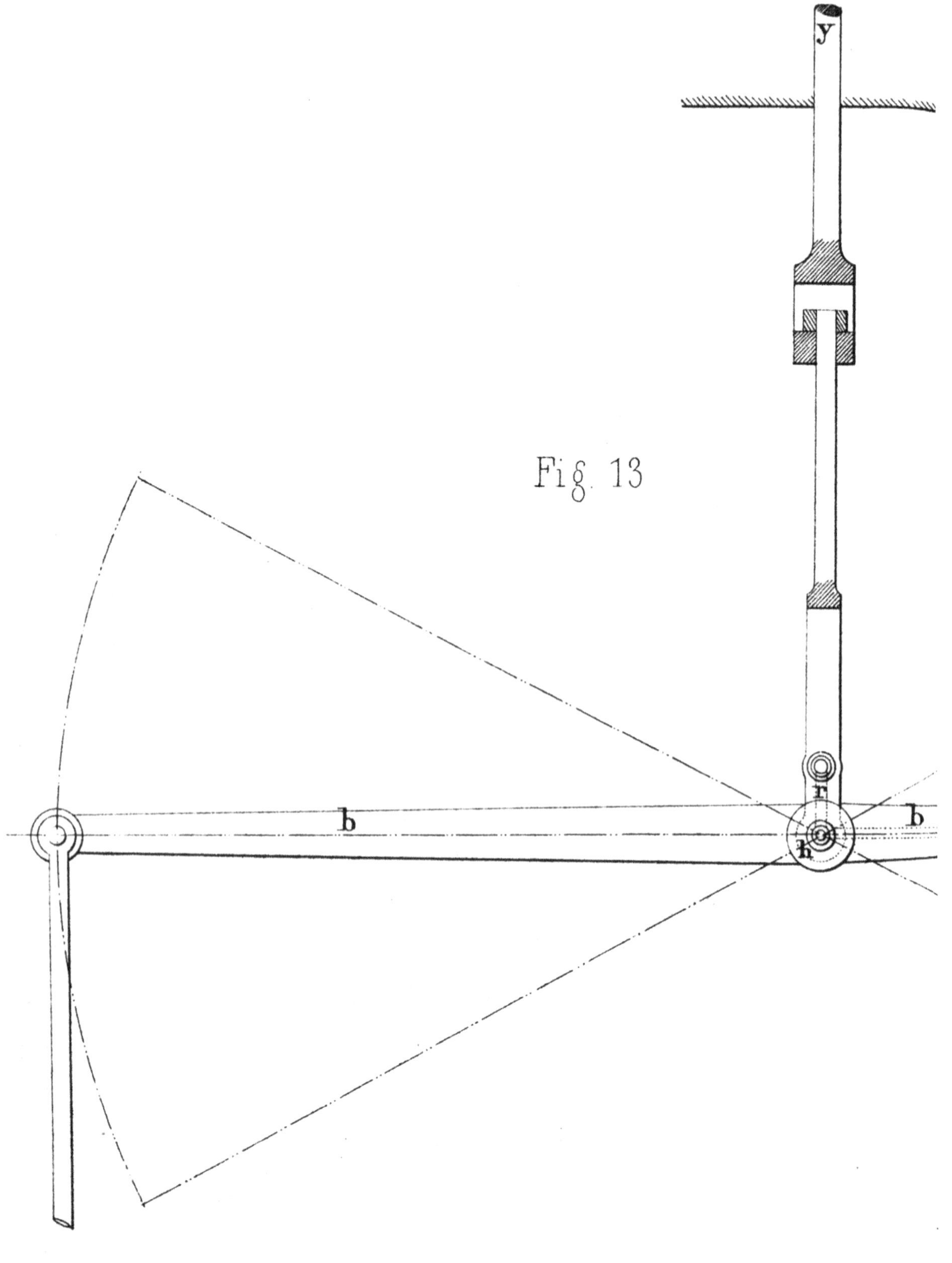

Fig. 13

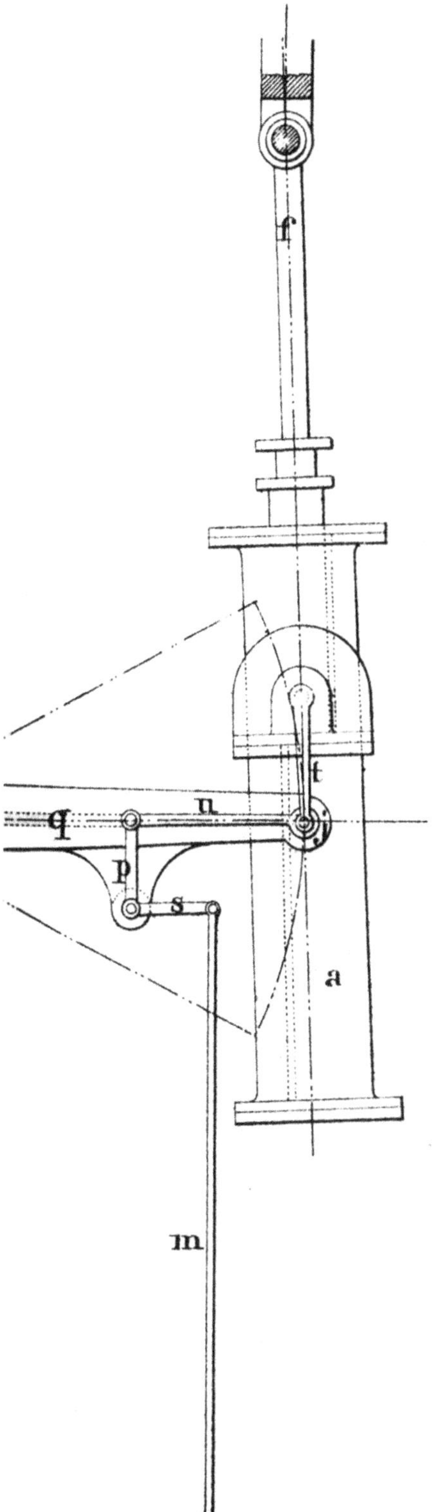

Fig. 14.

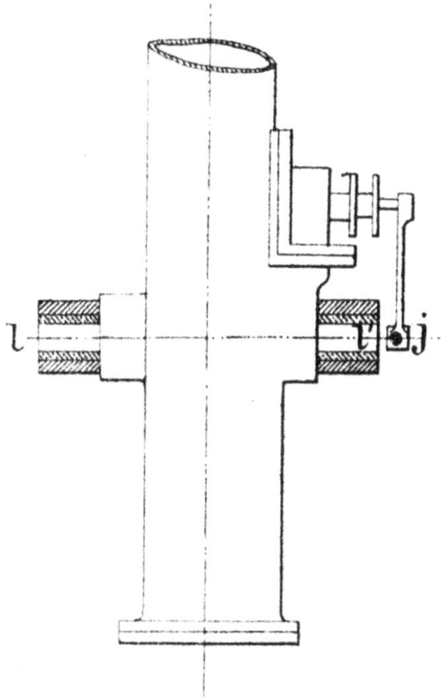

un mouvement commencé ; on aura, de cette façon, marche, recul ou stop selon la volonté du conducteur.

On comprend que ce système de rênes agit ainsi comme les autres types précédemment décrits, que la position *stop* aura lieu, sans charge, lorsque la branche *s* sera perpendiculaire à la tige *k*, la crémaillère double *p* étant désengrenée de chacun des deux pignons.

On pourra appliquer ce système de rênes à la manœuvre de débrayages par exemple, ou de pièces de machine quelconques sous l'action d'un régulateur ou d'un conducteur.

§ 8. — Variante de rênes du servomoteur applicable surtout au mouvement rectiligne sans balancier.

Nous allons actuellement décrire une nouvelle variante de rênes très simple et applicable surtout au mouvement rectiligne sans balancier.

Il est à remarquer que, dans tout système articulé de rênes *s p q r t* établi d'après les principes de notre type primitif (§ 2), l'équerre *s p* est le membre essentiel produisant l'asservissement ; car c'est par elle que le mouvement angulaire relatif du conducteur et du piston conduit, se produisant sur l'une ou l'autre extrémité de la branche *s*, est traduit en un mouvement perpendiculaire à la translation, en agissant sur le tiroir, soit que le conducteur chemine devant le piston, ou que le piston tende à marcher plus vite que le conducteur.

La variante que nous venons de décrire, et que nous avons représentée figures 15 et 16, est une application de ce principe essentiel et constitutif ; la nouvelle variante que nous allons décrire est du même ordre d'idées et découle du même principe.

Elle donne réellement pour le mouvement en ligne droite sans balancier, comparativement au type primitif du § 2, la solution correspondant à un balancier d'un rayon infini dont tous les points décrivent des arcs de cercles rectilignes.

On reconnaît facilement (fig. 17 et 18) un cylindre *a* à vapeur, analogue à ceux qui ont été décrits précédemment ; le tiroir *c* est commandé par la rotation de la tige *d* et se meut transversalement au cylindre et non parallèlement, et ce qui caractérise ce nouveau type de rênes, c'est que cette tige *d* est le prolongement d'une barre de section rectangulaire *e* sur laquelle glisse une douille *f* à embase, représentée plus en grand figures 19 et 20, et reliée par le moyen de la bague *g*, à un bras *h*, lequel fait corps avec le bloc *i* de la tige du piston, de telle sorte que, lorsque le piston se meut, le bras *h* entraîne avec lui la douille *f* et la fait glisser avec tout ce qu'elle porte le long de la barre *e*.

Sur l'un des flancs du bras *h*, dans le plan horizontal passant par l'axe de la tige *d* du tiroir, est fixé un bouton *j* servant d'axe d'oscillation à l'équerre d'asservissement *s p* dont la branche *p* commande un doigt *k* faisant corps avec l'embase de la douille *f*.

On conçoit facilement alors comment l'asservissement du moteur est effectué par l'action de l'équerre *s p*.

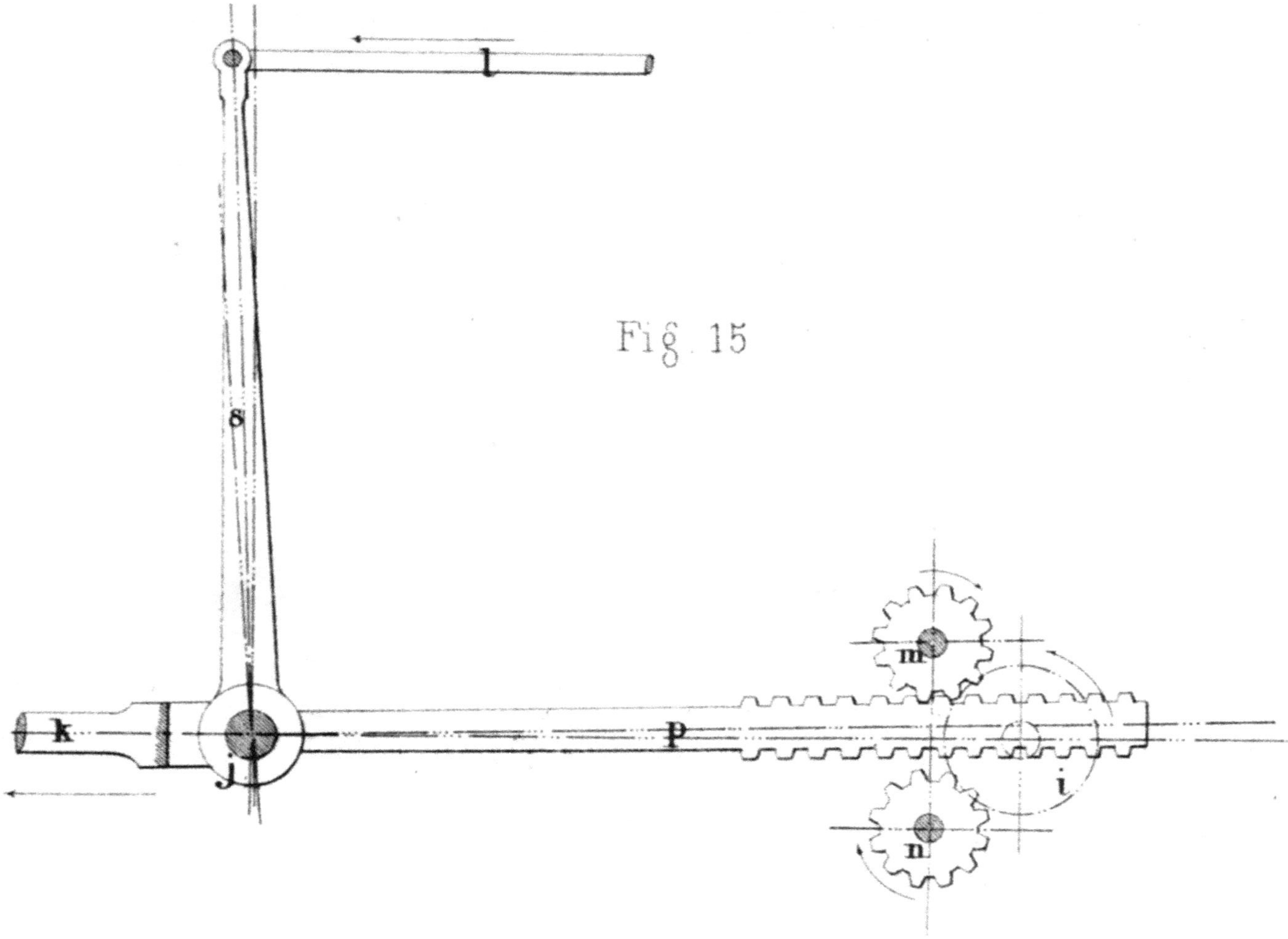

Fig. 15

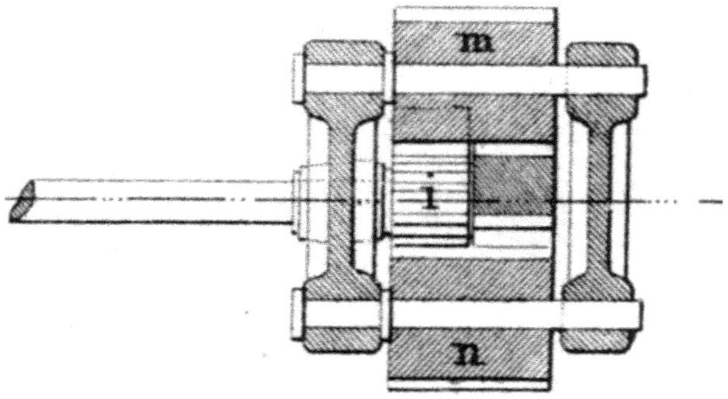

Fig. 16

Fig. 17.

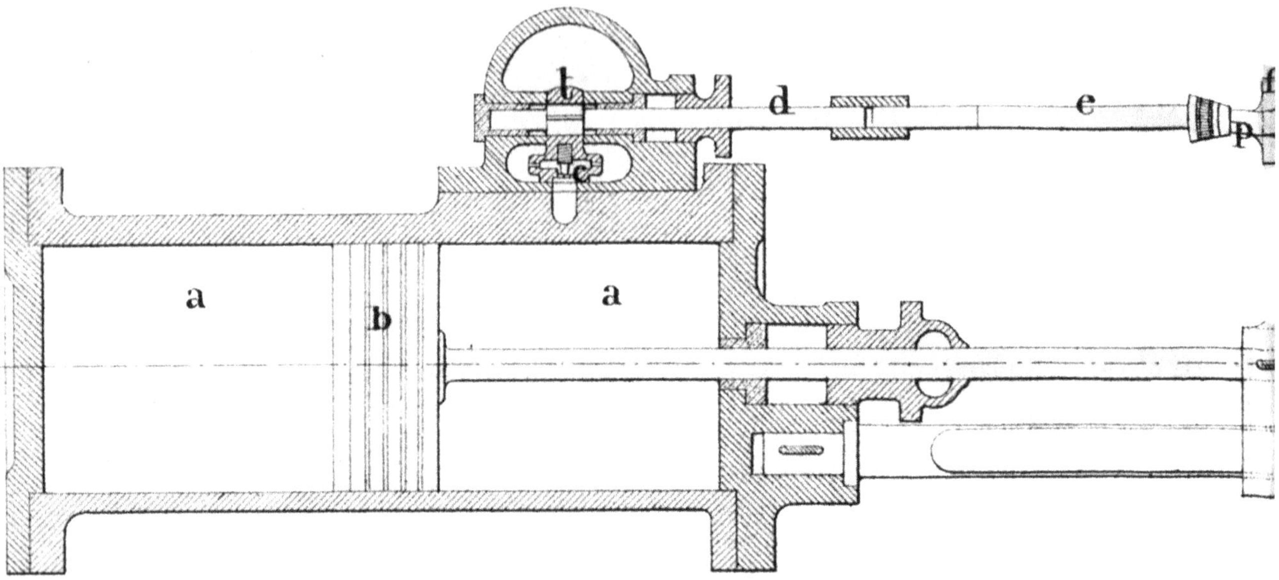

Fig

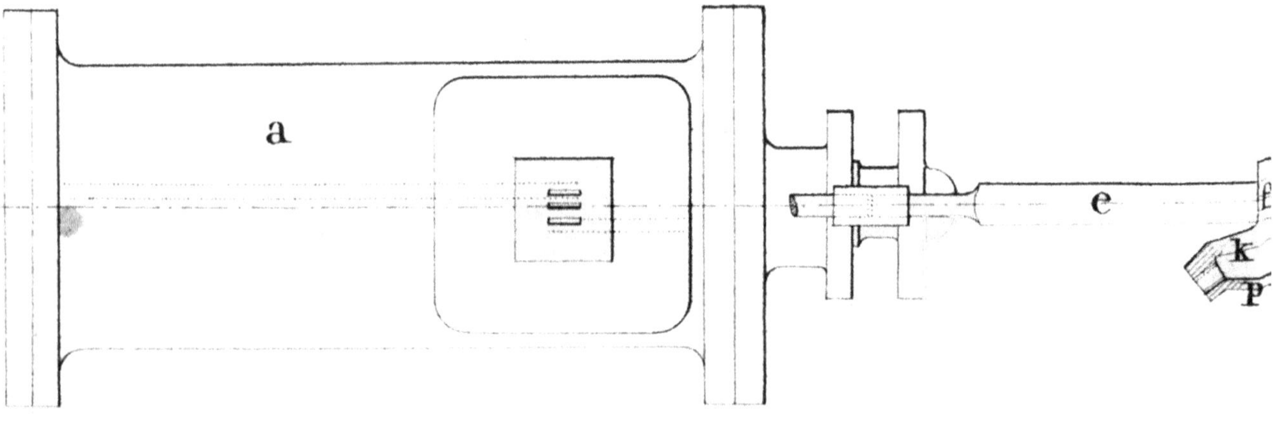

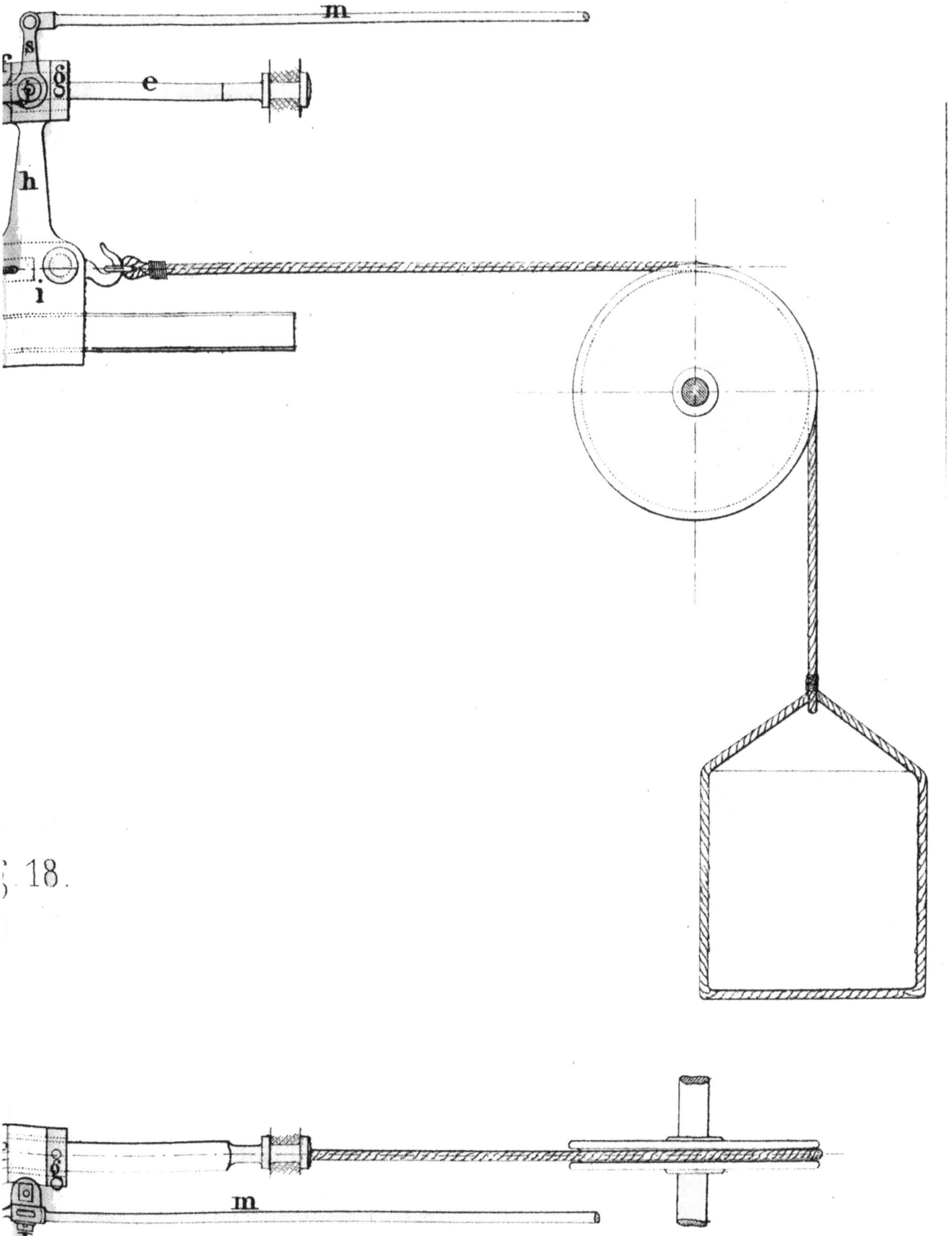

18.

Si le conducteur tire, par exemple, la tige *m*, il incline la branche verticale *s* et lève par suite celle *p*, qui, commandant le doigt denté *k*, fait tourner avec la barre *e* la tige *d* du tiroir ; le piston reçoit ainsi la vapeur et marche dans le même sens que le conducteur, les galeries ou tuyaux de vapeur étant dirigés convenablement de la boîte de distribution vers chaque bout du cylindre.

Si ce piston *b* veut marcher plus vite que le conducteur, ou si ce dernier s'arrête, le bout supérieur de la branche *s* devient point fixe relatif, et le piston marchant fait mouvoir en sens inverse du premier mouvement l'équerre *s p*, et avec elle le doigt *k*, la barre *e*, la tige *d* et le tiroir *c*.

En un mot, l'asservissement est constitué complètement comme dans notre type primitif et par le même moyen essentiel et constitutif qui est l'équerre *s p*, mais sans balancier d'oscillation et pour mouvement en ligne droite.

Le bloc *i* tirera une charge ou manœuvrera un objet quelconque, selon la destination du moteur, agissant par bielle, chaînes, ou autrement.

On reconnaît, figures 21 et 22, une installation analogue à la précédente, dans laquelle les mêmes lettres désignent les mêmes parties que dans les figures 17, 18, 19 et 20, mais qui présente cette particularité que le tiroir, se mouvant parallèlement au cylindre, est commandé au moyen d'un filet de vis venu avec la tige *d* au lieu d'être manœuvré par le bras *t* suivant le mode indiqué sommairement figures 17 et suivantes.

On pourra varier à volonté les dispositions et les détails de ce servomoteur ; employer, par exemple, une tige carrée ou une tige ronde à rainures au lieu de la barre rectangulaire *e* ; modifier, en un mot, tout ce que les circonstances conduiront à modifier, le principe de la variante du servomoteur en ligne droite restant celui que nous avons indiqué en décrivant l'action de l'équerre, asservissante constitutive *s p*, à branches verticale et horizontale, c'est-à-dire perpendiculaire et parallèle à la translation.

Cette équerre est, comme nous l'avons dit, la base même des rênes du servomoteur en général ; le balancier des rênes dans le type du § 4, figures 7 et 8 n'est autre chose que cette équerre redressée, comme nous l'avons exposé audit § 4.

§ 9. — Variante du système de rênes pour servomoteur rectiligne à petite course.

Nous allons encore indiquer une disposition intéressante et utile en certaines circonstances.

Pour asservir tout moteur en ligne droite, lorsque la course de la tige motrice sera faible, on pourra avec avantage employer l'équerre simple, représentée figure 23.

a est la tige motrice, poussée par un piston ou par tout autre organe moteur.

b, crosse montée sur cette tige.

s p, équerre asservissante qui, comme nous l'avons dit, est la partie essentielle du servomoteur et de ses rênes.

d, tige conductrice.

f, levier transmettant l'effet des rênes au tiroir ou à l'organe régulateur ou distributeur du moteur.

On reconnaît facilement que la course possible de la tige *a* est limitée de valeur par la longueur intérieure de la bride *c* de l'équerre *s p* dans laquelle peut se mouvoir le bouton *e* du levier *f*. Si maintenant le conducteur tire dans un sens ou dans l'autre la tige *d*, on voit facilement qu'il fera incliner l'équerre *s p* et par suite lèvera ou baissera le levier *f* et que, si le conducteur s'arrête, la tige *a*, en poursuivant son mouvement, renversera d'elle-même l'action distributrice, comme dans nos rênes primitives. Le moteur sera ainsi complètement asservi, dans sa course rectiligne réduite, sans autre appareil de rênes.

§ 10. — Variante de MM. Duclos et Cie

MM. Duclos et Cie, constructeurs de machines à Marseille, ont, dans ces derniers temps, imaginé une variante de notre servomoteur que nous croyons devoir indiquer à la suite des autres et qui, moins simple que les précédentes, devra selon nous être restreinte dans ses applications.

Mais cette variante est ingénieuse et montre bien que, comme nous l'avons dit, on pourra constituer du servomoteur des transformations ou variantes en nombre indéfini, les applications de cet appareil étant aussi étendues que l'emploi du travail mécanique lui-même en général. Il suffira, pour obtenir les résultats attendus, de conserver toujours les trois principes constitutifs de la construction, tels que nous les avons exposés en commençant, se résumant dans l'énoncé final du paragraphe premier.

MM. Duclos et Cie sont actuellement concessionnaires de nos brevets pour les applications diverses du servomoteur à la marine de commerce.

Voici la variante de M. Duclos :

Un piston moteur *a* fonctionnant à l'ordinaire dans son cylindre *b* porte à l'intérieur un tiroir *c* de disposition quelconque, équilibré ou non et que nous représentons à coquille.

Une tige *d* manœuvrée de l'extérieur, d'une façon quelconque par le conducteur, ouvre ou ferme le tiroir *c*.

e Tige du piston actionnant ce que l'on veut.

p Tuyau trombone par lequel la vapeur de la chaudière pénètre dans le piston, c'est-à-dire dans la première chambre *a'* et arrive sur le tiroir *c*.

g Tuyau trombone d'échappement conduisant au dehors la vapeur que le tiroir *c* évacue dans la deuxième chambre intérieure *a"* du piston *a*.

A l'inspection de la figure 24 on reconnaît facilement que le système est asservi d'après les principes du servomoteur.

Le conducteur, en tirant par exemple la tige *d* du tiroir suivant la flèche indiquée, enverra de la vapeur derrière le piston du côté de la tige *e* et fera échapper la vapeur située du côté opposé.

Le piston *a* marchera donc avec la main du conducteur et puis, si cette main s'arrête, et que ce piston *a* tende à continuer son mouvement, la tige *d* étant

Fig. 21.

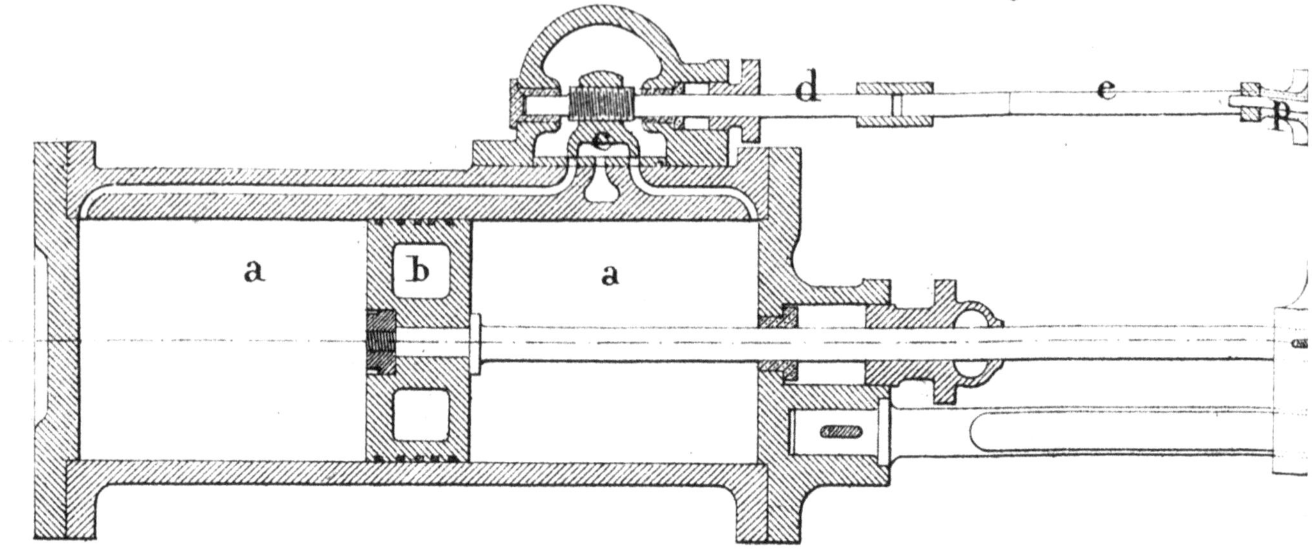

Fig. 19

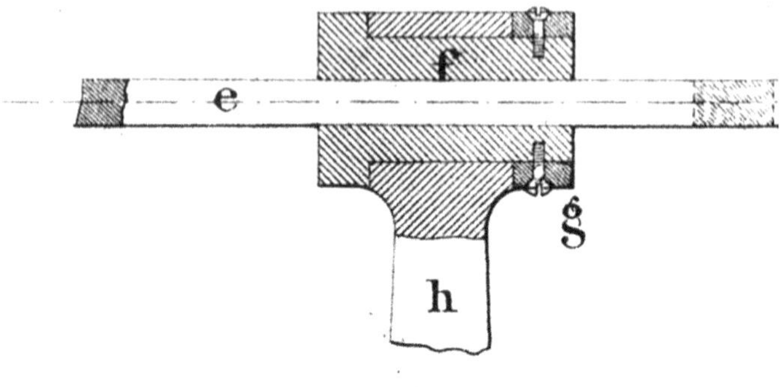

Fig. 22

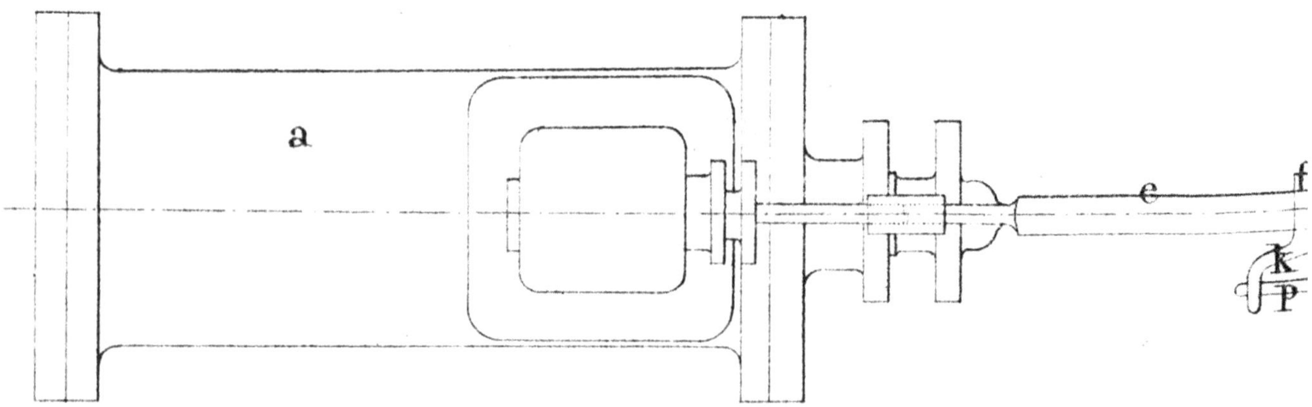

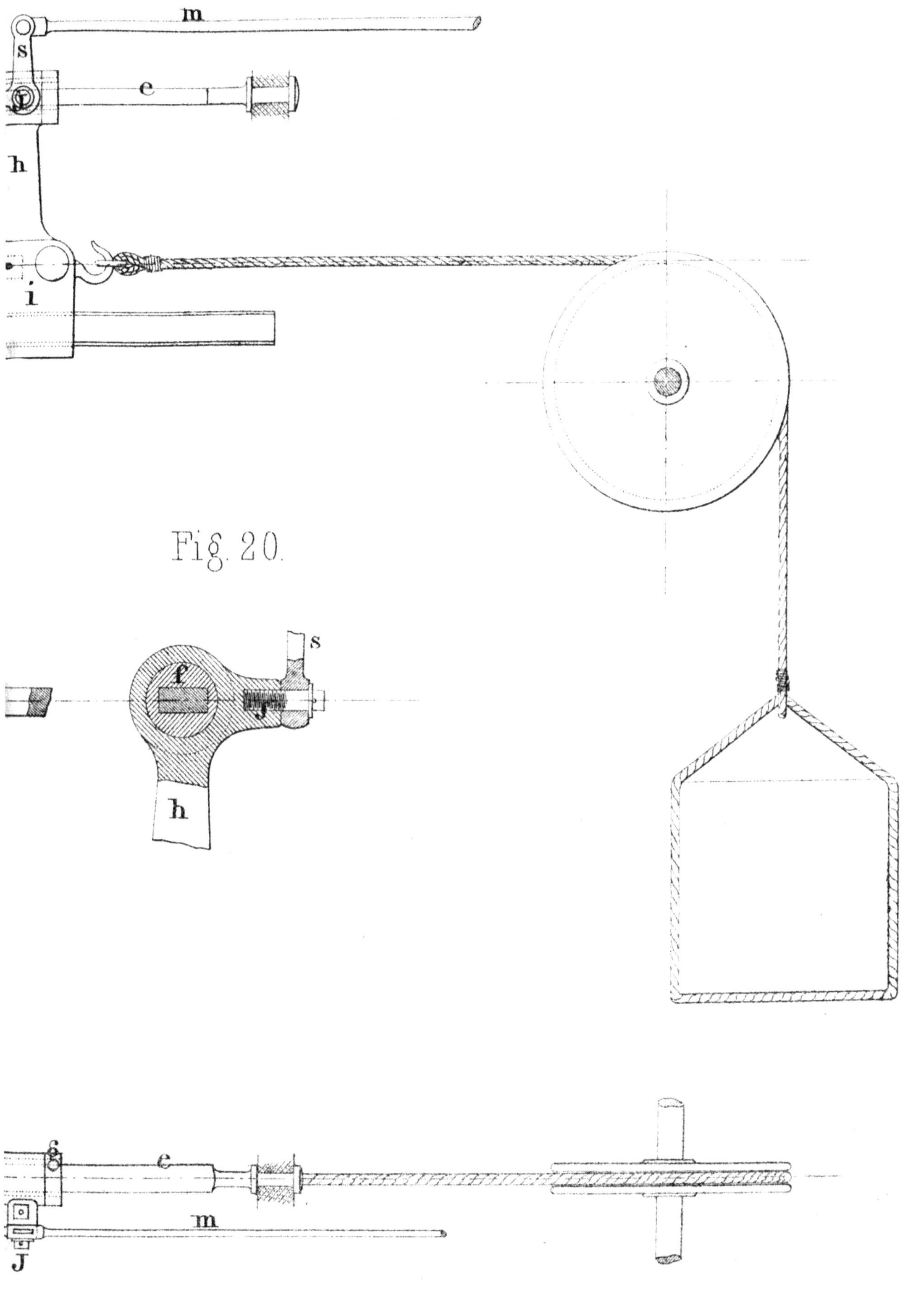

Fig. 20.

Fig 23

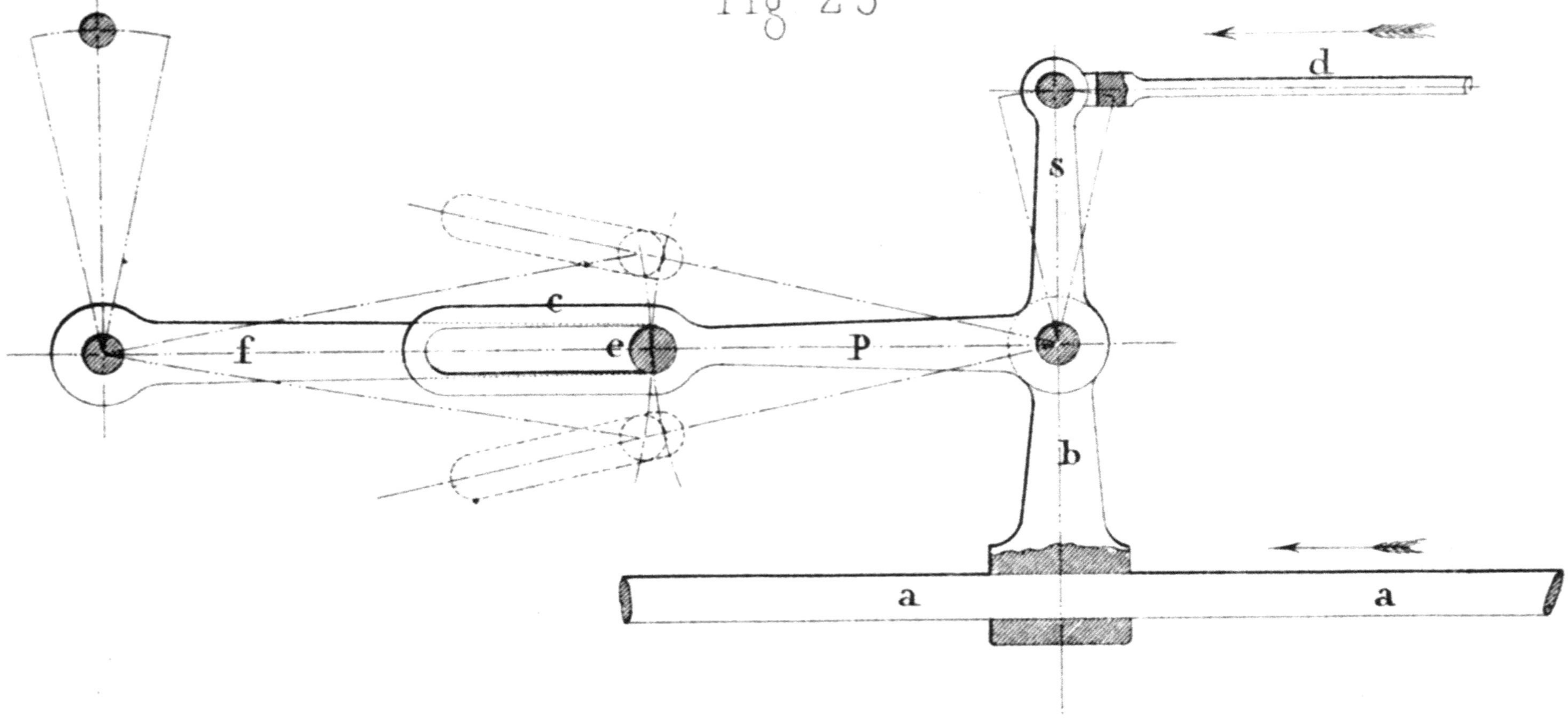

devenue fixe, il renversera lui-même la position du tiroir et par conséquent stoppera ; puis il reculerait de lui-même si son impulsion était assez forte pour dépasser le point stop du tiroir.

L'asservissement est donc obtenu complètement et suivant les principes constitutifs du servomoteur.

CHAPITRE III

CONJUGAISON DE SERVOMOTEURS — DISPOSITIONS SPÉCIALES — APPLICATIONS.

§ 11 — Emploi de plusieurs servomoteurs consécutifs ou conjugués se commandant l'un l'autre.

Dans les appareils de grande puissance la résistance des tiroirs et des organes qui commandent ou asservis- sent le moteur, pourra devenir trop considérable pour être vaincue directement par un seul homme. On sera amené alors, pour conserver la rapidité d'action, à employer simultanément plusieurs servomoteurs se commandant ou se conduisant successivement l'un l'autre et conjugués sur un même levier ou sur un même système articulé.

Nous ferons remarquer que lorsqu'on devra ainsi, pour manœuvrer la tige conductrice d'un servomoteur considérable, utiliser la puissance d'un servomoteur auxiliaire, il sera souvent très avantageux de placer ce servomoteur auxiliaire non pas sur la tige conductrice du grand moteur asservi, mais à l'autre extrémité de ses rênes, c'est-à-dire entre ces rênes et le tiroir ou organe à mouvoir pour manœuvrer le servomoteur principal.

En effet, de cette façon, la facilité de mouvement sera obtenue comme par la première combinaison, mais avec cet avantage important que le petit servomoteur n'aura à parcourir qu'une petite course correspondante à celle du tiroir du grand servomoteur, au lieu d'être obligé d'effectuer une course égale à celle de la tige conductrice principale, c'est-à-dire égale à celle du piston du servomoteur principal, ou lui correspondant.

Ce perfectionnement important sera applicable à toute combinaison de variantes quelconques de nos servomoteurs agissant sous l'impulsion de fluides ou de puissances quelconques.

Les petits servomoteurs constitués dans ce but pourront être l'objet de diverses simplifications en raison de leur course extrêmement réduite ; par exemple, pour la translation rectiligne sans balancier, la douille à coulisse *f*, ses accessoires *g k*, et la barre *e* sur laquelle elle glisse, représentés figures 17 à 22, pourront être remplacés sans inconvénient, et plus ou moins complètement, par le système représenté figure 23 et décrit plus haut, § 9, qui consiste

Fig. 24

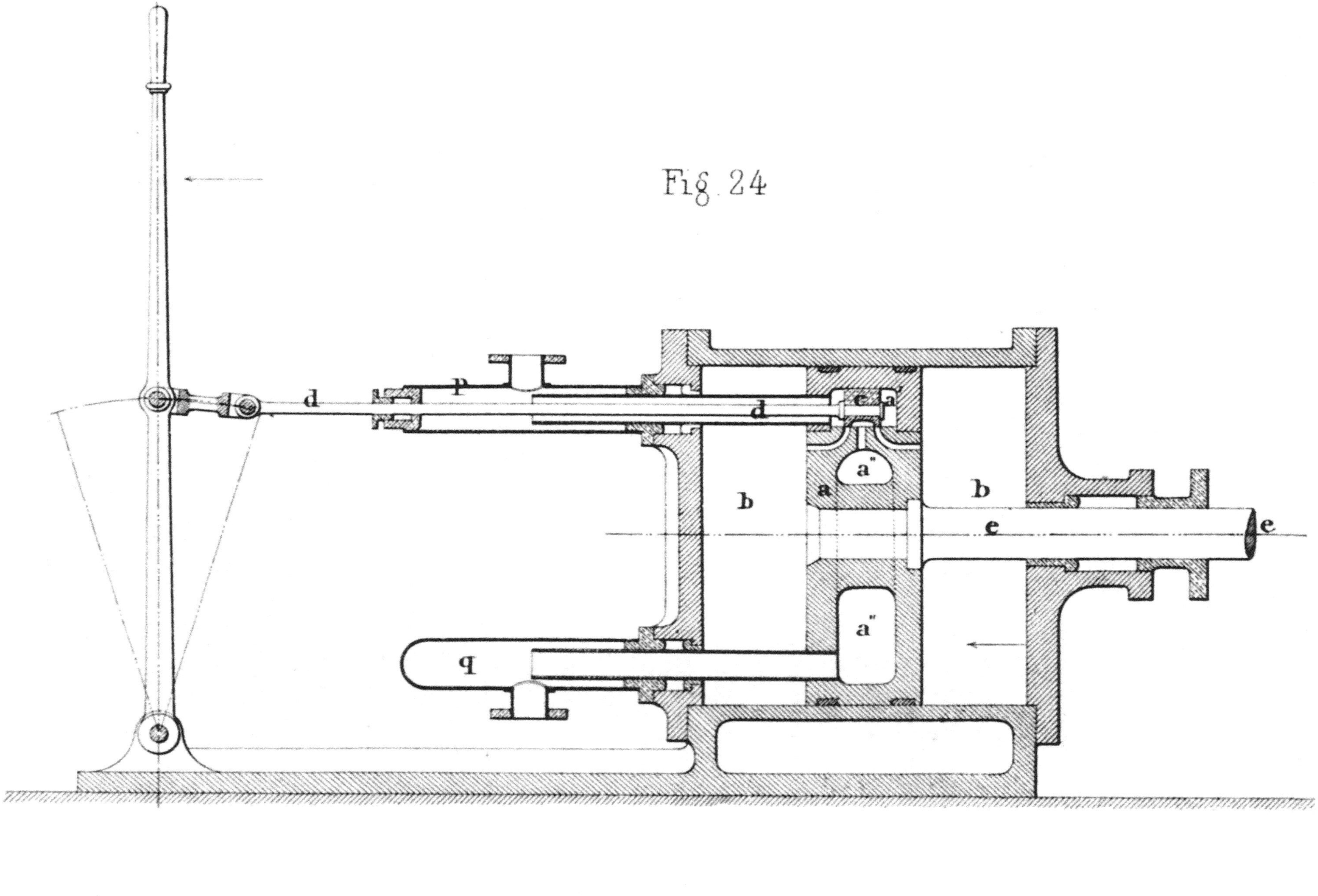

principalement en une simple rainure horizontale pratiquée dans la branche *p* de l'équerre asservissante primitive, d'une longueur égale à ladite course du piston, recevant le bouton qui commande le tiroir et lui servant de coulisse.

En effet, l'axe ou le centre d'oscillation du tiroir et de sa commande restant toujours, en raison de la petitesse de la course du piston, peu éloigné de celui de l'équerre *s p*, quel que soit le plan dans lequel on l'établisse, la légère variation de la longueur du bras de levier ou d'action de la branche *p*, produite par la translation du bouton dans la rainure ou coulisse horizontale qu'on aura pratiquée dans cette branche *p*, n'altérera pas sensiblement la précision et la puissance de l'asservissement.

On constituera ainsi selon les circonstances, et de diverses façons, de nombreuses variantes de nos rênes de servomoteur, obtenues au moyen de l'équerre constitutive et fondamentale *s p*.

§ 12. — Conjugaison des rênes de plusieurs servomoteurs.

On réalisera un très important perfectionnement en conjuguant sur une même barre les extrémités des rênes de plusieurs servomoteurs, de façon à permettre au conducteur de pouvoir les asservir et diriger tous à la fois.

Si l'on a par exemple à produire un mouvement vertical en même temps qu'un mouvement horizontal, il suffira de brancher une barre verticale *a*, figure 25, sur une barre horizontale *b* en lui permettant de glisser dans une coulisse de forme quelconque et lui constituant un encastrement à glissement vertical facultatif. La barre *b* recevra la commande ou l'extrémité des rênes du mouvement horizontal, et la barre *a* recevra celle des rênes du mouvement vertical.

On comprend alors facilement que, sur la barre *a*, un point *c* par exemple pourra servir de mire ou de centre de direction à la fois verticale et horizontale.

En effet, si le point *c* se meut horizontalement, il pousse dans le même sens la barre *b* sur laquelle il est encastré avec faculté de glissement vertical seulement, et fait marcher ainsi le servomoteur horizontal en l'asservissant complètement.

Si ce même point *c* est poussé verticalement, il tirera les rênes du servomoteur vertical attachées à la barre *a*, et agira sur lui comme conducteur asservissant.

Si ensuite on pousse le point *c* suivant une trajectoire inclinée quelconque, en le mouvant à la fois verticalement et horizontalement, la barre *b* se transportera suivant les abscisses de cette trajectoire, et la barre *a* glissera dans *b* suivant les ordonnées de cette même trajectoire, de telle sorte que le point *c*, manœuvré par le conducteur, est constitué en mire ou centre de direction générale pour les deux servomoteurs réunis, et manœuvrable d'une seule main, par exemple, si cela est utile.

On conçoit que l'on pourrait encore conjuguer sur ce même point *c* et de la même façon les rênes d'un ou plusieurs autres servomoteurs, par translation, soit perpendiculaire au plan des deux premières barres *a b*, soit dans toute autre direction.

Fig. 25

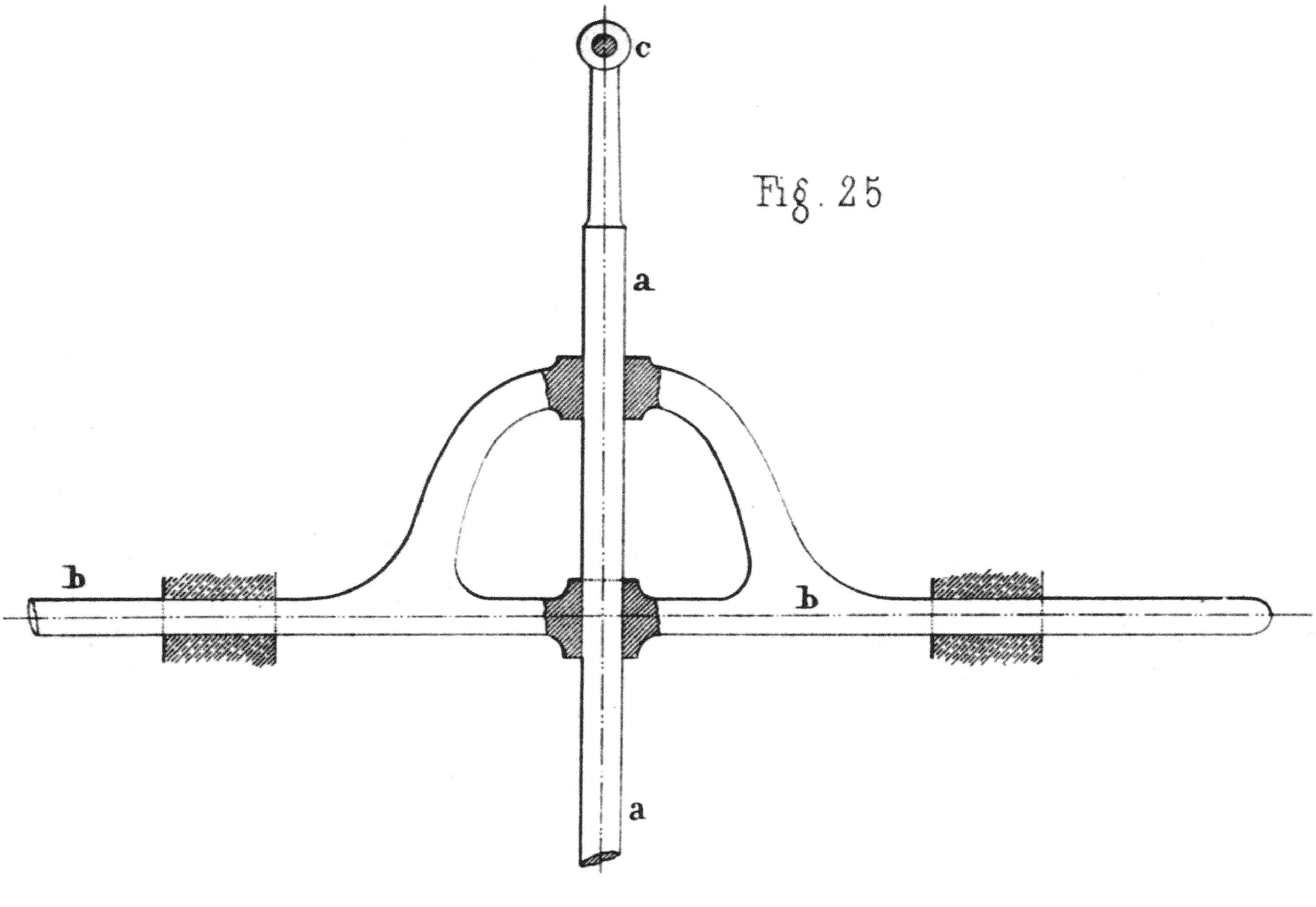

§ 13. — Ressorts de stop pour servomoteurs.

On a souvent besoin, dans les diverses applications du servomoteur, de constituer des ressorts de stop, simples et très précis dans leur action, ne servant de rênes en aucune façon, mais pouvant remplacer le conducteur au repos, et ramenant exactement la commande des rênes au point d'arrêt, avec un effort égal dans les deux sens.

Nous avons cherché plusieurs solutions de ce problème qui ne laisse pas que d'être assez difficile à bien résoudre ; voici quelle est celle qui nous paraît la meilleure et la plus simple, figures 26, 27:

Un ressort *a* de genre quelconque, à boudin ou tout autre, est enfermé dans un châssis *b*, lequel glisse sur deux oreilles ou points fixes *c d*, venus sur un support quelconque. Ce ressort *a* est tiré en sens inverse à ses deux extrémités par deux tiges à crochets *e f* traversant les oreilles *c d* et le châssis *b*; l'une de ces tiges *e*, filetée et munie d'un écrou mobile *s* à douille avec contre-écrou, permet de régler à volonté la tension du ressort dans le châssis *b*, en tirant d'une part sur l'embase ou écrou fixe *m* de la seconde tige *f* et par elle sur le point fixe *d* et, d'autre part, sur l'extrémité *n* du châssis *b* appuyée sur la seconde oreille *c*.

Les choses étant ainsi établies, si l'on vient à exercer un effort sur le châssis *b* d'une manière et dans un sens quelconques, au moyen de la bride *p* par exemple, soit en poussant, soit en tirant, le ressort se trouvera allongé par le déplacement de l'une de ses extrémités par rapport à l'un des points fixes.

On reconnaît facilement que si l'on tire la bride *p*, la tige *f*, détachant son embase *m* du point fixe *d*, glissera dans cette oreille en tirant sur le ressort, et que si, au contraire, on pousse cette même bride *p*, le châssis détachant de l'autre point fixe *c* son extrémité *n*, glissera tout entier sur les deux oreilles *c d* et sur la tige *f*, emmenant avec lui la tige *e* par laquelle il tirera encore sur le ressort en l'allongeant comme dans le mouvement inverse de la bride *p*.

Dans l'un et l'autre cas, dès qu'on lâchera la bride *p*, le ressort ramènera le tout à la position primitive, c'est-à-dire l'embase *m* sur l'oreille *d* et l'extrémité *n* du châssis sur l'autre oreille *c*.

On aura ainsi résolu complètement et de la façon la plus simple le problème posé, en constituant un stop précis, à tension égale dans les deux sens et par un ressort unique à tension variable et facultative.

Ce résultat est de la plus grande importance pour les applications diverses des servomoteurs de tous genres et aussi pour tous les cas où le besoin d'une solution mécanique analogue se manifestera.

§ 14. — Stop variable de position, par translation, au moyen d'un double ressort de stop.

On réalisera, dans certains cas, une application multiple et importante du ressort de stop décrit ci-dessus, en constituant, pour les servomoteurs de gouvernail par exemple, un double stop, ou stop à deux positions qui,

Fig. 26

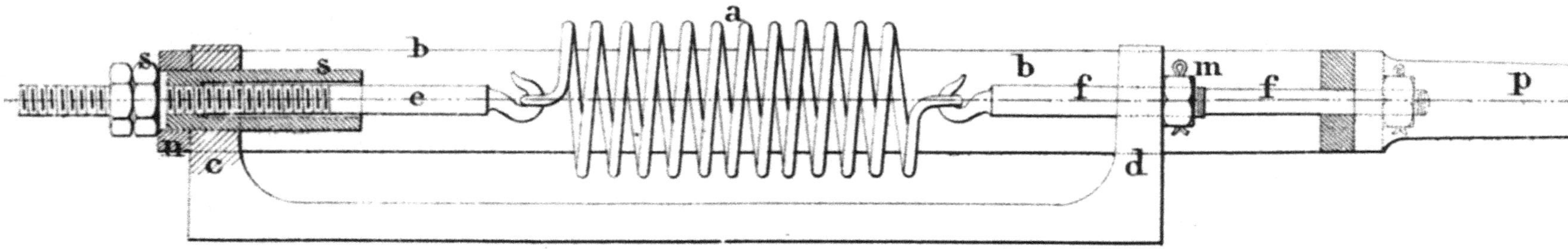

Fig. 27.

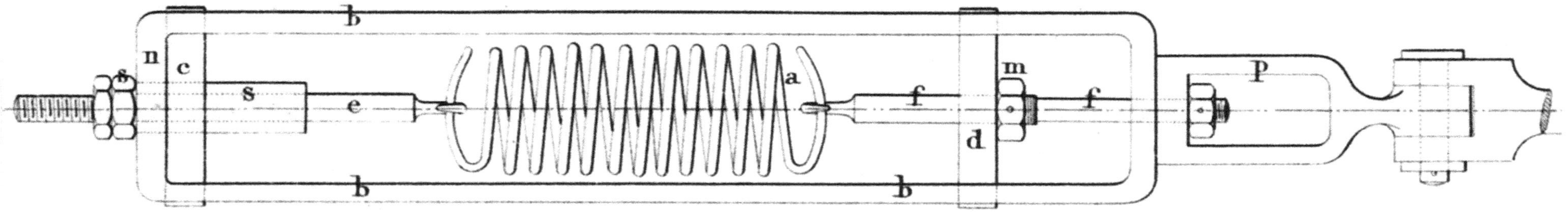

combiné avec le tiroir à découvrement que nous avons indiqué dans notre type primitif de servomoteur § 2, figure 4 , permettra de faire passer la vapeur d'un côté à l'autre du piston sans échappement lorsque l'on voudra laisser descendre le gouvernail sous le seul effort de la mer vers la position de barre droite.

Nous représentons cette solution figures 28 et 29.

r est le ressort de stop proprement dit.

On reconnaît facilement que tout son système est constitué suivant les principes et dispositions du paragraphe précédent ; il se trouve de plus attaché par ses oreilles aux points fixes *c d* sur un châssis supplémentaire ou boîte de translation *q*, lequel contenant un ressort *x*, simple ou double, agencé suivant les mêmes principes, peut se déplacer sur le bâti général entre deux butées *u v*, selon le sens du mouvement ou de l'effort imprimé au levier *t*.

Le levier *t*, qui a son axe de rotation *l* situé sur la boîte de translation *q*, est entraîné en son extrémité *t'* par un bouton *o* fixé sur le grand balancier *z* du servomoteur, lequel oscille sur son axe ou arbre vertical de rotation *k*.

Ce levier *t* est bien distinct du petit balancier *y* des rênes, par lequel le moteur est asservi.

On conçoit facilement que le ressort *x* ne s'allonge ou ne se tend, sous l'action de ce levier *t*, qu'après que le châssis *q* ou boîte de translation est venu buter contre un des talons *u v*, et alors le levier *t* peut décrire un mouvement angulaire variable, même de grande amplitude, sans gêner celui du balancier *z*, le ressort *x* étant allongé d'une quantité relativement faible, et maintenant, pendant toute cette course, le ressort *r* de *stop*, avec son châssis *b*, à l'une des positions prévues et normales de *stop*, selon que la boîte *q* bute sur le talon *u* ou sur le talon *v*.

On variera les applications de ce genre suivant les circonstances et les besoins.

Nous reviendrons sur cet important accessoire de la commande des rênes du servomoteur, ressort de stop, en exposant les dispositions et le mode de fonctionnement des appareils de gouvernails.

§ 15. Applications du servomoteur.

Maintenant que nous avons exposé tous les principes constitutifs et les principales variantes du servomoteur, nous aurions à décrire les diverses applications que nous en avons faites aux régulateurs de grandes machines, à la manoeuvre instantanée de leur distribution, à celle des tours cuirassées, des gouvernails, etc.

Nous nous bornerons à exposer comme démonstration pratique ou comme spécimen, une des plus importantes applications de cet appareil, celle que nous en avons faite à la manoeuvre des gouvernails de grands vaisseaux de guerre.

On y retrouvera l'emploi des principales variantes et des ressources toutes nouvelles que fournit, pour la solution des plus difficiles problèmes, l'engin nouveau et fécond que nous avons découvert, et dont la réalisation pratique nous a coûté bien des études, des peines et des dépenses pour arriver au succès complet constaté aujourd'hui.

Fig. 28

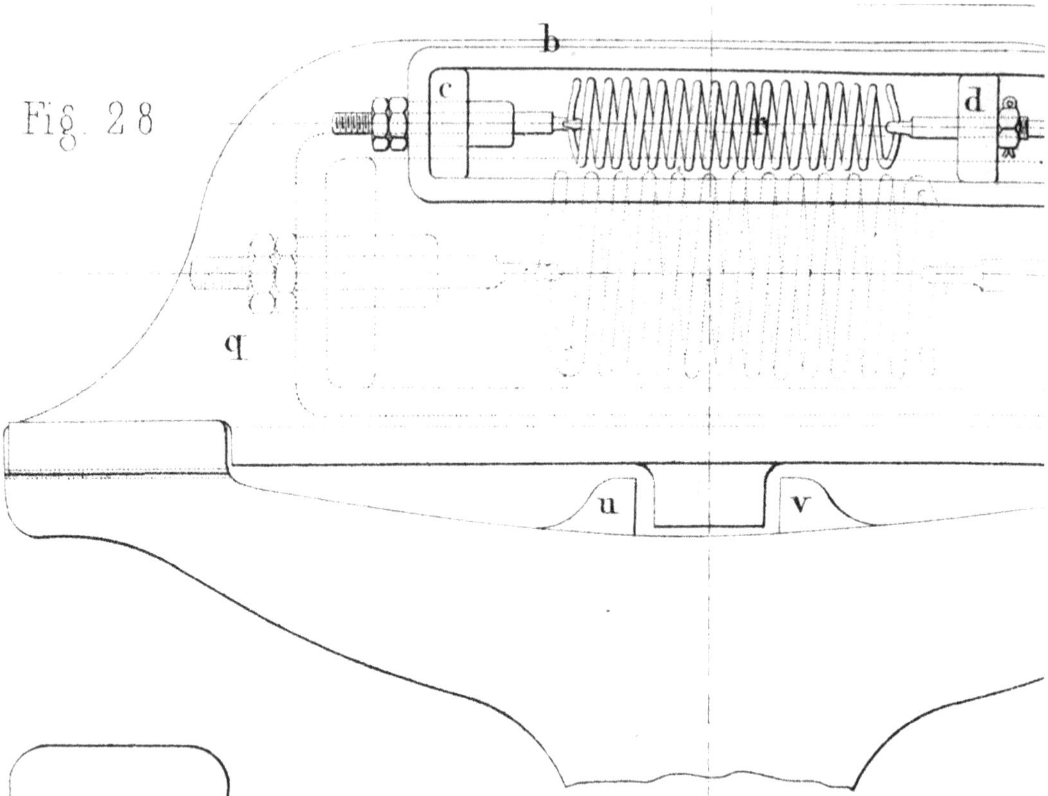

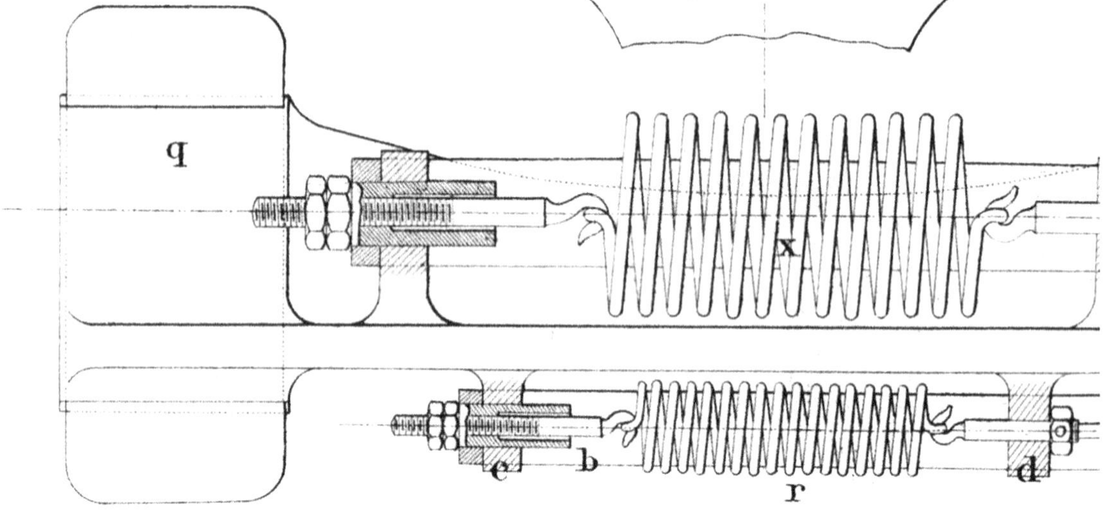

Fig. 29.

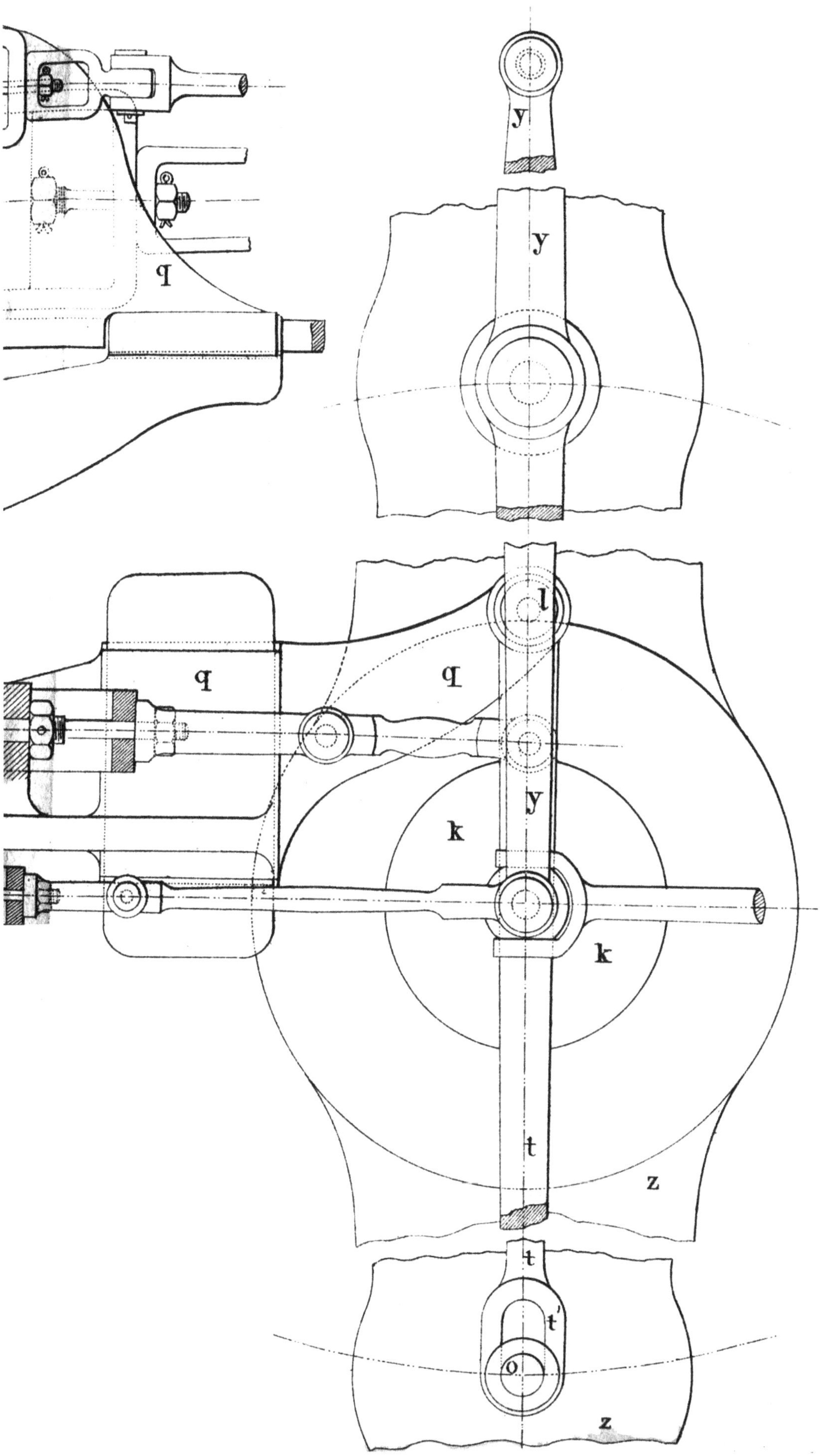
y
y
l
y
k
k
t
z
t
t'
o
z

CHAPITRE IV

GOUVERNAIL A VAPEUR FARCOT. — APPAREIL DU BÉLIER.

DESCRIPTION THÉORIQUE ET PRATIQUE DU SERVOMOTEUR APPLIQUÉ À LA MANŒUVRE DES GOUVERNAILS.

---

§ 16. — Avantages réalisés.

Le servomoteur, comme nous l'avons vu, donne la solution générale pour tous les cas où l'on aura besoin à la fois de *puissance*, de *précision* et de *rapidité d'action*.

On conçoit donc aisément qu'une des premières applications qui s'est présentée à notre esprit a dû être la manoeuvre des grands gouvernails.

En effet, depuis que les navires sont devenus plus grands, plus lourds, les cuirassés surtout, on a cherché, en Angleterre et ailleurs, divers moyens et appareils pour augmenter la puissance des gouvernails et faciliter leur manœuvre.

De plus *l'emploi de l'éperon* dans les luttes navales modernes constitue une *arme nouvelle* et bien puissante, mais qui, dans l'état actuel des choses, ne peut guère être utilisée ; car, pour s'en servir efficacement, il faudrait *pouvoir gouverner le navire* qui la porte avec une *promptitude*, une *précision* et une *facilité d'évolutions, au moins aussi grandes que celles des galères antiques*, pour qui l'éperon était l'arme principale et qui, étant courtes et légères relativement aux vaisseaux actuels, pouvaient obéir à la main du timonier d'une façon tout autre que les bâtiments d'aujourd'hui.

Le servomoteur donne sous ce rapport toute satisfaction ; il conduit le gouvernail sous la main du pilote avec une rapidité telle que *l'amplitude totale de sa course angulaire sera parcourue en un temps aussi court qu'on voudra, deux ou trois secondes par exemple, si on le veut,* tandis que *les appareils les plus récents à vapeur ou à eau et bien plus compliqués, essayés en Angleterre, exigent, à égalité de parcours angulaire, un délai au moins dix fois plus grand, et que les engins actuels*, fonctionnant à force de bras, ne peuvent effectuer ce travail *qu'en plusieurs minutes.*

Nous avons appliqué jusqu'à présent (1872) nos servomoteurs aux gouvernails ainsi qu'aux tours cuirassées de quatre garde-côtes de la marine française, *Cerbère, Bélier, Bouledogue* et *Tigre*. *Les appareils expérimentés* ont manifesté l'exactitude de nos calculs et réalisé toutes nos prévisions.

La barre est transportée presque instantanément d'un bout à l'autre de sa course. Le timonier la manoeuvre de l'un quelconque des postes de commande désignés, voyant se reproduire constamment devant lui sur un cadran tous les mouvements que subit le gouvernail.

Toutes les dispositions actuelles sont conservées afin de permettre de manœuvrer à volonté par l'ancien appareil à drosses ou cordes, en cas d'accident, ou par servomoteur.

La commande du gouvernail est constituée de façon à lui *permettre de céder sous les coups de mer* exactement *de la quantité qu'on veut* pour éviter les ruptures.

Il nous semble évident que, dans ces conditions nouvelles, la manoeuvre et les évolutions d'un navire seront singulièrement facilitées, tant pour virer que pour l'attaque à l'éperon et pour tous les incidents de la marche ou du combat. On pourra augmenter autant qu'on voudra, dans ce but, la puissance et l'étendue de surface du gouvernail ainsi que la rapidité de translation de la barre.

Le commandant pourra sans fatigue conduire lui-même la barre quand il le jugera utile en circonstances graves. L'attaque à l'éperon pourra être aussi rapide, soudaine et précise que l'on peut le désirer, *le gouvernail manoeuvrant aussi facilement et promptement que celui d'un canot.*

§ 17. — Étude du gouvernail du Bélier. — Division et décomposition élémentaire de l'ensemble de l'appareil.

La manoeuvre précise, puissante et sûre d'un gouvernail, par mauvais temps surtout, étant un problème très complexe et très délicat à résoudre, nous avons dû, pour éviter toute chance quelconque d'accident, ajouter, dans cette application spéciale, divers accessoires à nos servomoteurs ordinaires, ce qui, à première vue, peut donner à l'ensemble une apparence de complication.

Mais, quand on a étudié l'appareil dans toutes ses parties, on voit bien que la complication n'est qu'apparente, et qu'on ne peut pas le faire plus simple si l'on veut résoudre le problème à fond, c'est-à-dire donner au marin *toutes les garanties possibles d'une bonne navigation*, faire qu'il reconnaisse tellement lui-même tous les avantages de la machine nouvelle et y prenne une telle confiance qu'il la préfère de beaucoup à la commande ordinaire par drosses, au double point de vue de la rapidité d'évolution et de la sûreté pour son gouvernail. Notre but, dans l'étude que nous allons faire, est de donner une description exacte et complète, théorique et pratique, de toutes les parties de l'appareil, afin qu'on puisse bien en apprécier tous les avantages, et surtout de mettre tout le monde à même de bien connaître à fond le fonctionnement et la raison d'être de chacune de ces parties, afin que qui que ce soit puisse conduire notre machine à gouverner aussi facilement que tout engin connu quelconque.

Nous entrerons à ce point de vue dans des détails de description et de démonstration qui pourront paraître trop élémentaires et donner lieu à des redites ; mais notre excuse, sous ce rapport, sera notre désir de ne rien laisser sans explication et de nous faire bien comprendre de ceux qui doivent manœuvrer et conduire nos appareils.

Nous donnerons dans ce but, à la fin de cet ouvrage, un résumé des moyens pratiques à employer pour vérifier et régler le bon état de tout l'ensemble.

L'appareil que nous allons étudier et décrire est celui que nous avons appliqué aux gardes-côtes *Bélier, Bouledogue, Tigre* ; c'est le type qu'il conviendrait d'adopter, à peu près sans changements, pour la commande des plus grands gouvernails de la marine actuelle.

Cet appareil se divise en trois parties bien distinctes :

- Servomoteur double, à vapeur, manœuvrant la barre du gouvernail ;
- Cylindre hydraulique régulateur de flexion du gouvernail sous les coups de mer ;
- Transmission funiculaire transportant la commande de l'appareil en un point quelconque du bâtiment.

Nous allons analyser et décrire séparément chacune de ces parties, la première dans la suite du présent chapitre et les deux autres en deux chapitres différents : puis, dans un chapitre suivant, nous chercherons à faire comprendre plus complètement l'utilité et le fonctionnement relatif de tout l'ensemble.

§ 18. — Gouvernail à vapeur du Bélier. — 1re partie.

Servomoteur double manœuvrant la barre.

Cette première partie, le servomoteur, constitue réellement l'appareil et on pourrait parfaitement manœuvrer par son moyen un gouvernail quelconque sans le secours d'aucun autre accessoire, si l'on se contentait de la manoeuvre proprement dite, sans prévoir tous les inconvénients qui peuvent résulter d'un gros temps.

Aussi allons-nous commencer par présenter cet appareil tel qu'il pourrait exister dans toute sa simplicité, et nous arriverons ensuite à montrer graduellement comment nous avons été conduit, dans l'étude de construction, à le compléter successivement par l'addition de tous ses accessoires et à le faire tel qu'il est sur le Bélier.

§ 19. — Description d'un servomoteur simple appliqué à un gouvernail.

Cet appareil se compose (fig. 30 et 31) d'un cylindre à vapeur A dans lequel se meut un piston B, directement relié par une bielle à la barre *c*, qui

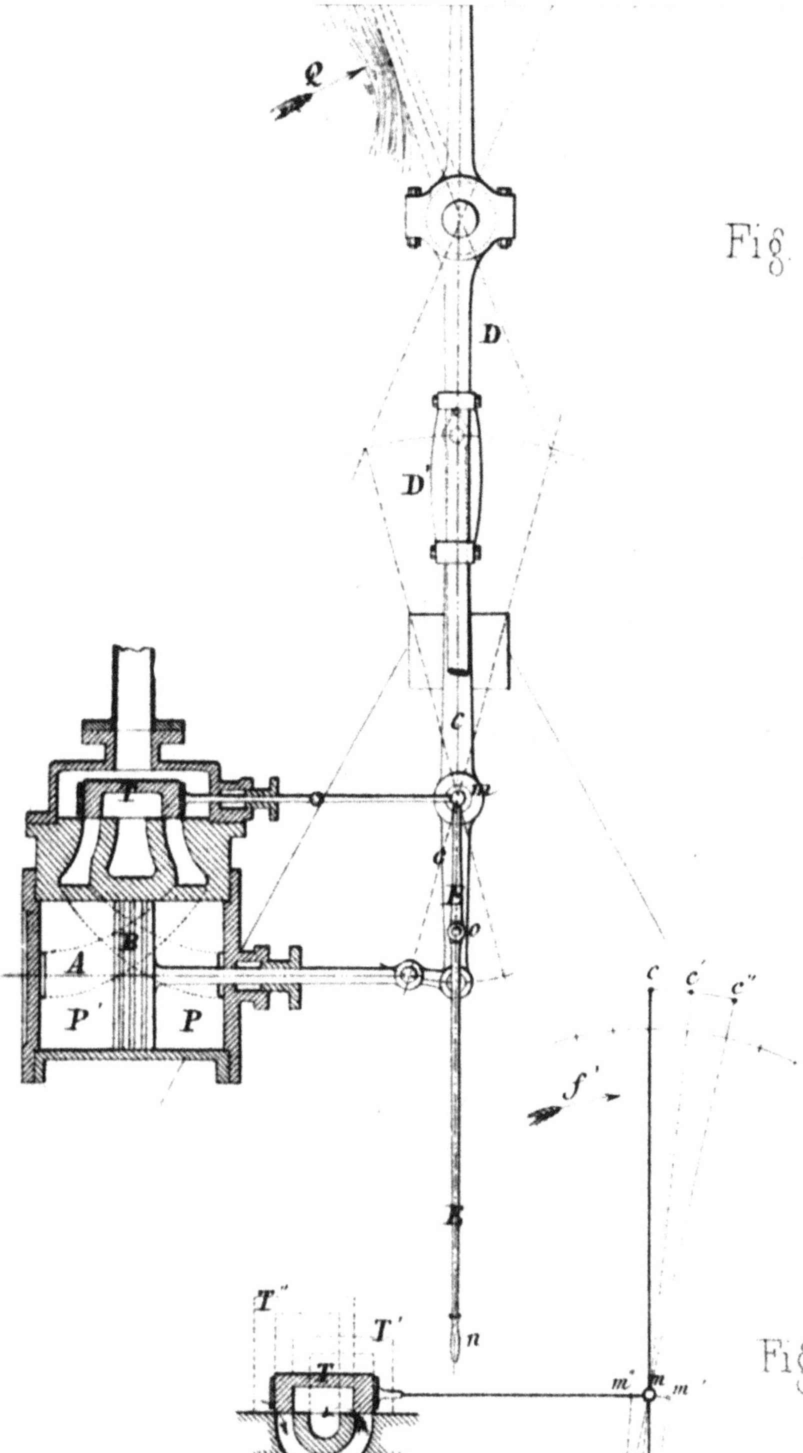

Fig. 30

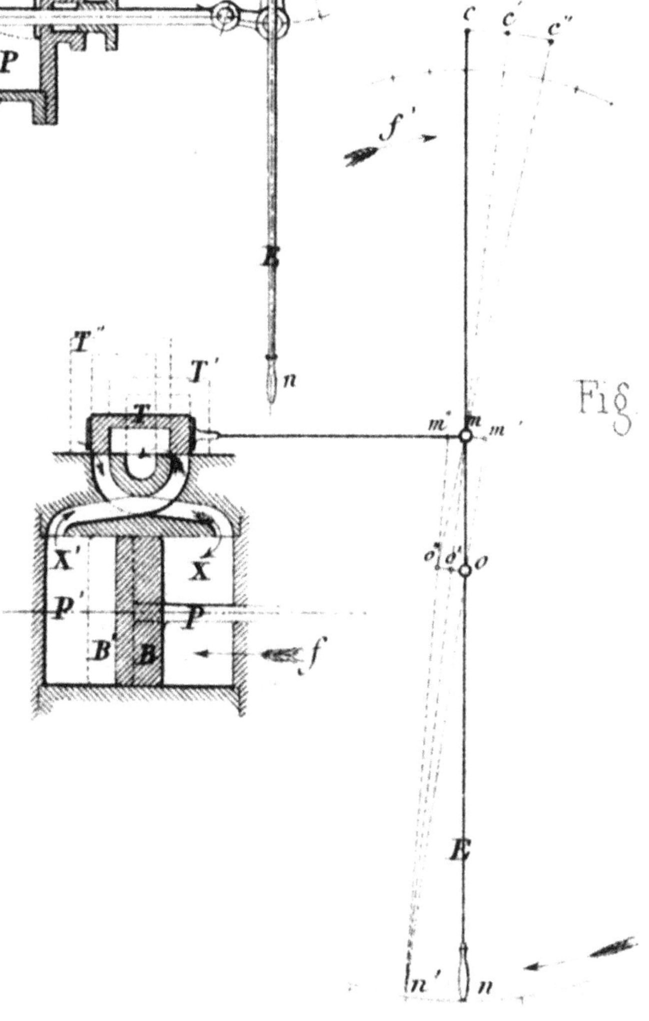

Fig. 31

elle-même manœuvre, au moyen d'un maneton glissant dans une coulisse D', la barre D du gouvernail. Admettons que la distribution de la vapeur soit effectuée dans le cylindre au moyen d'un tiroir à coquille ordinaire T recevant le mouvement d'un balancier E (rênes du moteur) qui a son centre d'oscillation *o* sur la barre *c*, et son point de liaison avec le tiroir en *m*, en face du centre d'oscillation de la barre *c*.

Supposons le timonier placé au point *n*, manœuvrant le balancier E, et voulant faire marcher la barre *c* dans la direction de la flèche *f*, par exemple fig. 31; il transportera le point *n* en *n'*, en faisant tourner le balancier des rênes autour du point *o* qui est fixe ; le point *m* viendra en *m'*, le tiroir se transportera donc de la position T en T', et la vapeur passant par les galeries convenablement dirigées arrivera sur le côté X du piston B qui, poussé par elle, marchera dans la direction de la flèche *f*. En avançant, le piston entraînera la barre *c* dans la direction des flèches *ff'*, et le point *o*, appartenant à cette barre, se déplacera avec elle. Si le timonier s'est arrêté en *n'*, le point *n'* dans sa main devient fixe à son tour, et le balancier E, tournant autour de ce point fixe *n'*, entraîné par le point *o*, ramène le point *m'* en *m*, position correspondante à celle du tiroir au milieu de sa course, c'est-à-dire à l'admission de vapeur cessante.

Le piston B tendant à continuer son mouvement, en vertu de la pression X qui agit sur lui et aussi de l'impulsion reçue, le point *o'* se trouve transporté dans la direction *o"*, celui *m* dans la direction de *m"* et le tiroir dans la direction de T"; c'est-à-dire que le piston B aura alors le côté X ouvert à l'échappement, et celui X' à l'admission, afin de ramener le point *c"* en *c'* qui est la position correspondante à celle *n'*, indiquée par le timonier.

On voit donc que, avec cet appareil, le timonier peut amener la barre dans toutes les positions qu'il voudra, et qu'il lui suffira de déplacer le petit balancier E, pour que la barre ou le gouvernail se déplace exactement de quantité proportionnelle.

Pour les mêmes raisons que nous venons d'exposer, le gouvernail se tiendra en équilibre, au point indiqué par le timonier (en supposant qu'on navigue en eau calme), et le servomoteur déterminera de lui-même la pression qu'il faut constituer sur son piston pour faire équilibre à la pression de l'eau sur le gouvernail, pression variable, pour chaque inclinaison de barre, et pour chaque vitesse du bâtiment.

En effet, supposons que le gouvernail amené en une position correspondante à celle *c'* de la barre *c* (fig. 30 et 31) supporte une pression Q agissant à son centre de figure pour redresser sa barre ; si cette barre se redressait, ce serait évidemment par l'insuffisance de la pression P sur le piston B ; mais alors, au premier petit mouvement angulaire qu'elle ferait pour se redresser, elle entraînerait avec elle le point *o'* et par conséquent le point *m*, et s'enverrait précisément de la vapeur sur le piston B, du côté X, ce qui la remettrait en sa position.

Si, au contraire, la pression P était trop forte, le piston se mettant en mouvement en sens inverse du précédent, ouvrirait le côté X à l'échappement, et l'équilibre se rétablissant, la barre serait encore forcée de rester au point assigné par le timonier. On voit donc que, sans que le timonier s'en doute, malgré les condensations qui peuvent se produire dans le cylindre, le servomoteur sait s'arranger de lui-même en décrivant de temps à autre des petits mouvements angulaires de chaque côté du point où on l'a amené, pour que :

$$\omega (P - P') = Q$$

C'est-à-dire pour que l'équilibre existe : ω étant la surface du piston, Q, la résistance du gouvernail supposée transportée sur l'axe du piston.

On a donc bien là l'appareil puissant et obéissant, capable de manœuvrer un gouvernail, et qui serait suffisant si l'on ne tenait compte des considérations suivantes.

§ 20. — Servomoteur double appliqué à un gouvernail.

Il arrivera presque toujours que les gouvernails auxquels on appliquera ces appareils seront des gouvernails de grands navires et très difficiles à manoeuvrer avec les drosses. On aura par suite besoin de cylindres moteurs puissants, dont les tiroirs seront trop résistants pour qu'on puisse les mouvoir à la main ; aussi ajoutons-nous, pour commander dans ce cas le tiroir, un petit servomoteur auxiliaire qui fonctionne d'après les mêmes principes que le précédent, de telle sorte que, le timonier n'ayant plus à manoeuvrer que le tiroir du petit moteur auxiliaire, au lieu de celui du grand moteur, l'appareil devient d'un service très doux, et les transmissions dont on a toujours besoin à bord pour transporter la commande sur le pont et ailleurs, sont aussi légères que possible.

Représentons, comme précédemment, A cylindre du gros moteur, fig. 32 et 33, B son piston relié au balancier *c*, commandant la barre du gouvernail, et E le balancier des rênes du moteur A, ayant son point fixe sur la barre C en *o*. Soit en a le moteur auxiliaire, *b* son piston, attaché directement au tiroir T du gros moteur, *t* son tiroir de distribution mis en mouvement par un levier d'équerre *y y'* ; soit *e* l'équerre asservissante des rênes du moteur auxiliaire *a*, ayant son point fixe en *s* pris sur un appendice de la tige du piston du moteur *a* ; *c g d* sont des bielles et leviers de transmission reliant le balancier E à l'équerre *e*.

Si le timonier toujours placé en *n*, figure 33, veut faire marcher la barre dans la direction de la flèche *f*, il transportera le point *n* dans cette direction en *n'*, par exemple, et alors : le balancier E tournant autour du point *o*, le point *m* vient en *m'*, le point *h* vient en *h'*, tournant autour du point *s*, le point *k* en *k'*, tournant aussi autour du point *s*, et le tiroir *t* passe en *t'* ; par suite la vapeur arrivant sur le côté *x* du piston *b*, le pousse en *b'*.

Le point *s* alors entraîné par le piston *b* et se mouvant autour du point *h'* (qui est devenu point fixe, puisque le timonier tient en main le point *n'*) passé en *s'* et celui *k'* revient en *k*, c'est-à-dire que le petit tiroir *t* est revenu au milieu de sa course, le petit piston restant en *b'*.

Fig. 32

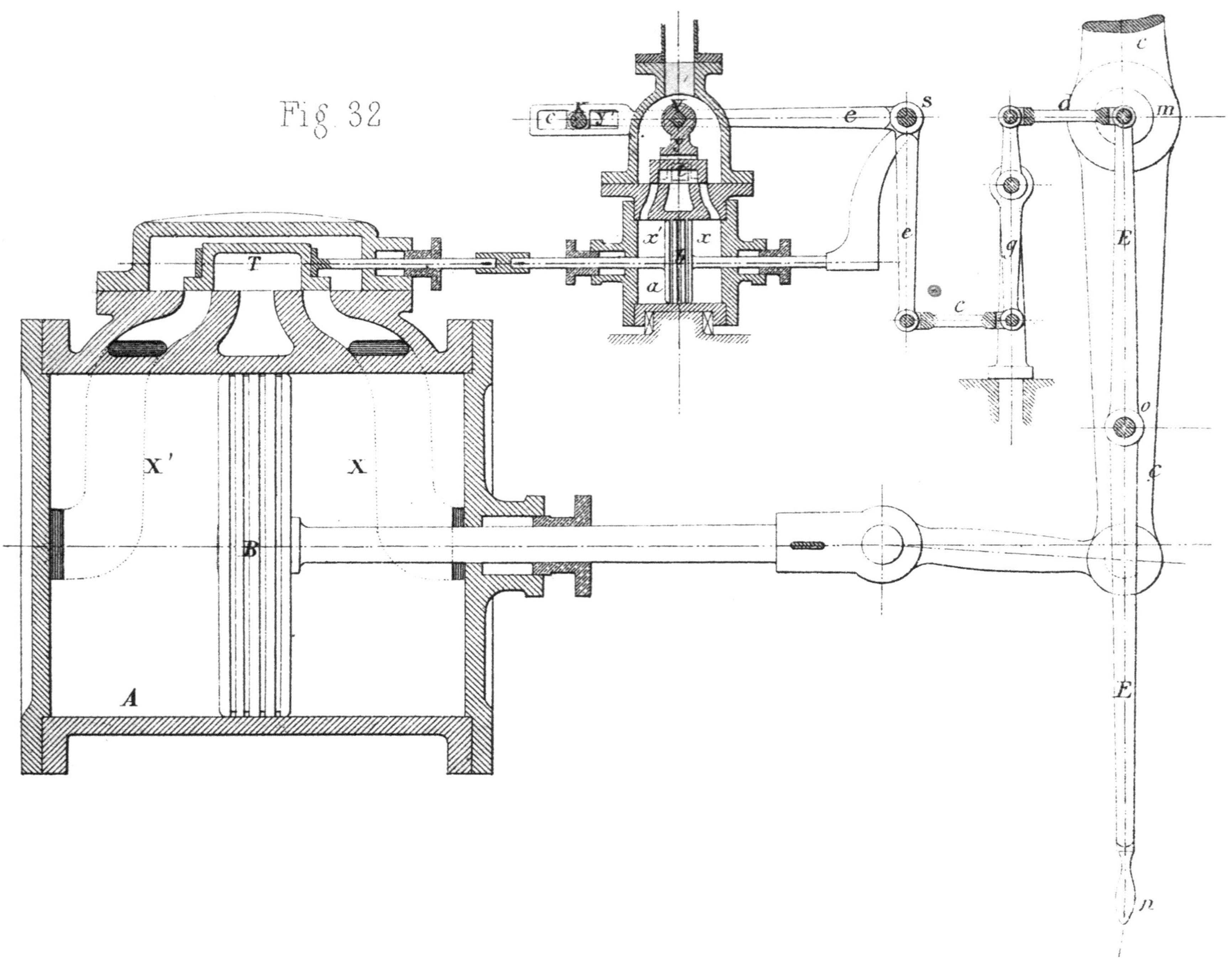

Fig. 33

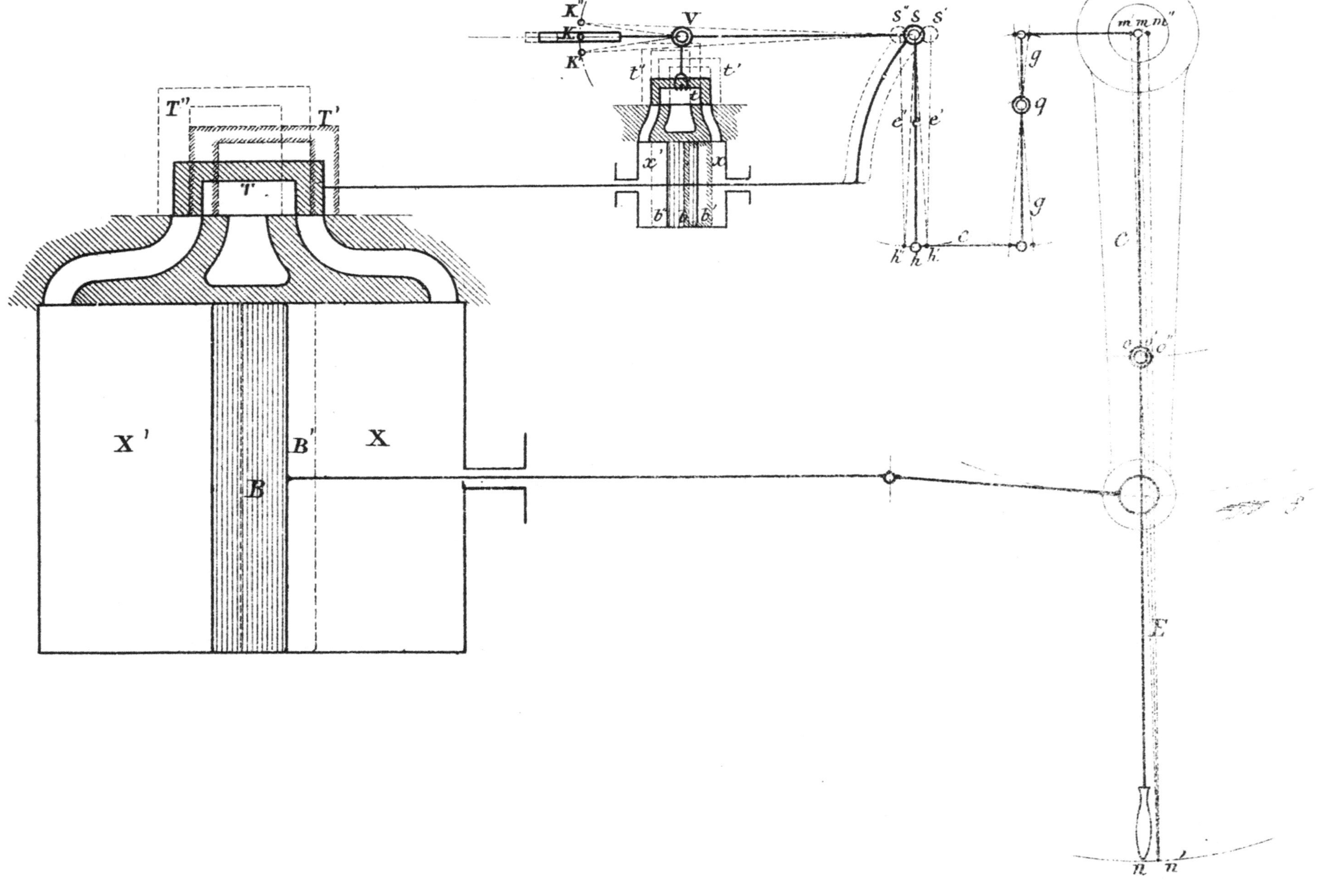

Le petit piston passant de *b* en *b'* a emmené avec lui le grand tiroir T en T', et alors la vapeur arrivant sur le côté X' du grand piston B, le pousse dans la direction *f* en entraînant la barre avec lui ; il arrive ainsi en B'.

Mais la barre *c*, marchant, transporte avec elle le point *o*, et, le point *n'* étant devenu point fixe dans la main du timonier, le balancier E pivote autour de *n'* entraîné par *o* qui vient en *o'*, ce qui replace le point *m'* en *m* ; et, par conséquent, le point *h'* repasse en *h*, tournant autour de *s'* et le tiroir *t* vient en *t'*. La vapeur arrivant sur le côté *x* du piston *b'*, le ramène en *b* en entraînant *s'* autour de *h* jusqu'en *s*, et le tiroir T' jusqu'en T ; alors la barre est avancée d'une quantité correspondante à *n n'* à la demande du timonier, et les deux cylindres avec leurs tiroirs sont revenus à l'état d'équilibre.

On comprend que si le piston B' tendait à aller plus loin que le point assigné par le timonier il s'enverrait la vapeur en sens inverse, ce qui le ferait revenir à sa position indiquée.

L'asservissement des deux moteurs, et du grand en définitive, a donc bien lieu comme dans le cas du servomoteur simple, c'est-à-dire que le timonier, avançant, reculant ou arrêtant le balancier E, manoeuvre ainsi le petit tiroir *t* et fait avancer, reculer, ou arrêter la barre, comme s'il la conduisait lui-même directement à la main.

De cette façon le timonier n'a environ que 3 ou 4 kilogrammes, par exemple, de résistance à vaincre dans sa main, pour conduire où il veut, aussi vite qu'il le veut, un gouvernail pouvant offrir une résistance de 10 000 à 12 000 kilogrammes.

On reconnaît facilement dans le système des rênes du servomoteur auxiliaire a la variante décrite au § 9 (fig. 23), appliquée en principe et complétée.

§ 21. — Tiroirs à découvrement.

Dans ce genre d'appareils, la perfection idéale à atteindre pourrait paraître exiger l'emploi de tiroirs réglés arête pour arête avec les orifices du cylindre, afin d'obtenir une régularité infiniment grande dans la manœuvre ; car, pour un mouvement infiniment petit subi par la barre au-delà de ce qui lui est commandé, le tiroir ouvrirait tout de suite, soit à l'admission, soit à l'échappement, les passages du cylindre, afin de rétablir, par ce petit mouvement même, l'équilibre qui avait été rompu. Mais, en pratique, cela n'est pas possible, il faut donner au tiroir 1 à 2 millimètres de recouvrement en dedans et en dehors sur les orifices, afin d'avoir une certaine marge pour régler l'appareil.

Nous remarquerons qu'il n'est pas nécessaire que les deux orifices soient ainsi couverts en même temps par le tiroir et qu'on peut tout aussi bien, par exemple, avoir un tiroir dans le genre de celui T (figure 34), découvrant les deux orifices au milieu de sa course, par moitié ou autrement.

En effet, en partant de barre droite, position *b* (fig. 35) où la résistance sur le gouvernail est zéro et allant vers *a*, où elle atteint son maximum d'un bord, la pression doit se constituer du côté *x'* du piston ; de même, en allant vers *c*,

Fig. 34

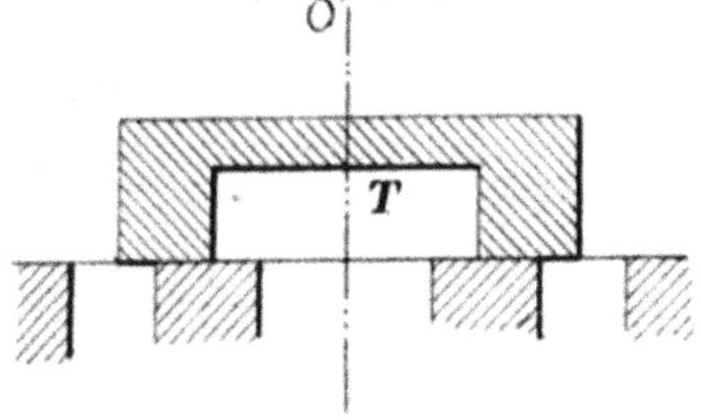

Fig. 35

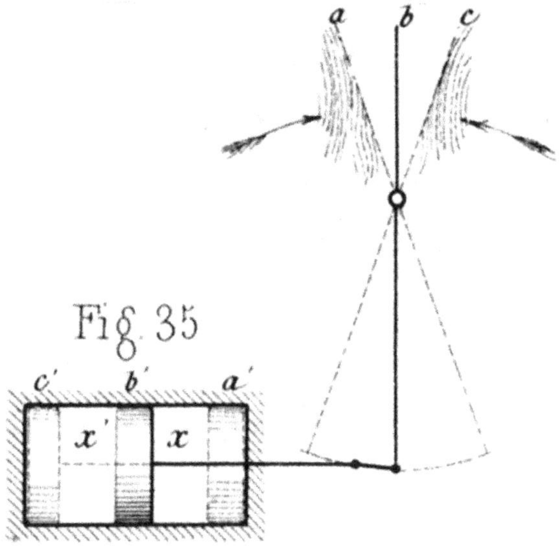

Fig. 36

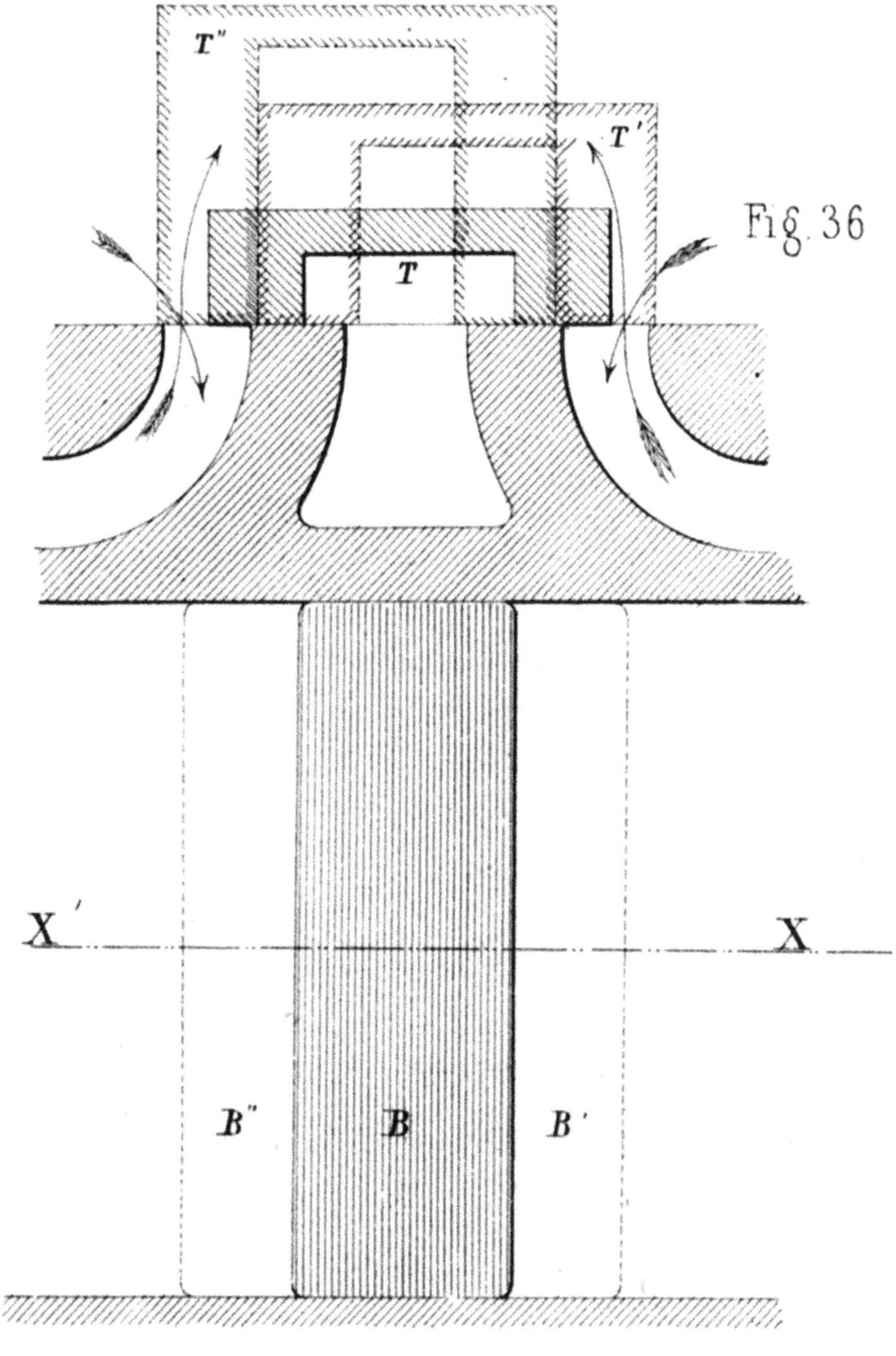

la pression doit se constituer du côté *x* de ce piston. Les positions *a' b' c'* du piston correspondent à celles *a b c* du safran.

Il y a donc évidemment un moment, correspondant au milieu de la course de ce piston, où il n'existe plus de résistance à vaincre pour tenir la barre, et, à partir de ce moment, lorsqu'on veut pousser la barre d'un bord ou de l'autre, il faut constituer la pression d'un côté ou de l'autre du piston.

Ceci étant, on voit que le tiroir T suffira très bien pour la manœuvre si l'on peut lui donner, figure 36, la position T' comme stop, ou point d'équilibre, pour toutes les positions d'équilibre de la barre correspondant à celle du piston du côté X, et ensuite comme autre stop la position pour toutes celles de la barre correspondant aux positions du piston du côté X'.

En effet on aura alors le côté du piston sur lequel doit agir la pression P pour mouvoir la barre en communication constante avec la chaudière, l'orifice d'admission restant ouvert en grand, tandis que, l'autre orifice étant fermé, le système de rênes constituera du côté correspondant du cylindre, par tâtonnement en ouvrant, tantôt à l'échappement, tantôt à l'admission, une pression P' telle que, la pression de la chaudière étant P, on ait constamment :

$$\omega \, (P - P') = Q$$

ce qui est bien l'équation de l'équilibre du gouvernail.

Q étant la résistance de la barre transportée sur le piston, ω la surface du piston B.

Nous démontrerons tout à l'heure que l'emploi d'un tiroir réglé de la façon que nous venons de décrire produira une grande économie de vapeur ; mais, pour se servir d'un tiroir à découvrement comme celui représenté fig. 34 et 36, il faudra résoudre un problème nouveau consistant à bien établir rigoureusement les deux stops nécessaires du tiroir, c'est-à-dire à faire que, automatiquement, sitôt qu'on veut faire marcher le piston B et sa barre, sur tribord par exemple, le tiroir vienne prendre son stop correspondant en T'', et réciproquement, quand on voudra faire marcher la barre sur bâbord, il vienne prendre son stop en T' , c'est-à-dire qu'il vienne se remettre toujours à l'un de ces deux stops bien déterminé, pour une position quelconque de la barre soit sur tribord ou sur bâbord.

C'est au passage de barre droite que ce déplacement de stop du tiroir doit spontanément s'effectuer, car à ce moment la résistance de la barre est nulle.

Nous allons expliquer les raisons qui nous ont fait adopter le tiroir à découvrement, malgré cette difficulté qu'il fallait résoudre. On se rappelle que nous avons déjà dit quelques mots de ce genre de tiroir aux § 2 et 14.

§ 22. — L'emploi d'un tiroir à découvrement pour le grand cylindre réalise une économie de 50% sur la vapeur dépensée.

Dans la manoeuvre d'un gouvernail, il n'y a travail à produire que pour donner à la barre un angle quelconque et, quand il faut la remettre droite, la pression de l'eau qui agit sur le gouvernail suffit pour ramener tout dans l'axe du navire. Il est donc de première utilité de profiter de cette puissance de l'eau et de ne pas dépenser de vapeur pour redresser la barre.

Avec le tiroir arête pour arête, que nous avons décrit précédemment, la barre étant en une position quelconque, pour la ramener, on est conduit, en manœuvrant le tiroir, à ouvrir l'un des côtés du cylindre à l'échappement, ce qui perd un volume au moins égal à celui qu'engendre le cheminement du piston et bien inutilement car, ainsi que nous l'avons dit, la pression de l'eau est suffisante pour ramener barre droite.

Or, comme chaque fois qu'on a donné un angle à la barre il faut, dès que le bâtiment a pris sa route, la ramener, il s'ensuit qu'on dépenserait autant de vapeur pour redresser la barre que pour lui donner de l'inclinaison, c'est-à-dire deux fois la vapeur qu'on devrait réellement dépenser. C'eut été là un grand défaut, que nous avons dû chercher à éviter complètement : nous y avons réussi. Le tiroir à découvrement supprime tout à fait ce grave inconvénient.

En effet, la barre ayant été amenée à une position quelconque, *a* (fig. 35), le tiroir se trouve en T' (fig. 36); le côté X' du cylindre communiquant avec la chaudière, est à la pression P, celui X est à une pression telle que :

$$\omega\,(P - P') = Q$$

Examinons ce qui va se passer, avec un tiroir à découvrement, pour ramener la barre et la remettre droite en *b*.

On va faire marcher le tiroir de T' en T ; les deux côtés du piston X et X' seront mis tous deux en communication avec la chaudière, et la vapeur se trouvant du côté X', au lieu de s'échapper dans l'atmosphère pour laisser revenir le piston, s'écoulera librement du côté X en repassant par la boîte de distribution et ne sera pas dépensée, le piston pris entre des gaz à pressions égales reculant immédiatement et n'opposant plus aucune résistance à la pression de l'eau, qui seule agira pour redresser la barre.

On voit donc que, avec le tiroir à découvrement que nous avons adopté pour nos servomoteurs de gouvernail, on utilise la pression de l'eau pour redresser la barre, et qu'ainsi la dépense de vapeur est réduite à son minimum.

S'il arrivait que la pression de l'eau ne fût pas assez forte pour redresser complètement ou assez rapidement la barre, soit qu'il y eût un trop petit angle de barre, ou une trop faible vitesse du bâtiment, le timonier la ramènerait automatiquement sans s'en apercevoir parce que le tiroir venant de T' (fig. 36), au lieu de s'arrêter en T, passerait sous l'action des rênes en T'', et ferait agir la vapeur utilement du côté X, en ouvrant celui X' à l'échappement.

Maintenant que l'on reconnaît toute l'utilité de l'emploi du tiroir à découvrement, nous allons décrire la disposition par laquelle nous avons pu lui déterminer automatiquement et d'une façon absolue ses deux stops. C'est au moyen de l'appareil que nous nommons *chariot de déplacement des stops* et dont nous avons déjà exposé antérieurement les principes de construction d'une façon générale au chapitre III, § 14, en traitant des dispositions et principes généraux.

Fig. 39

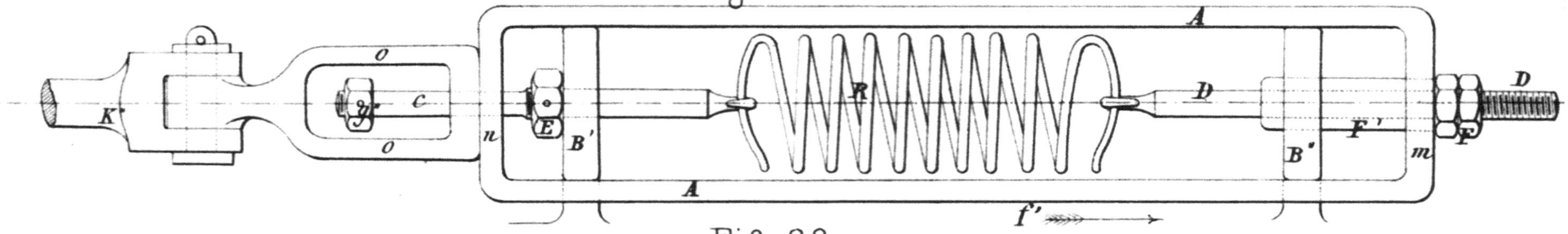

Fig. 38

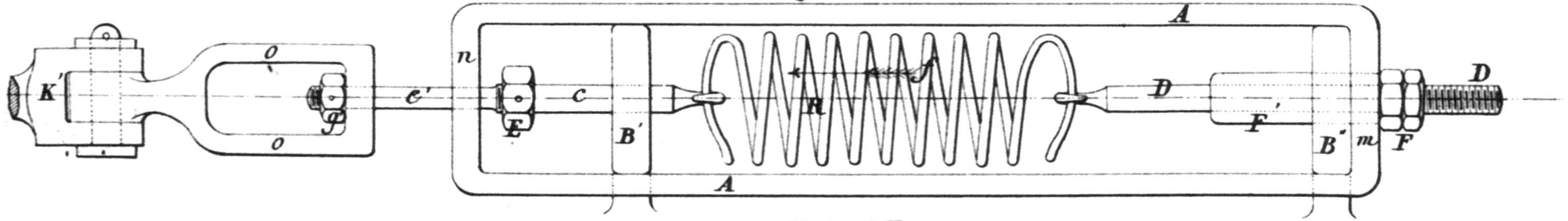

Fig. 37

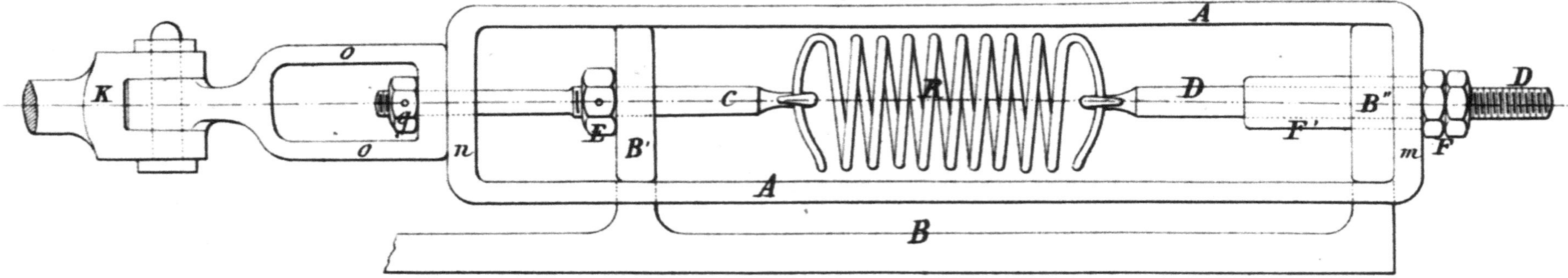

Pour faire comprendre facilement et complètement les dispositions et fonctions de ce chariot, nous allons d'abord décrire en détail le système constitutif et le fonctionnement de chacune des deux parties principales dont il est formé, système auquel nous avons donné le nom de boîte à ressort de stop et dont nous avons aussi exposé précédemment les principes généraux au chapitre III, § 13.

§ 23. — Boîtes à ressort de stop.

Cet appareil se compose (fig. 37) d'un châssis en fer A emboîtant deux butées B' et B" fondues dans la pièce B qui est fixe par rapport à ce châssis ; ces deux butées B' et B" lui servent en même de temps de guides ou directrices. Un ressort à boudin R, agissant en traction et ayant une tension initiale déterminée, se trouve placé entre ces deux butées, sur lesquelles il tire avec une force dont l'intensité est égale à sa tension initiale au moyen de deux tringles, C et D, munies de crochets à celles de leurs extrémités qui attachent le ressort ; ces tiges C D portent deux écrous s'appliquant l'un E sur la butée B' et l'autre F, à douille F', sur un des bouts *m* du châssis A qu'il maintient serré contre la butée B".

La distance B' B" est égale à la longueur du ressort plus deux fois sa course.

La longueur minima du châssis A est égale à la distance extérieure des butées B' B" plus la hauteur de l'écrou E et plus la course du ressort.

A l'autre bout *n* du châssis principal A se trouve placée une petite chappe ou bride *o*, portant sans jeu sur la face *n*, et fixée en cet endroit par un écrou *g* vissé sur la tringle C. A l'extrémité arrondie de cette bride ou chappe *o* vient se fixer une bielle *k* reliant la boîte à ressort à l'organe quelconque qu'elle doit conduire.

Les deux écrous E et *g*, l'appareil étant une fois réglé, sont goupillés afin de ne plus pouvoir se desserrer ; celui F est libre, on s'en sert pour régler la tension initiale du ressort.

La description des boîtes à ressort de stop étant terminée, leur utilité se comprend facilement et se résume en ceci : faire en sorte qu'un organe ou une série d'organes quelconques de machine attachée à la bielle *k* revienne toujours exactement à la même position relative par rapport à une pièce fixe B, sitôt qu'on abandonne le système à lui-même après l'avoir éloigné ou rapproché, soit dans un sens, soit dans l'autre, de la pièce fixe B.

Pour vérifier si ce résultat est bien obtenu, supposons qu'un opérateur vienne à tirer la bielle *k* dans la position *k'* par exemple, comme l'indique le tracé (fig. 38); qu'a-t-il fait ? Il a tiré à lui la pièce *o* qui a emmené la tringle C au moyen de l'écrou *g*, il a donc tendu le ressort dans la direction de la flèche *f*, en prenant point d'appui sur la butée fixe B".

Quand ensuite il abandonne à elle-même la bielle *k'*, et avec elle toute la série des organes auxquels elle est reliée, la tension initiale du ressort, que l'on aura dû régler pour être plus grande que la résistance de tous ces organes, ramènera le tout dans la direction de la flèche *f* jusqu'à ce que l'écrou E

Fig 40

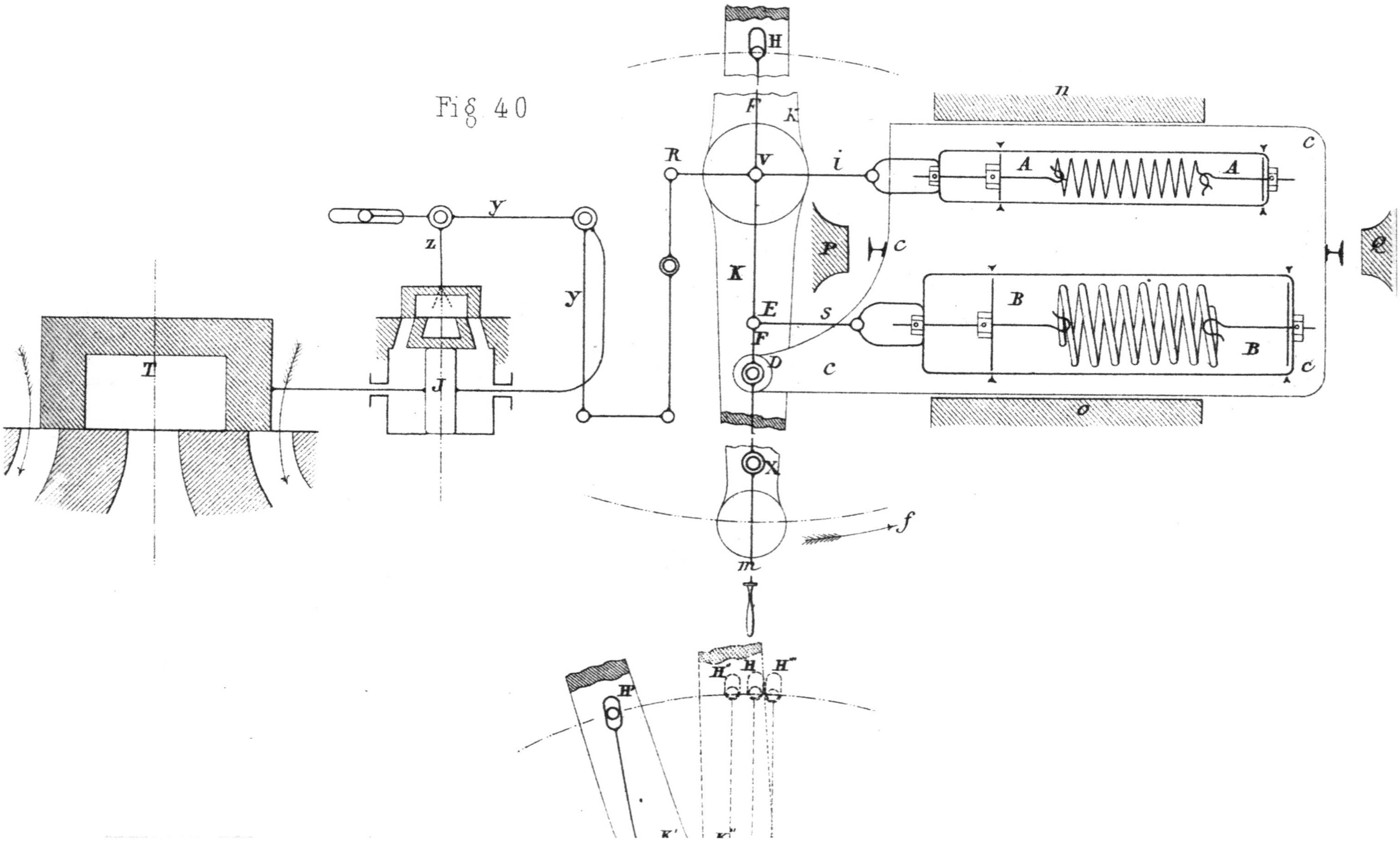

Fig. 41

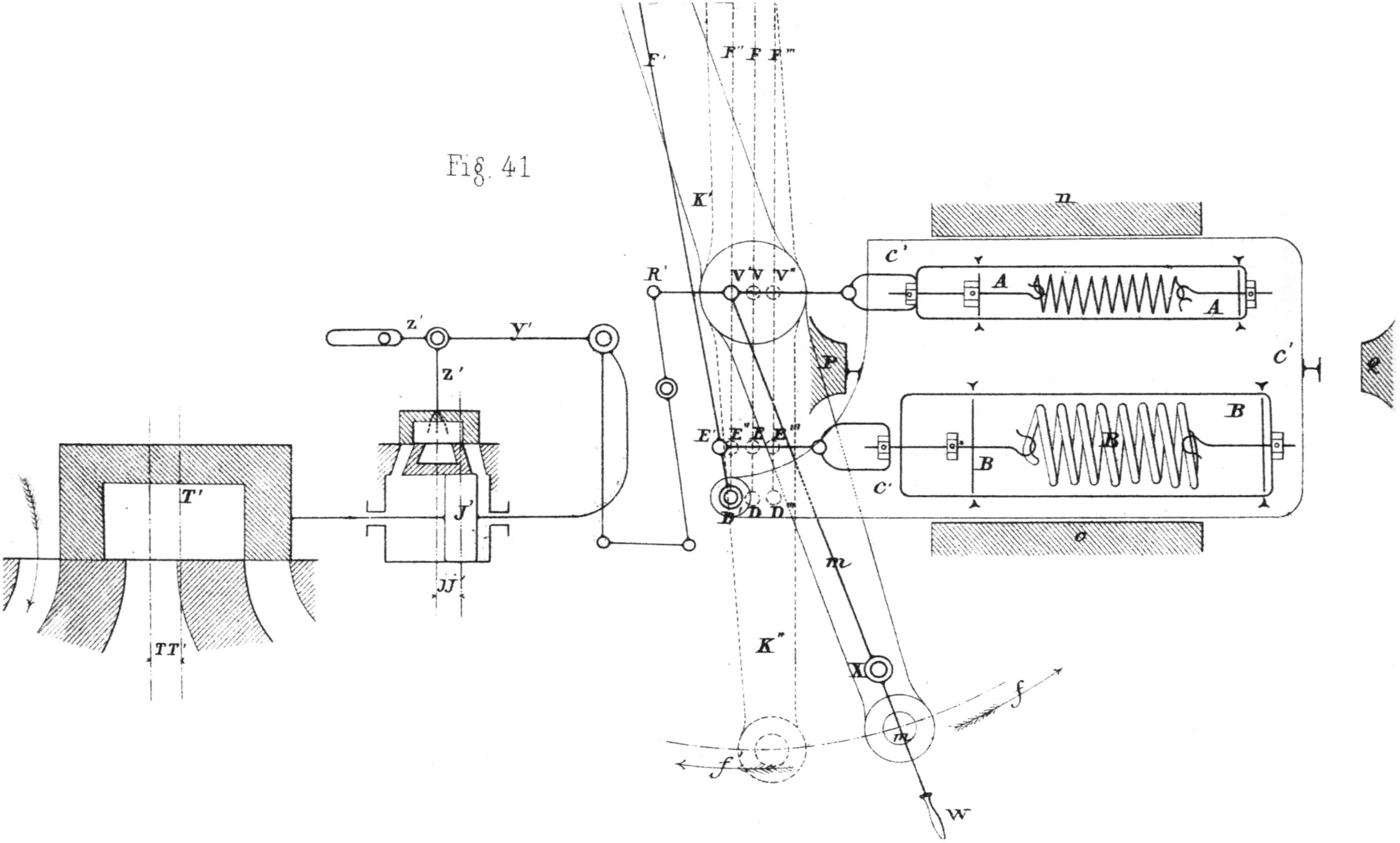

vienne s'arrêter sur la butée B' ; ce qui donne à la bielle *k* exactement la même position par rapport à B qu'elle avait avant tout déplacement.

Si, au contraire, l'opérateur poussait la bielle *k* en *k*" (fig. 39), dans le sens de la flèche *f*, la bride *o* pousserait le châssis A puisqu'elle butte sur lui en son extrémité *n*, et le châssis, entraînant la tringle D, tendrait le ressort dans la direction *r*, en prenant son point d'appui sur la butée B' ; puis, si l'on abandonne alors de nouveau *k* à elle-même, le ressort ramènera le tout, dans la direction *f*, jusqu'à ce que le bout *m* vienne buter sur B", ce qui donne encore à la bielle *k* exactement la même position, celle initiale par rapport à B.

On voit donc que le but qu'on s'est proposé est bien atteint, et que, soit qu'on amène la bielle *k* en *k'* ou en *k"*, sitôt qu'on l'abandonne à elle-même, elle revient toujours à sa position primitive *k*.

Maintenant qu'on comprend bien le jeu d'une boîte à ressort de stop, nous allons exposer en détail le fonctionnement du chariot de déplacement des stops.

§ 24. — Chariot de déplacement des stops.

Cet appareil se compose (fig. 40) de deux boîtes à ressorts A et B, fixées sur le chariot mobile *c* ; les butées respectives de ces boîtes font partie du chariot *c*. Ce chariot coulisse entre deux glissières *n* et *o* ; deux butées spéciales P et Q limitent, dans les deux sens, sa course qui est égale au chemin qu'il faut parcourir en R pour passer d'un stop à l'autre du tiroir T.

Sur le chariot *c* et dans l'axe de la barre K, se trouve fixé au point D, un balancier F, relié par une bielle *s*, en un point E, à la boîte à ressort B ; l'autre extrémité H de ce balancier F est fixée en H, par une articulation à coulisse, à la barre K.

La petite boîte à ressort A est reliée aux rênes *y z* du petit servomoteur par la bielle *i*, au point V extrémité du balancier des rênes *m* qui s'étend de *m* en V, ayant son axe d'oscillation en X sur la barre K, et est établi dans un plan horizontal supérieur à celui du balancier F, lequel est bien distinct de lui et s'étend de D en H.

Examinons comment, avec ce chariot ainsi constitué, nous pouvons établir sûrement les deux stops du tiroir T.

Faisons marcher la barre dans la direction de la flèche *f*.

Pour cela nous saisissons le levier *m*, en W (fig. 41), et nous le poussons dans cette direction *f* jusqu'à ce que le tiroir T, conduit par le servomoteur auxiliaire comme nous l'avons vu précédemment (§ 20), ait dépassé la position T' ; jusque-là rien de changé, si ce n'est qu'en faisant marcher le point V en V', nous avons tendu le ressort de la petite boîte de stop A, le chariot *c* n'ayant pas encore bougé.

Mais alors le piston et avec lui la barre K vont se mettre en mouvement dans la même direction *f*. Cette dernière K entraîne avec elle le balancier F par le point H ; et si on a, comme on le doit, disposé le ressort B pour que sa tension initiale soit plus grande que la force nécessaire pour mouvoir le chariot *c* et les rênes du petit moteur, cette attache du ressort deviendra un lien rigide, et le balancier F se trouvera encastré sur le chariot *c* par les deux points D et E.

Étant ainsi encastré, le balancier F se mouvra parallèlement à lui-même, entraînant avec lui le chariot *c* jusqu'à ce que celui-ci rencontre la butée fixe P ; alors le balancier F sera venu en F" et le chariot *c* en *c'*.

Si la barre continue son mouvement et vient en K', par exemple, la résistance de la butée P étant absolue ou beaucoup plus grande que la tension du ressort B, le point D' appartenant au chariot devient point fixe, et le point H" continuant son mouvement jusqu'en H', le point E" passe en E' en tirant ou tendant le ressort de la boîte B, ce qui revient à coller, pour ainsi dire, le chariot *c'* sur la butée P, avec une force croissant comme la tension du ressort.

Donc, dans toutes les positions de la barre à partir de K", dans le sens de la flèche *f*, le chariot *c* restera en *c'* fixé sur la butée P.

Ce chariot a transporté avec lui la boîte à ressort A, qui elle-même a entraîné les rênes *y' z'*, du petit moteur puisque ce ressort A doit avoir une tension initiale plus grande que la résistance de ces rênes. Il s'ensuit que le point W étant abandonné par la main du timonier, celui V est toujours ramené en V' par la boîte A à une distance V V' de la position initiale V, égale au déplacement du chariot *c*.

Mais, le point V déterminant la position du piston du petit moteur J puisque c'est lui qui est son conducteur, ce piston J sera déplacé aussi d'une quantité J J' proportionnelle à V V', et par suite le tiroir T aura été transporté d'une quantité T T' égale à J J'.

Or, comme le point V est toujours ramené en V' par la boîte A, il s'ensuit que le tiroir T sera toujours ramené en T', c'est-à-dire que son stop viendra pour la marche dans le sens de la flèche toujours s'établir forcément en la même position T'.

Ce qu'il fallait démontrer.

Le même raisonnement ferait voir que, pour la marche dans le sens de la flèche, le chariot *c* venant buter sur Q, l'autre stop s'établirait aussi sûrement et aussi facilement que le premier.

§ 25. — Angle d'indétermination. — Un degré de chaque bord.

Le problème se trouve donc ainsi bien résolu, seulement nous ferons remarquer que pendant le parcours de la barre correspondant au transport parallèle du balancier F de F" en F'" ou à la course du chariot *c* entre ses deux butées P et Q, c'est-à-dire au *passage d'un stop à l'autre* du tiroir T, la barre est abandonnée à elle-même, car le tiroir T n'a aucune position déterminée.

Nous lisons l'angle de barre correspondant à *ce chemin aussi petit que possible* en constituant F le plus grand possible pour éloigner le point H du centre de la barre, et nous arrivons ainsi à ne pas dépasser un degré de chaque bord pour cette période d'indétermination. Ainsi, de barre 1° bâbord à barre 1° tribord, on ne peut pas répondre de placer exactement le gouvernail au point indiqué par le timonier ; c'est pourquoi nous appelons cet angle angle d'indétermination.

Il est du reste immédiatement évident qu'à cette position de la barre cela n'a aucun inconvénient pratique ou quelconque.

§ 26. — Résumé des résultats obtenus par la première partie de l'appareil à gouverner.

Nous croyons qu'on doit reconnaître maintenant qu'avec l'appareil tel qu'il est constitué et décrit figures 40 et 41, si on se contentait de satisfaire au cas de la marche en eau calme, et de commander la barre de la chambre où se trouve l'appareil, le problème serait entièrement résolu dans les meilleures conditions possibles, c'est-à-dire :

- Rapidité d'action aussi grande qu'on le voudra ;
- Précision extrêmement grande et toute nouvelle dans la manoeuvre ;
- Manoeuvre des gouvernails les plus résistants avec un effort de quelques kilogrammes seulement dans la main du timonier ;
- Minimum de dépense de vapeur.

Mais, comme il faut *pouvoir naviguer par tous les temps et commander le gouvernail d'un point quelconque* du navire, nous avons été conduits à ajouter à l'appareil ainsi établi divers accessoires indispensables, pour résoudre ces deux nouveaux problèmes, ce qui constitue la deuxième et la troisième partie de l'appareil à gouverner suivant la division indiquée au commencement du présent chapitre IV, § 17, et va faire l'objet des deux chapitres suivants.

CHAPITRE V

GOUVERNAIL A VAPEUR DU *Bélier*. — 2e PARTIE.

CYLINDRE HYDRAULIQUE, RÉGULATEUR DE FLEXION DU GOUVERNAIL SOUS LE COUP DE MER.

---

§ 27. — Description du cylindre hydraulique, régulateur de flexion du gouvernail sous le coup de mer.

Cet appareil se compose (fig. 42) d'un cylindre A plein d'eau, dans lequel se meut un piston B muni de garnitures de cuir embouti ; il est destiné à soutenir la charge du gouvernail sans dépense de vapeur et à régler la flexion facultative sous les coups de mer.

La tige E du piston B est fixée directement au bout de celle F du piston du grand servomoteur au moyen d'une chappe fermée G dans laquelle est attachée la barre K au moyen de la bielle *z* ; sur cette chappe G sont aussi fixés les deux coulisseaux H H guidant le mouvement rectiligne des tiges de pistons.

Les deux côtés du piston hydraulique B sont mis en communication avec la boîte de distribution d'eau au moyen des galeries *c c c c*.

Dans la boîte de distribution D complètement fermée, se meut un tiroir équilibré N N qui ouvre ou ferme les quatre orifices du cylindre à la fois. Ce tiroir N est mis en mouvement par un doigt intérieur O, manoeuvré au moyen d'un levier vertical extérieur P ; ce levier P est relié au moyen d'une bielle à une manivelle verticale Q, calée à l'extrémité d'un arbre portant un pignon denté *s*, lequel engrène avec une bielle crémaillère *y* dont l'extrémité est fixée au bout supérieur d'un petit balancier *u* ayant son centre d'oscillation V pris sur le bâti de l'appareil.

Le balancier *u* est d'ailleurs relié par son extrémité inférieure à la tige du piston du petit servomoteur auxiliaire *x* dont nous avons parlé dans le chapitre IV, § 20.

Le tiroir N se trouve donc relié au petit servomoteur par les intermédiaires que nous venons de décrire et dont nous allons l'aire connaître l'utilité.

Fig. 42

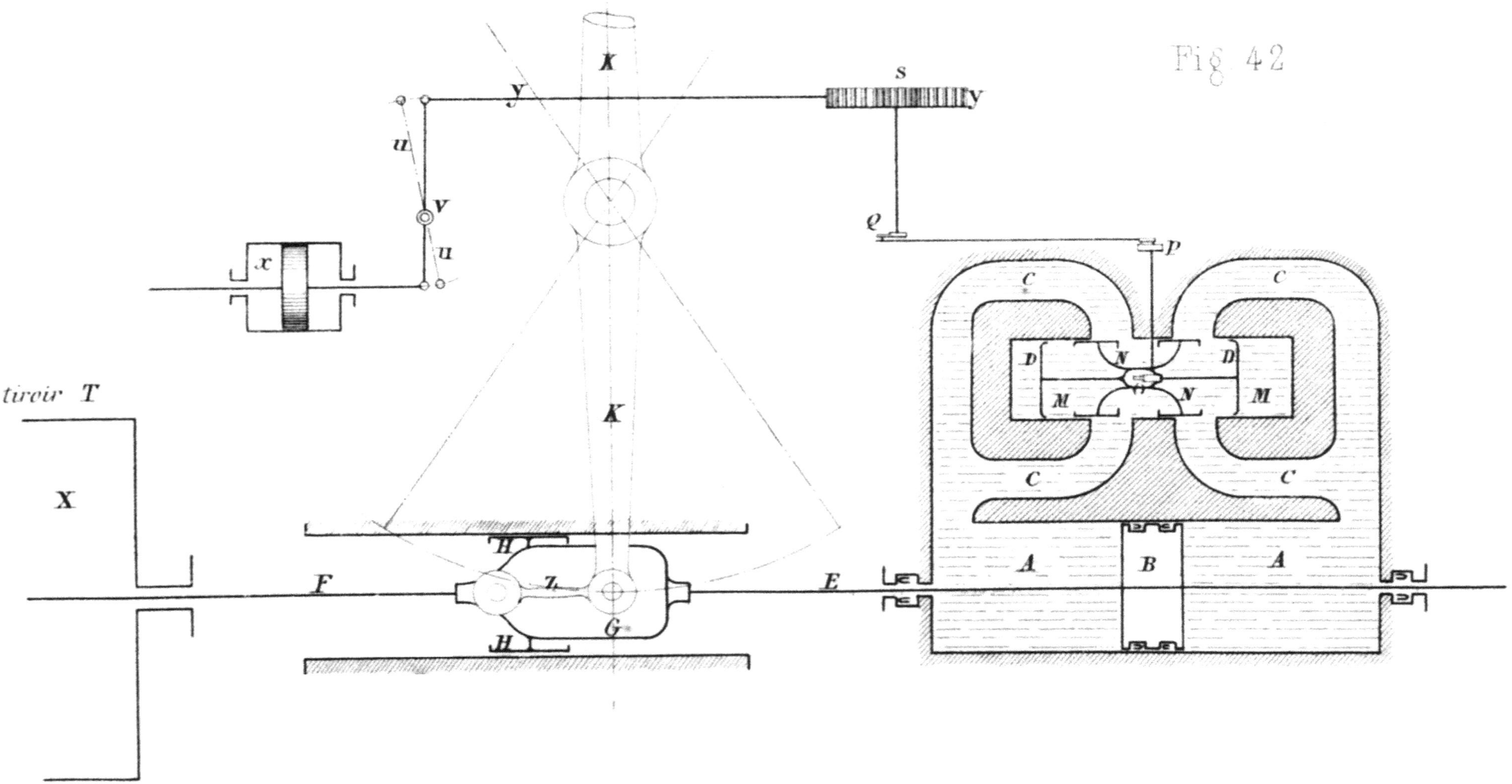

Le cylindre A, les galeries *c c* et la boîte D étant pleins d'eau, il doit exister entre la marche du tiroir à vapeur du grand moteur T et celle du tiroir à eau N une relation permanente d'ouverture simultanée telle que le piston à vapeur et celui à eau, marchant de concert, s'aident et se soutiennent mutuellement et en temps utile.

Examinons donc quelles doivent être dans ce but les positions successives et relatives du tiroir à vapeur T et de celui à eau N.

D'après ce que nous avons vu dans la première partie du gouvernail à vapeur on doit reconnaître que le tiroir T occupe cinq positions bien déterminées, correspondant aux cinq façons dont peut travailler son cylindre ; nous allons les résumer (fig. 43).

- Première position en T (tracé plein).
  Tiroir au stop indéterminé correspondant à la descente ou au recul du gouvernail, d'un bord ou de l'autre, vers barre-droite sous la pression de l'eau, ou aussi à la position barre-droite.
  Pour permettre à la barre de descendre, c'est-à-dire au piston du cylindre à vapeur de revenir au milieu de sa course, et pour que le piston hydraulique puisse le suivre, il faut qu'il y ait communication d'un côté à l'autre de ce piston, afin que l'eau refoulée d'un côté aille remplir le vide laissé derrière le piston de l'autre côté. La position correspondante du tiroir hydraulique est celle du tracé plein N, c'est-à-dire orifices ouverts d'une certaine quantité,

- Deuxième et troisième positions T' et T'_1 (tracés ponctués).
  Tiroir tenant la barre en équilibre, en un angle quelconque d'un bord ou de l'autre.
  Le piston étant ainsi en équilibre, il faut, pour que le cylindre hydraulique maintienne la barre sous le coup de mer, tout en parant par flexion convenable aux chocs trop violents comme nous l'expliquerons plus loin, que le piston B soit emprisonné entre deux eaux ; pour cela, la position correspondante du tiroir hydraulique N est celle du tracé ponctué N', c'est-à-dire les quatre orifices fermés.

- Quatrième et cinquième positions en T" et $T"_1$ (tracés ponctués).
  Elles correspondent à la barre montant sous la pression de la vapeur, pour prendre l'angle d'inclinaison qu'on veut lui donner d'un bord ou de l'autre.
  La vapeur agissant dans ces positions pour mouvoir la barre et le cylindre hydraulique ne devant pas s'y opposer, mais au contraire offrir le moins de résistance possible, le tiroir N devra être ouvert en grand, comme l'indique le tracé ponctué N".

Ces positions relatives nécessaires des deux tiroirs sont réalisées, malgré les difficultés que ce problème présentait, par la transmission de mouvement qui relie ces tiroirs et que nous avons décrite plus haut. Ce résultat est surtout

Fig. 43.

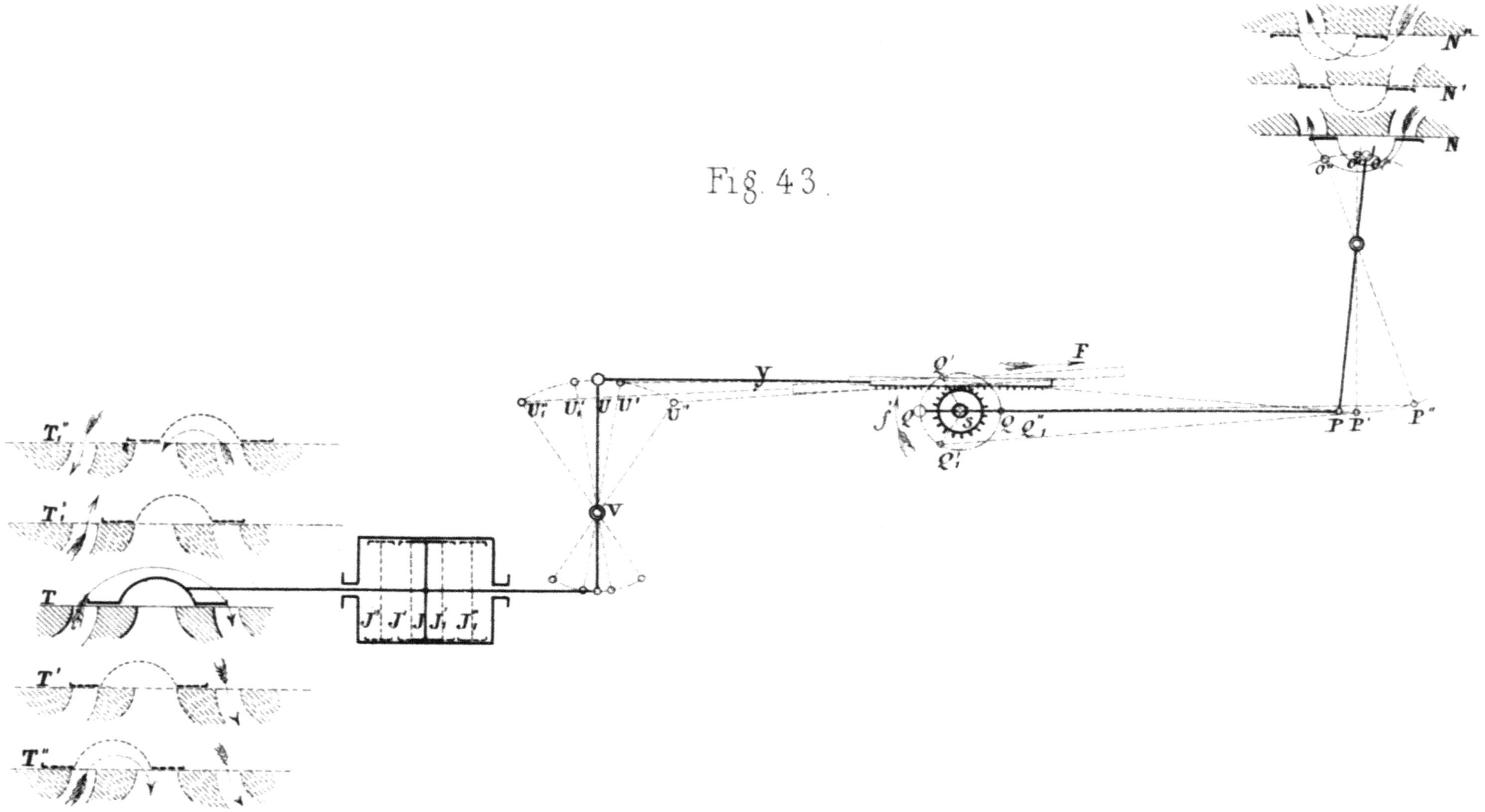

obtenu par l'effet du mouvement égal et symétrique en dessus et en dessous de l'horizontale que le pignon denté *s*, de la crémaillère *y*, imprime à la bielle Q P, figure 43, manœuvrant le tiroir hydraulique.

En effet, d'après ce que nous avons vu dans la première partie, pour les positions T T' T'_1 T'' T''_1 du tiroir T, le piston du petit moteur (fig. 43) occupe les positions correspondantes J J' J'_1 J'' J''_1 et le balancier U conduit par lui occupe celles U U' U'_1 U'' U''_1.

Or, ce balancier étant en U, supposons la crémaillère engrenant au milieu de sa longueur, et la manivelle calée sur l'arbre du pignon en Q ; soit aussi P *o* la position solidaire des leviers commandant le tiroir N ; si l'on passe de U en U', la crémaillère *y* marchera dans la direction F, faisant tourner le pignon *s*, et par lui la manivelle Q dans la direction *f* jusqu'en Q' ; le point P sera ainsi amené en P' et *o* en *o'*, et le tiroir N en N', ce qu'il fallait effectuer.

Il en serait encore de même en passant de U en U', Q passerait en Q', position symétrique à celle Q' par rapport à Q et donnant la même position N' du tiroir N.

Donc le tiroir à vapeur T étant à ses deux stops T' et T'_1 trouvera toujours le tiroir hydraulique N en sa position correspondante N', ce qu'il fallait réaliser.

On montrerait de la même façon que T, passant en T'' ou en T''_1 trouvera également le tiroir hydraulique N en N'', position correspondante.

Maintenant que l'on connaît bien la marche du cylindre hydraulique et de sa distribution, nous allons passer à la description de quelques accessoires, qui complètent son installation. Puis nous donnerons, dans le chapitre VI, la description de la transmission funiculaire, avant d'expliquer, dans le chapitre VII, toute l'utilité de ce cylindre ; car quelques dispositions particulières de cette transmission contribuent à assurer, sans l'intervention du timonier, le bon fonctionnement du cylindre hydraulique, et il est nécessaire de les connaître pour bien comprendre la marche relative de l'ensemble.

§ 28. — Soupape d'équilibre et de flexion.

Cette soupape est constituée dans le double but que voici :

1. Le tiroir à eau étant fermé après que la barre a été amenée en une position quelconque, *pouvoir mettre en communication dans la mesure que l'on veut les deux côtés du piston hydraulique*, quand la pression sur le gouvernail excédera une quantité déterminée à l'avance par le timonier, d'après l'état du temps, afin de permettre au gouvernail de fléchir pour céder à la lame.
2. Permettre la communication entre les deux côtés du piston à eau, sans offrir aucune résistance, au moyen d'un déclenchement automatique dans le cas où, par accident exceptionnel, négligence ou inadvertance, le tiroir hydraulique qui est équilibré viendrait à gripper étant fermé, ce qui empêcherait tout mouvement du piston à eau et, par suite, de la barre et pourrait, dans certains cas, donner lieu à des accidents graves.

Fig. 44

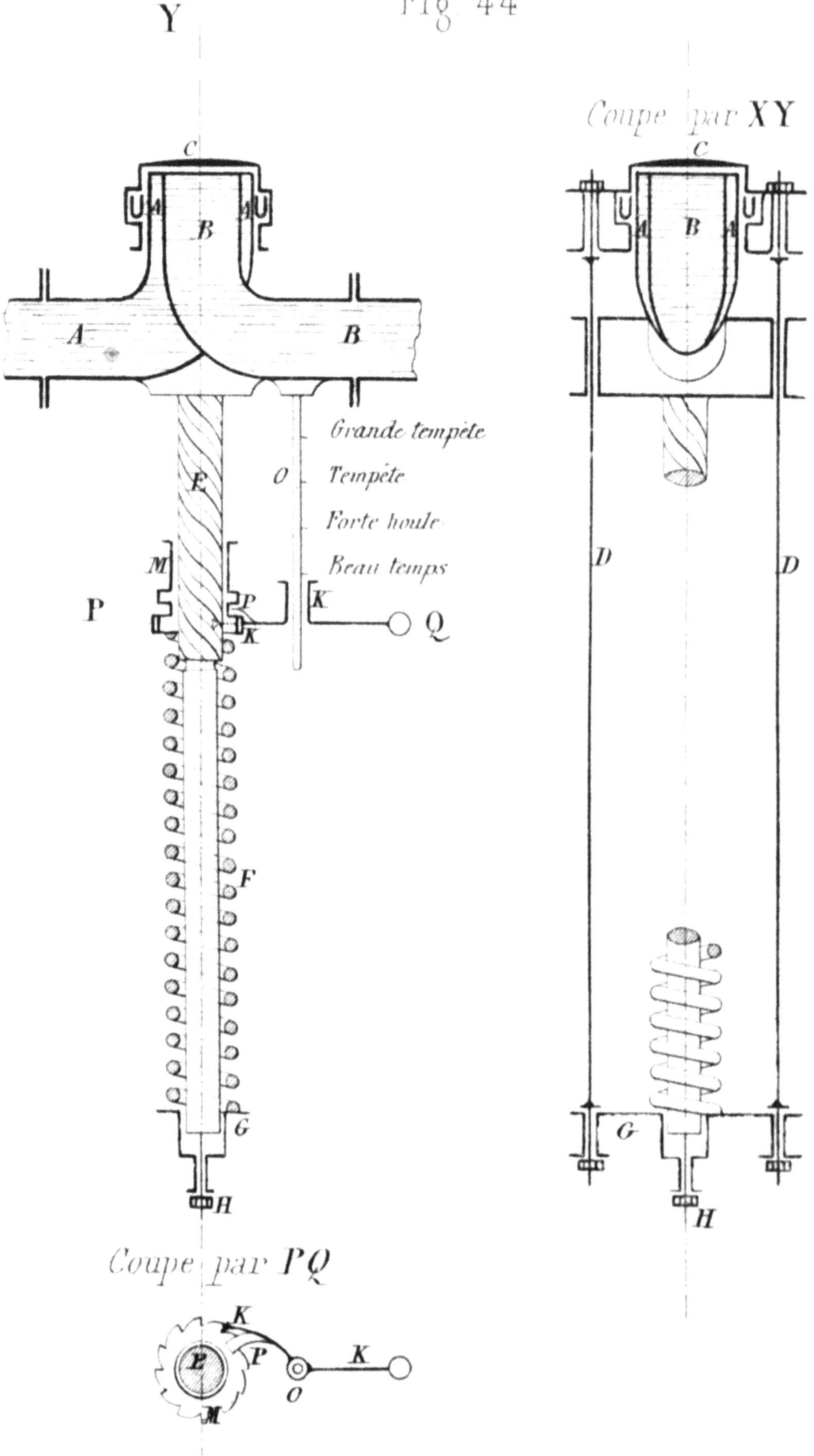

Y
Coupe par XY
C
A
B
Grande tempête
O
Tempête
Forte houle
Beau temps
E
M
P
K
Q
D
F
G
H
Coupe par PQ
O

Description.

Cet appareil se compose (fig. 44) de deux conduites A et B communiquant chacune avec un des côtés du piston hydraulique, et venant former deux galeries concentriques, fermées en dessus par un chapeau *c* garni de cuir ou de toute autre matière, et qui fait joint sur ces deux galeries, comme un clapet sur son siège.

Ce chapeau *c* est muni d'une garniture latérale emboîtée, afin d'éviter toute fuite au dehors, quand il est levé et qu'il y a communication entre les deux galeries.

Ce chapeau *c* ou clapet est chargé d'une pression produite par un ressort F et qu'on règle à volonté au moyen d'un écrou M dont les filets sont à grand pas, ayant une inclinaison telle qu'une pression quelconque exercée dans le sens de l'axe de la vis sur cet écrou puisse vaincre les frottements qui s'opposent au glissement et le faire marcher en tournant sur cette vis.

Par suite, pour éviter que cet écrou ne remonte sous la pression du ressort F et pour le maintenir en la position que l'on veut, il faut l'empêcher de tourner.

C'est ce que nous faisons au moyen du cliquet K, qui sert aussi à tendre le ressort F ; il agit sur un rochet taillé dans la masse de l'écrou. Ce cliquet est mobile sur son axe d'oscillation *o*, et entraîné ainsi verticalement par l'écrou au moyen d'une touche P emboîtée dans la rainure qui surmonte le rochet.

On comprend facilement que, les choses étant ainsi disposées si, au moyen d'une broche ou d'une clef, on tourne l'écrou M, on le fera monter et descendre avec son cliquet K qui le maintiendra en la position où on l'aura laissé.

On pourra donc donner au ressort la tension que l'on voudra et faire que le chapeau *c* ne se lève pour mettre en communication les deux galeries A et B que sous des pressions fixées à l'avance à la volonté du timonier et variant de 0 à 30 atmosphères par exemple, dans le cylindre hydraulique.

On pourra disposer sur l'axe *o* une graduation indiquant la position exacte qu'il faut donner à l'écrou d'après l'état de la mer, comme l'indique la fig. 44.

Le chapeau *c* est relié au ressort F au moyen de deux tringles D D et d'une traverse G.

Dans l'axe de la vis principale E, et sur cette traverse se trouve une petite vis H servant à limiter la levée du chapeau C.

On comprend qu'avec cette soupape il n'y aura, le tiroir hydraulique étant fermé, communication des deux conduites A et B, et par conséquent mouvement du piston à eau ou de la barre, qu'autant que la pression de l'eau dans une de ces galeries se sera élevée assez pour équilibrer la tension du ressort F sur le chapeau *c*, et que, plus cette tension du ressort sera grande, plus il faudra que la pression dans le cylindre hydraulique s'élève pour pouvoir établir la communication.

Nous verrons plus loin d'une façon plus étendue, dans la théorie que nous donnerons, au chapitre VI, du fonctionnement relatif du cylindre hydraulique et de tout l'ensemble, l'utilité de cette soupape.

§ 29. — Cas hypothétique d'un grippement du tiroir hydraulique. — Déclenchement automatique. — L'appareil continuerait à fonctionner malgré ce grippement supposé.

Le tiroir à eau du cylindre hydraulique, étant un tiroir équilibré, doit pouvoir glisser avec le moins de jeu possible, entre les deux glaces de sa boîte ; d'autre part on pourrait craindre, par prévoyance extrême, que ce tiroir ne vienne à gripper et, par suite, occasionner, si le bateau se trouvait alors fortuitement dans une passe difficile, des accidents fâcheux.

Ayant donc voulu donner à la manœuvre de notre appareil toute la sûreté possible, nous avons cherché le moyen de prévenir cet accident hypothétique et à faire en sorte que l'appareil ne soit pas paralysé un seul instant, même par ce fait supposé.

Pour cela nous avons disposé la bielle à crémaillère qui commande ce tiroir (fig. 45) en deux parties, l'une A servant de gaine à l'autre partie B, et dans laquelle celle-ci peut coulisser ; ces deux parties sont liées entre elles au moyen d'un verrou H à plan incliné et à ressort, réglé de telle façon que, quand l'effort exercé par la tige B pour entraîner la crémaillère A', et avec elle le tiroir n'est plus en rapport avec la puissance que le petit servomoteur peut développer sur cette tige B, c'est-à-dire quand la résistance du tiroir à eau devient anormale, le verrou se lève, et la tige B marche sans s'occuper de la crémaillère A, en glissant dans son étui.

Sur la tige B nous avons ensuite, dans un but que nous allons montrer tout à l'heure, adapté un crochet D, auquel est amarré une chaîne X passant sur une poulie de renvoi N fixée sur la crémaillère A', et allant s'attacher à la queue K du cliquet de la soupape d'équilibre.

Examinons quels étaient les dangers à courir dans le cas du grippement du tiroir à eau ; supposons-le grippant dans la position où les orifices sont fermés

Il y aurait alors deux causes pour lesquelles, subitement, l'appareil moteur ne pouvant plus marcher, on ne pourrait plus gouverner le navire :

1. Le tiroir étant grippé, on réduirait à l'impuissance le petit servomoteur qui, ne pouvant plus marcher, paralyserait l'appareil.
2. En supposant qu'alors on parvînt à décrocher subitement le tiroir hydraulique pour laisser fonctionner le petit servomoteur, le tiroir hydraulique ayant grippé dans sa position de fermeture, le piston à eau empêcherait tout mouvement de celui à vapeur et par conséquent de la barre.

Mais, au moyen des dispositions que nous venons de décrire, automatiquement et sans que le timonier s'en aperçoive, l'appareil lui-même remédie à ces deux inconvénients hypothétiques.

En effet, supposons le tiroir à eau grippé, c'est-à-dire adhérent à ses glaces au point de ne plus pouvoir bouger ; qu'arrive-t-il ?

La crémaillère A' opposant à la bielle B une résistance trop grande, le verrou H se lève et permet à celle-ci de se mouvoir comme si le tiroir à eau n'existait pas ; le petit moteur se trouve donc dégagé.

Puis la bielle B, marchant par rapport à la pièce A A', le crochet D s'éloigne et se rapproche alternativement de la poulie N devenue fixe ; la distance D N devient à un moment D' N, et la chaîne tire alors sur la queue du cliquet K qu'elle déclenche. Ce cliquet étant déclenché, l'écrou M (voir fig. 44) remonte instantanément sous la pression du ressort F, qui se détend complètement. Il s'ensuit que, le chapeau C n'étant plus chargé, la communication sous la moindre pression s'établira de la conduite B à celle A, et le piston à eau pourra se mouvoir de la même façon que si son tiroir était ouvert.

On voit donc bien qu'il n'y a plus aucun danger à craindre par le fait du grippement du tiroir à eau et que, si cela arrivait par un hasard exceptionnel, on s'en apercevrait à peine dans la marche de l'appareil ; cet incident n'occasionnerait aucun arrêt dans les manoeuvres.

On pourrait alors, tout en continuant à faire fonctionner le gouvernail, démonter la boîte à eau et réparer ce tiroir, sans qu'il en soit résulté le moindre inconvénient.

CHAPITRE VI

GOUVERNAIL A VAPEUR DU BÉLIER. — 3e PARTIE.

Transmission funiculaire.

§ 30. — Considérations sur les divers modes de transmission généralement applicables au servomoteur.

Maintenant que nous sommes arrivé à constituer l'appareil de façon à résoudre et à vaincre les difficultés que l'on rencontre dans la manoeuvre instantanée d'un gouvernail par la vapeur, il nous reste à décrire le mode de transmission que nous avons employé pour pouvoir le commander d'un point quelconque du bâtiment.

Sur le *Cerbère*, qui est le premier navire où nous ayons appliqué cet appareil, nous devions pouvoir commander à volonté, soit de la passerelle du pont se trouvant à l'avant du bateau et à 45 mètres environ du servomoteur, soit de la partie fixe de la tour blindée située aussi à l'avant.

Nous avons commencé par étudier un système de transmission par arbres tubulaires et engrenages aussi légers que possible, comme ont fait les constructeurs anglais dans la commande du *Great Eastern* ; mais, après mûres réflexions, cette transmission étant déjà presque terminée dans nos ateliers, nous n'avons pas cru devoir l'appliquer ; car sur une longueur de 45 mètres, avec trois renvois de mouvement dans la longueur, on arrivait à constituer une transmission lourde à manœuvrer et surtout compliquée.

De plus, étant forcé de faire passer les arbres au-dessus des chaudières des machines, on devait parer aux dilatations, ce que nous avions fait au moyen de manchons à glissement mais qui, abandonnés à eux-mêmes, logés au plafond qu'ils étaient, auraient pu finir par se rouiller et ne plus glisser à temps.

Ensuite il fallait, pour que les engrenages pussent fonctionner, une certaine précision dans la pose de tous les paliers de ces arbres, précision qui aurait pu disparaître bientôt par le travail de la coque du bateau sur la grande longueur des arbres, et, malgré l'emploi de manchons articulés, on aurait pu n'obtenir qu'une transmission lourde au mouvement, compliquée, onéreuse et sujette à dérangement ; c'est pourquoi nous avons cru devoir y renoncer.

Fig 45

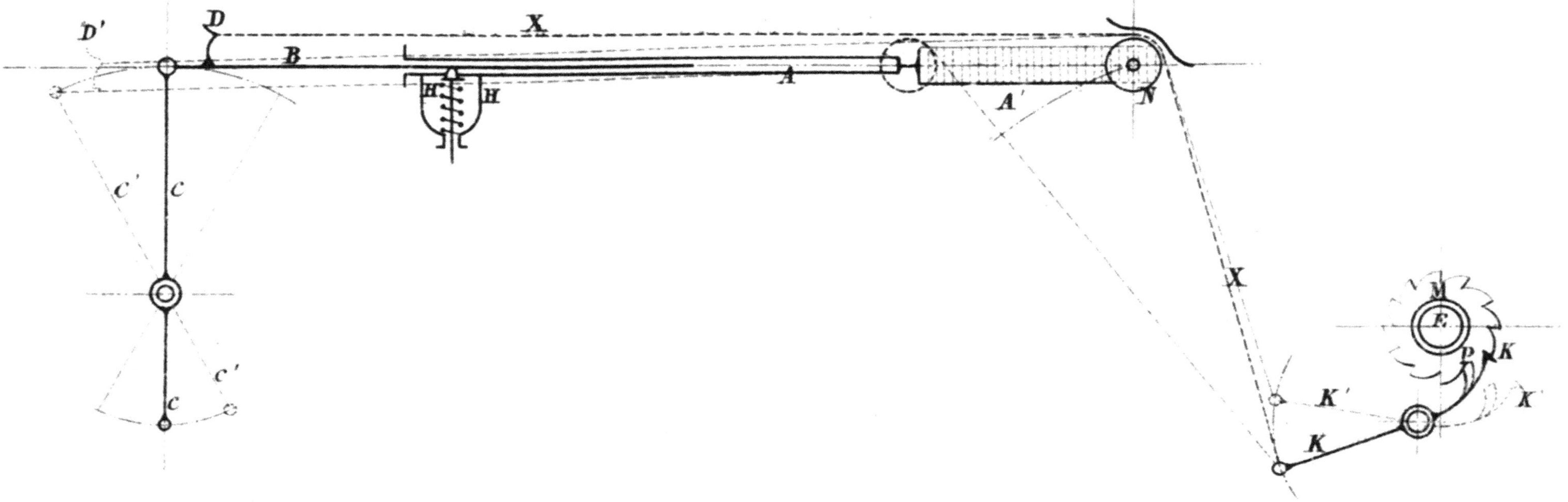

Nous avions pensé à l'emploi d'une transmission hydraulique constituée au moyen de deux colonnes d'eau en mouvement dans des tuyaux de petit diamètre agissant sur le balancier E des rênes du grand moteur (fig. 32, 33) comme le feraient les drosses de la barre actuelle, mais nous avons craint que cette transmission, avec les garnitures nécessaires à chaque bout, ne fût aussi trop délicate. Nous y avons cru voir de plus cet inconvénient qu'on ne pourrait être jamais bien sûr que les indications du cadran fixé sur l'appareil de commande, et qui guide le timonier, fussent d'accord avec les positions réelles de la barre ; car une fuite dans une des garnitures, n'existant pas à l'autre, suffirait pour tout fausser.

Les gelées pouvaient gêner aussi dans certains pays ; nous avons donc jugé prudent de ne pas admettre, au moins actuellement, ce genre de transmission.

Après de nouvelles études, nous avons adopté le système de transmission funiculaire, constitué au moyen de fils de fer et de chaînes, comme étant celui qui présente le plus de sûreté, solidité, légèreté et simplicité. Mais, avant sa réalisation, il nous a fallu trouver, après longues recherches, un moyen simple, une disposition efficace et certaine pour que la transmission reste toujours tendue et à graduation bien fixe, quelles que soient les différences de température, ou les allongements et raccourcissements dus aux dilatations, sans fausser en rien les indications du cadran qui sert d'axiomètre pour le timonier.

§ 31. — Transmission funiculaire. — Description.

Cette transmission est constituée de la manière suivante, figure 46.

A l'extrémité *n* du balancier des rênes E du grand servomoteur qu'il faut manœuvrer sont attachés deux brins *o* et *o'*, composés de fils de fer R R' dans les parties droites supportées par de petits galets X X, et de petites chaînes *s s'*, passant sur les poulies H H' G G' dans les renvois de mouvement. Ces deux brins s'étendent jusqu'au poste de commande de l'appareil situé en un point quelconque du bâtiment.

A l'origine de ce circuit funiculaire, le brin *o'* passe sur une poulie de renvoi A, fixée à la coque, puis repasse sur une poulie B faisant partie d'une chappe à deux poulies C B, sur la deuxième poulie C de laquelle chemine le brin *o* ; puis ces deux brins *s* et *s'* s'en vont ainsi parallèlement, supportés à dix ou douze centimètres du plafond, dans leurs parties rectilignes, par des petits galets X X X jusqu'au *poste de commande.*

Des gardes en tôle K K K sont fixées à côté de chacune de ces poulies pour empêcher la chaîne de sortir de la gorge.

On comprend facilement qu'on agit avec ce système de transmission comme avec les drosses ordinaires. Quand on tire le brin *o'*, par exemple, le brin *o* mollissant en retour de la quantité dont on tire *o'*, permet d'abord au balancier *n* E de s'avancer du chemin demandé par ce brin *o'* et ensuite le maintient entre deux fils *o* et *o'* toujours tendus également, quand le conducteur s'arrête, à la position où on l'a amené.

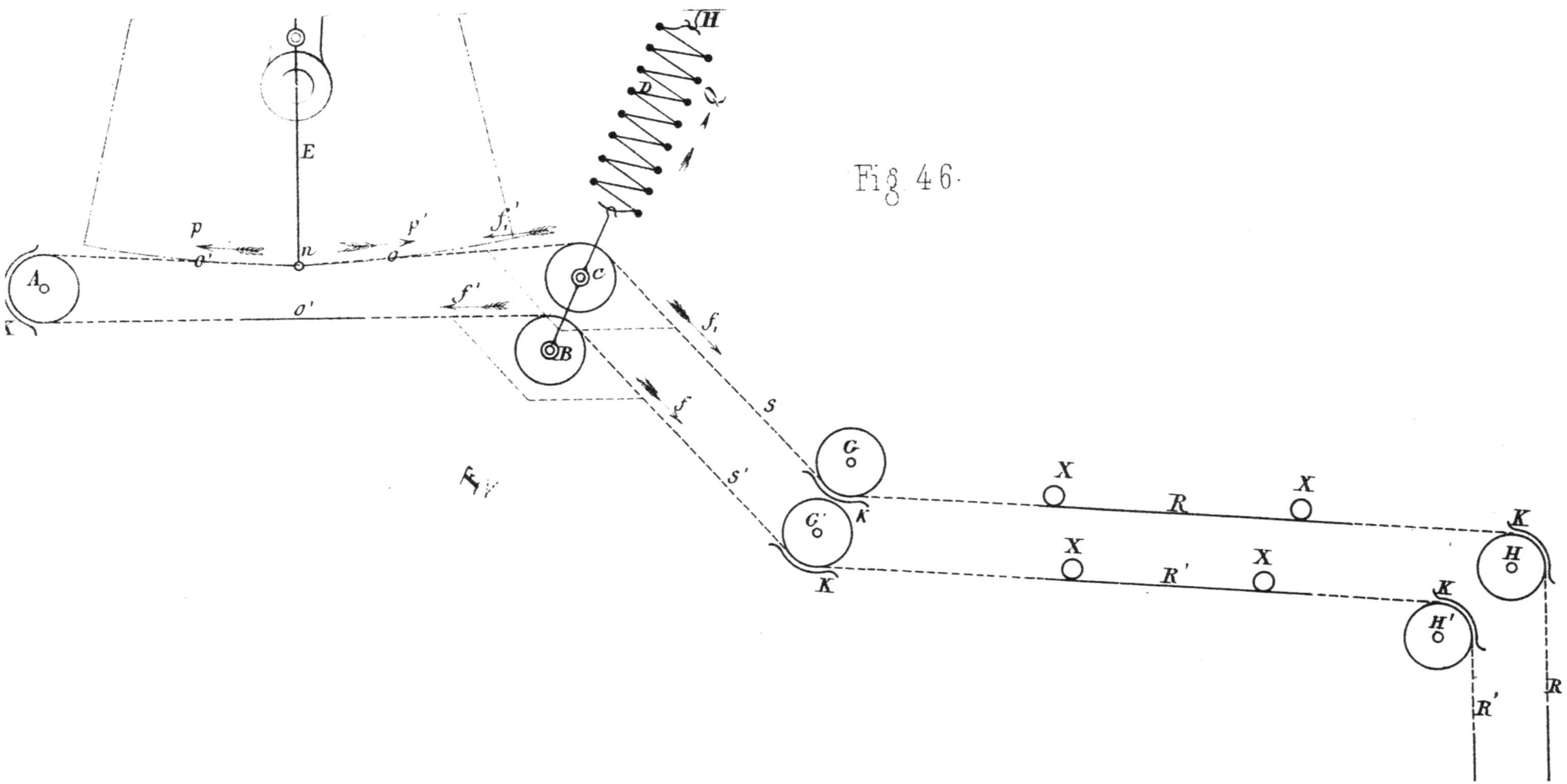

Fig. 46.

La chappe à deux poulies sur lesquelles passent les deux brins *o* et *o'*, est fixée à la coque en H par l'intermédiaire d'un ressort D, qui sert de compensateur pour tous les effets de tensions anormales et de dilatation qui peuvent s'opérer sur la transmission.

On comprend que ce ressort, tirant sur les deux brins *o* et *o'*, compense et embraque ou raidit constamment tout le mou de ces deux brins, et qu'il ne peut jamais y avoir de temps perdu dans cette transmission.

En effet, soit Q la tension du ressort D ; cette tension se décompose sur chacun des axes B et C, en deux forces F qui elles-mêmes se décomposent en une série d'efforts de traction $f f' f_1 f'_1$ produits sur chacun des brins, et l'on a :

$$Q = \text{résultante de } f + f' + f_1 + f'_1$$

Soit *p* l'effort qu'il faut exercer sur l'un des brins, pour mouvoir le balancier E et faisons :

$$f > p/2$$

Quand on voudra faire marcher le balancier E dans le sens de la flèche *p*, la tension du brin *o's'* augmentera et celle du brin *o s* diminuera jusqu'à ce que ces tensions, dans leur ensemble soient devenues :

$$(f + p/2) - (f_1 - p/2) = p$$

Alors le balancier E étant sollicité par une force p égale ou un peu supérieure à sa résistance, se mettra en mouvement ; mais, ce que nous avons ajouté à la tension d'un des brins ayant été forcément retranché de la tension de l'autre, puisque le circuit total est fermé et solidaire, la résistance de Q n'a pas changé ; la longueur du ressort est donc restée la même, la transmission se sera donc comportée comme si les poulies B et C étaient amarrées à un point fixe, c'est-à-dire que le cadran axiomètre du timonier n'aura pas été faussé pendant la marche, et aura indiqué exactement les chemins parcourus par la barre.

Pour ce qui concerne les dilatations, les deux brins rappelés par ce ressort D de quantités égales ne faussent pas davantage les divisions du cadran, ils changent seulement la tension du ressort D.

Ce ressort fait aussi en quelque sorte l'office d'une soupape de sûreté dans le cas où, la barre ne répondant pas immédiatement, le timonier voudrait par trop forcer sur cette transmission.

Ce mode de transmission a encore l'avantage d'être, le plus possible, invulnérable aux coups de l'ennemi car, deux fils de 8 ou 9 millimètres de diamètre occupant très peu de place dans l'espace, on peut conduire cette transmission partout où l'on veut, mettre même, si on le voulait, un poste de commande en haut d'un mât, par exemple, ces deux fils étant pour ainsi dire invisibles pour l'ennemi.

Nous allons maintenant donner la description de l'appareil que l'on place en chacun des points du bâtiment d'où l'on veut pouvoir commander la barre ; c'est cet appareil que nous appelons poste de commande.

Fig. 47

Vue de face

Vue du cadran indicateur

Vue de côté

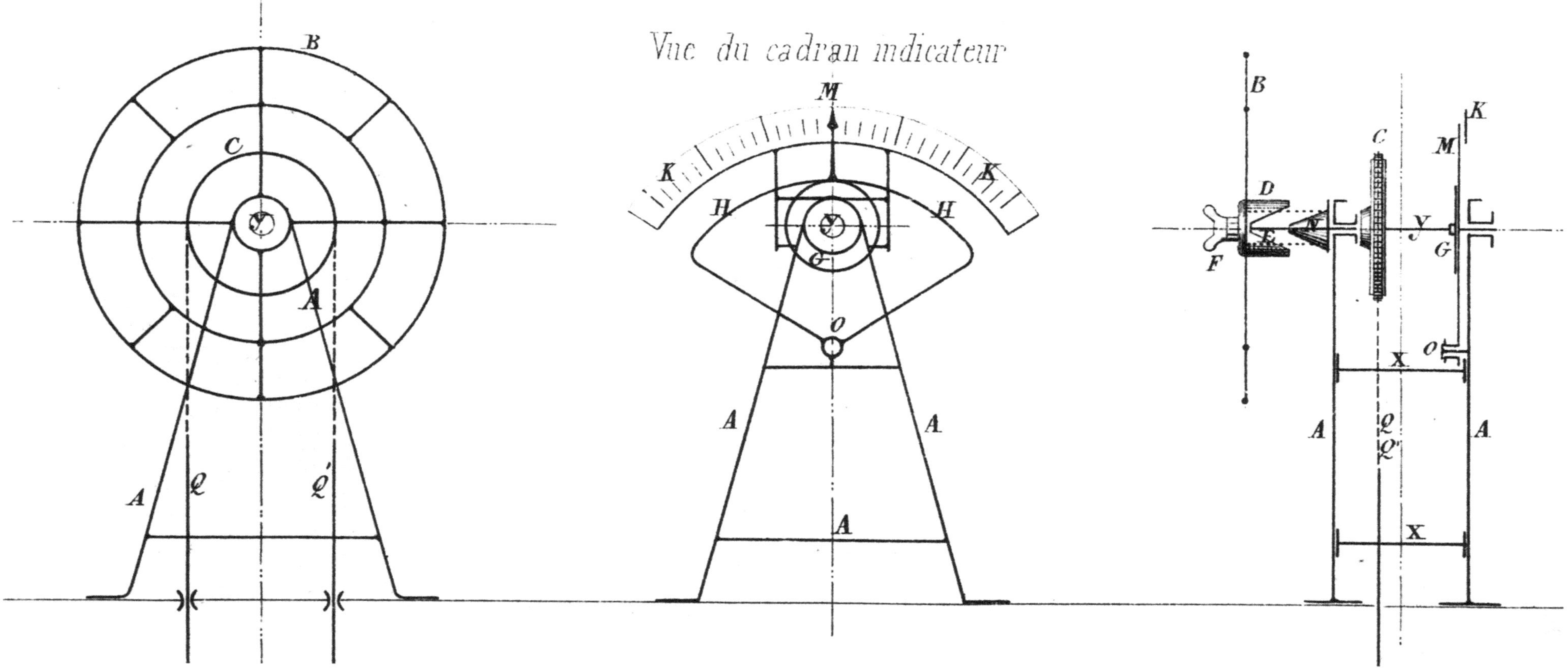

§ 32. — Poste de commande.

Cet appareil se compose, figure 47, de deux supports ou bâtis A A, reliés par des entretoises X X, portant un arbre y sur lequel sont montés les organes de commande.

Au bout de cet arbre se trouve un volant à main B, fou, et pouvant de plus glisser longitudinalement ; le moyeu D de ce volant porte un *manchon à dents* E embrayant avec un manchon semblable N qui est calé sur l'arbre.

Entre le volant et ce manchon N se trouve un ressort repoussant constamment le volant B sur les écrous de réglage F. On conçoit que par le moyen de ces écrous on peut, en serrant le volant à bloc, produire un entraînement sans jeu, de même qu'on peut, en reculant ces écrous et laissant le volant s'éloigner plus ou moins du manchon N, donner tout le temps perdu que l'on jugera utile entre E et N, suivant l'état de la mer, comme nous l'expliquerons plus loin.

En faisant tourner le manchon N, on entraîne une roue à chaîne Galle *c*, calée sur l'arbre *y* et sur laquelle passent les deux brins Q et Q' de la transmission funiculaire. Au bout de l'arbre est fixé un petit pignon G qui engrène avec un secteur H, ayant son centre d'oscillation sur le bâti en *o* et muni d'une aiguille M par laquelle il indique en degrés, sur un cadran fixe K, tous les mouvements et toutes les oscillations de la barre.

On comprend que, lorsqu'on fait tourner le volant B, celui-ci vient entraîner le manchon N et avec lui la roue *c* qui fait mouvoir les brins de la transmission.

On peut, selon les dispositions préférées, faire soit un, soit plusieurs tours, à volonté, pour la course complète de la barre.

On comprend facilement aussi qu'avec le mode de circuit funiculaire constitué comme nous l'avons vu, on peut placer sur la transmission autant de postes de commande que l'on veut et commander la barre alternativement de plusieurs points du bâtiment, suivant les cas.

CHAPITRE VII

FONCTIONNEMENT RELATIF DES DIFFÉRENTES PARTIES DE L'APPAREIL.

§ 33. — Fonctions du cylindre hydraulique par mauvais temps.

Plus de sûreté pour le gouvernail qu'avec l'ancienne commande à bras d'hommes.

Maintenant que l'on connaît bien la construction et l'agencement du cylindre hydraulique et de la transmission funiculaire, nous allons en expliquer toute l'utilité.

Quand on navigue par un très gros temps, la lame peut venir frapper le gouvernail en deux conditions distinctes, savoir :

1° Le gouvernail étant à l'état de repos ou d'équilibre en une position quelconque, c'est là le cas général ;

2° Le gouvernail étant à l'état de mouvement, c'est-à-dire en train de monter pour donner de la barre ou de descendre pour revenir vers barre droite.

Voici quelle sera la marche à suivre dans chacun de ces cas.

Premier cas

Voyant arriver le mauvais temps :

1° Nous réglons notre soupape d'équilibre et de flexion en plaçant l'écrou M, fig. 44, à la position indiquée, par exemple, pour tempête, cette position ayant été déterminée antérieurement par expérience.
Nous savons donc à l'avance que, sous une pression assez faible exercée sur le piston hydraulique, la soupape se lèvera et permettra à ce piston de reculer suffisamment, pour que, grâce à cette flexion, le choc de la laine ne puisse être assez puissant pour détériorer le gouvernail.

2° Nous réglons la position du volant du poste de commande de façon à laisser entre le manchon calé et le volant fou un temps perdu tel que la barre puisse fléchir ou plutôt reculer de l'angle nécessaire avant que les dents du manchon viennent rencontrer celle du moyeu du volant.

Examinons ce qui va se passer en telles conditions :

Nous dirons d'abord, relativement aux figures que nous allons étudier, que, dans le *Bélier*, la commande du gouvernail a été établie suivant une disposition analogue à celle que nous avons indiquée au § 19, fig. 30 et 31, par barre double ou par barre renversée, ainsi que nous le verrons plus loin, et par des motifs que nous exposerons au § 36, chap. VIII.

Revenons au cas de choc qui nous occupe.

La lame venant frapper le gouvernail dans la direction F, par exemple fig. 48, pourrait le briser, si celui-ci faisait résistance absolue. Il faut donc que le gouvernail puisse céder sous cette lame avec une résistance croissante, de façon à absorber tout le travail du choc de la force F, en reculant d'un angle de flexion assez petit, mais suffisant pour que son existence ne puisse être compromise.

Au moment de ce choc, l'appareil étant dans les conditions d'équilibre que nous avons indiquées, savoir : le piston X, pris entre deux pressions totales P et P' telles que :

$$\omega\ (P - P') = Q = \text{résistance du gouvernail}$$

et, le tiroir T ne bougeant pas, sitôt que Q augmenterait de 100 kilogrammes, par exemple, le piston X, s'il était seul, se mettrait immédiatement en mouvement, l'équilibre étant faussé.

Mais alors, par l'effet de l'asservissement du cylindre à vapeur luttant seul, les oscillations pourraient devenir fréquentes et intenses, tandis qu'au contraire le cylindre hydraulique, ayant son tiroir à eau fermé, maintient la barre par son piston X' qui ne peut bouger qu'autant que le lui permettra la soupape d'équilibre.

D'un autre côté, la boîte à ressort de stop B a été réglée de façon que sa tension initiale soit plus grande que la somme de tous les frottements de transmission funiculaire, depuis le point *c* jusqu'au poste de commande, et par suite le point *o* transporté en *o'* par le gouvernail prendra appui sur le point *c* pour faire mouvoir le point A de A en A' et avec lui toute la transmission funiculaire, celle-ci offrant moins de résistance que le centre *c*, tenu en place par la boîte B.

Il suit donc de là que, pendant tout le parcours de l'angle correspondant au temps perdu laissé au volant du poste de commande, le gouvernail pourra reculer sans mouvoir le petit servomoteur ni, par conséquent, les distributions des cylindres à vapeur et à eau.

La lame F frappant le gouvernail, et les distributions des cylindres restant en place par l'effet du jeu ou temps perdu laissé au volant de commande, le gouvernail ne trouvera pas de soutien ou de point de résistance sur le piston à vapeur puisqu'il était avant le choc en équilibre avec lui. Mais le cylindre hydraulique, lui, s'opposera à tout mouvement jusqu'à ce que la force qui agit sur le gouvernail ait constitué dans ce cylindre à eau une pression capable de lever la soupape. Comme cette soupape a été réglée préalablement pour que sa pression de levée soit bien au-dessous de la résistance que peut supporter en

Fig. 48

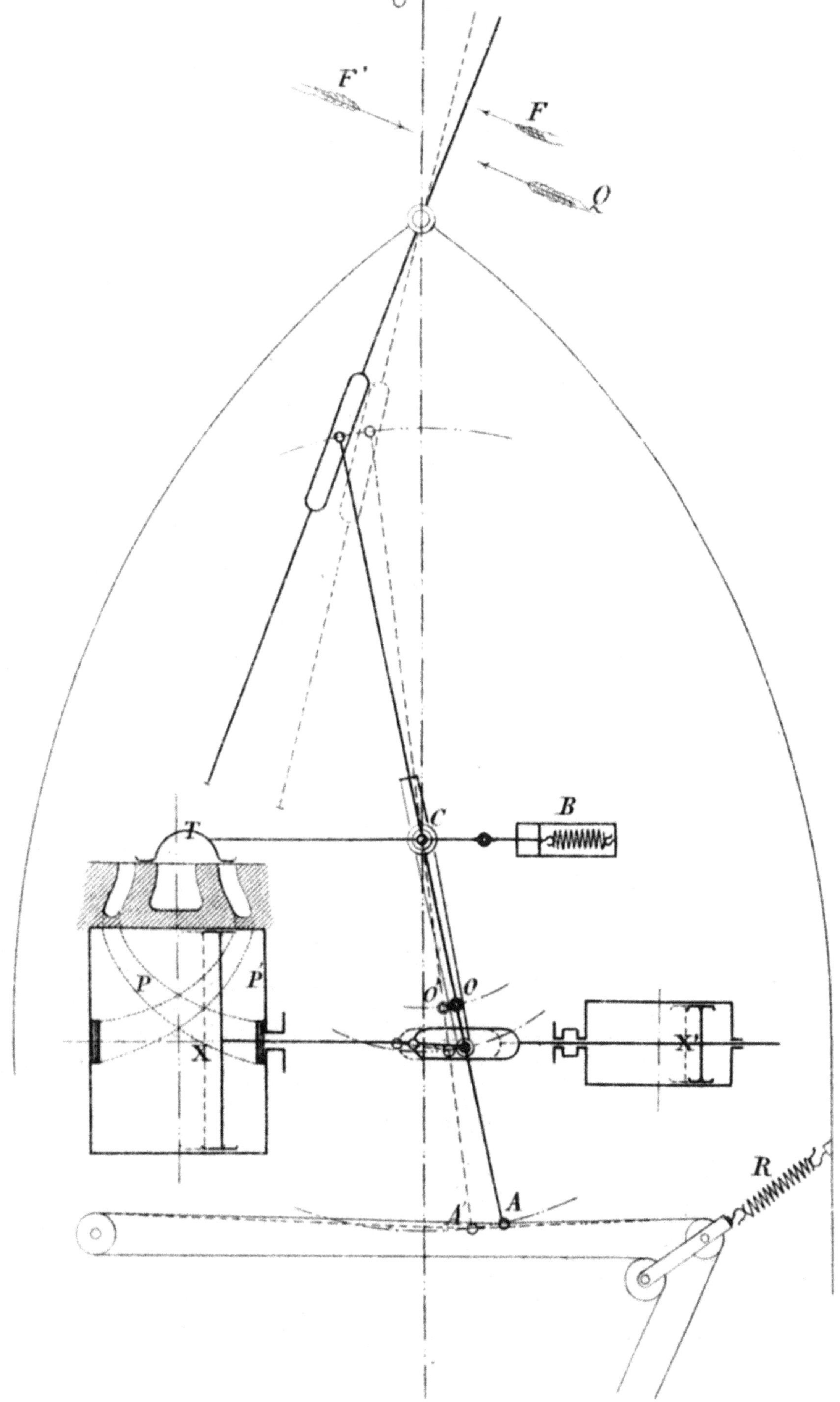

toute sécurité le gouvernail, il s'ensuit que quand le gouvernail commencera à fléchir il n'y aura aucun danger pour lui.

Alors il fléchira en résistant par l'effet de la charge du ressort et de la levée limitée de la soupape, entraînant avec lui les pistons à vapeur et à eau, et la transmission funiculaire jusqu'à ce que le travail du choc ait été complètement absorbé par le travail résistant que fournit le piston hydraulique en forçant son eau au travers de la soupape chargée et soulevée seulement d'une quantité qui aura été limitée à l'avance, comme nous l'avons vu, au moyen de la vis inférieure H (fig. 44) .

Si le travail du choc n'est pas encore complètement détruit par la résistance du piston hydraulique quand les dents du manchon de commande viendront toucher celles du volant à main, et que le timonier maintienne alors ce volant, les rênes du servomoteur, agissant à ce moment, entrouvriront les tiroirs et introduiront de la vapeur sous le piston du grand cylindre pour aider à la résistance ; le tiroir hydraulique très peu ouvert et ayant d'ailleurs, de construction, un recouvrement plus grand que celui du cylindre à vapeur, ne laissera guère passer d'eau en cet instant, et le cylindre hydraulique conservera à peu près toute sa puissance. Le choc sera donc amorti aussi doucement ou aussi énergiquement qu'on voudra.

La flexion subie par le gouvernail et reproduite par la transmission funiculaire sera, en tout cas, exactement accusée sur le cadran de l'axiomètre devant le timonier dès qu'il aura fait reprendre au volant à main son jeu ou temps perdu dans le manchon du poste de commande.

On voit donc que tout cela s'opère automatiquement, sans que personne s'en occupe, et que l'appareil résiste sûrement et le plus possible à la lame sans mettre si peu que ce soit en danger le gouvernail.

Dans les gouvernails mus à bras d'homme on est forcé de compter avec l'intelligence de ces hommes. Quand la lame arrive, n'étant pas avertis, ils ne cèdent trop souvent que lorsqu'ils ne peuvent plus tenir, c'est-à-dire trop tard, et alors on est exposé à des accidents graves, à la perte d'un gouvernail.

Avec l'appareil servomoteur, au contraire, on n'est plus dépendant de l'intelligence des hommes qui manœuvrent la barre car, une fois réglé, le servomoteur sait de lui-même, sans le secours de personne, remplir son devoir, et le timonier n'est averti du choc des lames qui frappent le gouvernail que par les oscillations de l'aiguille de son axiomètre.

Il est donc beaucoup plus sûr, par mauvais temps surtout, de manœuvrer la barre avec l'appareil que de se servir de la commande ordinaire par drosses et à bras d'homme.

Le raisonnement et les effets constatés seraient exactement les mêmes si la force, au lieu de frapper le gouvernail dans le sens de F, venait le frapper dans la direction F' (fig. 48).

Deuxième cas

La lame peut frapper le gouvernail pendant qu'il est en mouvement (fig. 49).

1° Supposons qu'il soit en train de marcher dans la direction *f*, et que la laine vienne le pousser par derrière en Q.

Fig. 49

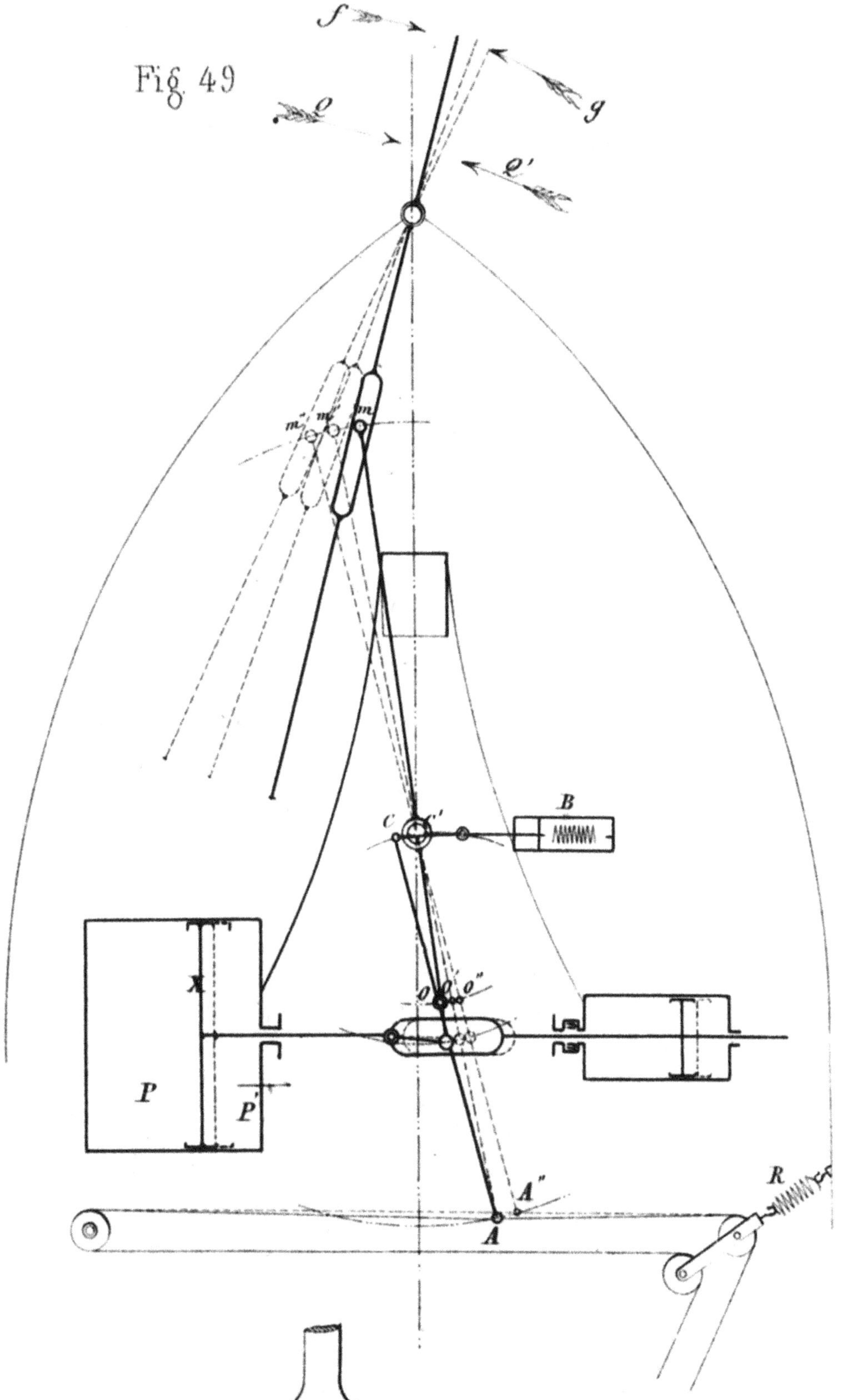

Fig. 50

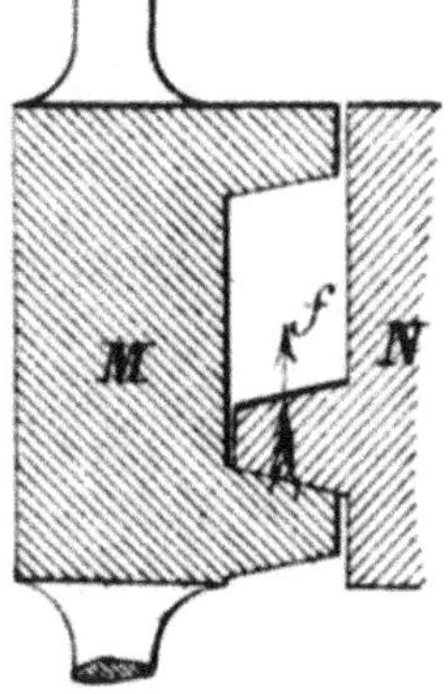

Le piston X recevant alors aussi le choc de la lame, sa vitesse de translation va s'accélérer, et il devancera angulairement son conducteur qui est le point A, c'est-à-dire que le point *o*, marchant avec le piston X, tournera, ainsi que le point *c* autour de ce point A, venant en *o'*, et le point *c* en et laissant revenir au stop la distribution, tous les tiroirs au rappel de la boîte B.

Nous retomberons ainsi exactement dans le premier cas que nous venons d'exposer, et le manchon N du poste de commande (fig. 50), laissant derrière lui le volant M dans la main du timonier, profitera du temps perdu qu'il a devant lui.

Le point *c* devenant point fixe en *c'*, au stop de la boîte B, le point *o*, c'est-à-dire le gouvernail, marchera en O" entraînant avec lui le point A en A" et toute la transmission funiculaire de tout l'angle correspondant au temps perdu du manchon N du poste de commande, ayant pour résistance contre la lame la pression réglée à l'avance du cylindre à eau.

La flexion subie par le gouvernail sera indiquée sur le cadran de l'axiomètre par l'effet du mouvement de la transmission funiculaire et manifestée ainsi au timonier.

2° Supposons que marchant toujours dans la direction *f* (fig. 51), le gouvernail soit refoulé en sens contraire par une lame Q'.

A ce moment le piston X se trouve pris entre deux pressions P et P' nettes, déduction faite de la contre-pression atmosphérique, telles que leur différence (P-P') se trouve excéder la résistance de la barre d'une quantité *y* par exemple, qui est la force accélératrice imprimant au gouvernail sa vitesse de translation.

La lame Q' ne trouvera donc, au début du choc, qu'une résistance insignifiante correspondant à la force *y* ; mais cette lame refoulant la barre, et le timonier continuant à marcher, le point *o* de la barre du servomoteur s'éloignera angulairement du point A, c'est-à-dire que le point *o* viendra en *o'*, A en A' entraîné par le timonier, et *c* en *c'*; alors la distribution sera ouverte en grand et la lame trouvera sur le piston une résistance égale à :

$$\omega\ (\ P - (P - P')\ ) = \omega\ P'$$

déduction faite de la contre-pression atmosphérique ; car la force ω (P-P') était presque entièrement équilibrée à l'avance par la pression de l'eau sur le gouvernail due à l'inclinaison de la barre au moment où le choc a eu lieu.

Or, en marche, avant le choc : P' = O, déduction faite de la contre-pression atmosphérique quand l'échappement est notablement ouvert et : P' peut être = P quand l'échappement est complètement fermé.

On voit donc que, en moyenne, la pression résistante s'opposant directement au choc sera égale à P/2, c'est-à-dire à la moitié de la pression maxima P de la vapeur sur le piston X, et cela quand, après

Fig. 51

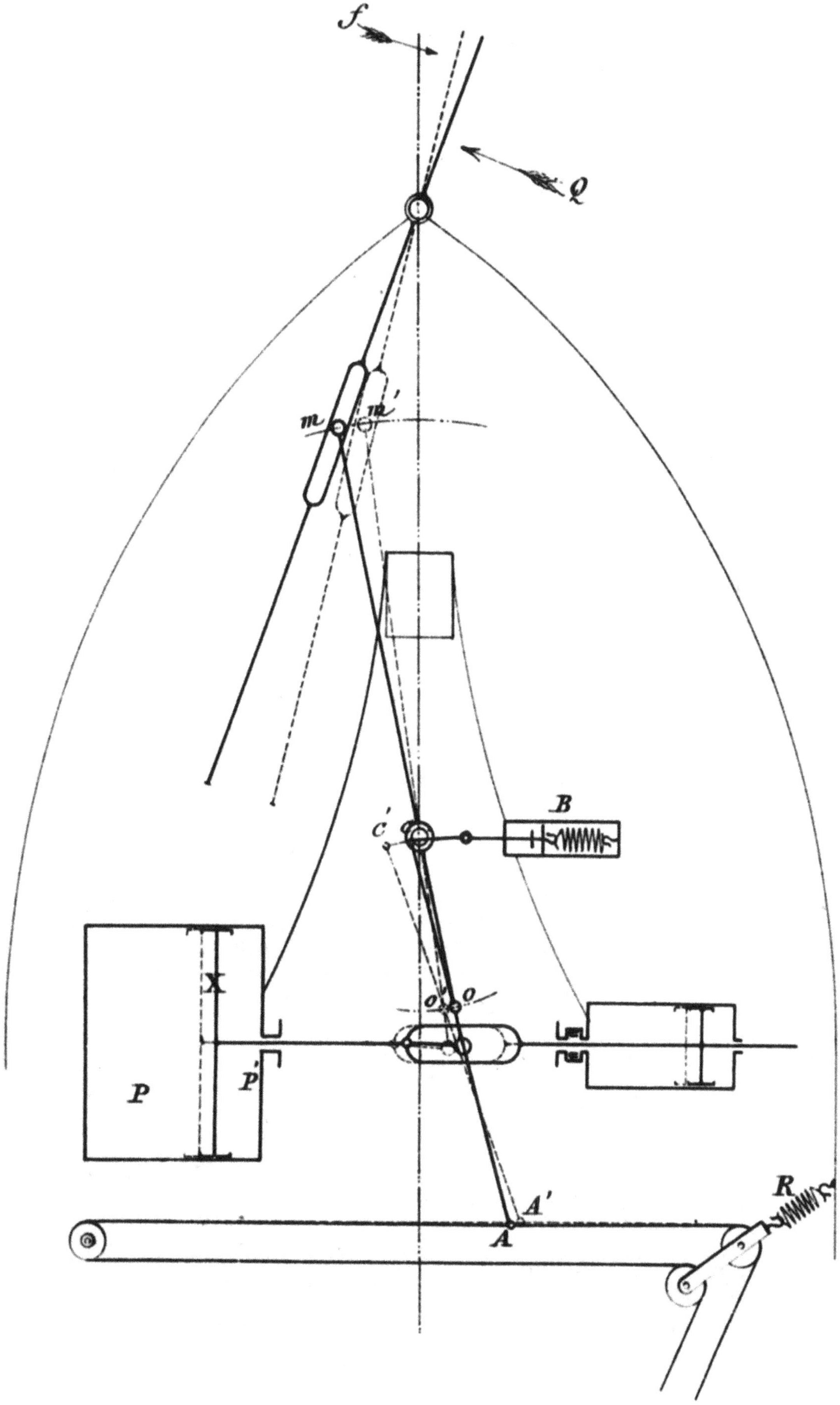

le choc, la pression P' sera par l'ouverture en grand de l'échappement devenue égale à zéro, déduction faite de la pression atmosphérique.
Pour arriver à cette pression résistante P- (P - P'), la barre aura parcouru 1° à 1°,5 environ, chemin nécessaire pour faire passer le tiroir d'un de ses stops à l'ouverture en grand. A ce moment, si le timonier continuait à vouloir marcher dans le sens de la flèche *f*, le point A, entraîné par le point O, allongerait la transmission en allongeant le ressort B et le faisant travailler comme soupape de sûreté.
On reconnaît donc que dans le cas considéré, celui du gouvernail en mouvement, l'effort qui s'oppose au choc de la lame est une force croissante partant d'une valeur *y*, c'est-à-dire de presque zéro, pour arriver, après un angle parcouru de 1°,5, à avoir une valeur égale à ω (P-(P-P')) quantité relativement faible comparée à la résistance normale de construction du gouvernail ; que ce n'est pas une force sans mesure et sans élasticité comme celle qu'opposent les timoniers au mouvement de la barre dans la commande par drosses, et qu'il y a par suite beaucoup plus de sûreté pour le gouvernail avec le servomoteur qu'avec la manoeuvre à bras d'homme.
Il est à remarquer que si le timonier, au lieu de se roidir contre la lame, laissait mollir le volant de commande, les rênes ramèneraient tous les tiroirs au stop, et l'on retomberait exactement dans le premier cas considéré, avec flexion du gouvernail réglée par le cylindre hydraulique.

3° Supposons le gouvernail descendant dans la direction *g* (fig. 49) pour revenir droit, et la lame Q' venant le pousser par derrière, nous retombons exactement dans la première partie du deuxième cas.

4° Supposons le gouvernail descendant pour revenir droit dans la direction *g* (fig. 49) et la lame Q venant le frapper pour l'empêcher de se redresser, nous tombons exactement dans la deuxième partie du deuxième cas.

Nous venons de considérer tous les cas qui peuvent se présenter de coups de mer venant frapper le gouvernail, et nous avons vu avec quelle sécurité et sûreté on peut s'abandonner à l'appareil par mauvais temps ; comme nous venons de le voir, le cylindre hydraulique est de toute utilité par gros temps. Nous allons exposer maintenant quels services il rend par temps calme.

§ 34. — Fonctions du cylindre hydraulique par temps calme.

Nous avons vu que le piston à vapeur tient le gouvernail en équilibre de telle façon que :

$$\omega\ (P - P') = Q, \text{ résistance du gouvernail.}$$

Or par beau temps, avec la moindre houle, à chaque petite lame frappant le safran, l'équilibre se trouverait rompu, et le gouvernail subirait une série de petites oscillations introduisant ou évacuant de la vapeur à chaque instant, pour rétablir l'équilibre perdu par l'effet de la houle et se maintenir au point assigné par le timonier. Il y aurait là un grand inconvénient, savoir de dépenser, par suite de ces trépidations du servomoteur, une quantité considérable de vapeur qu'on peut économiser.

Le cylindre hydraulique, tel qu'il est constitué, obvie complètement à cette difficulté ; car, quand la barre est en équilibre, le tiroir se trouvant fermé et la soupape d'équilibre serrée, le gouvernail amené à une position s'y trouve fixé invariablement par le piston à eau, restant complètement insensible à toutes ces petites variations de la résistance qui s'exercent sur le safran, et cela sans dépense de vapeur.

A chaque bout du tiroir hydraulique se trouve une palette M (fig. 42), qui se meut avec le tiroir, à faible jeu, dans la gaine qui l'emboîte. Ces palettes servent de frein hydraulique au petit servomoteur auxiliaire pour l'empêcher d'agir trop brusquement sur les organes qu'il conduit, car nous faisons ce petit cylindre toujours beaucoup plus puissant qu'il ne faut afin d'être certain qu'il ne fera jamais défaut.

§ 35. — Alimentation du cylindre à eau.

Il importe, pour que le cylindre hydraulique fonctionne dans de bonnes conditions, qu'il soit constamment plein d'eau. Aussi faudra-t-il toujours avoir ses garnitures en bon état et le visiter au moins une fois par jour pour s'assurer qu'il est plein ou pour le remplir.

Dans ce but (fig. 52), une bâche O contenant de l'eau se trouve placée au-dessus de la boîte de distribution hydraulique E et communique avec elle par un tuyau muni d'un robinet A.

Deux autres robinets C, D d'échappement d'air, avec tuyau montant au-dessus du niveau de la boîte E du tiroir à eau, sont fixés aux deux extrémités du cylindre pour faciliter l'écoulement de l'air ; un troisième robinet semblable B est placé en haut de la boîte E.

On ouvre les quatre robinets A, B, C, D, et quand l'eau jaillit par les trois robinets B, C, D on est certain que le cylindre, la boîte E et les galeries sont pleins d'eau ; on ferme alors les quatre robinets, l'opération étant ainsi terminée.

On voit que c'est l'affaire d'un instant et que, profitant d'un moment où la barre est droite, on peut remplir le cylindre ou s'assurer de son plein sans arrêter la marche de l'appareil.

CHAPITRE VIII

OBSERVATIONS GÉNÉRALES ET RÉGLEMENTATION DE L'ENSEMBLE.

---

§ 36. — Barre d'accouplement. — Coulisse droite, coulisse courbe.

Nous allons maintenant donner quelques détails sur les organes que nous avons employés pour joindre la barre à l'appareil.

La résistance d'un gouvernail qui est égale à zéro quand la barre est droite, abstraction faite des frottements, croît avec l'angle de barre, tandis que la puissance de notre cylindre à vapeur reste constante puisqu'elle est toujours égale à la pression X nette, multipliée par la surface du piston (fig. 53); conséquemment, si nous nous étions amarré directement à la barre du gouvernail, nous aurions eu besoin d'un très gros cylindre pour vaincre la résistance de la barre à l'inclinaison qui correspond au moment maximum, et ce cylindre devenait ensuite beaucoup trop puissant dans toutes les autres positions.

Aussi avons-nous adopté (fig. 53) une barre d'accouplement A, employée antérieurement par la marine française sur plusieurs frégates, et servant d'intermédiaire entre l'appareil et la barre B du gouvernail C ; nous avons fait de cette barre A le balancier du servomoteur. Par son moyen on fait croître le moment d'action du cylindre à vapeur et décroître relativement celui de la résistance à mesure que celui-ci augmente naturellement d'intensité avec l'amplitude de l'angle de barre.

Pour les quatre gardes-côtes cuirassés de la marine française, *Cerbère, Bélier, Bouledogue, Tigre,* sur lesquels nous avons installé nos appareils, nous avons approximativement calculé la résistance du gouvernail en chaque angle de barre, d'après la formule donnée par le *Dictionnaire de mathématiques appliquées* de M. Sonnet, au mot *gouvernail*

$$F = \frac{K \pi A V^2 \sin^2 (i + \theta)}{2g}$$

Dans laquelle :

F = Résistance normale du fluide au centre de gravité du gouvernail.

Fig. 52

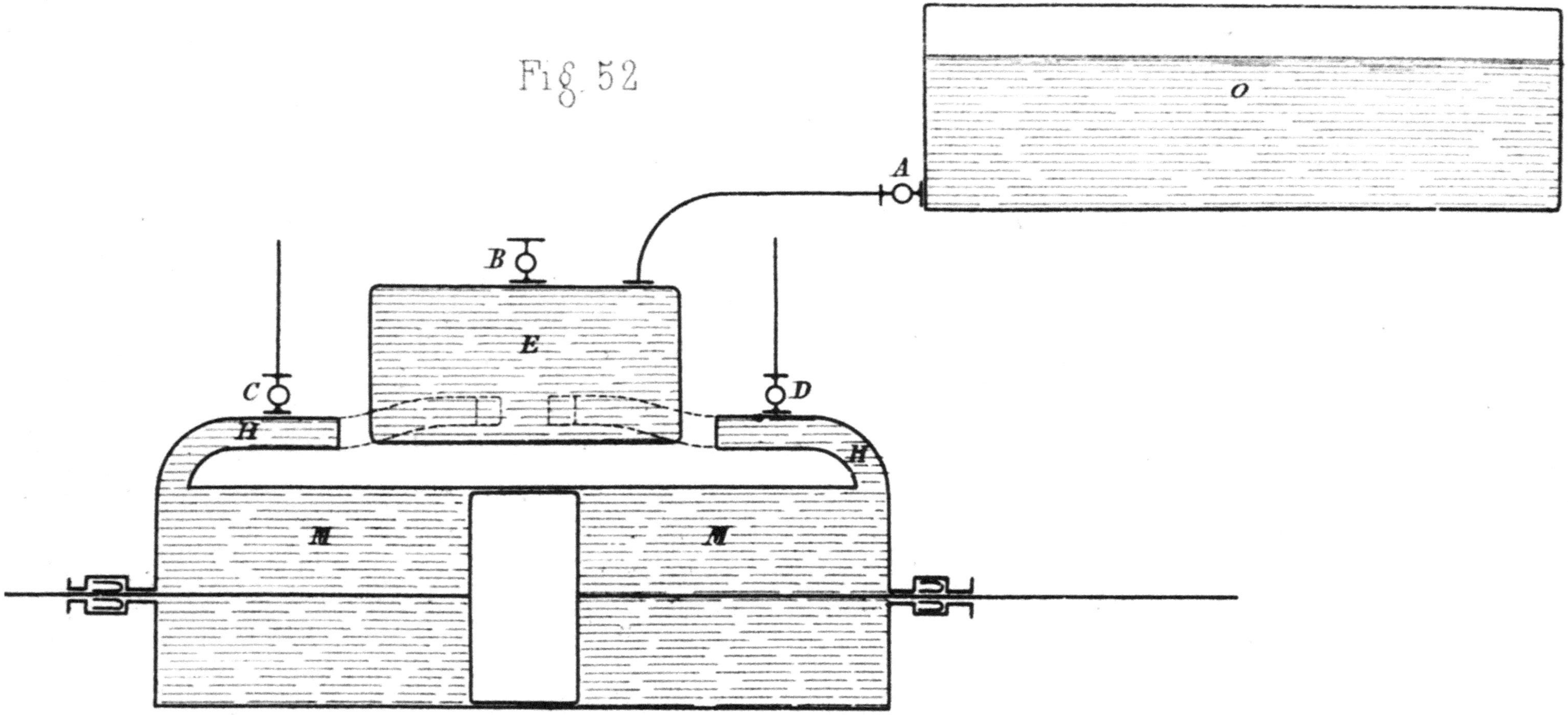

Fig. 53

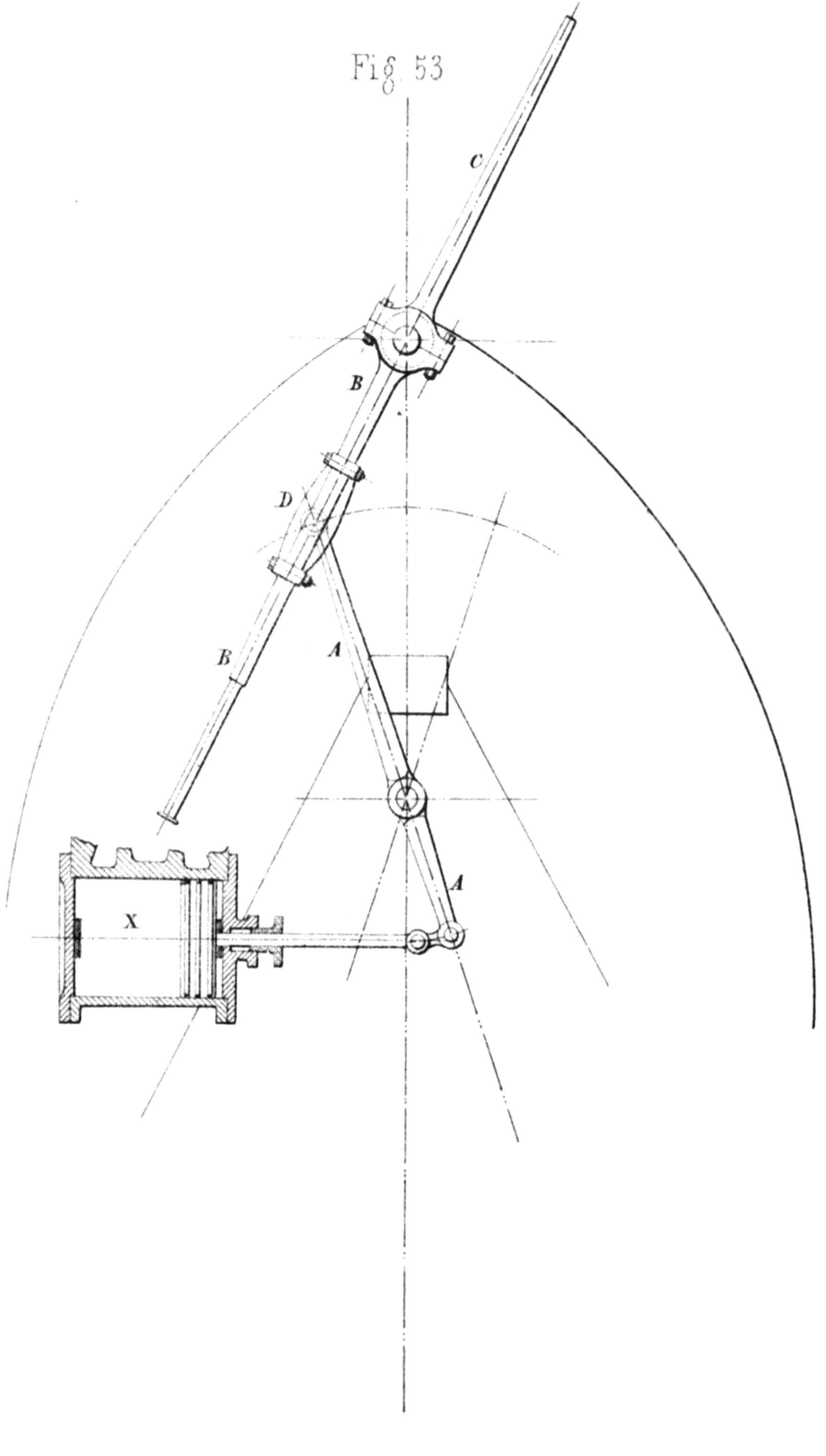

θ = Angle de dérive du bâtiment.
V = Vitesse du bâtiment.
π = Poids du mètre cube d'eau.
A = Aire du gouvernail.
i = Angle d'inclinaison du gouvernail.
K = Coefficient de la résistance des fluides = 1,5, d'après M. Sonnet.

Supposant :
La vitesse maxima du bâtiment = 12 noeuds,
L'angle de barre maximum = 35°

Et ayant déterminé ainsi pour chaque angle de barre, la valeur en kilogrammes de la pression du cylindre à vapeur reportée au centre de gravité du gouvernail, nous avons établi les courbes du travail résistant du gouvernail comme l'indique la figure 54.

La courbe *b* étant celle des forces motrices transportées au centre de gravité du gouvernail pour chaque angle de barre, et celle *a* étant la courbe des résistances agissant au même point (abstraction faite des frottements), on voit que de 0° à 15° le cylindre est beaucoup trop puissant, que de 15° à 30° il est dans de bonnes conditions, et que de 30° à 35° la puissance croît très sensiblement par rapport à la résistance et devient encore en cet angle maximum, 35°, beaucoup trop forte.

On reconnaîtra facilement que le point délicat à passer est celui où l'angle de barre = 23°, où la courbe *b* est presque tangente à celle *a* ; aussi est-ce pour cette position que nous avons calculé le cylindre de l'appareil.

On voit qu'on a encore des points où le cylindre est beaucoup plus puissant qu'il ne faudrait, tandis que dans d'autres il n'est que juste suffisant, ce qui prouve que ce mode de transmission laisse encore à désirer. Aussi avions-nous cherché et étudié le moyen d'effectuer le travail avec le plus petit cylindre possible, comme nous allons l'exposer ; mais les complications que ce perfectionnement occasionnait dans la transmission, qui doit être aussi simple que possible, nous ont fait renoncer à sa mise en exécution.

La transmission reliant le cylindre à la barre dans les meilleures conditions possibles serait celle qui donnerait une courbe de travail comme celle *d d* sur la figure 54, car elle est presque parallèle à la courbe de résistance, conservant ainsi toujours sur celle-ci, approximativement, la même différence ou force accélératrice.

Nous nous sommes donc donné cette courbe dans notre étude de recherche, comme étant celle supposée des pressions motrices reportées au centre de gravité du gouvernail, et nous en avons déduit graphiquement la forme qu'il aurait fallu donner à la coulisse D, dans laquelle glisse le maneton de la barre d'accouplement A (fig. 53).

Le tracé courbe *d' d'* ou *x, y, z* (fig. 55) représente la forme de l'axe courbe de la coulisse ou directrice double qu'il faudrait adopter pour obtenir au centre de gravité du gouvernail les pressions successives inscrites en *d"* sur la figure 54, qui sont celles correspondantes à la courbe de travail *d d* (fig. 54) que nous nous étions donnée.

Fig. 54

Courbes de travail

des servo moteurs de gouvernails

des garde-côtes Bélier, Bouledogue, etc.

exécutés en 1871.

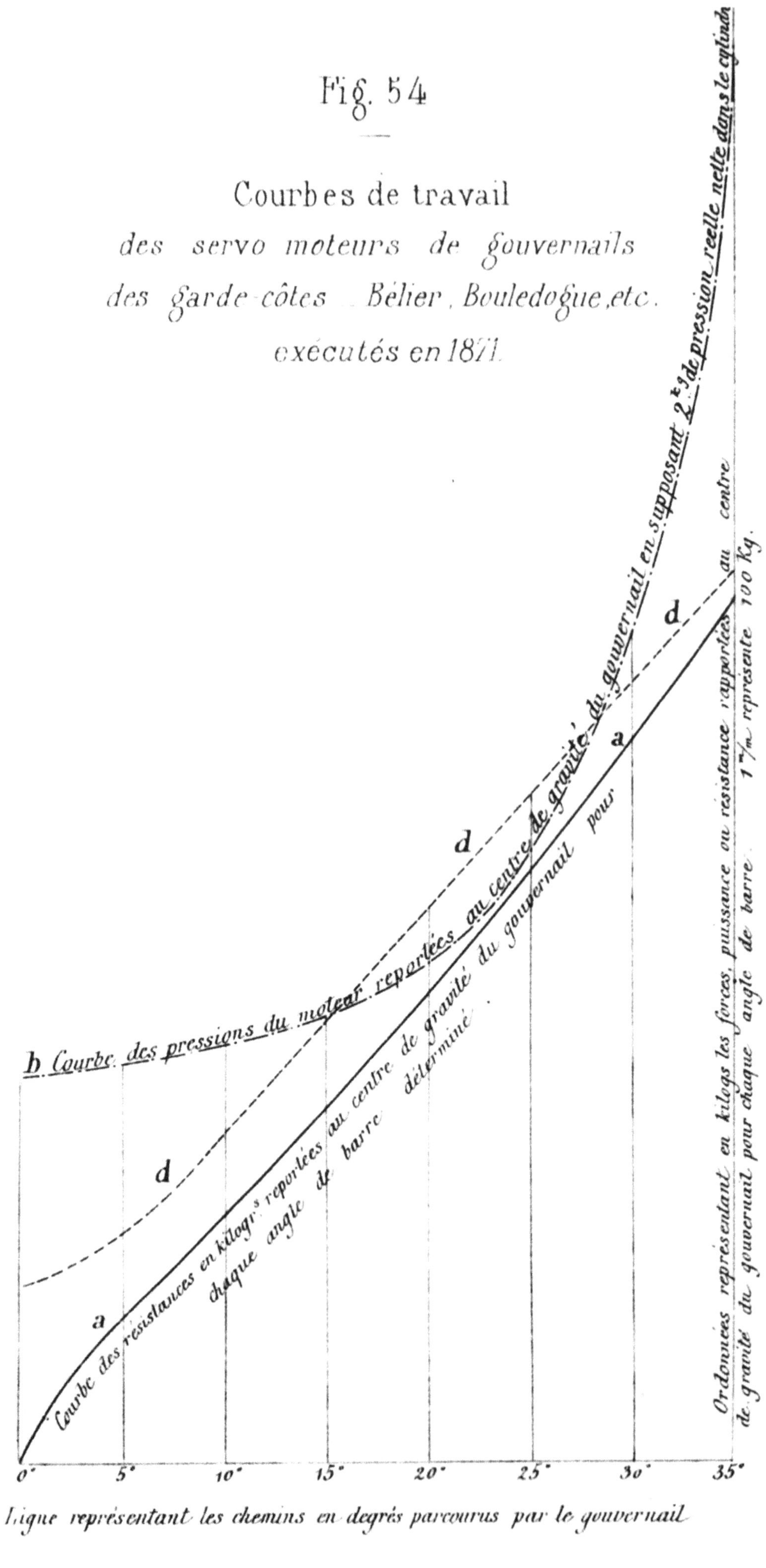

Ligne représentant les chemins en degrés parcourus par le gouvernail

La ligne *b' b'* représente l'axe de la coulisse ou directrice droite que nous avons conservée et les pressions successives inscrites en *b"* sur la figure 55 sont celles correspondantes à la courbe de travail *b* (fig. 54), données par cette coulisse.

Les chiffres inscrits en *a"* (fig. 55) indiquent les pressions ou résistances successives de la courbe de résistance *a* (fig. 54), données par la formule de Sonnet.

Le tracé *x y z* (fig. 55) représente donc bien la forme courbe et fourchue qu'il faudrait donner à la coulisse pour obtenir la réalisation de la loi ou courbe de puissance *d* (fig. 54), que nous nous étions donnée.

On voit que :

1° Il deviendrait difficile de fixer solidement une pareille coulisse sous la barre du gouvernail ;

2° Que cette coulisse exige à la barre d'accouplement un maneton à galet qui, à la longue, pourrait finir par ferrailler et produire mauvais effet ;

3° Qu'il était presque impossible, en raison de l'arrière étroit des bâtiments, de faire parcourir 35° à cette coulisse sans couper une partie de la membrure, ce qu'il faut absolument éviter.

C'est pour ces considérations que nous avons renoncé, au moins actuellement, à cette solution, et que nous nous sommes contenté de l'emploi de la coulisse rectiligne.

§ 37. — Cas où la transmission funiculaire serait avariée.

Bien que toute la longueur de cette transmission qui va rejoindre le poste de combat pour la conduite de l'appareil soit logée dans la partie blindée du bâtiment, et qu'elle soit ainsi à l'abri des coups de l'ennemi, supposons qu'un accident quelconque survienne, et que, par suite, on ne puisse plus se servir de cette transmission funiculaire.

Dans ce cas, il suffirait de décrocher le ressort tendeur D (fig. 46) ou R(fig. 48, 49, 51) de cette transmission et d'agir comme si elle n'existait pas, c'est-à-dire de commander le gouvernail dans la chambre même de l'appareil, en prenant en main le balancier des rênes du grand cylindre à l'extrémité duquel sont amarrés les fils de la transmission. On voit que, sans arrêter les mouvements dans un cas pressant, on pourrait ainsi continuer à gouverner le navire suivant les commandements transmis par le porte-voix.

§ 38. — Cas où un accident quelconque arriverait à l'appareil. — Déclenchement immédiat de la barre ; on peut le faire instantané.

Dans le cas où, pour une cause quelconque, un accident arriverait à l'appareil et empêcherait momentanément de s'en servir, il faudrait rétablir la commande par drosses ; nous avons, dans cette prévision, disposé le maneton reliant la havre d'accouplement à la barre du gouvernail, de façon qu'il puisse

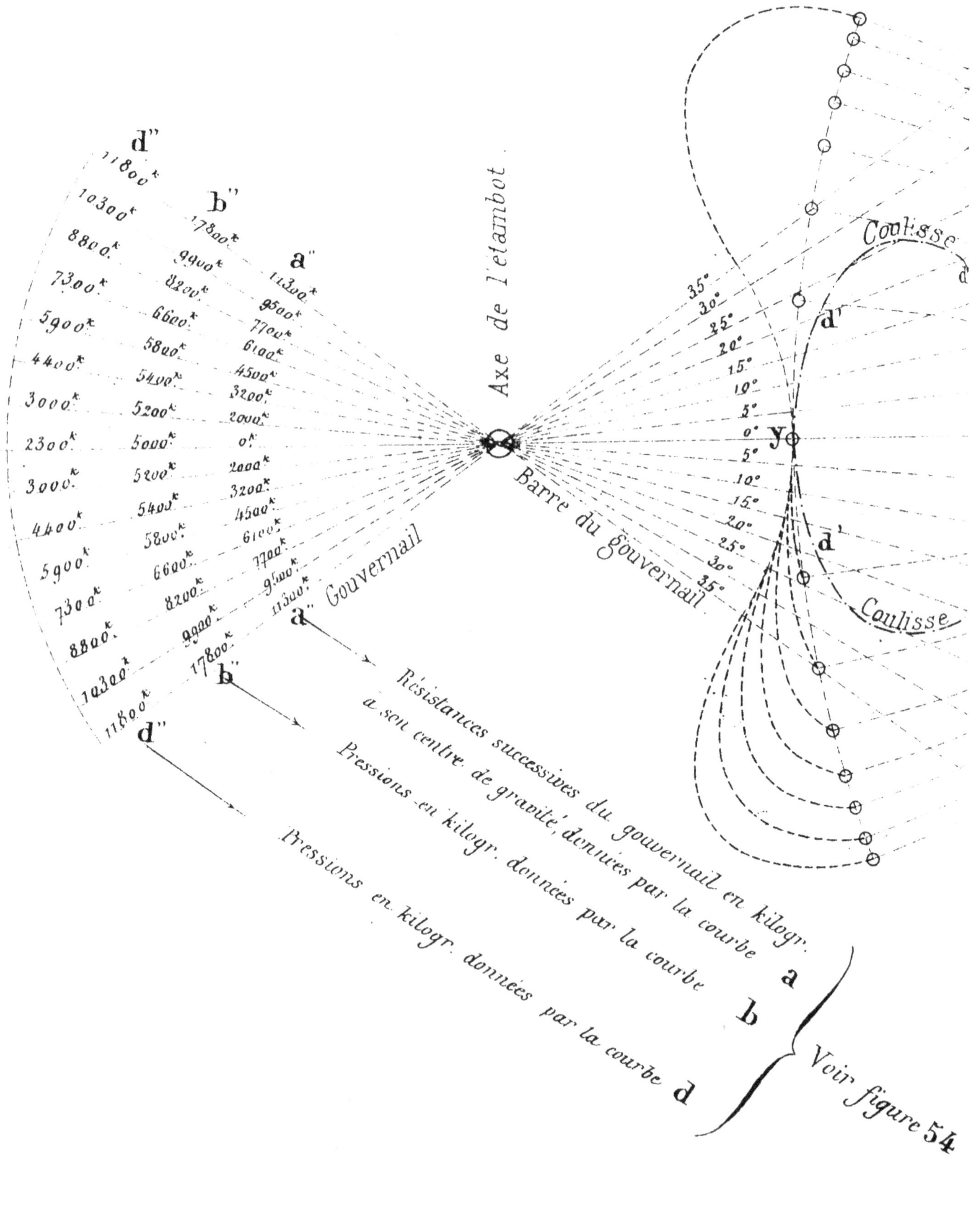

Axe de l'étambot
Barre du gouvernail
Gouvernail
Coulisse
Coulisse
d''
b''
a''
11800k
10300k
8800k
7300k
5900k
4400k
3000k
2300k
17800k
9900k
8200k
6600k
5800k
5400k
5200k
5000k
11300k
9500k
7700k
6100k
4500k
3200k
2000k
0k
35°
30°
25°
20°
15°
10°
5°
0°
y
d'
Résistances successives du gouvernail en kilogr. à son centre de gravité, données par la courbe a
Pressions en kilogr. données par la courbe b
Pressions en kilogr. données par la courbe d
Voir figure 54

Fig. 55.

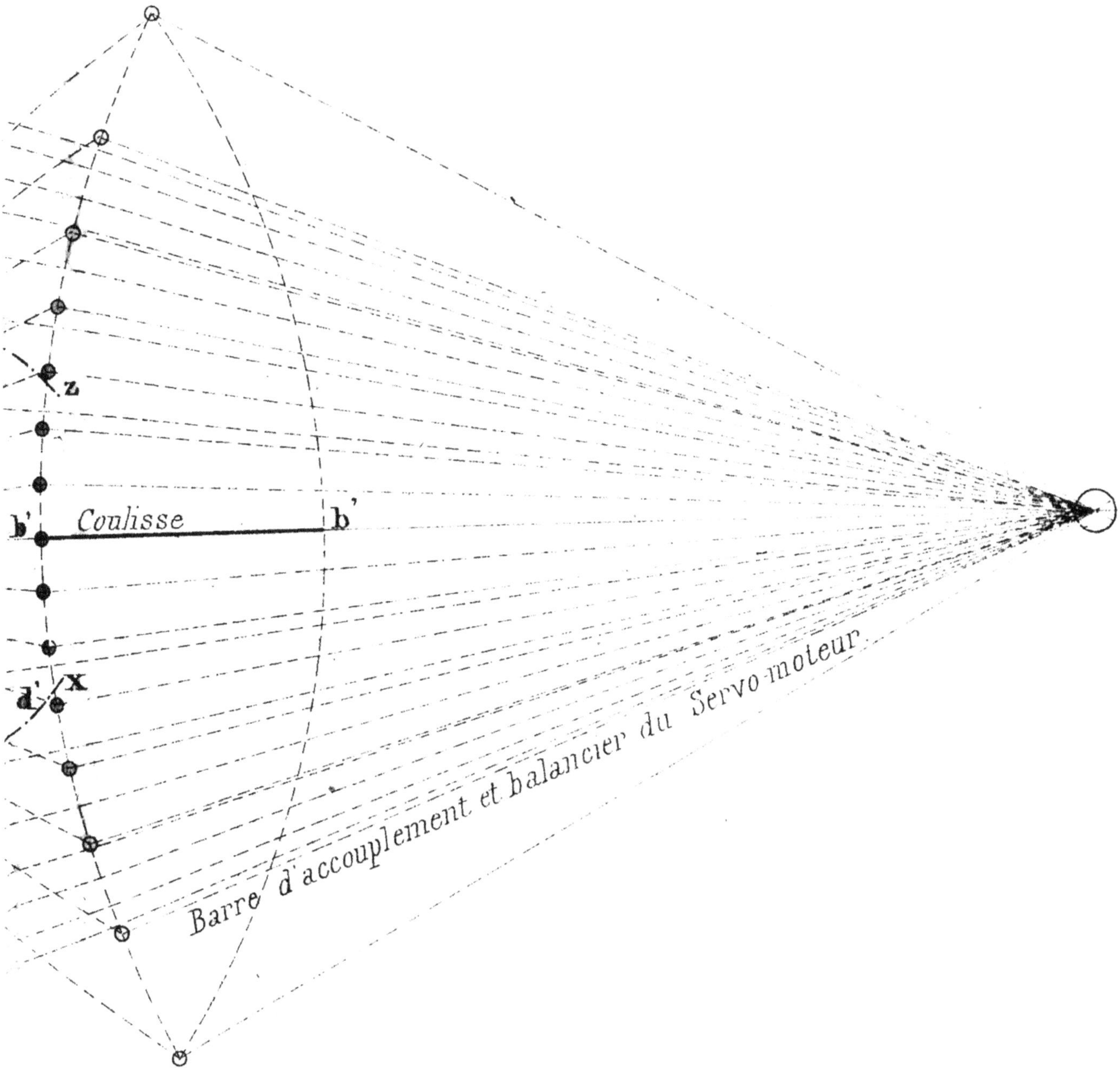
z
Coulisse
b'
b'
x
d'
Barre d'accouplement et balancier du Servo-moteur.

être déclenché immédiatement et très rapidement. La barre d'accouplement est terminée par une fourchette G (fig. 56), dans laquelle s'emmanche le maneton C, dont l'encastrement se constitue au moyen de la partie conique H serrée à bloc par l'écrou B, s'appuyant sur la face N, et qui lui-même est muni d'un contre-écrou A.

L'embase supérieure D du maneton est mobile et fixée au maneton au moyen d'un tirant E, à tête rectangulaire.

Pour déclencher l'appareil, on donne un coup de clef à l'écrou F et l'on fait passer l'embase *y* du boulon E dans la mortaise X de la rondelle D, en lui faisant faire un quart de tour ; puis un coup de clef sur l'écrou B le fait porter après un demi-tour sur la surface M de la chappe, et force le maneton H à se décoller.

Alors, les écrous étant très libres, on leur fait faire à la main les quatre ou cinq tours nécessaires pour les dévisser et le maneton tombe ; l'appareil se trouve ainsi déclenché.

Pendant le même temps un homme a remis le verrou reliant le chariot des drosses au chariot fixe de la barre du gouvernail.

De cette façon, en moins de 2 à 3 minutes, on se trouve prêt à remarcher avec les drosses.

En des circonstances graves, on pourrait laisser les drosses amarrées à la barre, ce qui éviterait, en cas d'accident, de perdre le temps qu'il faut pour les rattacher. Il suffirait, dans ce cas, d'établir au-dessus de l'appareil un filet pour que le mou des drosses ne les fasse pas tomber sur les pièces en mouvement et de placer à l'endroit où ces cordages traversent les ponts, des galets de roulement, pour éviter que, par leur frottement, ils ne se détruisent rapidement.

§ 39. — Étude ultérieure d'un déclenchement instantané de la barre.

Cette question de déclenchement rapide étant une particularité des plus importantes dans un combat, nous allons étudier, pour les prochains appareils que nous aurons à installer, un système de déclenchement qu'on puisse effectuer par un simple coup de marteau en faisant sauter une clavette et séparant ainsi le gouvernail de l'appareil.

Alors la manoeuvre ne sera plus du tout interrompue ; pendant le temps que les timoniers courront à la roue du gouvernail, le coup de marteau sera donné et le gouvernail rendu à la commande des drosses.

On voit que nous n'avons rien négligé pour rendre l'appareil aussi complet que possible et donner au navigateur qui n'y aurait pas tout d'abord une entière confiance, dans les premiers moments du service, l'appareil n'ayant pas encore reçu à ses yeux la sanction du temps, toutes les garanties possibles, afin qu'il n'ait aucune crainte de se compromettre en l'employant, sachant que, instantanément, il peut déclencher l'appareil et revenir à sa commande habituelle par drosses.

Fig. 56

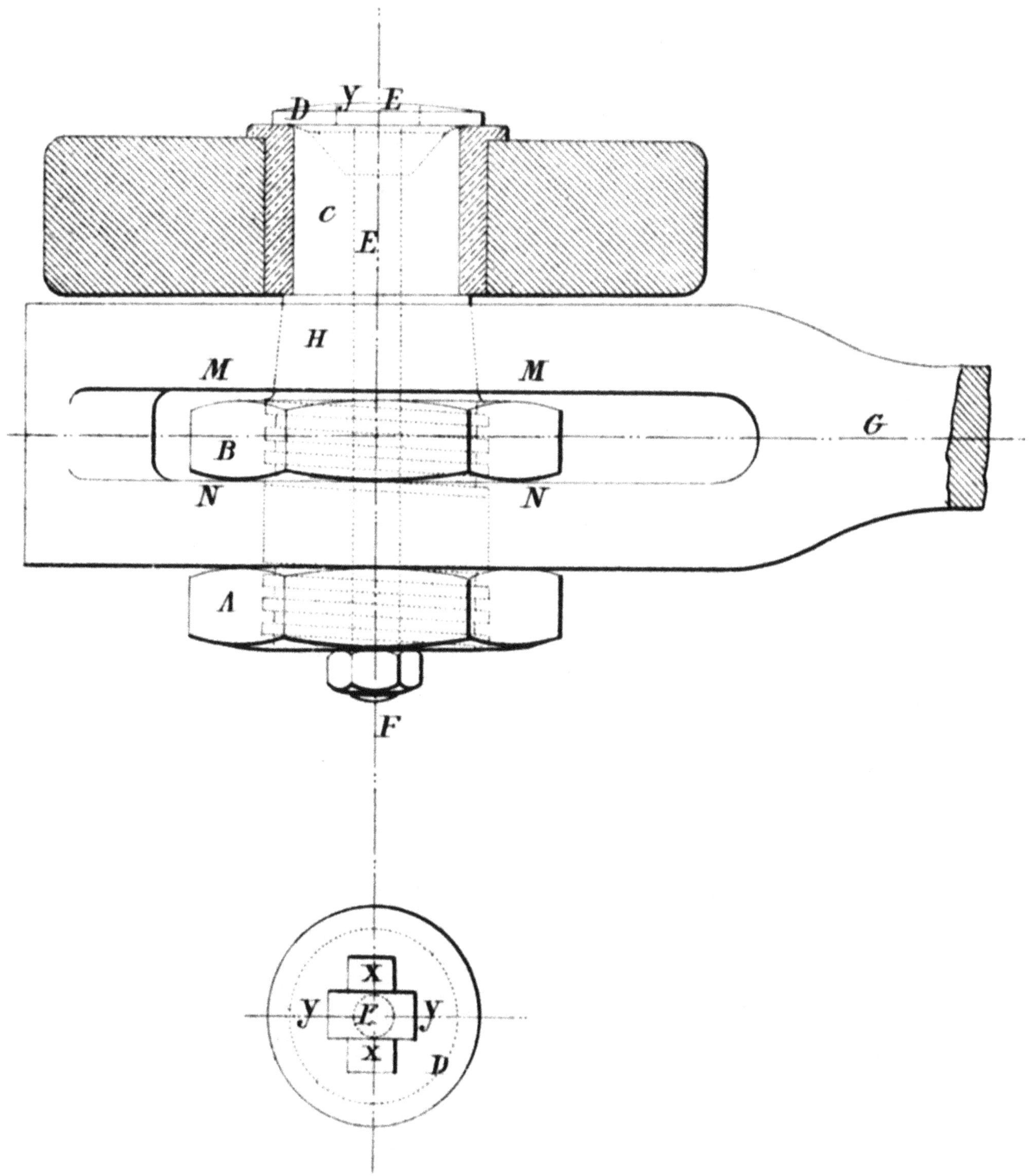

§ 40. — Résultats constatés. — Applications ultérieures désirables et nécessaires.

Sur les quatre appareils que nous avons installés à bord des gardes-côtes cuirassés *Cerbère, Bélier, Bouledogue* et *Tigre*, les deux premiers ont déjà été essayés devant des commissions de la marine de l'État et ont donné tous les résultats que l'on en attendait ; on pourra s'en rendre compte en consultant les rapports officiels faits sur ces expériences.

On y a reconnu que ces appareils réalisent la plus grande précision et rapidité d'action. Ainsi un homme, avec de très faibles efforts exercés sur le volant du poste de commande, fait passer la barre de la position 35° d'un bord, à barre toute, ou 35° de l'autre bord, le bâtiment marchant à toute vitesse, en moins de 10", alors qu'en mettant dans les mêmes conditions huit hommes aux roues à gouverner par les drosses, ils ont beaucoup de mal à effectuer ce parcours de barre (70°) en 3 à 4'.

On comprendra donc facilement tout l'avantage qu'on peut tirer de l'application de ces appareils sur tous les vaisseaux de guerre à éperon, qui seront d'autant plus redoutables que leurs évolutions seront plus rapides et faciles ; car il est évident que, dans une bataille navale, le résultat de l'engagement sera à l'avantage de celui qui pourra le plus facilement porter des coups à son adversaire, en parant les siens, c'est-à-dire à celui qui évoluera le plus rapidement.

L'application de l'appareil nouveau serait aussi très utile sur les grands transports, afin d'éviter ces abordages fréquents, dont on voit encore malheureusement trop d'exemples.

§ 41. — Réglementation pratique de l'appareil.

Nous allons terminer cet ouvrage par l'exposé des moyens pratiques et de la méthode de réglementation que les mécaniciens devront employer pour s'assurer si l'appareil est réglé dans de bonnes conditions.

On devra procéder aux constatations suivantes :

1° Vérification des boîtes à ressort des stops.

S'assurer que les boîtes à ressort sont bien réglées et, pour cela, détacher les bielles *i* et *s* indiquées à la figure 40. Les boîtes à ressort étant ainsi toutes deux abandonnées à elles-mêmes, il ne doit exister aucun jeu ou temps perdu pour chacune d'elles, entre l'écrou F, le châssis *m* et la butée B" (voir fig. 37), entre l'écrou E et la butée B', et entre l'écrou *g*, la bride *o* et le châssis *n* ; alors chaque boîte à ressort a son stop bien déterminé.

2. Vérification et réglementation des tiroirs à la position de barre droite.

Mettre la vapeur dans les deux cylindres à vapeur ; puis, quand le grand cylindre est bien chaud ainsi que sa distribution, car il faut le plus possible régler à chaud pour éviter les erreurs dues aux dilatations, fermer la vapeur sur le grand cylindre seulement, et démonter rapidement le couvercle de sa boîte à vapeur afin de voir son tiroir.

Alors le petit servomoteur étant toujours en communication avec la vapeur, afin de pouvoir manœuvrer les distributions et aussi de maintenir autant que possible la chaleur de l'ensemble, il faut pouvoir constater exactement les points suivants :

1. En calant le chariot *c* (fig. 40) au milieu de sa course entre les butées P Q, au moyen de deux cales bien égales et de même épaisseur, la barre étant bien droite, le centre V du bout du balancier *m* doit se trouver parfaitement à l'aplomb du centre de la barre d'accouplement K (fig. 40).
2. Le piston du petit servomoteur J doit être au milieu de sa course, on s'en rendra compte au moyen des repères faits extérieurement sur les tiges du piston.
3. Le tiroir du grand cylindre devra se trouver exactement au milieu de sa course, c'est-à-dire en T comme l'indique la figure 36 ou la figure 43.
4. La manivelle Q (fig. 43) commandant le tiroir à eau doit se trouver dans l'axe de P Q en Q, comme l'indique la figure 43, et le tiroir à eau doit être ouvert de 14 à 16 millimètres et se trouver dans la position N (fig. 43). On devra se rendre compte de cette position du tiroir à eau extérieurement par le levier P au moyen de repères faits à l'avance sur le cylindre.

3. Vérification et réglementation en position fixe de barre inclinée.

Amener la barre au moyen d'un palan à un angle quelconque d'un bord :

1. S'assurer, pendant qu'on fait mouvoir la barre, que le ressort B (fig. 41) est suffisamment tendu pour que, sitôt que le point H vient à marcher avec la barre, *le balancier F se transporte bien parallèlement à lui-même*, entraînant le chariot *c* jusqu'à ce que ce chariot vienne s'appliquer serré contre la butée P ou Q.
   Si cela n'avait pas lieu, il faudrait tendre le ressort B (fig. 41) par l'écrou F (fig. 37), jusqu'à ce que l'entraînement du chariot *c* ait bien lieu dès que le point H se met en mouvement.
2. Examiner ensuite si, une fois que le chariot *c* butte contre le taquet P par exemple, toute la transmission funiculaire et le poste de commande sont bien entraînés par le point fixe X (fig. 41) appartenant à la barre K' du servomoteur, en tournant autour du point V', qui ne doit pas bouger, devenant point fixe par le fait de la boîte à ressorts de stop A. Ou, réciproquement, il faut que, quand on manoeuvre le grand tiroir par le volant du poste de commande et qu'on abandonne ce volant à lui-même, le ressort de la boîte A soit suffisamment tendu pour revenir sûrement à son stop entraînant avec lui toute la transmission funiculaire.
   Si cela n'avait pas lieu, on devrait tendre le ressort de la boîte A jusqu'à ce que ce point V' ne bouge plus.

3. Alors, le tiroir du grand cylindre, figure 41, devra être à son stop T', c'est-à-dire recouvrant un des orifices complètement, avec les recouvrements partagés, et l'autre orifice étant complètement ouvert.
   S'il n'en était pas ainsi, ce serait parce que les articulations des rênes du petit servomoteur auraient pris à la longue trop de jeu, et que la position de son piston ne serait plus rigoureusement déterminée par ces rênes. Il suffirait, pour remédier à cet état de choses, de remplacer une ou deux bagues usées.
4. Le tiroir à eau devra se trouver dans la position de N' (fig. 43), c'est-à-dire recouvrant exactement les orifices du cylindre hydraulique avec recouvrements partagés. On devra s'en assurer au moyen de repères extérieurs.
5. On devra s'assurer aussi que la chaîne X, fig. 45, est assez longue pour que le levier *c*, étant à sa position extrême *c'*, elle ne puisse pas tirer sur le levier K et déclencher le cliquet.

Telle est, en résumé, la visite d'ensemble et de détail qu'il faut faire subir à l'appareil avant la première mise en marche, et qu'il faudrait répéter, si quelque chose d'anormal se présentait dans son fonctionnement. Une fois qu'on a tout réglé pour que les positions relatives de tous les organes soient bien conformes à ce que nous venons d'indiquer, l'appareil doit fonctionner dans les meilleures conditions.

Nous donnons à la fin de cette brochure quatre planches complètes des appareils que nous avons installés à bord des gardes-côtes *Bélier, Bouledogue* et *Tigre*, avec leurs transmissions, et nous y joignons une légende descriptive.

§ 42. — Conclusions.

Le servomoteur, appliqué à la manoeuvre des gouvernails et constitué en appareil complet tel que nous venons de le décrire, réalise donc, pour le combat surtout, tous les résultats et les avantages désirables :

- *Précision inconnue jusqu'à présent.*
- *Rapidité d'action aussi grande que l'on voudra, instantanéité même.*
- *Sûreté complète en raison de la flexion sous les coups de mer, graduée, réglée à l'avance, et à volonté, selon l'état de la mer.*

Cette flexion de sécurité est obtenue sûrement, et avec précision aussi, tandis que dans les appareils à drosses on ne peut la réaliser que trop tôt ou trop tard, selon la force, le nombre et l'intelligence des hommes, et que, dans les systèmes divers, treuils à vapeur, par exemple, employés sur certains monitors anglais de récente construction, la flexion ne peut être obtenue, n'étant pas prévue, si ce n'est peut-être par l'extension problématique des chaînes, et le gouvernail est réellement en danger.

Néanmoins on pourra certainement, dans certaines installations, pour navires de commerce, par exemple, employer simplement des drosses ou des chaînes mues par des treuils servomoteurs à vapeur agissant avec une précision bien autrement grande que celle des treuils ordinaires, et modifier dans ce sens, en paraissant le simplifier, l'appareil direct et complet que nous venons de décrire ; on constituera encore ainsi de très bons appareils de gouvernails.

Mais il ne faut pas perdre de vue que, pour un combat à l'éperon surtout, la victoire doit appartenir au plus agile, au navire le plus prompt dans ses évolutions, et que ce serait assumer, pour de pareilles circonstances, une responsabilité bien grave que de négliger ce point de vue, le plus important évidemment de tous, dans la construction des monitors, gardes-côtes, ou vaisseaux cuirassés divers à éperon.

A tous ces avantages, le gouvernail à vapeur, tel que nous le constituons, joint encore celui de l'économie de vapeur la plus grande possible qui, bien que peu important relativement, ne laisse pas que d'être sérieux ; car il répond à des objections que l'on a souvent présentées contre l'emploi des gouvernails à vapeur, et il complète de la manière la plus satisfaisante, ainsi que nous l'avons montré, l'ensemble de la solution nouvelle pour le problème complexe du gouvernement d'un navire par moteur à vapeur.

L'absence de ce dernier résultat eût été une lacune très regrettable dans cette solution générale.

On voit, par la description que nous venons de faire de notre gouvernail à vapeur, quelles sont la puissance et la précision d'action du servomoteur, quels résultats l'on doit tirer de ce nouvel engin. Les applications ultérieures diverses que l'on en fera démontreront encore davantage et progressivement la fécondité des principes constitutifs si simples que nous avons découverts et posés tout d'abord ; c'est pourquoi nous avons cru devoir exposer de la façon la plus générale, dans les premiers chapitres de cet ouvrage, tout ce qui concerne les principes et les diverses variantes connues, en rappelant que les variantes possibles sont en nombre indéfini.

Chacun pourra, dans cet exposé général, trouver l'explication et la base des applications ultérieures diverses qu'il rencontrera ou étudiera dans des constructions mécaniques quelconques.

Lorsque, au contraire, il ne s'agira, pour le lecteur, que de se mettre bien au courant de l'application spéciale du servomoteur à la manoeuvre des gouvernails, il pourra lui suffire de bien lire les derniers chapitres et surtout ce qui concerne la réglementation de l'ensemble.

Saint-Ouen, février 1873.

Joseph FARCOT

Note de l'éditeur concernant les quatre planches en fin de volume

L'édition originale comporte, en fin de volume, quatre grandes planches, repliées en accordéon.
Afin de permettre au lecteur une manipulation facile, une consultation aisée et une meilleure qualité de reproduction de ces planches, nous les avons tout d'abord reproduites ici, au format du livre.
Ensuite, afin que le lecteur puisse, s'il le désire, consulter ou même imprimer les planches dans leur dimension originale, nous les avons rendues disponibles sur notre site internet (**www.decoopman.com**) à partir de la fiche du livre, sous la rubrique "**Télécharger les planches**".

Le code d'accès est : **farcot_493**

LÉGENDE EXPLICATIVE

des 4 planches A. B. C. D.

a Cylindre servomoteur à vapeur actionnant la barre.
a_1 Regard permettant de visiter le cylindre.
a_2 Piston du cylindre moteur *a*.
a_3 Tige du piston du cylindre moteur *a*.
a_4 Boîte de distribution de la vapeur du cylindre *a*.
$a_5 a_5$ Galeries reliant le cylindre *a* à la boîte a_4.
a_6 Galerie d'échappement de la vapeur dans l'atmosphère.
a_7 Galerie d'arrivée de la vapeur de la chaudière.
b Tiroir de distribution du cylindre *a*.
b_1 Tige reliant le tiroir *b* au petit servomoteur *c*.
c Petit servomoteur à vapeur actionnant le tiroir *b*.
c_1 Piston du petit cylindre *c*.
c_2 Tige du piston c_1.
c_3 Manchon reliant la tige c_2 au tiroir *b*.
c_4 Tête de la tige du piston c_2 portant le centre d'oscillation f_1 de l'équerre *t*.
$c_5\ c_5$ Directrices de la tête du piston c_4.
c_6 Boîte de distribution de la vapeur du petit moteur *c*.
d Balancier des rênes du grand moteur *a*.
d_1 Centre d'oscillation du balancier *d* fixé sur la barre d'accouplement *m* de l'appareil.
d_2 Point du balancier *d* où sont attachées les deux extrémités du circuit funiculaire (transmission funiculaire).
d_3 Extrémité du balancier *d* se trouvant dans l'axe vertical de la barre *m*, et reliée d'un côté à la petite boîte à ressort *j* et de l'autre aux rênes du petit moteur *c*.
d_4 Butées limitant la course du balancier *d* au tour du centre d_1 et, par suite, la course du tiroir *b*.
f Équerre d'asservissement du petit servomoteur *c*.
f_1 Centre d'oscillation de cette équerre f, fixé sur la tête *c*4.
f_2 Balancier servant d'intermédiaire entre le balancier d et l'équerre *f*.
f_3 Support point fixe du balancier f_2 pris sur le bâti *r*.
f_4 Bielle reliant le balancier *d* à celui f_2.
f_5 Bielle reliant le balancier f_2 à l'équerre *f*.

f_6 Levier calé sur l'arbre intérieur qui commande le tiroir du petit moteur *c* et recevant le mouvement de l'équerre *f*.
f_7 Butée limitant la course du levier f et par suite celle du tiroir du petit moteur *c*.
g Chariot de déplacement des stops du tiroir *b*.
g_1 Support fixé au bâti *r* sur lequel coulisse le chariot *g*, et portant les butées g_2 g_2 de ce chariot.
g_2 g_2 Butées du chariot *g*.
j Boîte à ressort de stop du tiroir du petit moteur *c*.
j_1 Bielle reliant la bec *j* à l'extrémité d_3 du balancier *d* et à la bielle *f*.
k Boîte à ressort de stop déterminant avec les butées g_2 g_2 la position exacte du chariot *g* et par suite les stops du tiroir *b*.
k_1 Levier commandant le chariot *g*.
k_2 Point fixe d'oscillation de ce balancier pris sur le chariot *g*.
k_3 Chappe reliant la boîte à ressort *k* au balancier k_1.
k_4 Attache du levier *k*, sur la barre d'accouplement ou balancier principal *m*.
l Balancier origine de la commande du tiroir à eau.
l_1 Support fixé sur le bâti et servant d'axe au balancier *l*.
l_2 Attache du balancier *l* à la tête du piston *c*, du petit moteur.
l_3 Tige à glissement reliant le balancier *l* à la crémaillère l_4.
l_4 Gaine à crémaillère dans laquelle peut glisser la tige l_3.
l_5 Verrou à ressort et à plan incliné reliant la tige l_3 à la crémaillère l_4.
l_6 Pignon recevant le mouvement du petit servomoteur *c* par l'intermédiaire de la crémaillère l_4 et du balancier *l*.
l_7 Galet empéchant la crémaillère de se désengrener.
l_8 Arbre transmettant le mouvement du pignon l_6 à la manivelle l_9.
l_9 Manivelle commandant le tiroir à eau.
l_{10} Levier extérieur de commande du tiroir à eau.
l_{11} Bielle reliant le levier l_{10} à la manivelle l_9.
l_{12} Doigt intérieur manoeuvrant le tiroir à eau.
n Tiroir à eau, équilibré, manoeuvré par le petit moteur *c* et ouvrant ou fermant à la fois les quatre orifices n_1 n_1 n_1 n_1.
n_1 n_1 n_1 n_1 Galeries et orifices mettant les deux côtés du cylindre à eau en communication avec la boîte à eau n_2.
n_2 Boîte de distribution d'eau.
n_3 Tuyau de remplissage du cylindre à eau.
n_4 n_4 Tuyaux mettant les deux côtés du piston à eau en communication avec la soupape d'équilibre.
n_5 n_5 Tuyaux alimentant les garnitures.
n_6 n_6 Robinets de sortie d'air pour le remplissage du cylindre hydraulique.
n_7 n_7 Chariot de roulement du tiroir à eau.
n_8 n_8 Palettes servant de frein su petit moteur
o Cylindre hydraulique.
o_1 Piston du cylindre hydraulique.
o_2 Tige du piston à eau o_1.
o_3 Plongeur compensant le volume de la tige o_2
o_4 o_4 Trous pour la vidange du cylindre à eau.

p Soupape d'équilibre ou régulateur de flexion.
p_1 Cliquet de déclenchement de la soupape.
p_2 Point fixe pris sur la tige à glissement l_3.
p_3 Galet de renvoi de la chaîne p, fixé sur la crémaillère l_4.
p_4 Chaîne commandant le cliquet p, de déclenchement de la soupape p.
p_5 Contre-poids fixé à la chaîne p, entre le galet p_3 et le cliquet p_1 afin d'embraquer toujours le mou de la chaîne p_4 en cet endroit.
m Barre d'accouplement ou balancier principal du servomoteur reliant l'appareil à la barre d'armement m_1.
m_1 Barre du gouvernail.
m_2 Glissière fixée à la barre m_1 dans lesquelles glisse le maneton m_3 de la barre m.
m_3 Maneton reliant la barre m à celle m_1.
m_4 Bride reliant les deux tiges a_3, o_2 et la barre m.
m_5 Bielle reliant la barre m à la bride m_4.
m_6 m_6 Glissières directrices du mouvement rectiligne des deux tiges de piston s a_3 et o_2.
m_7 m_7 Coulisseaux.
m_8 Arbre sur lequel est calée la barre d'accouplement m.
m_9 Crapaudine de l'arbre m_8.
m_{10} Gouvernail que l'appareil doit manœuvrer.
r r r Bâti général de l'appareil fixé au bâtiment.
s s s Circuit ou transmission funiculaire.
s_1 s_1 Poulies fixées au bâtiment pour les différents renvois des chaînes de la transmission funiculaire.
s_2 s_2 Poulies du ressort de compensation du circuit funiculaire.
s_3 Ressort de compensation.
s_4 s_4 s_4 Galets supportant les fils de la transmission funiculaire.
s_5 Poste de commande de la passerelle.
s_6 Poste de commande de la tour.

Cette tour contient deux canons de 24 centimètres et est manoeuvrée par un servomoteur spécial à rotation continue.

v Volant à main du poste de commande.
v_1 Manchon à dents d'entraînement de la commande.
v_2 Ressort éloignant le volant v du manchon v_1.
v_3 Écrous à oreilles réglant la distance du volant v au manchon v_1 et par suite le jeu ou temps perdu.
v_4 Roue à chaîne-galle commandant la transmission funiculaire.
v_5 Aiguille et cadran axiomètre indiquant tous les mouvements du gouvernail.

GARDE-CÔTES CUIRASSÉS
LE BELIER, LE BOULEDOGUE ET LE TIGRE

SERVOMOTEUR pour manoeuvre de gouvernail

Coupe suivant **NOPQRSTU** de la planche B

Échelle au 1/20

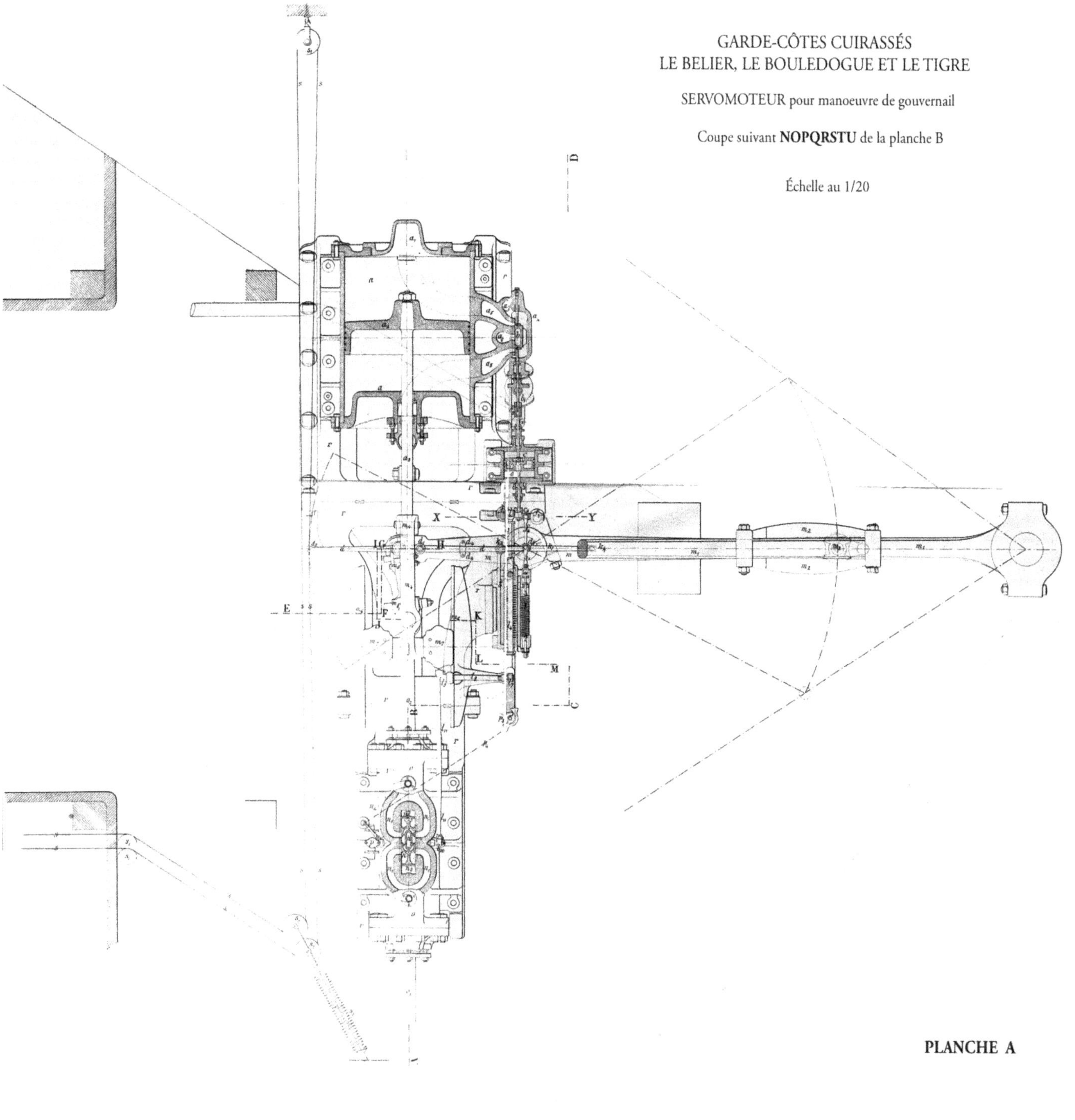

PLANCHE A

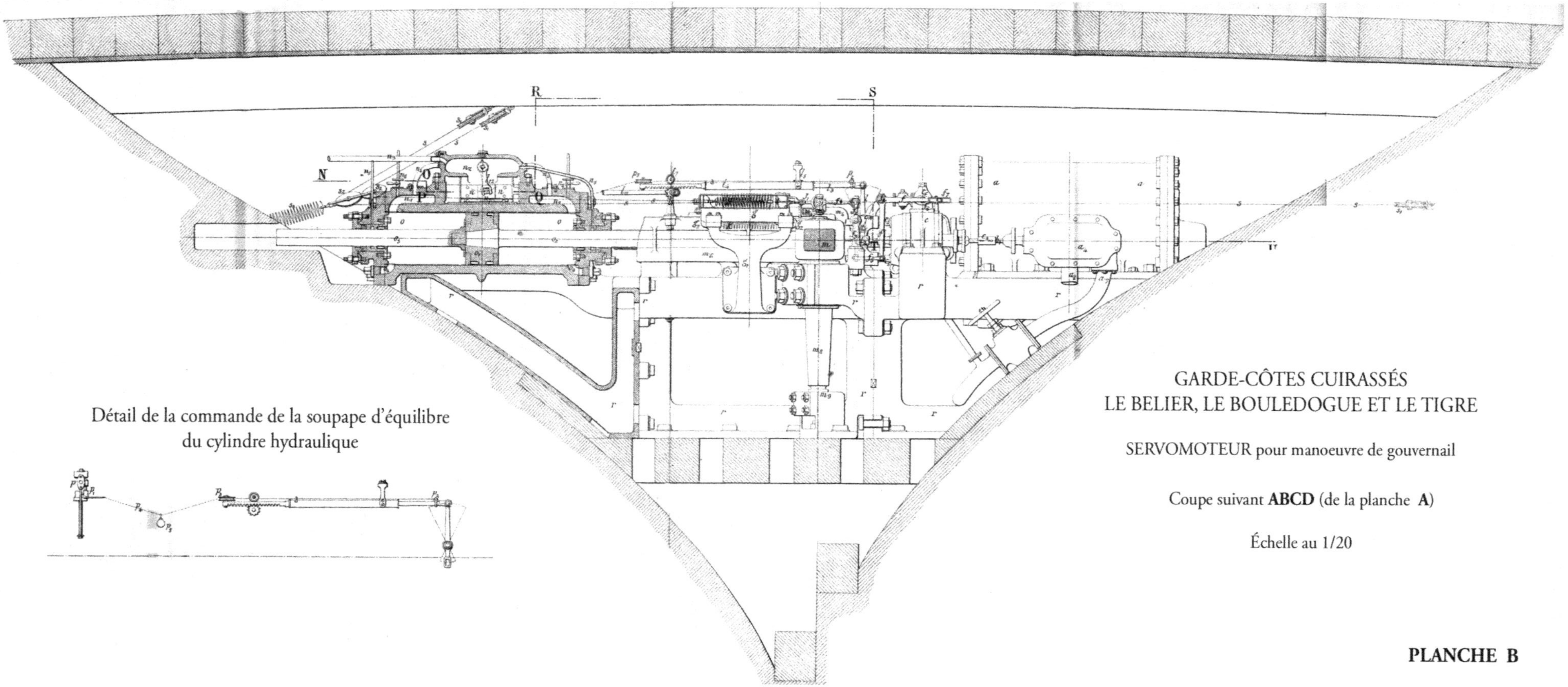

GARDE-CÔTES CUIRASSÉS
LE BELIER, LE BOULEDOGUE ET LE TIGRE

SERVOMOTEUR pour manoeuvre de gouvernail

Coupe suivant **ABCD** (de la planche **A**)

Échelle au 1/20

Détail de la commande de la soupape d'équilibre
du cylindre hydraulique

PLANCHE B

Coupe par la ligne **XY**
de la planche **A**

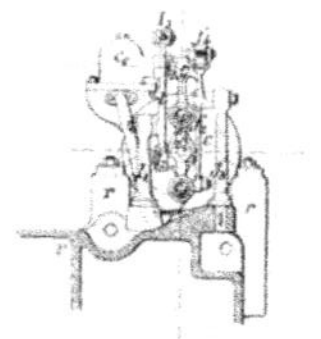

Coupe suivant **EFGHIJKLM** (de la planche **A**) Échelle au 1/20

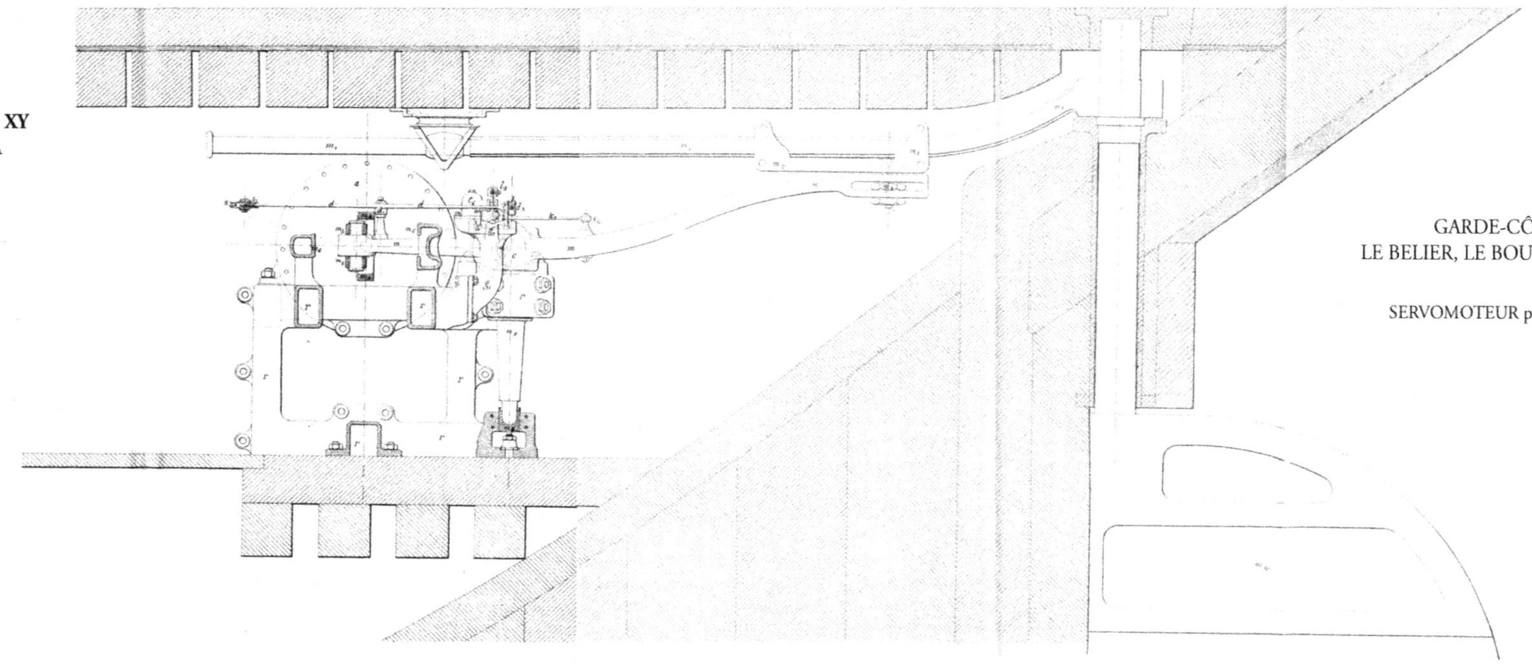

GARDE-CÔTES CUIRASSÉS
LE BELIER, LE BOULEDOGUE ET LE TIGRE

SERVOMOTEUR pour manoeuvre de gouvernail

PLANCHE C

PLANCHE D

Transmission funiculaire servant à commander le gouvernail en différents points du navire

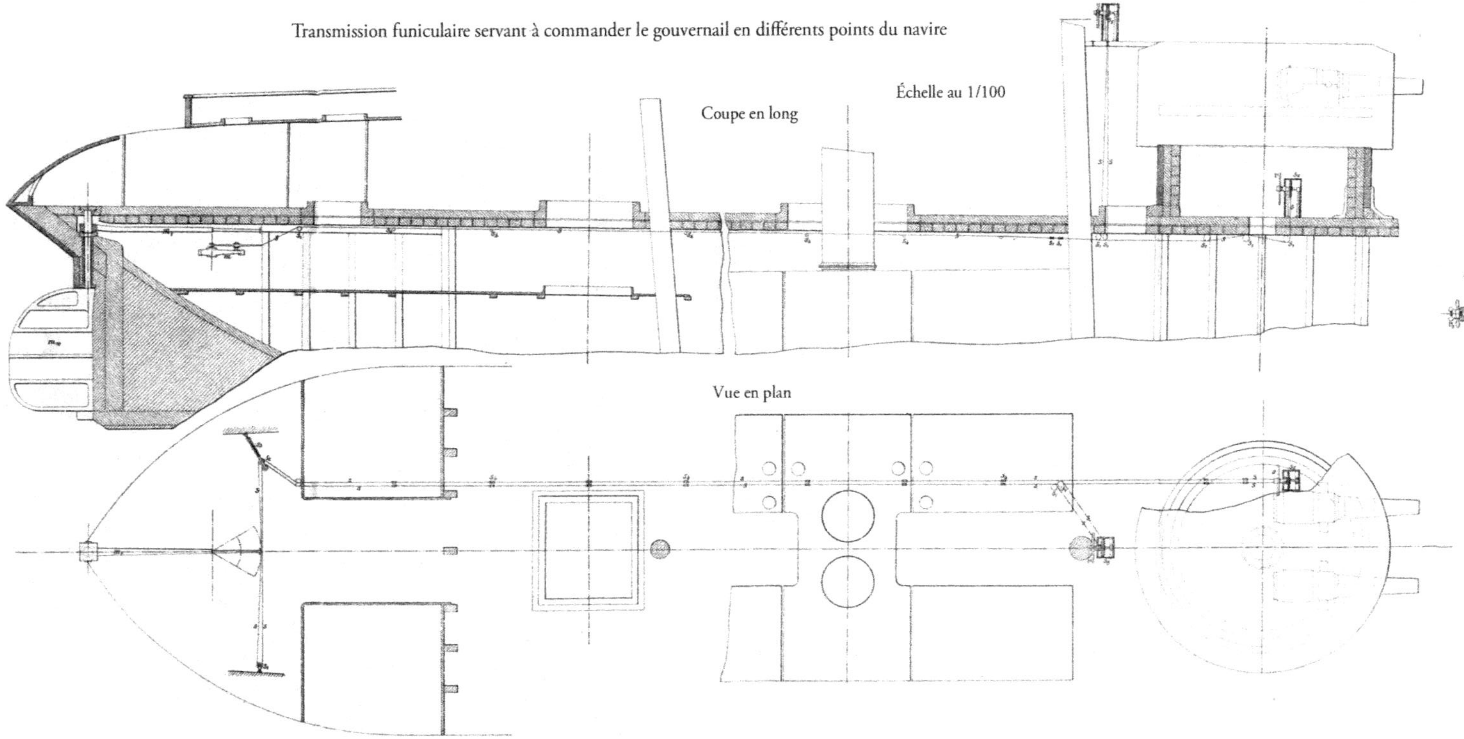

Poste de commande

Échelle au 1/20

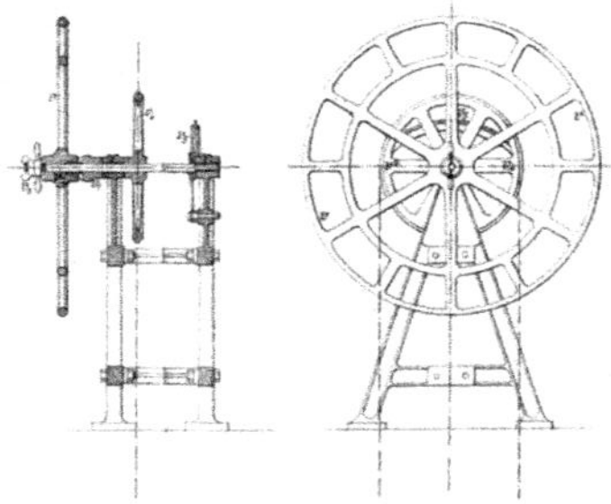

GARDE-CÔTES CUIRASSÉS
LE BELIER, LE BOULEDOGUE ET LE TIGRE

SERVOMOTEUR pour manoeuvre de gouvernail

Commande du gouvernail

Table des Matières

CHAPITRE IV

GOUVERNAIL A VAPEUR FARCOT. — APPAREIL DU *BÉLIER.*

CHAPITRE V

GOUVERNAIL A VAPEUR DU *BÉLIER.* — 2E PARTIE.

CHAPITRE VI

GOUVERNAIL A VAPEUR DU *BÉLIER.* — 3E PARTIE.

CHAPITRE VII

FONCTIONNEMENT RELATIF DES DIFFÉRENTES PARTIES DE L'APPAREIL.

CHAPITRE VIII
OBSERVATIONS GÉNÉRALES ET RÉGLEMENTATION DE L'ENSEMBLE

Sciences & Techniques

www.decoopman.com

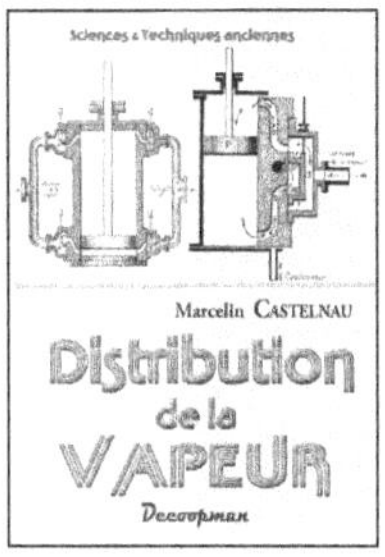

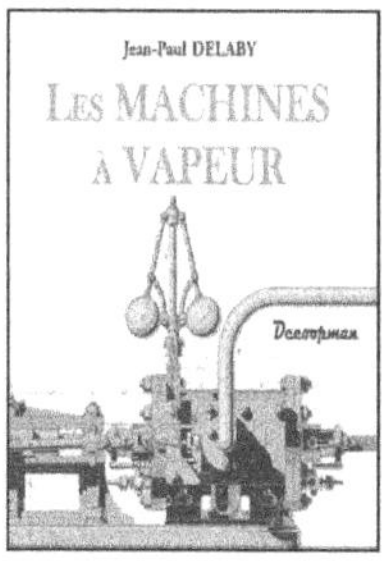

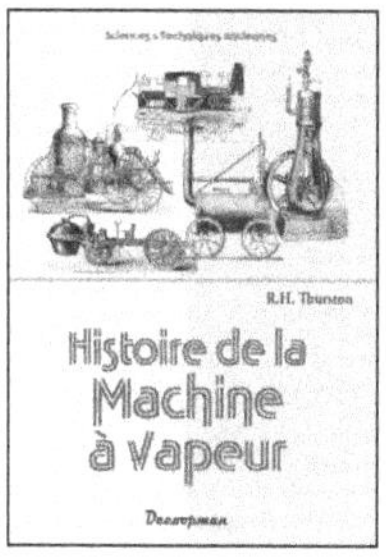

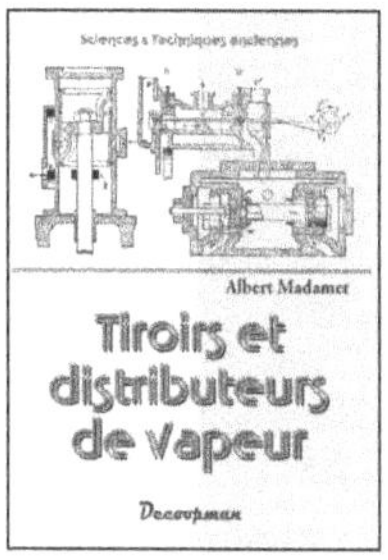

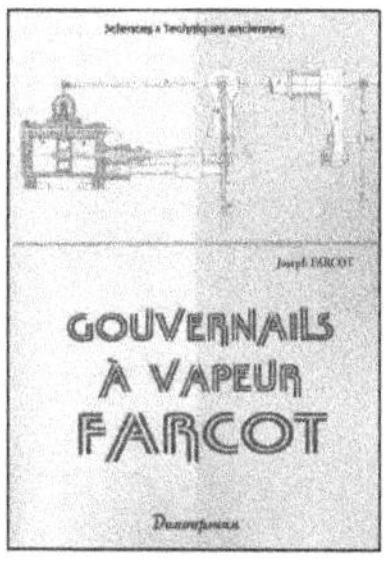

Éditions Decoopman - Ferrières - 30440 Saint-Laurent-le-Minier
Tel : +33 (0) 4.67.73.90.95 - web : www.decoopman.com - e.mail : editions@decoopman.com
Catalogue gratuit sur simple demande

Sciences & Techniques

www.decoopman.com

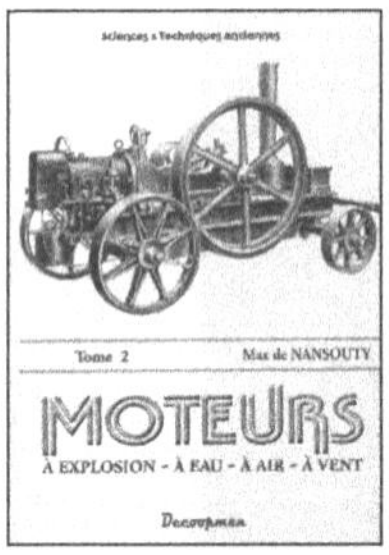

Avant-propos

Dans ce fichier CE2 de la collection **Litchi**, nous avons choisi de développer de manière **progressive et rigoureuse** les bases indispensables à l'élaboration des connaissances et des compétences attendues en fin de cycle 2 (*cf. Bulletin Officiel du 26 novembre 2015*).

Le fichier ne développe qu'un seul objectif par leçon, en **5 phases** :
- « **Découvrir** » : des **situations concrètes**, proches du vécu de l'élève, condition indispensable pour donner du sens aux notions mathématiques étudiées, tout particulièrement pour les élèves les plus fragiles. Cette phase permet de **rechercher** et d'**identifier** la notion mathématique en jeu ;
- « **Appliquer** » : des exercices pour continuer à **manipuler** la notion ;
- « **S'entraîner** » : des exercices de **systématisation** reprenant chaque aspect de la notion étudiée ;
- « **Résoudre des problèmes** » : le réinvestissement de la notion en résolution de problèmes, pour **ancrer la notion mathématique dans le réel** et **des problèmes pour apprendre à chercher** ;
- « **Retenir** » : la **formalisation** de la notion.

Le fichier Litchi CE2 est construit de manière à permettre la **gestion de l'hétérogénéité de la classe**. Les exercices et les problèmes sont organisés en **deux parcours A et B**, chaque parcours travaillant les mêmes notions, mais avec des niveaux de difficulté différents.
Si les phases « Découvrir » et « Appliquer » se travaillent avec l'intégralité du groupe-classe, bénéficiant ainsi des interactions entre les élèves, les phases « S'entraîner » et « Résoudre des problèmes » pourront **s'organiser en groupes de niveau** selon plusieurs procédures proposées dans le guide pédagogique.

- La **numération** fait l'objet d'un travail méthodique et spiralaire de **construction** et de **compréhension de la numération de position**. La démarche est reprise systématiquement des nombres simples à deux chiffres aux grands nombres à six chiffres.

- La **résolution de problème** est au cœur de l'apprentissage. Ce travail approfondi contribue à développer la rigueur et le goût du raisonnement, selon trois axes :
  - un outil pour la **découverte** des notions et leur **réinvestissement** ;
  - une approche de la **typologie de problèmes**, de leurs **procédures de résolution** et de leur **systématisation** ;
  - un travail de **méthodologie** pour une structuration explicite de la **démarche de résolution de problèmes**.

  Deux logos indiquent aux élèves qu'ils doivent écrire l'opération et rédiger la phrase-réponse.

- La **géométrie** fait l'objet d'un travail basé sur la **rigueur** et la **qualité des tracés de construction**. Le fichier développe l'utilisation précise des instruments géométriques, l'acquisition de connaissances solides et la maîtrise d'un vocabulaire géométrique approprié.

Ainsi que le préconisent les nouveaux programmes, « *l'appropriation de stratégies de calcul adaptées aux nombres et aux opérations en jeu* » trouve ici une place affirmée :
- le **calcul mental**, présent en bas de page, permet un travail **quotidien et structuré** : il vise à conforter et automatiser la maîtrise des nombres et des opérations ;
- le **calcul réfléchi**, présent dans chaque période, engage l'élève à des stratégies de calcul à l'oral et à l'écrit.

Le fichier est découpé **en 5 périodes** correspondant au découpage de l'année. Deux « **Bilans** » par période permettent d'évaluer les acquis des élèves.

Les auteurs

Sommaire

Les grands domaines définis par les programmes 2016 sont identifiés par des couleurs, ainsi que les Problèmes.

Nombres et calculs | Grandeurs et mesures | Espace et géométrie | Problèmes

Quatrième période

Progression par domaine mathématique

Nombres et calculs

Grandeurs et mesures

Espace et géométrie

Problèmes

NOMBRES ET CALCULS

1 Les nombres jusqu'à 99

| ...... | ...... | ...... | ...... | ...... |

Compétences : Nommer, lire, écrire et représenter des nombres entiers ≤ 99.
Associer le nom des nombres à leur écriture chiffrée.

Découvrir

Noah et Jade jouent au loto, et Alex tire les numéros. Pour gagner, il faut remplir toute sa grille.

A. Alex annonce les nombres tirés à voix haute.

- **Écris** les nombres annoncés en chiffres.

quarante-sept .... soixante-treize .... quatre-vingt-dix .... neuf ....

- **Observe** la grille de Noah.

Écris en lettres les nombres qui lui manquent encore après ce tirage.

....

....

9	17			47	51			84
		23	75			68	73	34
3	10		90	46		65		

Grille de Noah

B. Pour compliquer le jeu, Alex annonce les nombres tirés sous une autre forme.

- **Écris** les nombres de ce tirage en chiffres, puis en lettres.

50 + 3 .... 70 + 6 ....

4 d 2 u .... 5 u 3 d ....

- Jade a-t-elle ces nombres dans sa grille ? **Colorie**-les en jaune dans la grille de Jade.
- **Écris** sous forme additive les nombres qui manquent encore à Jade après ce tirage.

		22		42	53		73	91
9			35		56	50		
	17	29		47		66	76	

Grille de Jade

.... + ... + ...

.... + ... + ...

Appliquer

1. Écris les nombres en chiffres.

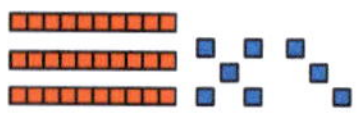 ....

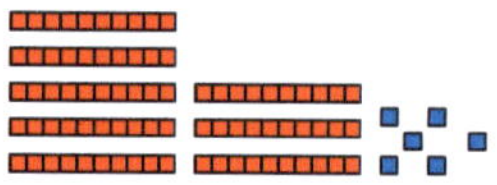 ....

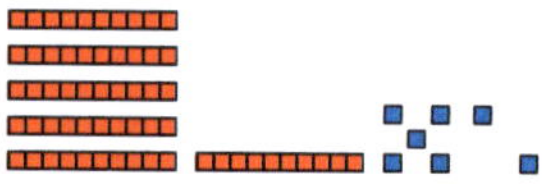 ....

2. Écris les nombres en chiffres ou en lettres.

- soixante-quatre : .... • soixante et onze : ....
- 38 : .... • 80 : ....

3. Complète.

- 60 + 8 = ... • 40 + 6 = ...
- 50 + 1 = ... • 70 + 7 = ...

4. Écris les nombres en chiffres.

- 6 dizaines et 5 unités : ....
- 7 unités et 8 dizaines : ....

5. Écris les nombres en chiffres, puis en lettres.

- 5 d 2 u : ....
- 5 u 2 d : ....

Calcul mental : Trouver le complément à 10.

S'entraîner

Parcours A

A1 **Écris** les nombres en chiffres.

 ....

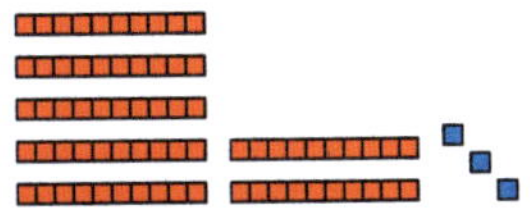 ....

A2 **Écris** les nombres en chiffres.

- quarante-six : ....
- quatre-vingt-onze : ....
- 7 dizaines et 8 unités : ....
- 6 unités et 2 dizaines : ....

A3 **Écris** les nombres en lettres.

- 27 : ....
- 43 : ....
- 71 : ....

A4 **Complète** les égalités.

- 57 = 50 + ...
- 72 = 70 + ...
- 41 = ... + 1
- 95 = ... + 5

Parcours B

B1 **Écris** les nombres en chiffres.

- soixante-dix-huit : ....
- quatre-vingt-six : ....
- cinquante-six : ....
- quatre-vingt-dix-neuf : ....

B2 **Écris** les nombres en chiffres.

- 8 unités et 5 dizaines : ....
- 5 unités et 3 dizaines : ....
- 9 dizaines et 5 unités : ....

B3 **Écris** les nombres en lettres.

- 83 : ....
- 79 : ....
- 97 : ....

B4 **Complète** comme dans l'exemple.

- 67 = 60 + 7
- 59 = ... + ...
- 93 = ... + ...
- 73 = ... + ...
- 89 = ... + ...
- 34 = ... + ...

Résoudre des problèmes

A5 **Les nombres mystères**

- Je suis un nombre à deux chiffres. Le chiffre de mes dizaines est plus grand que 8. Le chiffre de mes unités est compris entre 3 et 5. Qui suis-je ?

  Je suis le nombre ....

- Je suis un nombre à deux chiffres. Pour me trouver, il faut ajouter neuf à quarante. Qui suis-je ?

  Je suis le nombre ....

B5 Pour connaître l'heure exacte, tu peux appeler l'horloge parlante. Son numéro de téléphone est composé de deux nombres à deux chiffres.

Le 1er nombre a trois dizaines. Quand on additionne le chiffre des dizaines et le chiffre des unités, on obtient 9.

Le 2nd nombre est compris entre 60 et 70. L'addition de ses deux chiffres donne 15.

Quel est le numéro de téléphone de l'horloge parlante ?

C'est le numéro ....

2 Mesurer et tracer des segments

Compétences : Utiliser la règle graduée pour mesurer et tracer des segments. Exprimer la mesure par un nombre entier de centimètres ou par un encadrement. Repérer le milieu d'un segment.

Découvrir

A. La fourmi part de sa fourmilière pour chasser des pucerons.
Elle en attrape 3 sur les feuilles B, C et D.

• **Écris** en cm la longueur que la fourmi parcourt entre chaque étape.

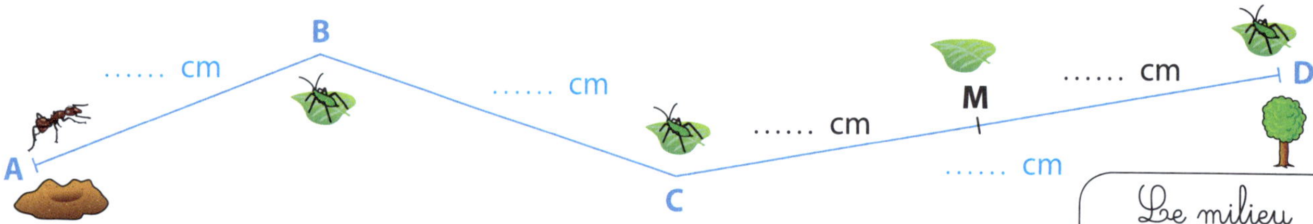

• **Calcule** la distance totale qu'elle a parcourue entre la fourmilière et l'arbre.

....

• La fourmi s'arrête sur la feuille M qui semble être le milieu du segment CD.
Est-elle bien au milieu du segment ? **Justifie** ta réponse.

....

B. Au retour, la fourmi prend un autre chemin.

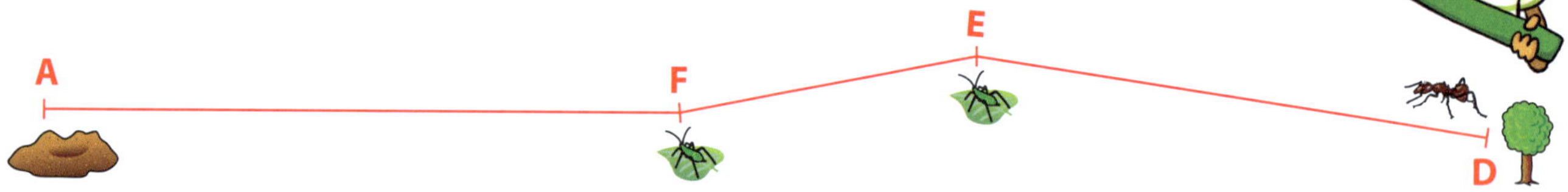

La mesure de chaque segment n'est pas un nombre entier de cm.
• **Mesure** la longueur de chacun des 3 segments.
• **Écris** la mesure de chaque segment par un encadrement :

.... cm < ED < .... cm .... cm < FE < .... cm .... cm < AF < .... cm

Appliquer

1. Mesure les segments. **Écris** leur mesure en cm.

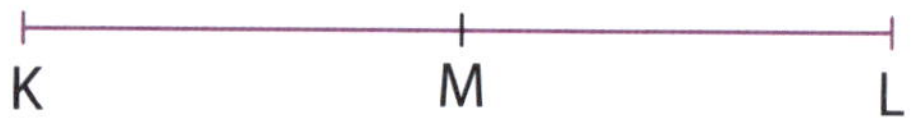

KL = ... KM = ... ML = ...

Que peux-tu dire du point M par rapport au segment KL ? **Justifie** ta réponse.

....

2. Trace les segments suivants : • IJ = 5 cm • 6 cm < KL < 7 cm

3. Trace un segment OP de 12 cm. **Place** le point R au milieu du segment OP.

Calcul mental : Trouver le complément à la dizaine supérieure.

S'entraîner

Parcours A

A1 **Écris** la mesure de chaque segment en cm.

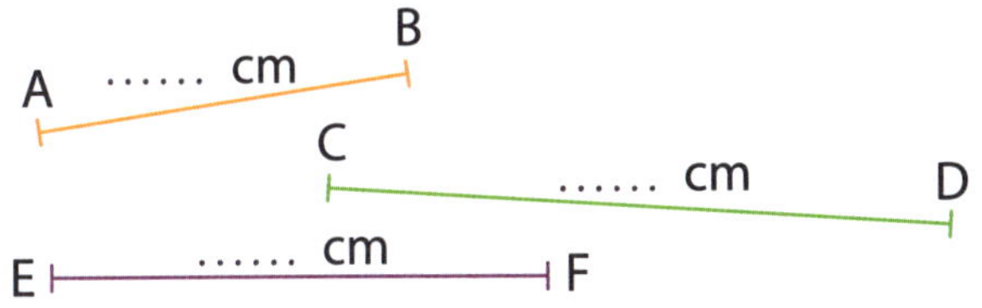

A2 **Trace** les segments suivants :

- IJ = 6 cm
- KL = 8 cm

A3 Les segments n'ont pas une mesure exacte de cm. **Écris** leur mesure par un encadrement.

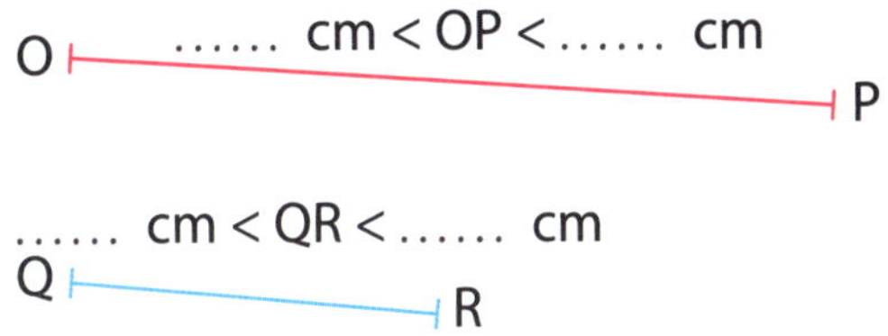

A4 **Place** un point au milieu de chaque segment.

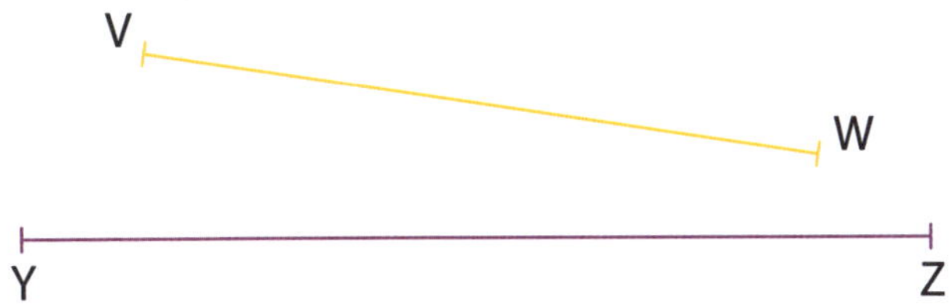

Parcours B

B1 **Trace** une ligne brisée dont les segments successifs ont les mesures suivantes :

- FG = 9 cm
- GH = 2 cm
- HI = 5 cm

B2 **Donne** la longueur totale de la ligne brisée par un encadrement.

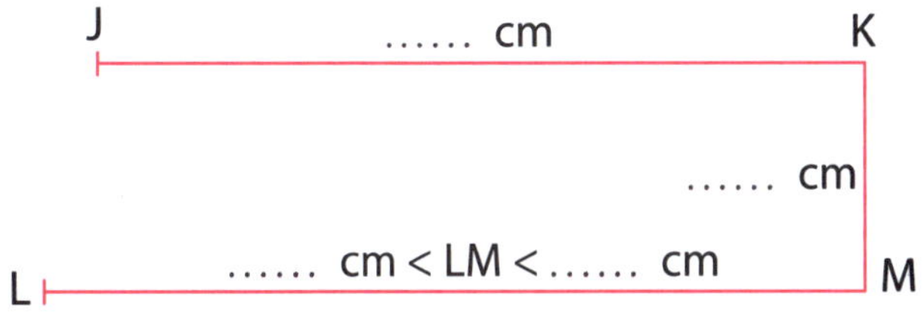

……………………………………………

………. < longueur totale < ……….

B3 **Trace** les segments et **place** leur milieu.

- Le segment NP mesure 8 cm. O est son milieu.
- Le segment QR mesure 6 cm. S est son milieu.

Résoudre des problèmes

A5 Driss joue aux billes.
Il fait 2 tirs pour mettre une bille dans le trou.
Quelle longueur totale la bille parcourt-elle ?

……………………………………………

……………………………………………

……………………………………………

B4 Salomé a besoin d'un morceau de ficelle de 15 cm. Elle attache bout à bout les trois morceaux suivants. En aura-t-elle assez ? Pourquoi ?

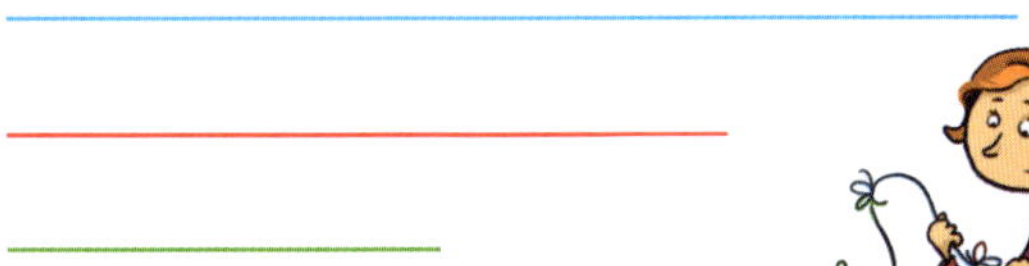

……………………………………………

……………………………………………

……………………………………………

NOMBRES ET CALCULS

3 L'addition avec retenue

....

Compétence : Mettre en œuvre un algorithme de calcul posé pour l'addition.

Découvrir

A. C'est la fête ! José et Amélie ont fabriqué chacun des guirlandes de 10 drapeaux de couleur. Combien de guirlandes et de drapeaux ont-ils ensemble ?

• **Complète** et **calcule** l'addition.

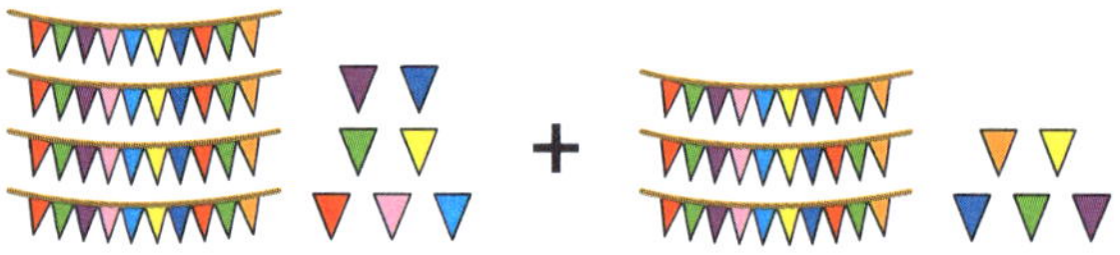

.... guirlandes et .... drapeaux + ... guirlandes et .... drapeaux = ... guirlandes et .... drapeaux

• Avec leurs drapeaux seuls, peuvent-ils faire ensemble une guirlande supplémentaire ?

Coche la réponse : oui ❑ non ❑

Ils ont donc ensemble : .... guirlandes et .... drapeaux.

• Combien ont-ils de drapeaux au total ?

Écris l'addition en ligne, puis **calcule**-la en colonnes.

dizaines unités + dizaines unités

.... + ...

	d	u
+	....	
	4	7
+	3	5
	.	.

Écris la réponse. ....

....

B. Lucas, Emma et Samir apportent leurs guirlandes et leurs drapeaux. Combien de drapeaux ont-ils à eux trois ?

• **Écris** l'addition en ligne.

• **Calcule** l'addition en colonnes.

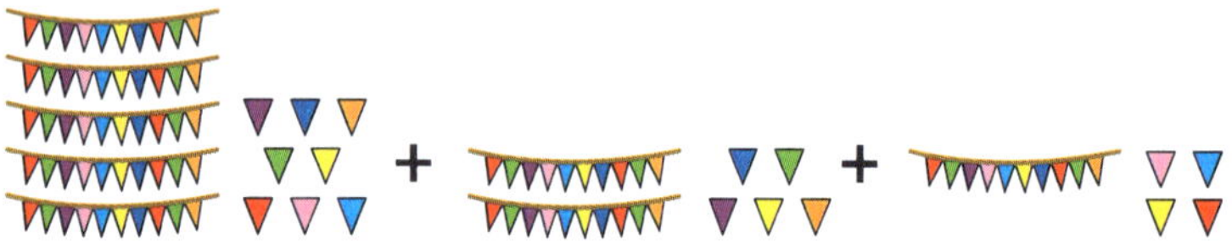

.... + ... + ... = ...

	d	u
+	....	
	.	.
+	.	.
+	.	.
	.	.

• **Écris** la réponse. ....

Appliquer

Calcule les additions en colonnes.

	d	u
+ ...		
	3	7
+	5	4
	.	.

	4	8
+	2	5
	.	.

	2	1
+	3	4
+	2	3
	.	.

	1	7
+	1	5
+	2	9
	.	.

Calcul mental : Trouver le complément à la dizaine supérieure.

S'entraîner

Parcours A

A1 **Pose** et **calcule** les additions en colonnes.

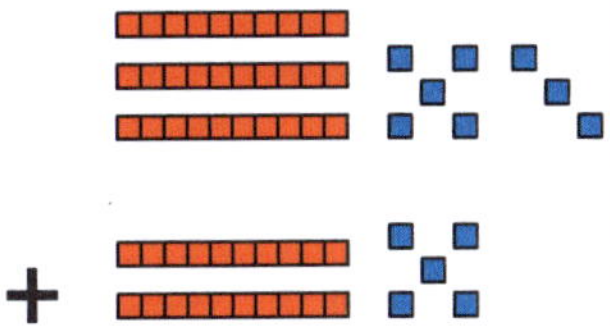

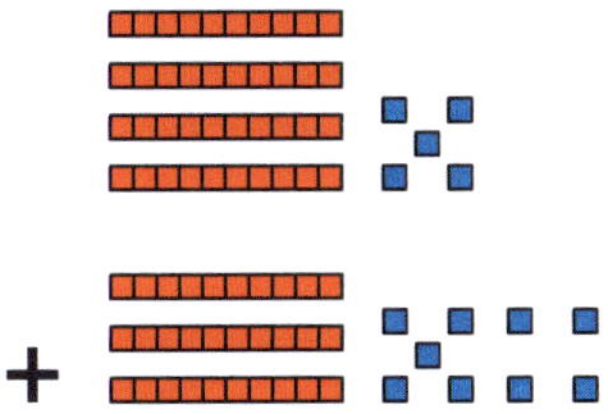

A2 **Calcule** les additions en colonnes.

	d	u
	2	8
+	1	4
	.	.

	5	6
+	3	9
	.	.

A3 **Calcule** les additions de 3 nombres.

	2	8
+	1	9
+	4	9
	.	.

	2	8
+	1	5
+	3	7
	.	.

Parcours B

B1 **Pose** et **calcule** les additions en colonnes.

54 + 19 = ...

37 + 48 = ...

B2 **Complète** les additions.

	1	
	4	8
+	1	.
	.	2

	1	
	6	4
+	.	7
	9	.

B3 **Calcule** les additions de 3 nombres en colonnes.

16 + 26 + 44 = ...

39 + 15 + 28 = ...

Résoudre des problèmes

A4 Théo a 38 bonbons à la fraise et 37 au citron.
Combien de bonbons a-t-il en tout ?

....

....

....

B4 La boulangerie a fait une promotion sur les tartes aux pommes en fin de semaine.
Elle a vendu 17 tartes aux pommes le vendredi, 28 le samedi et 19 le dimanche matin.
Combien de tartes aux pommes ont été vendues pendant la durée de la promotion ?

....

....

....

Stratégies de calcul : passage à la dizaine supérieure

....

Compétence : Utiliser une stratégie de calcul qui s'appuie sur le complément à la dizaine supérieure et sur la droite graduée.

Découvrir

Samia et Charles jouent au jeu de l'oie avec deux dés.

A. Samia est sur la case 55.
Le 1er dé lui permet d'arriver à 60, le 2nd à 64.

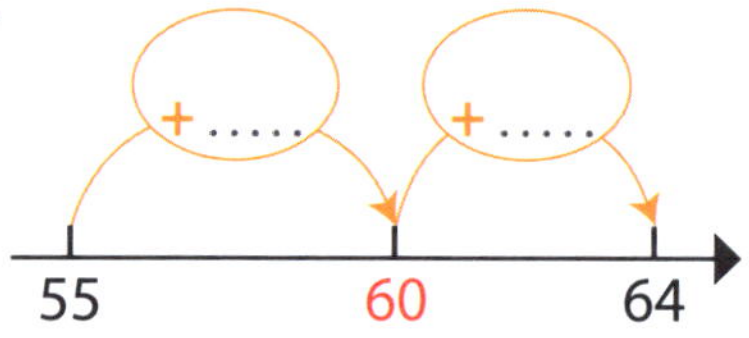

• **Complète** les égalités.

Combien a-t-elle fait lorsqu'elle a lancé le 1er dé ? 55 + ... = 60

Combien a-t-elle fait lorsqu'elle a lancé le 2nd dé ? 60 + ... = 64

De combien de cases a-t-elle avancé en tout ? 55 + ... + ... = 64

55 + ... = 64

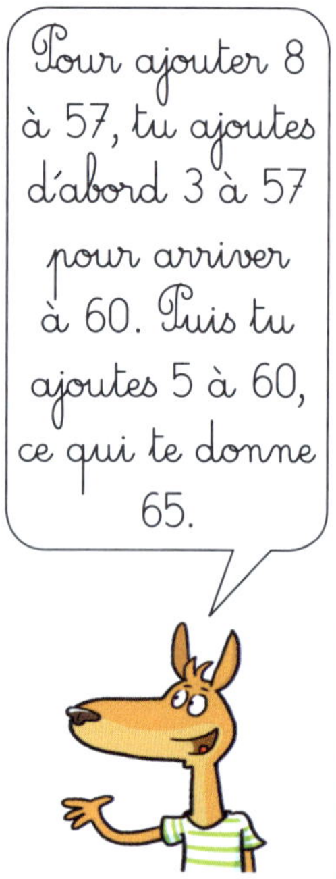

B. Charles est sur la case 76.
Il fait un total de 9 avec ses deux dés.
Le 1er dé lui permet d'arriver à la dizaine supérieure.

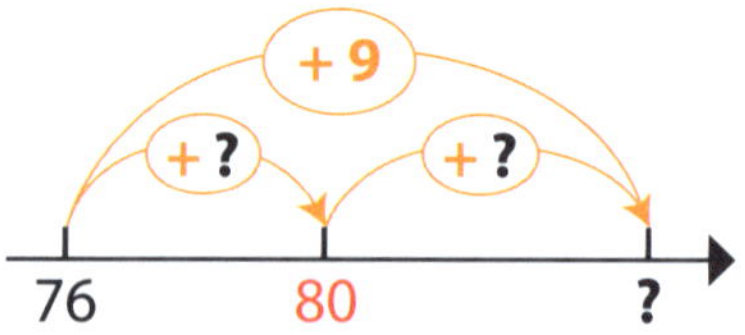

• **Complète** les égalités.

Combien a-t-il fait lorsqu'il a lancé le 1er dé ? 76 + ... = 80

Combien a-t-il fait lorsqu'il a lancé le 2nd dé ? 76 + ... + ... = ...

Sur quelle case est-il arrivé ? 76 + 9 = ...

Appliquer

1. Complète avec le complément à la dizaine supérieure.

• 21 + ... = 30 • 48 + ... = 50 • 63 + ... = 70 • 34 + ... = 40

• 52 + ... = 60 • 72 + ... = 80 • 26 + ... = 30 • 45 + ... = 50

2. Complète en deux étapes en passant par la dizaine supérieure.

Pour aller de 37 à 46

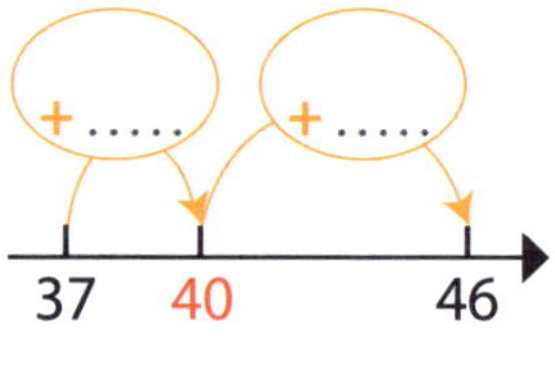

37 + ... = 40

40 + ... = 46

37 + ... + ... = 46

37 + ... = 46

Pour aller de 78 à 85

78 + ... = 80

80 + ... = 85

78 + ... + ... = 85

78 + ... = 85

3. Complète en passant par la dizaine supérieure.

Ajoute 8 à 46

46 + ... = 50

46 + ... + ... = ...

46 + 8 = ...

Ajoute 7 à 75

75 + ... = ...

75 + ... + ... = ...

75 + 7 = ...

Calcul mental : Ajouter des dizaines entières.

S'entraîner

Parcours A

A1 **Complète** avec le complément à la dizaine supérieure.

- 18 + ... = 20
- 25 + ... = 30
- 36 + ... = 40
- 62 + ... = 70
- 47 + ... = 50
- 81 + ... = 90

A2 **Complète** en deux étapes en passant par la dizaine supérieure.
Pour aller de 28 à 32

28 + ... = 30

30 + ... = 32

28 + ... + ... = 32

28 + ... = 32

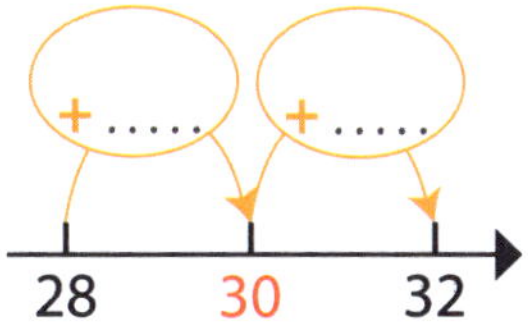

A3 **Complète** en passant par la dizaine supérieure.

- **Ajoute 6 à 56**

56 + ... = 60

56 + ... + ... = ...

56 + 6 = ...

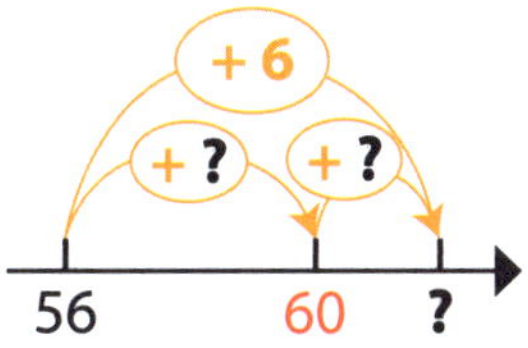

- **Ajoute 7 à 67**

67 + ... = 70

67 + ... + ... = ...

67 + 7 = ...

Parcours B

B1 **Complète** pour atteindre la dizaine supérieure.

- 51 + ... = ...
- 46 + ... = ...
- 62 + ... = ...
- 73 + ... = ...
- 84 + ... = ...
- 87 + ... = ...

B2 **Complète** en deux étapes en passant par la dizaine supérieure.
Pour aller de 62 à 73

62 + ... = 70

70 + ... = 73

62 + ... + ... = 73

...... + ... = 73

B3 **Complète** en passant par la dizaine supérieure.

- **Ajoute 9 à 74**

74 + ... = 80

74 + ... + ... = ...

74 + 9 = ...

- **Ajoute 8 à 65**

65 + ... = 70

65 + ... + ... = ...

65 + ... = ...

Résoudre des problèmes

A4 Le bassin de la piscine mesure 25 m de longueur. Aïcha a déjà parcouru 17 m de la longueur en brasse. Quelle distance lui reste-t-il à parcourir ? **Calcule** sans poser l'opération.

....

....

....

B4 Mélissa achète une tente de camping à 71 € et une lampe torche. Elle donne la somme exacte avec 4 billets de 20 € et 1 billet de 5 €. Combien la lampe torche coûte-t-elle ?

....

....

....

NOMBRES ET CALCULS

5 Comparaison des nombres jusqu'à 99

| ...... | ...... | ...... | ...... | ...... |

Compétences : Comparer, ranger et encadrer des nombres entiers ≤ 99 en utilisant les symboles =, < et >.

Découvrir

Lors du tournoi du centre de loisirs, Naïma et Pierre ont gagné ou perdu des billes.

A. Compare leur nombre de billes au début et à la fin du tournoi.

	Au début du tournoi	> ou <	À la fin du tournoi
Naïma 		....	
Pierre 		....	

B. Qui a perdu des billes pendant le tournoi ? .... Qui en a gagné ? ....

C. Le joueur qui a le plus de billes à la fin de la journée gagne le tournoi.
Voici les résultats des 4 premiers. Les lots des joueurs dépendent de leur résultat.

plus de 90 billes : un jeu vidéo	80 < … < 90 : un DVD
60 < … < 70 : un ballon	moins de 50 : une figurine

• **Complète** le tableau.

	Naïma	Pierre	Boris	Lisa
Billes	49	82	96	68
Classement	....	....	....	....
Lot	....	....	....	....

• **Écris** les résultats des 4 premiers joueurs dans l'ordre décroissant. .... > .... > .... > ....

Appliquer

1. Compare avec > ou <.

• 45 ...... 28 • 56 63
• 91 ...... 65 • 56 51
• 78 ...... 82 • 95 98

2. Range les nombres dans l'ordre croissant.

• 83 / 67 / 96 ....
• 85 / 78 / 61 / 88 ....
• 63 / 57 / 94 / 59 ....

3. Complète avec la dizaine entière inférieure ou supérieure la plus proche.

• ...... < 73 • 29 < ......
• ...... < 54 • 47 < ......
• ...... < 67 • 79 < ......
• ...... < 49 • 82 < ......

4. Encadre entre les deux dizaines entières les plus proches.

• ...... < 36 < ......
• ...... < 57 < ......
• ...... < 74 < ......
• ...... < 86 < ......

Calcul mental : Retrancher des dizaines entières.

S'entraîner

Parcours A

A1 **Compare** les nombres dessinés avec **>** ou **<**.

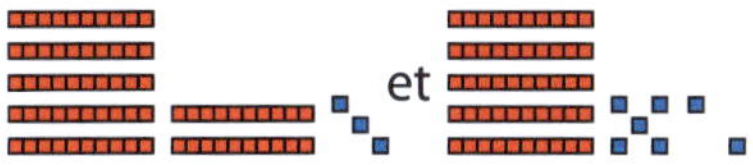

....

A2 **Compare** avec **>** ou **<**.

- 71 84
- 66 61
- 89 91
- 49 37
- 92 84
- 99 98

A3 **Range** les nombres dans l'ordre croissant.

- 58 / 49 / 85 / 67 ..... < ..... < ..... < .....
- 91 / 97 / 94 / 92 ..... < ..... < ..... < .....

A4 **Range** les nombres dans l'ordre décroissant.

- 69 / 72 / 61 / 95 ..... > ..... > ..... > .....

A5 **Encadre** entre les deux dizaines entières les plus proches.

- ...... < 48 < ......
- ...... < 84 < ......
- ...... < 59 < ......
- ...... < 18 < ......
- ...... < 72 < ......
- ...... < 61 < ......

Parcours B

B1 **Compare** avec **>**, **<** ou **=**.

- 60 + 2 ... 57
- 60 + 9 ... 70 + 2
- 40 + 7 ... 47
- 90 + 5 ... 80 + 15

B2 **Range** les nombres dans l'ordre croissant.

59 / 86 / 91 / 57 / 85

.... < .... < .... < .... < ....

B3 **Range** les nombres dans l'ordre décroissant.

- 35/51/28/18/44 ..... > ..... > ..... > ..... > .....
- 66/98/37/59/36 ..... > ..... > ..... > ..... > .....

B4 **Encadre** entre les deux dizaines entières les plus proches.

- ...... < 80 + 7 < ......
- ...... < 70 + 8 < ......
- ...... < 30 + 1 < ......

B5 **Complète** l'encadrement avec le nombre qui convient.

- 50 < ...... < 60 Le nombre a 4 unités.
- 40 < ...... < 50 Le nombre a 8 unités.
- 80 < ...... < 90 Le nombre a 2 unités.

Résoudre des problèmes

A6

Pour l'anniversaire de sa femme, Denis veut acheter un bouquet de fleurs à 15 € et un foulard à 36 €.
A-t-il assez du billet de 50 € qu'il a dans son portefeuille ? **Justifie** ta réponse.

....

....

....

B6 Le jardinier de la commune doit remplacer les fleurs du balcon de la mairie.

Il a besoin de 98 plants de fleurs pour remplir les 14 jardinières. On lui livre 35 glaïeuls, 28 crocus et 34 anémones.
La livraison est-elle suffisante ?
Justifie ta réponse.

....

....

....

GRANDEURS ET MESURES

6 Lecture de l'heure

....

Compétence : Savoir lire l'heure sur une pendule à aiguilles.

Découvrir

A. Quatre enfants sont allés à leur activité du samedi.
Voici ce que chaque enfant dit :
« Samedi matin, je suis parti à la piscine à 9 h 40. »
« Le matin, je suis allée au football à 10 h 20. »
« J'étais à la bibliothèque à 14 h 15. »
« La chorale a commencé à 15 h 35. »
Quelle a été l'activité de chaque enfant ?

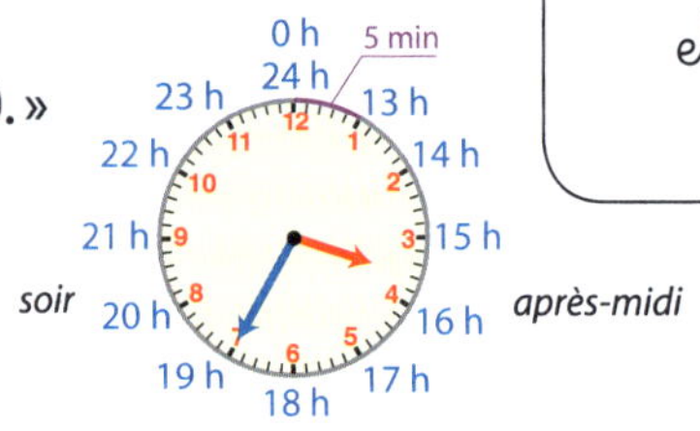

Maëlys

après-midi

....

Valentin

matin

....

Nabil

après-midi

....

Léna

matin

....

B. Léna revient de son activité à 12 h 15. La grande aiguille est partie du 12. Elle arrive maintenant sur le 3 du cadran.

après-midi

Combien de graduations de minutes a-t-elle parcourues lorsqu'elle est sur le 3 du cadran ?

....

Combien de graduations de minutes a-t-elle parcourues lorsqu'elle est sur le 4 du cadran ?

....

Quelle heure sera-t-il alors ? ....

Appliquer

1. Écris ces heures du matin.

....  ....  ....  .... 

2. Écris ces heures de l'après-midi.

....  ....  ....  .... 

Calcul mental : S'entraîner sur les tables d'addition de 2 et 3.

S'entraîner

Parcours A

A1 **Écris** ces heures du matin.

 ....

 ....

A2 **Colorie** l'heure correspondant à chaque pendule.

après-midi

01 h 20

ou

13 h 20

matin

06 h 30

ou

18 h 30

A3 **Écris** correctement ces heures de l'après-midi.

2 h 45 – 4 h 30 – 6 h 10

....

A4 Entre quelles graduations se trouve la petite aiguille des heures quand il est :

• 08 h 30 ? entre .....h et .....h

• 15 h 50 ? entre .....h et .....h

• 20 h 25 ? entre .....h et .....h

Parcours B

B1 **Écris** ces heures du matin.

 ....

 ....

B2 **Écris** ces heures de l'après-midi ou du soir.

 ....

après-midi

 ....

après-midi

 ....

soir

 ....

soir

B3 **Écris** correctement ces heures de l'après-midi ou du soir.

5 h 45 – 10 h 50 – 11 h 35

....

B4 Entre quelles graduations se trouve la petite aiguille des heures quand il est :

• 07 h 55 ? entre .....h et .....h, plus près de .....h

• 21 h 45 ? entre .....h et .....h, plus près de .....h

Résoudre des problèmes

A5 Chaque matin en allant à l'école, Valérian passe devant la grande horloge de la mairie.

Ce matin, la petite aiguille est entre le 8 et le 9, et la grande aiguille est sur le chiffre 4 de l'horloge.
À quelle heure Valérian passe-t-il devant la mairie ?

....

....

....

B5 Au début du cours de musique, l'horloge affiche 10 h 05.
À la fin de la séance, il n'est pas encore 11 h et la grande aiguille est sur le chiffre 9 de l'horloge.

Quelle est la durée du cours de musique ?

....

....

....

PROBLÈMES

7 Méthodologie : les étapes de la résolution de problèmes

| ...... | ...... | ...... | ...... | ...... |

Compétences : Découvrir les étapes de la résolution de problèmes. Résoudre des problèmes relevant des structures additives (addition/soustraction).

Découvrir

ÉNONCÉ DU PROBLÈME

Léo a 8 ans et Manon 10 ans. Ils jouent au palet sur une cible et font deux parties. Léo a gagné. Il marque 35 points à la 1re partie et 16 points à la 2nde partie. Manon marque 50 points au total.
Quel est le total de points de Léo ?

• **Étape 1 : Lis** l'énoncé du problème et **réponds** aux questions.

• Quels sont les personnages de l'histoire ? ....

• Combien de parties font-ils ? ....

• Qui a gagné ? ....

• **Étape 2 :** Parmi les questions suivantes, **souligne** celle qui correspond au problème.

a) Combien Manon a-t-elle marqué de points au total ?
b) Quel âge ont Léo et Manon ?
c) Combien Léo a-t-il marqué de points à la 2nde partie ?
d) Combien Léo a-t-il marqué de points au total ?

• **Étape 3 : Colorie** uniquement les cases contenant des informations utiles à la résolution du problème.

Léo : 8 ans	Manon : 10 ans	1re partie de Léo : 35 points	2nde partie de Léo : 16 points	Total de Manon : 50 points

• **Étape 4 : Écris** l'opération nécessaire pour trouver la réponse à la question du problème, puis **calcule**-la.

....

• **Étape 5 : Écris** la phrase-réponse en reprenant les mots de la question.

....

Appliquer

Énoncé : Karim a 8 ans. Il possède 36 images. À la récréation de 10 h, il en perd 2.
Il donne 14 images à Anaïs et 12 images à Julien. Combien d'images Karim a-t-il données au total ?

Numérote les étapes de résolution de ce problème dans le bon ordre.

n°..... Karim a donné 26 images au total.

n°..... C'est l'histoire de Karim qui donne des images à ses amis.

n°..... Karim donne :
– 14 images à Anaïs ;
– 12 images à Julien.

n°..... 14 + 12 = 26

n°..... Combien d'images Karim a-t-il données en tout ?

Calcul mental : Ajouter 9 à un nombre à 2 chiffres.

Résoudre des problèmes

Parcours A

A1 Lee a 50 € dans sa tirelire. Il s'achète un short à 15 € et un maillot de rugby à 25 €.
Combien dépense-t-il ?

1. Entoure la phrase qui correspond à l'énoncé.
- Lee joue au football et s'achète un équipement.
- Lee s'achète un équipement de rugby.

2. Souligne la question qui correspond au problème.
- Combien lui reste-t-il après cette dépense ?
- Quelle somme d'argent dépense-t-il au total ?

3. Recopie les informations utiles à la résolution du problème.
- tirelire 50 € • short 15 € • maillot 25 €

....

4. Entoure et **calcule** l'opération qui permet de répondre à la question du problème.
- 50 – 15 • 50 – 25 • 15 + 25

....

5. Écris la phrase-réponse en reprenant les mots de la question.

....

A2 Le renard pèse 14 kg, le sanglier pèse 66 kg de plus que le renard et le lièvre pèse 10 kg de moins que le renard.
Quelle est la masse du sanglier ?

1. Entoure la phrase qui correspond à l'énoncé.
- L'énoncé parle d'animaux marins.
- L'énoncé donne la masse de 3 animaux de la forêt.
- L'énoncé parle d'animaux domestiques.

2. Termine la résolution du problème en suivant ces étapes :
- souligne la question qui correspond au problème ;
- entoure les informations utiles ;
- écris et calcule l'opération qui permet de répondre à la question du problème ;
- écris la phrase-réponse en reprenant les mots de la question.

....

....

....

Parcours B

B1

Marion hésite entre une voiture téléguidée à 35 €, un jeu de société à 18 € et un déguisement d'astronaute à 21 €.
Finalement, elle choisit la voiture et le jeu de société.
Combien dépense-t-elle ?

1. Entoure la phrase qui correspond à l'énoncé.
- Marion s'achète des habits.
- Marion s'achète des jouets.
- Marion s'achète des bijoux.

2. Souligne la question qui correspond au problème.
- Quel est le coût total des deux jouets choisis ?
- Quel est le coût total du jeu de société et du déguisement ?
- Quel est le coût total des trois jouets ?

3. Entoure les informations utiles à la résolution du problème.

4. Entoure et **calcule** l'opération qui permet de répondre à la question du problème.
- 35 + 18 + 21 • 35 + 21 • 35 + 18

....

5. Écris la phrase-réponse en reprenant les mots de la question.

....

B2 Il y a 50 km entre Villejolie et Grand-Champ, 40 km entre Grand-Champ et Petit-Bourg, 30 km entre Grand-Champ et Verdon.
M. Abidal part de Villejolie et se rend à Verdon en passant par Grand-Champ.
Quelle distance parcourt-il ?

Résous le problème en suivant les 5 étapes de résolution.

....

....

....

Les nombres jusqu'à 99 (Leçon 1)

Un nombre peut s'écrire :

- en chiffres : 65
- en lettres : soixante-cinq
- sous forme d'une décomposition additive : 60 + 5

L'ordre des chiffres dans le nombre

57 et **75** s'écrivent avec les mêmes chiffres, mais ce ne sont pas les mêmes nombres.

57 75

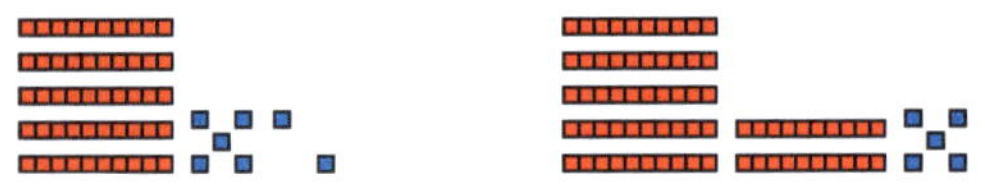

5 dizaines 7 unités 7 dizaines 5 unités

L'addition avec retenue (Leçon 3)

Pour additionner en colonnes 18 + 26 + 37 :

Étape 1

	+2	
	1	8
+	2	6
+	3	7
		21

J'additionne les unités.
8 + 6 + 7
21 = 2 d et 1 u

Étape 2

	+2	
	1	8
+	2	6
+	3	7
	8	21

J'additionne les dizaines.
1 + 2 + 3 + 2 de retenue

Mesurer et tracer des segments (Leçon 2)

Lorsque la mesure d'un segment n'est pas un nombre entier de cm, il faut l'exprimer par un encadrement.

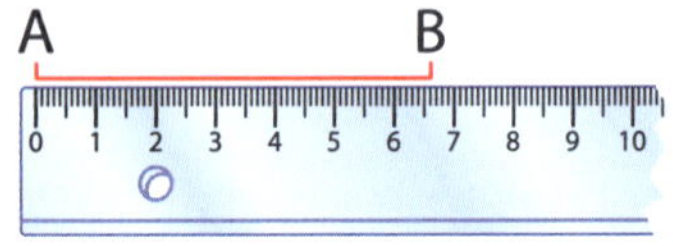

6 cm < AB < 7 cm

Le segment AB mesure entre 6 et 7 cm.

Le milieu d'un segment est le point qui partage ce segment en deux segments de même mesure.

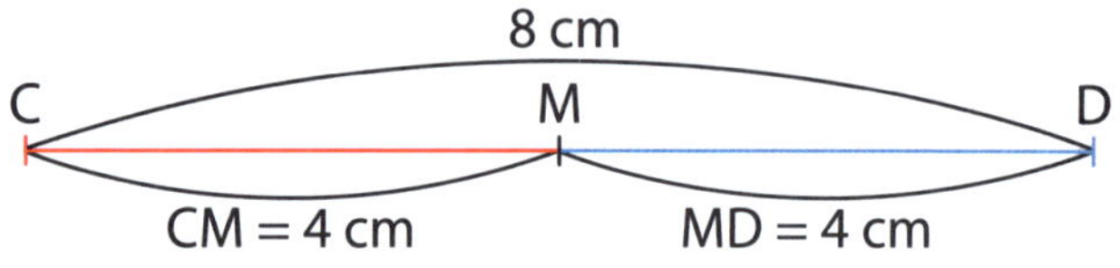

Le point M est le milieu du segment CD.

Stratégies de calcul : passage à la dizaine supérieure (Leçon 4)

Pour ajouter 9 à 55, on ajoute d'abord 5 à 55 pour arriver à la dizaine supérieure 60.
Puis, on ajoute 4 à 60.

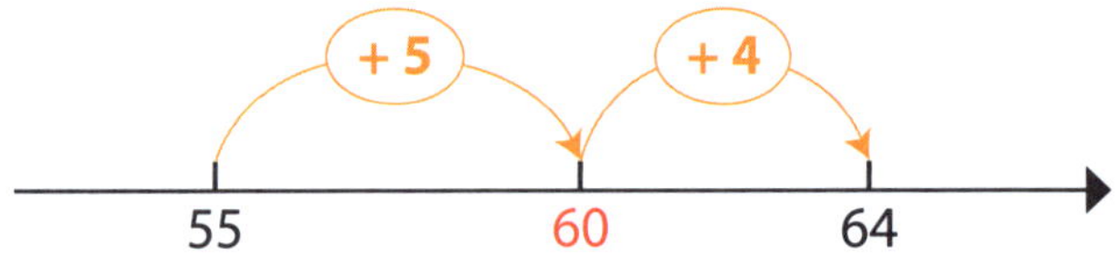

Donc 55 + 9 = 64.

Lecture de l'heure (Leçon 6)

La petite aiguille indique les heures.
La grande aiguille indique les minutes.

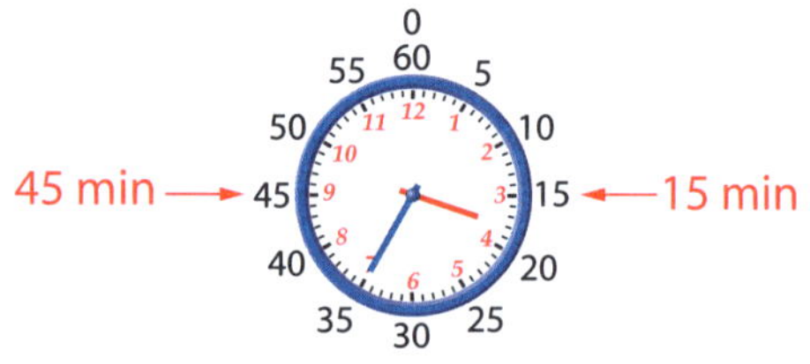

Les heures du matin s'écrivent de 0 h à 12 h.
Les heures de l'après-midi et du soir s'écrivent de 12 h à 24 h (0 h du jour suivant).

Méthodologie : les étapes de la résolution de problèmes (Leçon 7)

Pour résoudre un problème, il faut :

Étape 1 lire et comprendre l'énoncé → **Étape 2** repérer la question du problème à résoudre → **Étape 3** trouver les informations utiles → **Étape 4** choisir la bonne opération et la calculer → **Étape 5** répondre par une phrase à la question du problème

9 Bilan (1)

1 **Écris** les nombres en chiffres ou en lettres.

- vingt et un : …… • soixante-treize : …… • quatre-vingt-huit : ……
- 34 : …………………………………………… • soixante-deux : ……

2 **Complète** les égalités.

- 65 = …… + 5 • 94 = …… + 4 • 71 = 70 + ……

3 **Écris** les nombres en chiffres.

- 3 dizaines et 2 unités : ……
- 6 unités et 4 dizaines : ……
- 9 dizaines et 8 unités : ……

4 **Mesure** chaque segment. Si la mesure n'est pas un nombre entier de cm, **écris** l'encadrement.

…… cm …… cm < CD < …… cm …… cm

5 **Calcule** les additions en colonnes.

3 6 + 5 7 . .	5 8 + 2 9 . .	2 9 + 1 8 + 3 7 . .

6 **Complète** en passant par la dizaine supérieure.

- **Ajoute 8 à 37**

37 + …… = ……

37 + …… + …… = ……

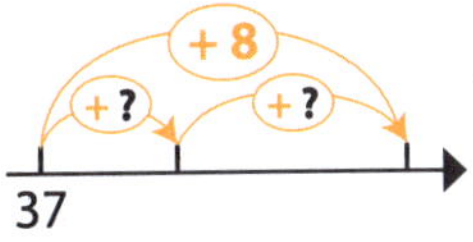

37 + 8 = ……

…… ……

- **Ajoute 8 à 53**

53 + …… = 60

53 + …… + …… = ……

53 + 8 = ……

7 **a)** **Compare** avec > ou <.

- 74 …. 37 • 49 …. 81 • 88 …. 92
- 98 …. 93 • 45 …. 39 • 76 …. 78

b) **Range** les nombres dans l'ordre croissant.

73 / 82 / 61 / 81 ……………………………………

c) **Encadre** entre les deux dizaines entières les plus proches.

- …… < 54 < …… • …… < 76 < ……

8 **Écris** les heures ou **dessine** les aiguilles sur les pendules.

………. 
matin

………. 
soir

10 h 10

23 h 45

Les nombres jusqu'à 199

Compétences : Dénombrer et décomposer des nombres entiers ≤ 199. Associer le nom des nombres à leur écriture chiffrée.

Découvrir

Le recensement permet de connaître le nombre d'habitants de chaque ville ou village.
Pour les villages, il est effectué tous les 5 ans.

A. Au recensement de 2002, le village de Bétina comptait 99 habitants. Au recensement de 2007, il n'y avait que 1 habitant de plus. Combien le village comptait-il d'habitants en 2007 ?

....

....

B. Avant le recensement de 2012, un lotissement a été construit amenant 60 nouveaux habitants, et une famille de 5 personnes s'est installée dans une maison isolée.
Bétina représente la population avec des jetons de couleur.

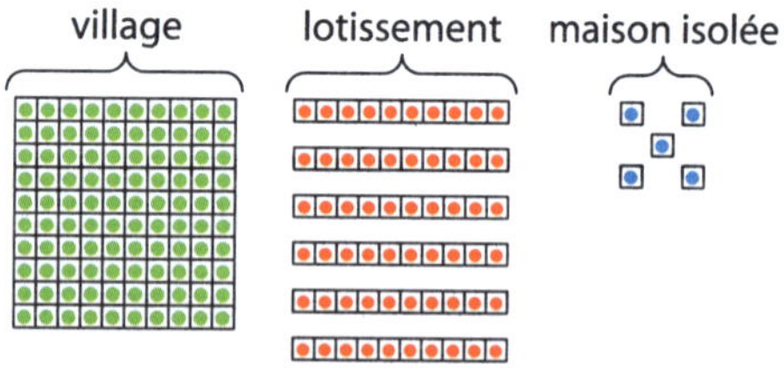

• **Calcule** le nombre total d'habitants du recensement de 2012.
habitants de 2007 et nouveaux habitants :

.... + ... + ... = ...

• **Écris** le nombre trouvé en lettres.

....

Appliquer

1. Écris les nombres en chiffres.

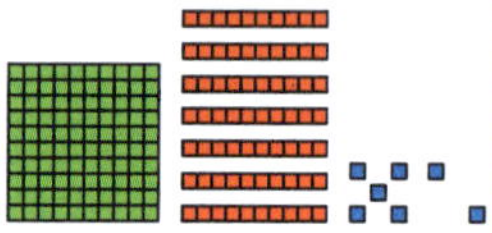

....

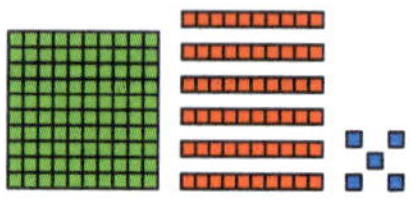

....

2. Écris les nombres en chiffres ou en lettres.

• cent vingt-six : ...... • cent cinquante-quatre : ......

• cent quatre-vingt-sept : ......

• 135 : ....

• 178 : ....

3. Complète.

• 100 + 50 + 3 = ... • 100 + 80 + 6 = ...

• 100 + 20 + 8 = ... • 100 + 90 + 2 = ...

4. Décompose sous forme additive.

• 131 = 100 + ... + ... • 168 = ... + ... + ...

• 147 = ... + ... + ... • 182 = ... + ... + ...

5. Écris les nombres en chiffres.

• 1 centaine, 4 unités et 3 dizaines : ...... • 5 u 8 d 1 c : ...... • 9 d 1 c 7 u : ......

Calcul mental : Additionner trois nombres à 1 chiffre dont deux ont 10 pour somme.

S'entraîner

Parcours A

A1 **Écris** les nombres en chiffres.

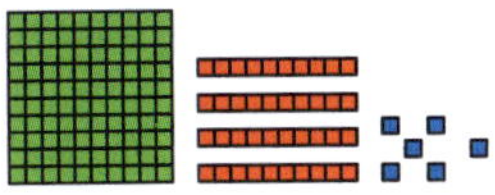
....

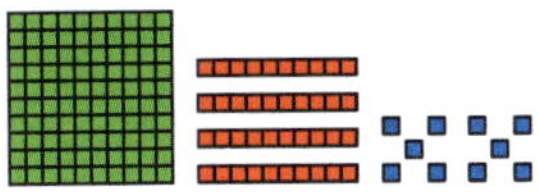
....

A2 **Écris** les nombres en chiffres ou en lettres.

- 162 : ....
- 143 : ....
- 157 : ....
- cent vingt-deux : ..... • cent cinquante-huit : .....

A3 **Complète.**

- 100 + 20 + 5 = ...   • 100 + 50 + 6 = ...

A4 **Décompose** sous forme additive.

- 148 = 100 + 40 + ...   • 163 = ... + ... + ...
- 173 = ... + ... + ...   • 184 = ... + ... + ...

A5 **Écris** les nombres en chiffres.

- 1 centaine, 3 unités et 2 dizaines : ......
- 5 unités, 3 dizaines et 1 centaine : ......

Parcours B

B1 **Écris** les nombres en chiffres.

- cent quatre-vingt-un : .....
- cent soixante-trois : .....
- cent quatre-vingt-dix-huit : .....
- cent soixante-seize : .....

B2 **Écris** les nombres en lettres.

- 172 : ....
- 193 : ....
- 182 : ....
- 177 : ....

B3 **Complète.**

- 100 + 80 + 5 = ...   • 100 + 70 + 7 = ...
- 100 + 90 + 1 = ...   • 100 + 80 + 3 = ...

B4 **Décompose** sous forme additive.

- 199 = ... + ... + ...   • 187 = ... + ... + ...
- 176 = ... + ... + ...   • 169 = ... + ... + ...

B5 **Écris** les nombres en chiffres.

- 1 c 4 u 7 d : ......
- 8 d 9 u 1 c : ......
- 3 u 9 d 1 c : ......

Résoudre des problèmes

A6

La salle de spectacle compte 100 places de 2e catégorie, 70 places de 1re catégorie placées devant la scène et 6 places d'honneur. Combien de places la salle de spectacle contient-elle ?

....

....

....

B6 Trois conducteurs ont pris la même route en partant du kilomètre 0. Victor a fait 100 + 90 + 8 km. Nida s'est arrêtée à la borne cent quatre-vingt-cinq. Mélanie s'est arrêtée à la borne correspondant à 5 u 1 c 9 d.
À quelle borne chaque conducteur s'est-il arrêté ?

....

....

....

Le sens de la soustraction

Compétences : Découvrir le sens de la soustraction (retirer une quantité A à une quantité B ; trouver le complément à une quantité A pour obtenir une quantité B ; trouver la différence ou l'écart entre deux quantités).

Découvrir

Laura utilise son abaque pour construire des nombres.

A. Laura retire : 5 boules 10 et 2 boules unités.

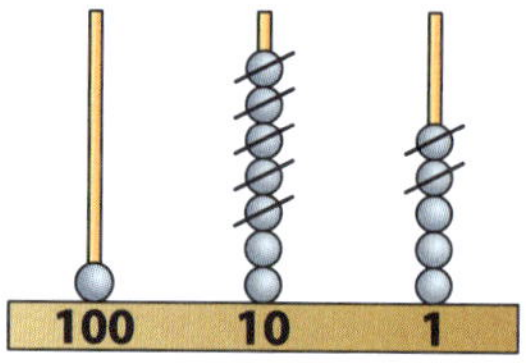

- Quel est son nombre de départ ? ....
- Quel nombre retire-t-elle ? ....
- Quel nombre reste-t-il sur l'abaque ? ....
- **Écris** l'opération qui correspond. ....

B. Laura veut avoir le nombre 158 sur son abaque.

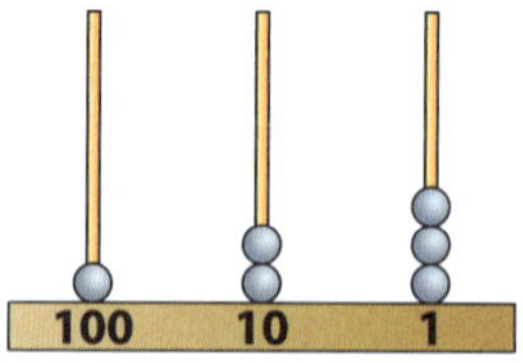

- **Écris** le nombre déjà présent sur l'abaque. ....
- **Complète** l'opération pour trouver le nombre de boules manquantes. .... – .... = ...

C. Laura a le nombre 158 sur son abaque et Tom a 134 sur le sien.
Quel est l'écart entre les deux nombres ?

Écris l'opération. ....

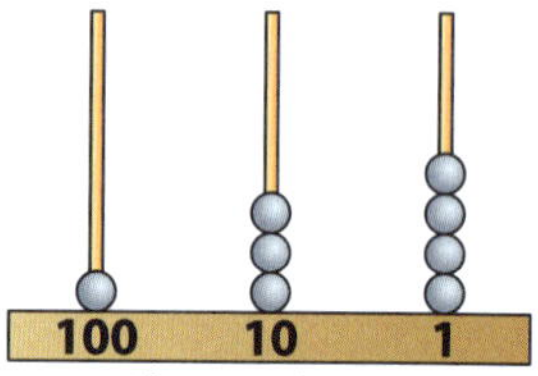

Abaque de Tom

Appliquer

1. Écris et **calcule** la soustraction qui correspond à chaque dessin.

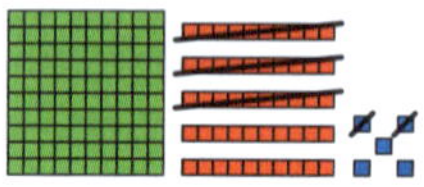

.... – .... = ...

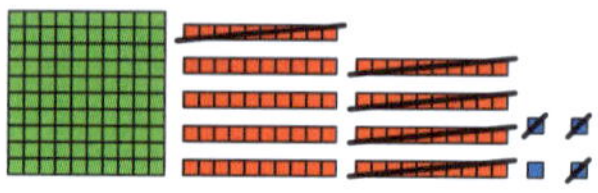

.... – .... = ...

2. Écris et **calcule** la soustraction qui permet de calculer la différence entre les deux nombres.

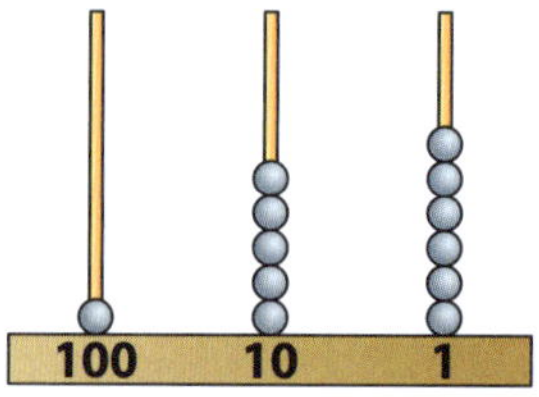

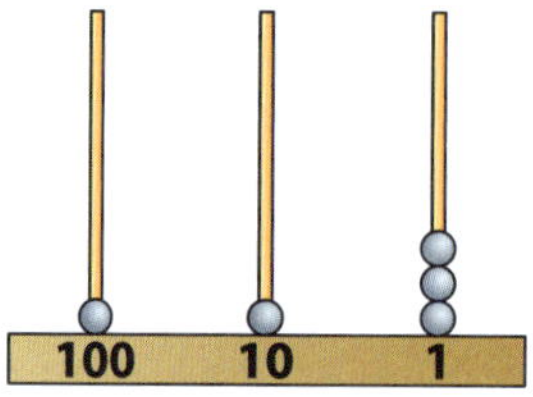

.... – .... = ...

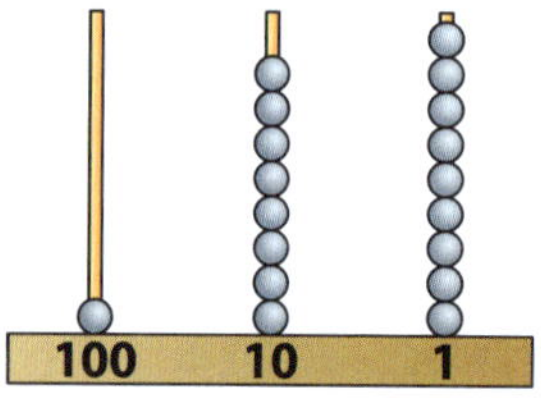

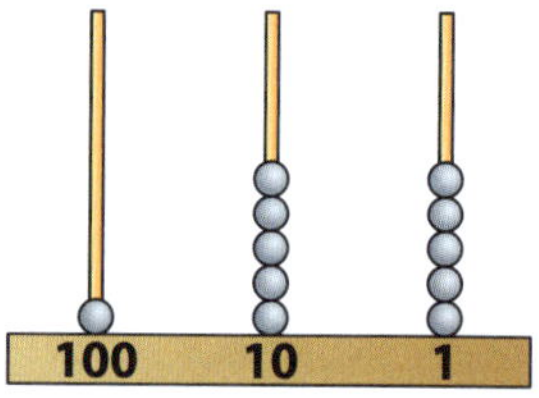

.... – .... = ...

3. Écris et **calcule** la soustraction qui permet de trouver le complément :

- pour aller de 46 à 67.

  .... – .... = ...

- pour aller de 123 à 146.

  .... – .... = ...

- pour aller de 31 à 159.

  .... – .... = ...

- pour aller de 142 à 189.

  .... – .... = ...

Calcul mental : Ajouter 11 à un nombre à 2 chiffres.

S'entraîner

Parcours A

A1 **Écris** et **calcule** la soustraction qui correspond à chaque dessin.

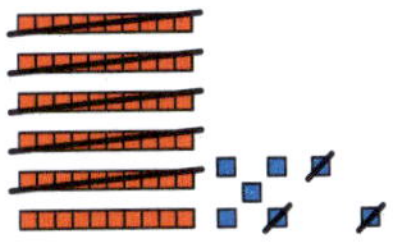

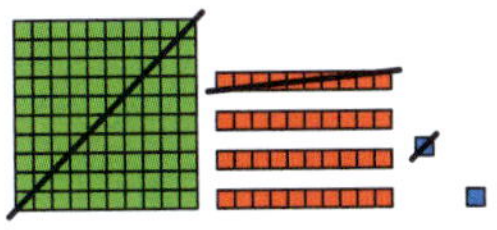

....

A2 **Écris** et **calcule** la soustraction qui permet de calculer la différence entre les deux nombres.

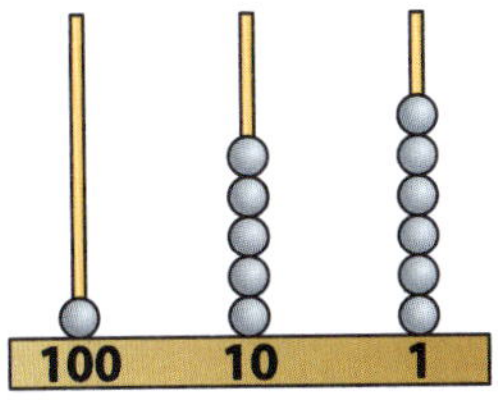

et

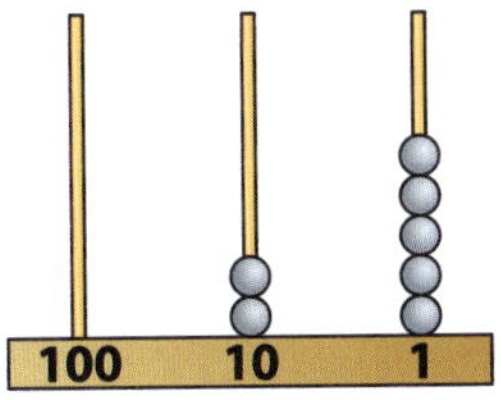

....

A3 **Écris** et **calcule** la soustraction qui permet de trouver le complément :

- pour aller de 2 d 5 u à 8 d 9 u.

....

- pour aller de 1 c 7 d 3 u à 1 c 9 d 6 u.

....

Parcours B

B1 **Écris** et **calcule** la soustraction qui correspond à chaque dessin.

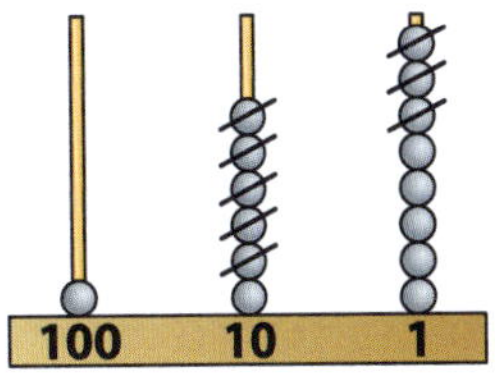

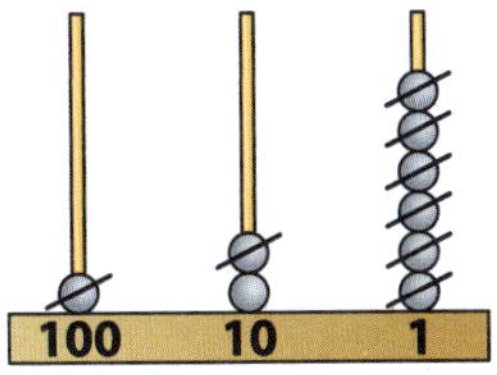

....

B2 **Écris** et **calcule** la soustraction qui permet de calculer la différence entre les deux nombres.

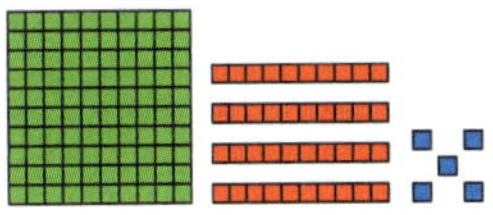

et

1 centaine 1 dizaine 2 unités

....

197 et 121

....

B3 **Écris** et **calcule** la soustraction qui permet de trouver le complément :

- pour aller de 145 à 156.

....

- pour aller de 132 à 149.

....

Résoudre des problèmes

A4

Au début de l'année, l'école avait 1 paquet de 100 DVD, 5 paquets de 10 DVD et 8 DVD.
Les classes ont utilisé 1 paquet de 100, 2 paquets de 10 et 4 DVD.
Combien de DVD reste-t-il à la fin de l'année ?

....

....

....

B4 Pour le pique-nique géant, les organisateurs ont déjà 1 paquet de 100 assiettes en carton, 4 paquets de 10 et 5 assiettes seules.
Il y a 167 inscrits.
Combien d'assiettes manque-t-il pour que chacun en ait une ?

....

....

....

Les mesures de longueur (1)

......	......	......	......	......

Compétences : Connaître et utiliser les unités de mesure de longueur (m, dm, cm et mm) et leurs relations.

Découvrir

Fatou et Enzo effectuent des mesures dans la classe.

A. Ils mesurent la même armoire, mais utilisent des unités différentes.

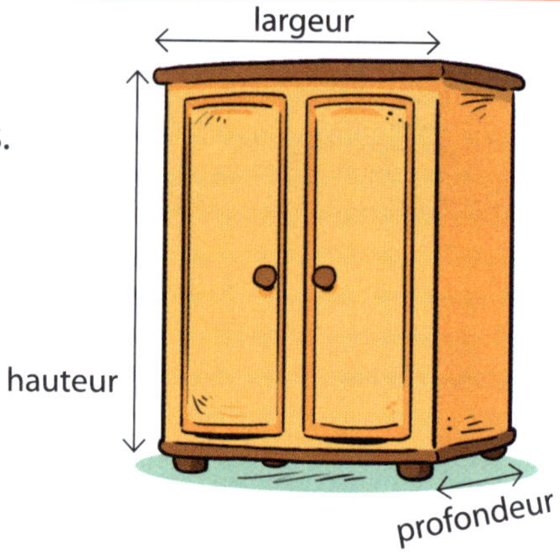

• **Écris** l'égalité entre la mesure de hauteur faite par Fatou et celle faite par Enzo. ....

• **Utilise** ta réponse pour compléter l'égalité : 1 m = ... cm.

• **Écris** l'égalité entre la mesure de largeur faite par chaque enfant.

....

• **Écris** l'égalité entre la mesure de profondeur faite par chaque enfant.

....

m	dm	cm	mm
.....	.....	.....	.....

• En te servant de ces deux réponses, **complète** l'égalité : 1 dm = ... cm.

B. Fatou mesure la largeur et la hauteur de son cahier. Sur le cahier, il est écrit : 170 mm de largeur et 190 mm de hauteur. Fatou mesure avec sa règle 17 cm de largeur et 19 cm de hauteur.

• **Écris** les égalités de largeur et de hauteur.

Largeur : .... Hauteur : ....

• En te servant de ces deux réponses, **complète** l'égalité : 1 cm = ... mm.

Appliquer

1. Place les mesures dans le tableau en ne mettant qu'un seul chiffre par colonne.

	m	dm	cm	mm
3 m	.....	.....	.....	.....
20 dm	.....	.....	.....	.....
40 mm	.....	.....	.....	.....
5 dm et 6 cm	.....	.....	.....	.....

2. Complète les égalités.

- 3 m = ... dm
- 2 m = ... cm
- 12 dm = ... cm
- 18 cm = ... mm
- 7 dm et 9 cm = ... cm
- 5 cm et 7 mm = ... mm
- 120 cm = ... dm
- 80 mm = ... cm

3. Complète avec la bonne unité.

- La hauteur de la tour Montparnasse est de 210 ....
- L'épaisseur de mon livre est de 21 ....
- Mon double décimètre mesure 20 ....

Calcul mental : Ajouter un nombre en utilisant le passage à la dizaine supérieure.

S'entraîner

Parcours A

A1 **Complète** les égalités.

- 70 mm = ... cm
- 40 mm = ... cm
- 39 mm = ... cm et .... mm
- 98 mm = ... cm et .... mm

A2 **Complète** les égalités.

- 9 cm = ... mm
- 12 cm = ... mm
- 19 cm = ... mm
- 7 cm et 9 mm = ... mm

A3 **Complète** les égalités.

- 3 dm = ... cm
- 70 cm = ... dm
- 6 m = ... dm
- 2 dm et 8 cm = ... cm

Parcours B

B1 **Complète** les égalités.

- 99 mm = ... cm et .... mm
- 132 mm = ... cm et .... mm
- 112 mm = ... cm et .... mm
- 151 mm = ... cm et .... mm

B2 **Complète** les égalités.

- 10 cm et 8 mm = ... mm
- 19 cm et 4 mm = ... mm
- 15 cm et 6 mm = ... mm
- 9 cm et 4 mm = ... mm

B3 **Complète** les égalités.

- 10 dm et 5 cm = ... cm
- 1 m et 9 dm = ... cm
- 6 m et 7 dm = ... dm
- 50 dm et 70 cm = ... dm

Résoudre des problèmes

A4

L'escargot a parcouru 10 cm et 7 mm avant de s'arrêter plusieurs minutes. Après cette pause, il a fait à nouveau 8 cm et 2 mm jusqu'à la salade.
Quelle distance totale l'escargot a-t-il parcourue en cm et mm ?

....

....

....

B4

Pour le banquet des pompiers, il faut une grande table de 4 m de long.
Bertrand a déjà mis bout à bout une table de 120 cm et une table de 180 cm.
Quelle devra être la longueur de la table qu'il doit rajouter ?

....

....

....

13 PROBLÈMES

Problèmes de la vie courante : les longueurs

Compétences : Résoudre des problèmes sur les mesures de longueur (en m, cm et mm) en utilisant le lexique spécifique et en réinvestissant l'addition et la soustraction.

Découvrir

Le maçon construit une maison. Pour travailler, il regarde attentivement les mesures sur le schéma.

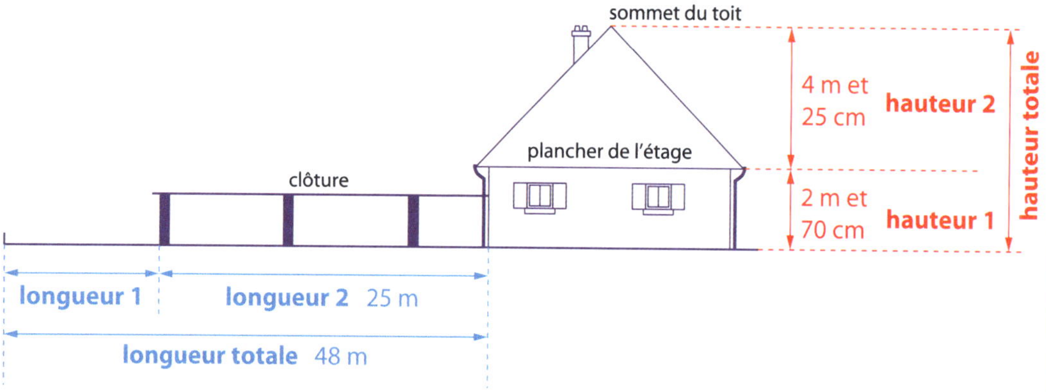

A. Quelle est la hauteur totale de la maison ?

• **Relève** les mots de l'énoncé et du schéma qui indiquent que c'est un problème sur les longueurs.

....

• **Complète** l'égalité. **Utilise** les expressions **hauteur 1** et **hauteur 2**.

hauteur totale = ...

• **Résous** le problème.

....

B. Le maçon doit réaliser un mur de clôture de 48 m. Il en a déjà construit une longueur de 25 m. Quelle longueur de clôture lui reste-t-il à construire ?

• **Complète** l'égalité. **Utilise** les expressions **longueur totale** et **longueur 2**.

longueur 1 = ...

• **Résous** le problème.

....

Appliquer

La puce a fait un saut de 65 mm de longueur pour aller du museau de Minet jusqu'à son oreille, puis un de 87 mm pour aller de l'oreille au dos du chat. Quelle distance totale a-t-elle parcourue en cm et mm ?

• **Souligne** les mots qui indiquent qu'il s'agit d'un problème sur les longueurs.

• **Entoure** la bonne procédure.

longueur totale = longueur A + longueur B   longueur A = longueur totale – longueur B

• **Résous** le problème.

....

....

Calcul mental : S'entraîner sur les tables d'addition de 4 et 5.

S'entraîner

Parcours A

A1 **Calcule** la longueur totale en cm.
Complète le tableau.

	n° 1	n° 2
Longueur A	40 cm	160 cm
Longueur B	35 cm	23 cm
Longueur totale	....	....

A2 **Calcule** la distance A en m.

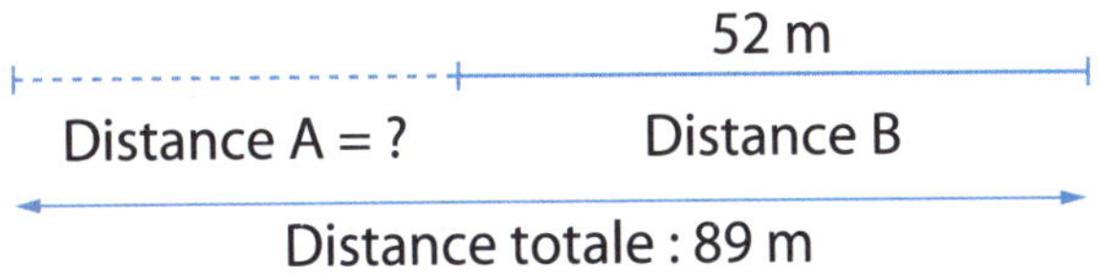

....

....

Parcours B

B1 **Calcule** la longueur totale en dm.
Complète le tableau.

	n° 1	n° 2
Longueur A	4 m et 5 dm	2 m et 4 dm
Longueur B	2 m et 3 dm	1 m et 6 dm
Longueur totale	....	....

B2 **Calcule** la longueur A en m.

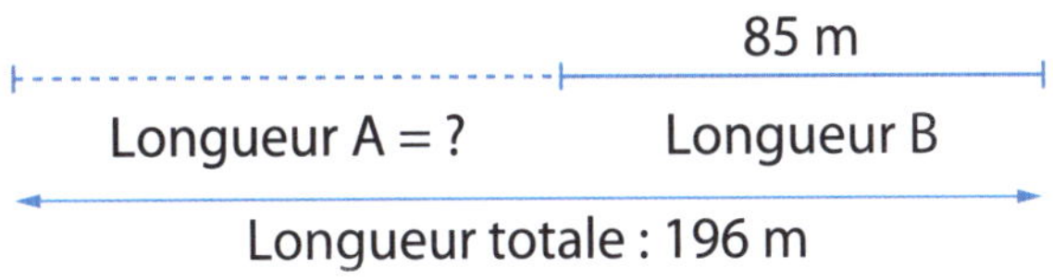

....

....

Résoudre des problèmes

A3 Philippe a fabriqué deux étagères pour la chambre de sa fille. Il a découpé une planche en deux morceaux pour faire une étagère de 110 cm et une 2nde étagère de 80 cm.
Quelle était la longueur totale de la planche en cm ? en m et cm ?

....

....

....

A4 Teddy a un dictionnaire et un livre documentaire dans sa bibliothèque.
Il mesure l'épaisseur du livre documentaire et trouve 25 mm. Il constate que l'épaisseur totale des deux livres est de 150 mm.
Quelle est l'épaisseur du dictionnaire en mm ? en cm et mm ?

....

....

....

B3 La souris a parcouru 75 cm pour aller chercher le morceau de fromage, puis 1 m et 15 cm pour rentrer dans son trou.
Quelle distance totale la souris a-t-elle parcourue en m et cm ?

....

....

....

B4 Inès a un morceau de ficelle de 1 m et 70 cm.
Elle en coupe un premier morceau de 45 cm, puis un second morceau de 35 cm.
Quelle longueur de ficelle reste-t-il ?
Donne ta réponse en cm.

• ....

• ....

....

....

L'équerre et l'angle droit

…… …… …… …… ……

Compétences : Utiliser l'équerre pour identifier les angles droits dans des figures géométriques simples et tracer des angles droits.

Découvrir

Ingrid dessine une marelle, mais elle ne sait pas très bien utiliser l'équerre !

A. Observe ses 3 essais pour tracer un angle droit au point A. **Coche** celui qui est correct.

1er essai **2e essai** **3e essai**

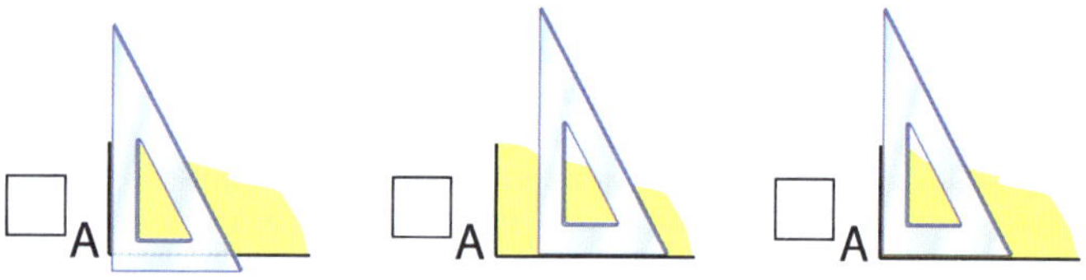

B. Utilise ton équerre pour trouver les angles droits sur le dessin de la marelle. **Marque**-les d'un carré rouge.

C. Complète le dessin en traçant un angle droit en C et un angle droit en F avec ton équerre.

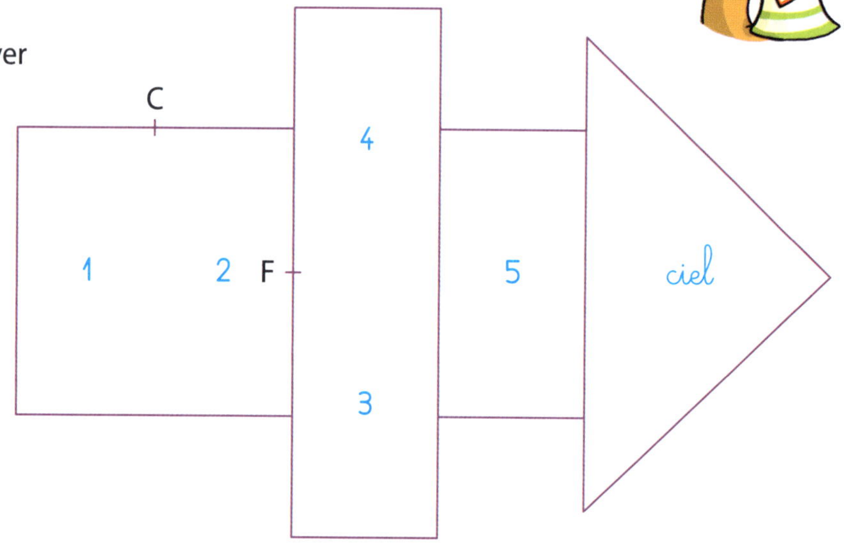

Appliquer

1. Utilise ton équerre pour trouver les angles droits de ces figures. **Marque**-les d'un carré rouge.

2. Trace un segment AB de 7 cm. **Utilise** l'équerre pour tracer un angle droit à l'extrémité A de ce segment.

Calcul mental : Trouver le nombre pensé.

S'entraîner

Parcours A

A1 **Utilise** ton équerre pour trouver les angles droits. **Marque**-les d'un carré rouge.

A2 **Trace** un segment AB de 6 cm.
Utilise l'équerre pour tracer un angle droit à l'extrémité A de ce segment.

A3 **Utilise** ton équerre pour trouver les angles droits. **Marque**-les d'un carré rouge.

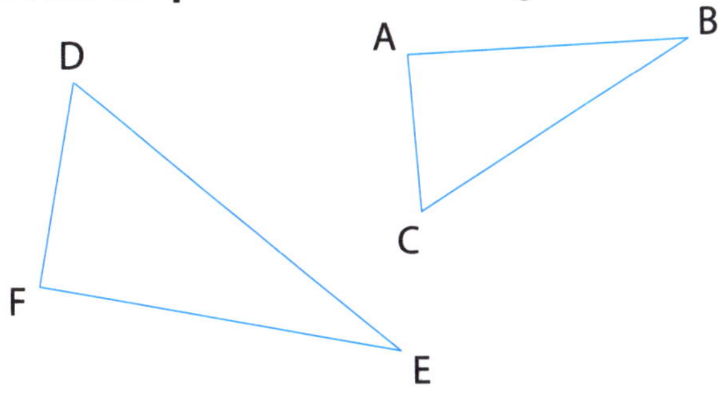

Parcours B

B1 **Entoure** les angles de la ligne brisée qui ne sont pas droits.

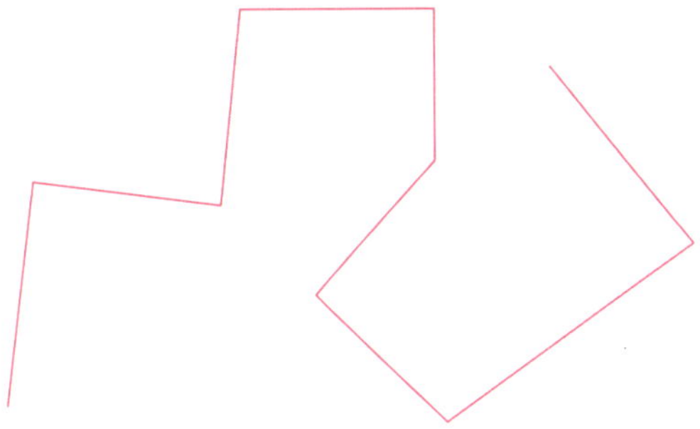

B2 **Trace** un segment AB de 5 cm.
Utilise l'équerre pour tracer un angle droit à chaque extrémité de ce segment.

B3 Quels sont les angles droits de cette figure ?

Écris leur numéro. ....

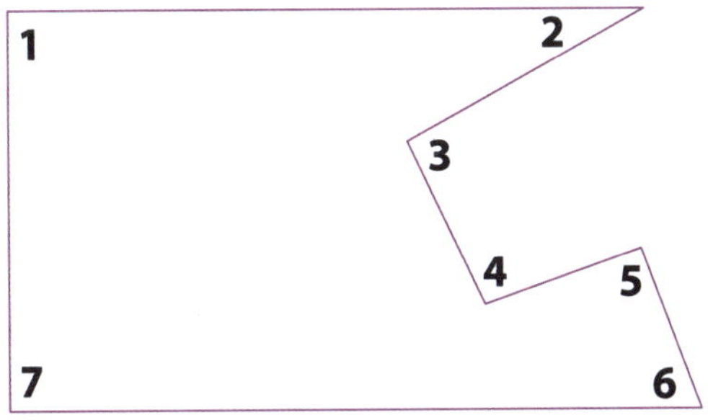

Résoudre des problèmes

A4 Le code de la porte d'entrée est caché dans la figure qui a 2 angles droits.
Colorie la figure où se trouve le bon code.

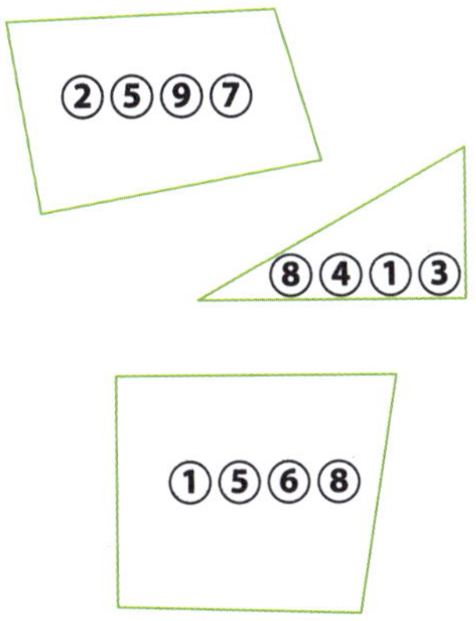

B4 J'habite rue des Oiseaux. Pour trouver le numéro de ma maison, **compte** le nombre d'angles droits de la figure.
Quel est le numéro de ma maison ?

....

Se repérer et se déplacer dans un quadrillage

Compétences : Se repérer et se déplacer dans un espace normé : coder et décoder des espaces d'un plan. Décrire ou exécuter des déplacements sur un quadrillage.

Découvrir

Voici le plan du quartier de Noélia.
Sa maison est située en (K,7).

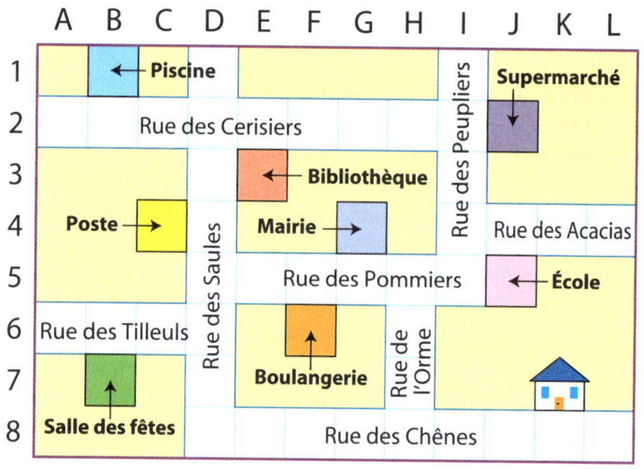

A. Écris le nom du bâtiment qui est en :

- (B,1) : ....
- (G,4) : ....
- (J,2) : ....
- (E,3) : ....

B. Écris le code de :

- l'école : ....
- la boulangerie : ....
- la salle des fêtes : ....
- la Poste : ....

C. Tous les samedis, Noélia part de chez elle, et se rend à son activité préférée. Voici son parcours : rue des Chênes, rue de l'Orme, rue des Pommiers, rue des Saules, rue des Cerisiers à gauche.

- **Trace** son parcours.
- Où Noélia se rend-elle ? ....

Appliquer

1.

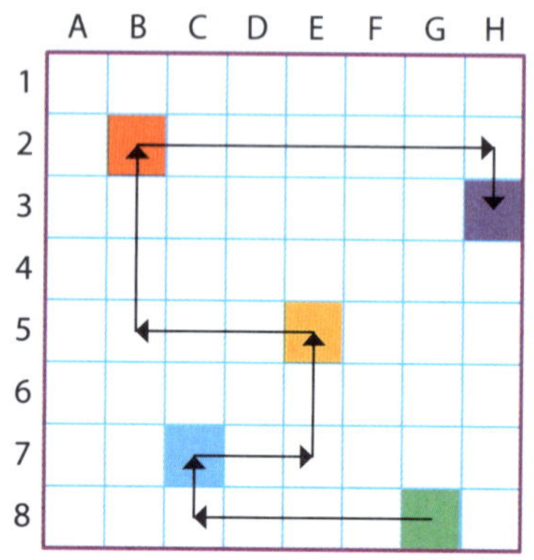

a) **Écris** le code des cases de couleur.

(......,......) (......,......)
(......,......) (......,......)
(......,......)

b) **Finis** de coder le parcours tracé sur le plan.

(G,8) ; (C,8) ; ....

....

2.

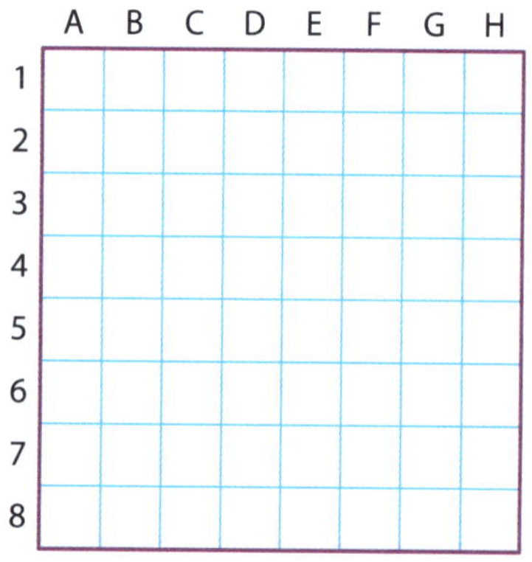

a) **Colorie** les cases demandées de la bonne couleur.

(A,6) (F,5)
(H,8) (G,3)
(D,7)

b) **Trace** le parcours suivant :

(A,2) ; (H,2) ; (H,8) ; (C,8) ; (C,4) ; (G,4) ; (G,7) ; (E,7) ; (E,5).

Calcul mental : Soustraire 9 à un nombre à 2 chiffres.

S'entraîner

Parcours A

A1 **Écris** le code correspondant à l'emplacement de chaque bateau.

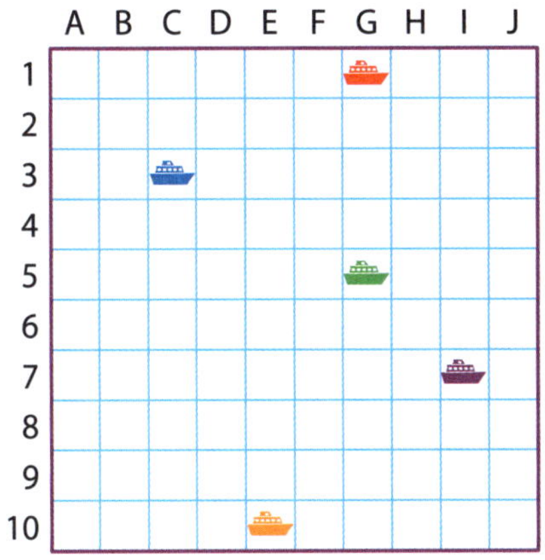

(....., ...)   (....., ...)

(....., ...)   (....., ...)

(....., ...)

A2 **Colorie** les cases demandées de la bonne couleur.

(C,8) (D,4) (I,2) (G,5) (A,3)

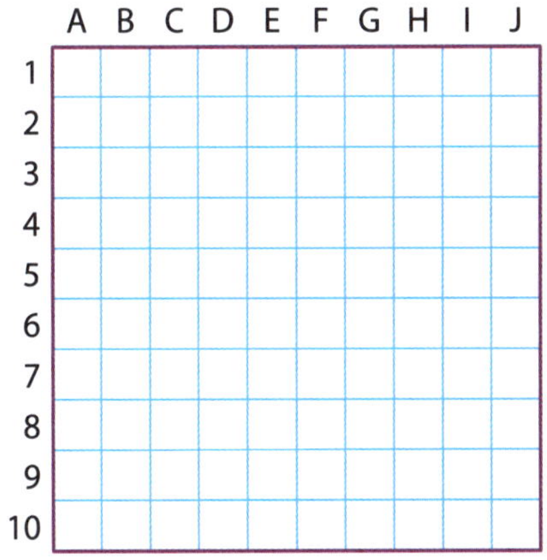

A3 **Finis** de coder le parcours fléché.

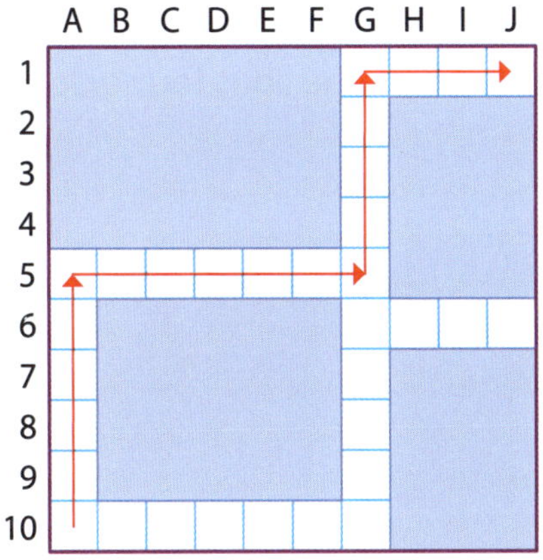

(A,10) ; (A,5) ; ....

Parcours B

B1 **Écris** le code correspondant à l'emplacement de chaque bateau. Un bateau occupe plusieurs cases.

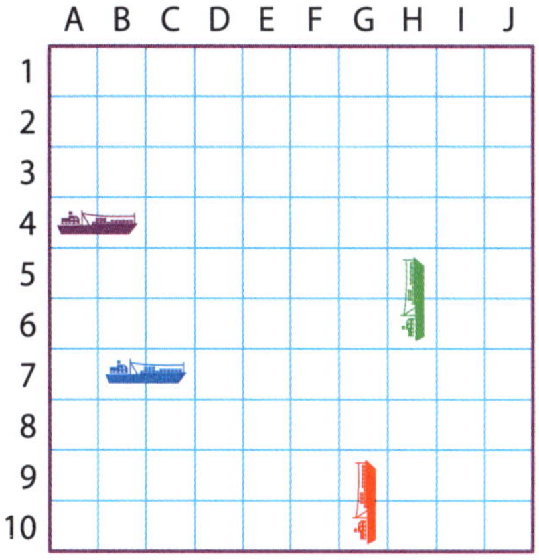

: ....   : ....

: ....   : ....

B2 **Colorie** les cases demandées de la bonne couleur.

(C,7) et (D,7)   (H,9) et (I,9)

(C,1) ; (C,2) et (C,3)   (A,4) ; (B,4) et (C,4)

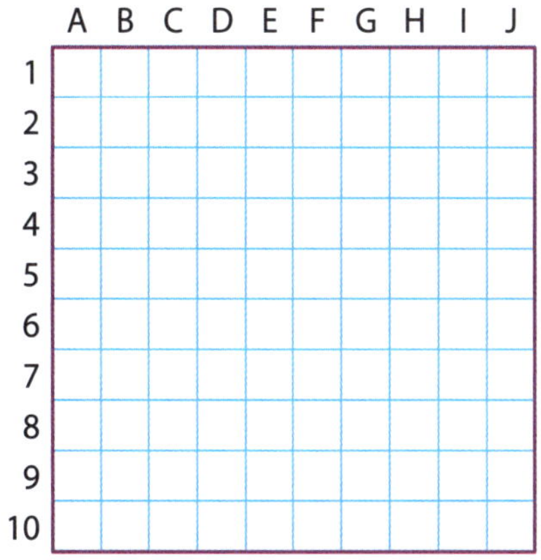

B3 **Finis** de coder le parcours fléché.

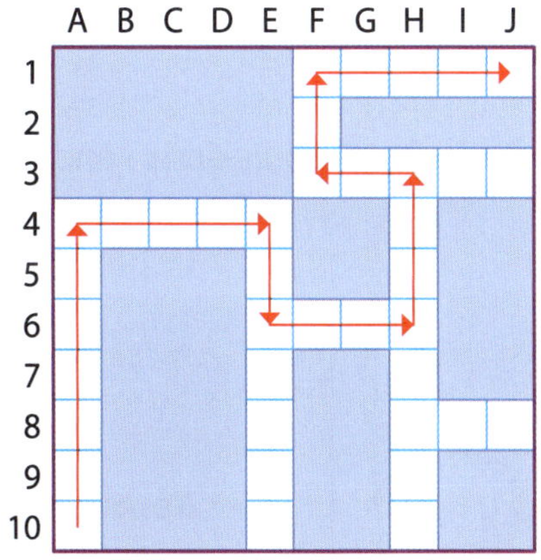

(A,10) ; (A,4) ; ....

....

16 Méthodologie : lire et comprendre un énoncé

Compétence : Résoudre des problèmes présentés sous différentes formes.

Découvrir

Les animaux participent aux Jeux olympiques.

A. Problème n° 1

• Sous quelle forme le problème est-il présenté ? **Entoure** la réponse.

texte schéma dessin tableau

• **Écris** la question correspondant au problème.

....

....

• **Résous** le problème.

....

....

....

B. Problème n° 2

• Sous quelle forme le problème est-il présenté ? **Entoure** la réponse.

texte schéma dessin tableau

• **Rédige** l'énoncé du problème sous la forme d'un texte court.

....

....

....

• **Résous** le problème.

....

....

Appliquer

1. Observe le tableau, puis **complète** l'énoncé correspondant au problème donné sous forme de tableau.

	Taille en cm
Taille de la maman	175 cm
Taille de Julia	130 cm
Différence de taille	?

La maman de Julia mesure .... cm. Julia mesure .... cm.

Quelle est .... ?

• **Résous** le problème.

....

....

2. Observe le dessin, puis **écris** l'énoncé correspondant au problème donné sous forme de dessin.

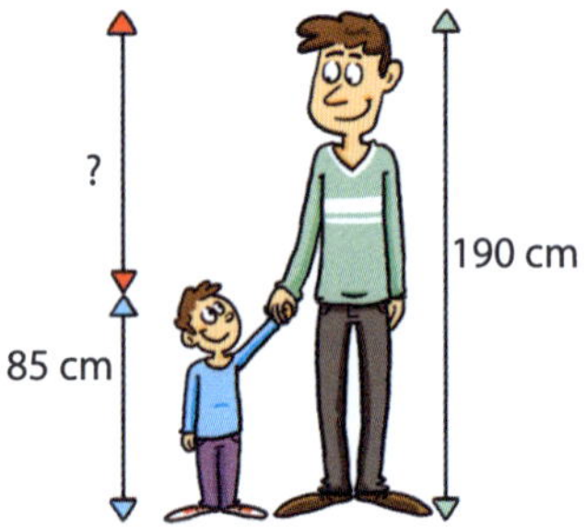

• Le papa de Justin ....

....

....

• **Résous** le problème. ....

....

Calcul mental : S'entraîner sur les tables d'addition de 6 et 7.

Parcours A

A1

• **Écris** la question correspondant au problème.

....

• **Résous** le problème.

....

....

A2

Voici le nombre de roses que le fleuriste a vendues.

Ventes du matin	Ventes de l'après-midi	Total des ventes de la journée
82	45	?

• **Complète** l'énoncé correspondant au problème donné sous forme de tableau.

Le fleuriste a vendu .... roses

le ....

et .... roses l'.................................... .

Combien a-t-il ....

.... ?

• **Résous** le problème.

....

....

....

Parcours B

B1 Commune de Montigny-sous-Bois

Écoles	Nombre d'élèves
École du Parc	72
École La Fontaine	86
Total	?

• **Complète** l'énoncé correspondant au problème donné sous forme de tableau.

La commune de ....

a .... écoles. L'école .... accueille 86 élèves. L'école du Parc compte

....

Quel est le nombre total ....

.... ?

• **Résous** le problème.

....

....

....

B2 Partie de Vivien

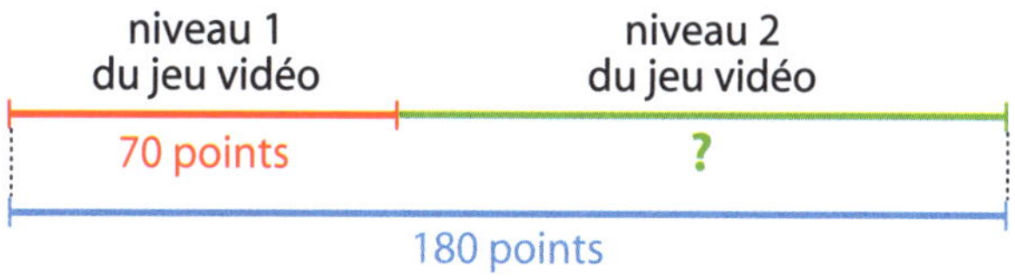

• **Écris** l'énoncé correspondant au problème donné sous forme de schéma.

....

....

....

....

....

....

• **Résous** le problème.

....

....

....

17 Les mots pour écrire les nombres jusqu'à 199

Compétence : Connaître et utiliser les mots-nombres ≤ 199 pour associer le nom des nombres à leur écriture chiffrée.

Découvrir

Paco et Louisa recherchent tous les mots différents pour écrire les nombres jusqu'à 199.

A. Paco collectionne les maillots de football.

• **Écris** tous les mots différents qu'il utilise pour nommer les numéros des 19 maillots.

....

....

....

....

• Combien de mots différents utilise-t-il ? ....

B. Louisa pense que ces mots ne suffisent pas pour écrire les nombres supérieurs à 19.
Elle dit : 46 – 54 – 35 – 82 – 28 – 67 – 71 – 98.
Écris les mots nouveaux qu'elle découvre.

....

....

C. Paco s'interroge sur les nombres de 100 à 199. Il dit les nombres suivants :
157 – 162 – 141 – 136 – 125 – 119 – 178 – 192 – 187.
Quel(s) mot(s) nouveau(x) découvre-t-il ?

....

D. Combien de mots différents utilisent-ils en tout ? ....

Appliquer

1. Remets les mots dans l'ordre pour **écrire** les nombres en chiffres.

• dix soixante huit : ....

• quatre six vingt : ....

• cent neuf vingt : ....

• quarante cent cinq : ....

• douze soixante cent : ....

• vingt douze quatre cent : ....

2. Complète avec le mot manquant et **remets**-les dans l'ordre.

• 164 : quatre soixante ....

....

• 185 : cinq vingt cent ....

....

• 178 : soixante cent huit ....

....

3. Écris en chiffres 2 nombres compris entre 100 et 199 qui s'écrivent avec 5 mots.

• .... • ....

Calcul mental : Soustraire 11 à un nombre à 2 chiffres.

PROBLÈMES

18 Problèmes pour apprendre à chercher (1)

Compétence : S'engager dans une démarche de résolution de problèmes en émettant des hypothèses, en les testant, en essayant plusieurs pistes, en exposant sa démarche de recherche.

1

La bande A est la plus petite.
La bande B est plus petite que la bande D, mais plus grande que la bande C.
À quelle couleur les bandes A, B, C et D correspondent-elles ?

Bande A : .... Bande C : ....

Bande B : .... Bande D : ....

2

Le coffre au trésor

Le coffre s'ouvre avec un code. C'est un nombre à 3 chiffres compris entre 100 et 199. La somme des 3 chiffres est égale à 18.

• **Recherche** les deux codes possibles.

....

• Une seule combinaison permet d'ouvrir le coffre.
La bonne combinaison a un chiffre des dizaines plus grand que le chiffre des unités.

Quelle est la combinaison du coffre au trésor ? ....

3

Les opérations mystères

Chaque symbole correspond toujours au même chiffre.

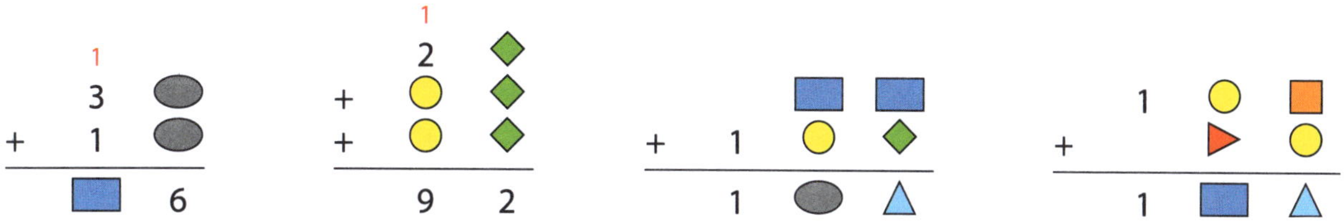

À quel chiffre chaque signe correspond-il ?

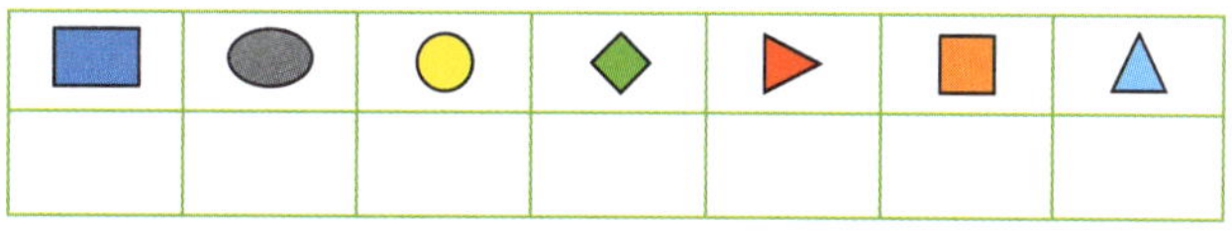

4

Ma montre a un problème. Elle avance de 5 minutes en plus à chaque heure qui passe.
Je l'ai mise à l'heure en arrivant à l'école à 9 heures.
Quand je suis rentré de l'école, elle indiquait 17 h 40.

Quelle heure était-il réellement ? ....

Fais tes essais.

Calcul mental : S'entraîner sur les tables d'addition de 8 et 9.

19 Ce qu'il faut retenir (2)

Les nombres jusqu'à 199

Leçon 10

Écrire le nombre

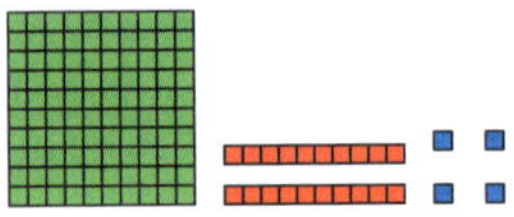

- 124 • 1 c 2 d 4 u
- cent vingt-quatre

Décomposer le nombre

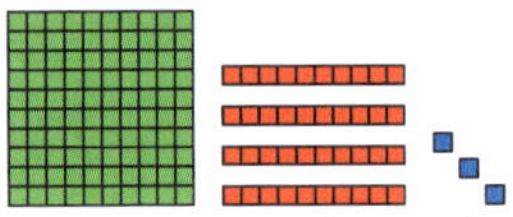

100 40 3

100 + 40 + 3 = 143

Le sens de la soustraction

Leçon 11

La soustraction est l'opération qui permet de calculer :

- **ce qu'il reste** quand on a retiré une quantité.

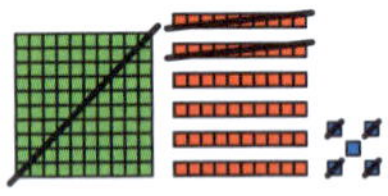

165 – 124 = 41

- **la différence** entre deux quantités.

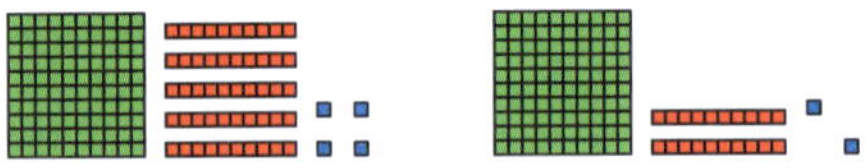

154 – 122 = 32

- **le complément d'un nombre à un autre.**
Pour aller de 38 à 179 :

179 – 38 = **141**

Les mesures de longueur (1)

Leçon 12

mètre : m décimètre : dm
centimètre : cm millimètre : mm

1 m = 10 dm 1 dm = 10 cm
1 m = 100 cm 1 cm = 10 mm

m	dm	cm	mm

Problèmes de la vie courante : les longueurs

Leçon 13

Le vocabulaire des problèmes sur les longueurs

mesure – hauteur – longueur – mètre – m – centimètre – cm – millimètre – mm – distance…

L'équerre et l'angle droit

Leçon 14

Utiliser l'équerre pour vérifier qu'un angle est droit

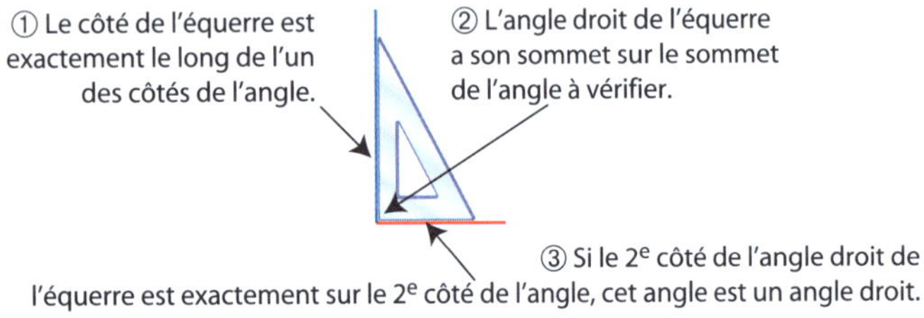

Utiliser l'équerre pour tracer un angle droit

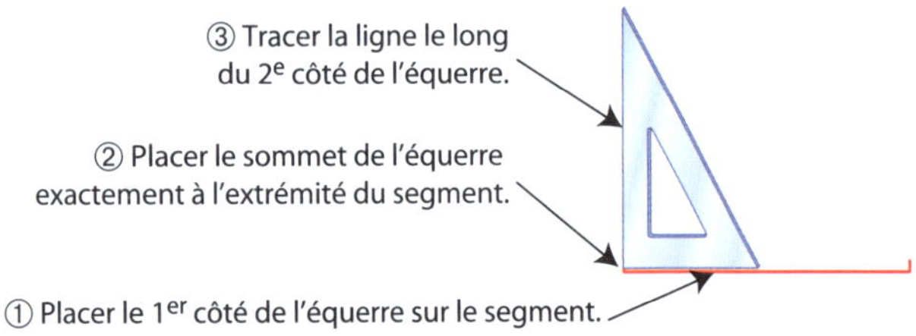

Se repérer et se déplacer dans un quadrillage

Leçon 15

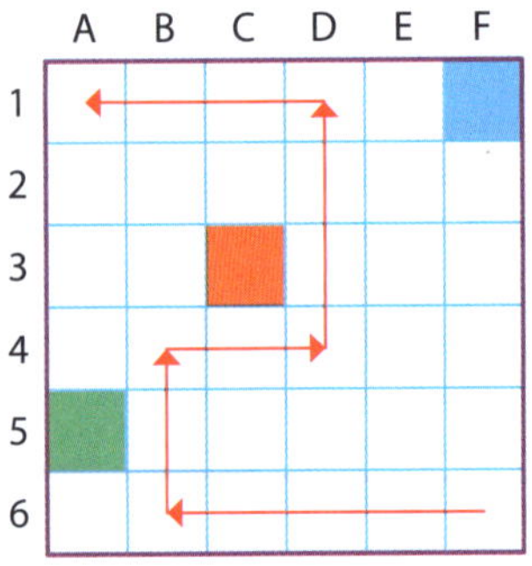

Le codage des cases

(C,3) La case rouge est sur la colonne C et la ligne 3.
(F,1) La case bleue est sur la colonne F et la ligne 1.
(A,5) La case verte est sur la colonne A et la ligne 5.

Le codage du parcours

(F,6) ; (B,6) ; (B,4) ; (D,4) ; (D,1) ; (A,1)

Méthodologie : lire et comprendre un énoncé

Leçon 16

Un problème peut se présenter sous différentes formes : un texte, un dessin, un schéma ou un tableau.

20 Bilan (2)

1 **Écris** les nombres en chiffres ou en lettres.

- cent soixante-quinze : ....
- 6 unités, 7 dizaines et 1 centaine : ....
- 174 : ....
- 197 : ....

2 **Complète.**

- 100 + 50 + 9 = ...
- 60 + 100 + 4 = ...

3 **Écris** et **calcule** la soustraction qui permet de trouver le complément.

Pour aller de 142 à 159

....

4 **Complète** les égalités.

- 6 cm = ... mm
- 4 dm = ... cm
- 60 dm = ... m
- 140 cm = ... dm
- 8 m = ... dm
- 30 mm = ... cm
- 1 m et 5 dm = ... cm
- 16 m et 9 dm = ... dm
- 15 cm et 7 mm = ... mm

5 **Calcule** la distance A en m.

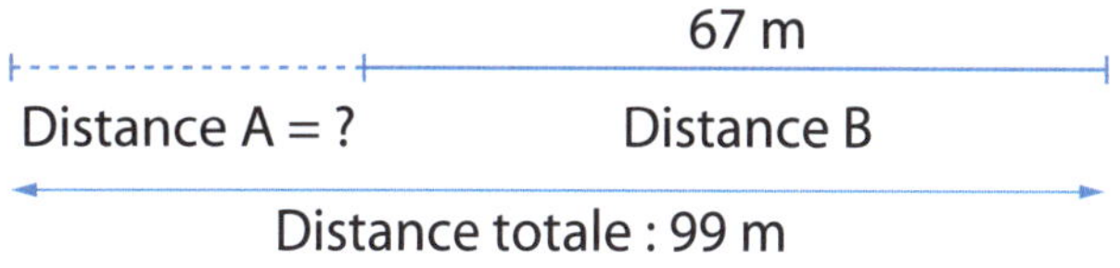

....

....

6 **Trace** un segment AB de 4 cm et un angle droit à l'extrémité B de ce segment.

7 **Marque** d'un carré rouge les angles droits de cette figure.

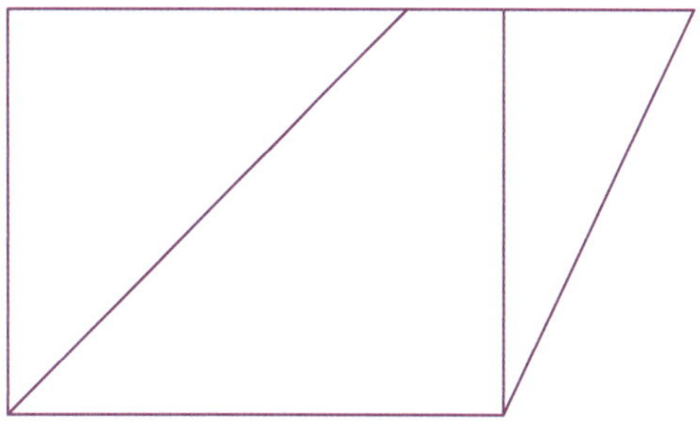

8 **a) Colorie** les cases demandées de la bonne couleur.

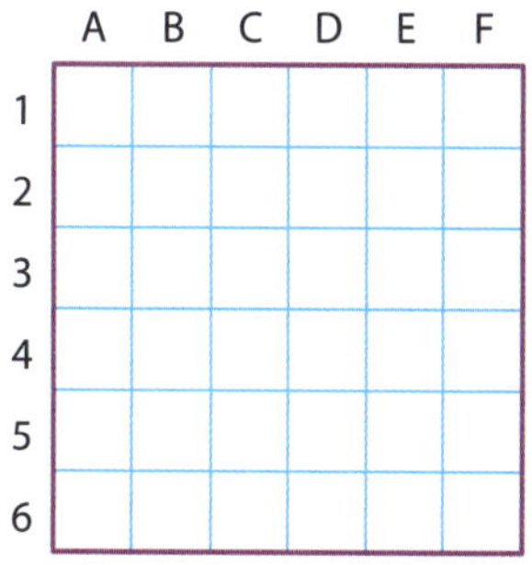

(A,2) (C,1)
(E,5) (D,3)

b) Trace le parcours suivant :
(A,6) ; (E,6) ; (E,3) ; (C,3) ; (C,1).

NOMBRES ET CALCULS

21 Les nombres jusqu'à 499

Compétences : Dénombrer et décomposer des nombres entiers ≤ 499. Associer le nom des nombres à leur écriture chiffrée.

Découvrir

Jordan, Charlène et Nicky pratiquent le tir à l'arc.

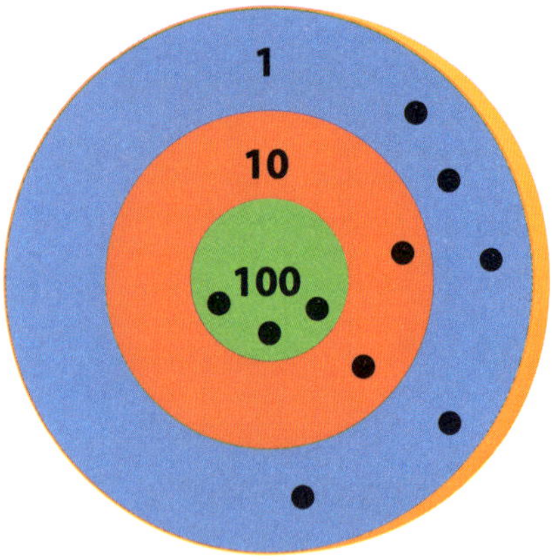

A. Jordan tire.
La marque des flèches est encore visible sur la cible.
Calcule le score de Jordan.

....

....

B. Charlène tire à son tour. Elle additionne les scores obtenus dans chaque zone.
Complète l'égalité pour connaître son score.

300 + 20 + 5 = ...

C. Nicky tire.
Elle place 1 flèche dans la zone rouge, 4 flèches dans la zone verte et 5 flèches dans la zone bleue.
Écris le score qu'elle a obtenu en chiffres, puis en lettres.

....

....

Appliquer

1. Écris les nombres en chiffres.

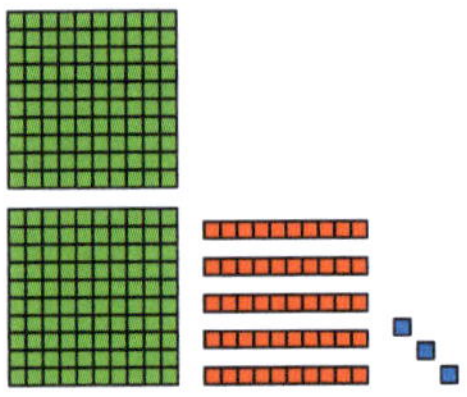

....

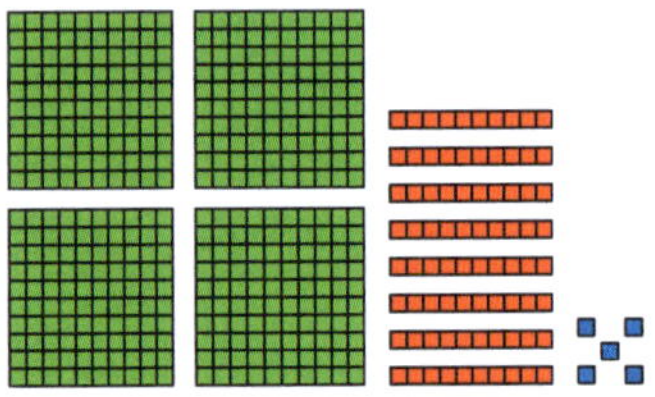

....

2. Complète les égalités.

- 435 = ... + 30 + ...
- 263 = ... + ... + 3
- 200 + 40 + 6 = ...
- 300 + 8 = ...

3. Écris les nombres en chiffres ou en lettres.

- trois cent vingt-huit : ....
- quatre cent trente et un : ....
- 273 : ....
- 340 : ....
- 295 : ....

4. Écris les nombres en chiffres.

- 3 c 5 u 6 d : ....
- 3 d 9 u 2 c : ....
- 9 d 4 c 8 u : ....
- 6 u 2 c 7 d : ....
- 7 u 3 c : ....

Calcul mental : Trouver le nombre pensé.

S'entraîner

Parcours A

A1 **Écris** les nombres en chiffres.

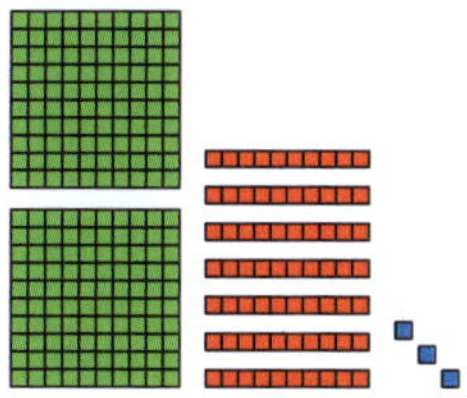
....

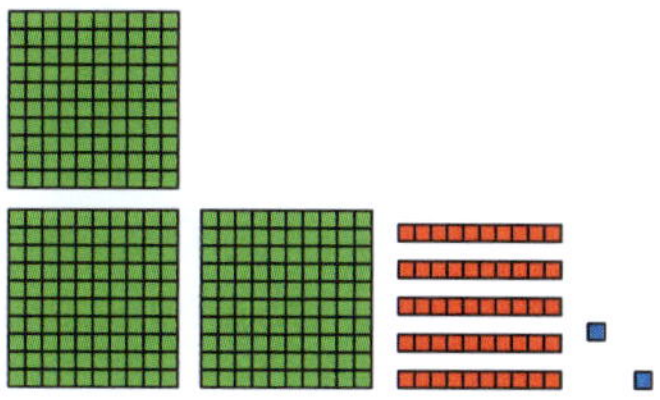
....

A2 **Écris** les nombres en chiffres.

- quatre cent trente-sept : ....
- trois cent quarante-deux : ....
- deux cent soixante-sept : ....

A3 **Écris** les nombres en lettres.

- 321 : ....
- 264 : ....
- 457 : ....

A4 **Décompose** sous forme additive.

- 243 = 200 + ... + ...
- 347 = ... + ... + ...
- 478 = ... + ... + ...

A5 **Écris** les nombres en chiffres.

- 3 c 7 u 1 d : ....
- 8 u 4 c 3 d : ....
- 2 d 8 u 2 c : ....

Parcours B

B1 **Écris** les nombres en chiffres.

- quatre cent quatre-vingt-dix-huit : ....
- trois cent soixante-quatorze : ....
- deux cent quatre-vingt-cinq : ....

B2 **Écris** les nombres en lettres.

- 405 : ....
- 273 : ....
- 390 : ....

B3 **Complète**.

- 300 + 90 + 2 = ...
- 300 + 40 = ...
- 200 + 90 = ...

B4 **Décompose** sous forme additive.

- 297 = ... + ... + ...
- 473 = ...
- 305 = ...
- 410 = ...

B5 **Écris** les nombres en chiffres.

- 4 u 8 d 2 c : ....
- 3 u 4 c : ....
- 7 d 3 c : ....

Résoudre des problèmes

A6 Étienne effectue un voyage en voiture.
Il parcourt d'abord 50 km pour rejoindre l'autoroute. Il roule ensuite pendant 200 km sur l'autoroute. Il lui reste encore 7 km pour arriver à destination.
Quelle est la distance totale de son parcours ?

....

....

....

B6 Le téléviseur A vaut quatre cent quatre-vingt-huit € ; le téléviseur B vaut quatre cent quatre-vingt-dix-huit € ; le téléviseur C vaut trois cent quatre-vingt-dix-huit €. Le client achète le téléviseur à 498 €. Lequel a-t-il choisi ?

....

....

....

22 La soustraction avec retenue

......	......	......	......	......

Compétences : Découvrir le sens et deux techniques opératoires de la soustraction avec retenue.

Découvrir

A. Margot a essayé une nouvelle méthode pour calculer les soustractions.

• **Complète** la soustraction.

```
  8 → 8 + 10 →   1 8
– 5 → 5 + 10 → – 1 5
———              ————
  3                . .
```

• **Calcule** les soustractions suivantes et **compare** avec <, > ou =.

17 – 5 ..... 27 – 15

```
  1 7 → 17 + 10 →   2 7
–   5 →  5 + 10 → – 1 5
—————               ————
  . .                 . .
```

181 – 60 ..... 191 – 70

```
  1 8 1 → 181 + 10 →   1 9 1
–   6 0 →  60 + 10 → –   7 0
———————                ——————
  . . .                 . . .
```

• Que remarques-tu ? **Complète** la phrase.

Si on ajoute 10 aux deux nombres, les résultats des 2 soustractions sont ....

B. Margot et Yanis ont effectué la même soustraction de deux manières différentes. **Complète** leurs calculs.

Je n'ai pas assez d'unités pour enlever 9 à 4. J'ajoute 10 aux deux nombres : 10 unités en haut et 1 dizaine en bas ! Je soustrais les unités, puis les dizaines. Rien n'est enlevé à la centaine.

```
  1 8 ₁4   ← + 10 unités
–   5  9
    1      ← 5 dizaines + 1 dizaine = 6 dizaines
————————
  . . .
```

```
  1 7̶8̶ ₁4
–    5  9
—————————
  .  .  .
```

Je n'ai pas assez d'unités pour enlever 9 à 4 ! J'échange 1 dizaine contre 10 unités ! Je soustrais les unités, puis les dizaines. Rien n'est enlevé à la centaine.

C. **Calcule** la soustraction avec chaque méthode.

```
          3 ₁2 8
        – 1  5 7
1 + 1 = 2 → 1
        ————————
          .  .  .
```

```
  2̶3̶ ₁2 8
– 1   5 7
—————————
  .   .  .
```

Ensuite, tu pourras choisir la méthode qui te convient !

Appliquer

1. **Calcule** les soustractions avec la méthode de ton choix.

```
  8 4        9 2      2 8 5      3 5 8
– 2 9      – 5 9    –   6 8    – 1 8 3
—————      —————    ———————    ———————
  . .        . .      . . .      . . .
```

2. **Pose** et **calcule** les soustractions.

358 – 249 = ...

```
  . . .
– . . .
———————
  . . .
```

453 – 162 = ...

```
  . . .
– . . .
———————
  . . .
```

Calcul mental : Soustraire sur des petits nombres ≤ 10.

S'entraîner

Parcours A

A1 **Calcule** la soustraction, puis la soustraction transformée.

	+10	→	
9	+10	→	1 9
– 3	+10	→	– . .
.			. .

	+10	→	
1 3	+10	→	. .
– 8	+10	→	– . .
. .			. .

A2 **Calcule** les soustractions avec la méthode de ton choix.

```
  6 3        8 4
– 2 9      – 3 7
  . .        . .

  2 3 6      4 2 8
– 1 6 2    – 1 8 4
  . . .      . . .
```

A3 **Pose** et **calcule** les soustractions en utilisant la méthode de ton choix.

92 – 56 = ...

143 – 68 = ...

Parcours B

B1 **Calcule** la soustraction, puis la soustraction transformée.

	+10	→	
3 5	+10	→	. .
– 1 7	+10	→	– . .
. .			. .

	+10	→	
5 4	+10	→	. .
– 2 9	+10	→	– . .
. .			. .

B2 **Calcule** les soustractions avec la méthode de ton choix.

```
  3 4 7      4 5 2
– 1 2 9    – 3 4 8
  . . .      . . .

  4 5 8      3 4 3
– 2 2 9    – 1 7 9
  . . .      . . .
```

B3 **Pose** et **calcule** les soustractions en utilisant la méthode de ton choix.

454 – 237 = ...

419 – 185 = ...

Résoudre des problèmes

A4 Le libraire a reçu 224 exemplaires de la dernière BD à succès.
Il en a déjà vendu 182.
Combien lui en reste-t-il en stock ?

....

....

....

B4 En début d'année, il y avait 350 cahiers dans la réserve. Les élèves de cycle 2 ont utilisé 100 cahiers et les élèves de cycle 3 ont utilisé 159 cahiers. Combien de cahiers reste-t-il ?

....

....

....

23 GRANDEURS ET MESURES

Le calendrier

Compétences : Découvrir les unités de mesure de durée (jour, semaine, mois, année) et leurs relations.
Estimer et mesurer des durées.

Découvrir

Lucie et Mathis se posent des questions sur le calendrier. **Aide**-les.

Janvier 2020

	Lun	Mar	Mer	Jeu	Ven	Sam	Dim
1			1	2	3	4	5
2	6	7	8	9	10	11	12
3	13	14	15	16	17	18	19
4	20	21	22	23	24	25	26
5	27	28	29	30	31		

Février 2020

	Lun	Mar	Mer	Jeu	Ven	Sam	Dim
5						1	2
6	3	4	5	6	7	8	9
7	10	11	12	13	14	15	16
8	17	18	19	20	21	22	23
9	24	25	26	27	28	29	

Mars 2020

	Lun	Mar	Mer	Jeu	Ven	Sam	Dim
9							1
10	2	3	4	5	6	7	8
11	9	10	11	12	13	14	15
12	16	17	18	19	20	21	22
13	23	24	25	26	27	28	29
14	30	31					

Avril 2020

	Lun	Mar	Mer	Jeu	Ven	Sam	Dim
14			1	2	3	4	5
15	6	7	8	9	10	11	12
16	13	14	15	16	17	18	19
17	20	21	22	23	24	25	26
18	27	28	29	30			

Mai 2020

	Lun	Mar	Mer	Jeu	Ven	Sam	Dim
18					1	2	3
19	4	5	6	7	8	9	10
20	11	12	13	14	15	16	17
21	18	19	20	21	22	23	24
22	25	26	27	28	29	30	31

Juin 2020

	Lun	Mar	Mer	Jeu	Ven	Sam	Dim
23	1	2	3	4	5	6	7
24	8	9	10	11	12	13	14
25	15	16	17	18	19	20	21
26	22	23	24	25	26	27	28
27	29	30					

Juillet 2020

	Lun	Mar	Mer	Jeu	Ven	Sam	Dim
27			1	2	3	4	5
28	6	7	8	9	10	11	12
29	13	14	15	16	17	18	19
30	20	21	22	23	24	25	26
31	27	28	29	30	31		

Août 2020

	Lun	Mar	Mer	Jeu	Ven	Sam	Dim
31						1	2
32	3	4	5	6	7	8	9
33	10	11	12	13	14	15	16
34	17	18	19	20	21	22	23
35	24	25	26	27	28	29	30
36	31						

Septembre 2020

	Lun	Mar	Mer	Jeu	Ven	Sam	Dim
36		1	2	3	4	5	6
37	7	8	9	10	11	12	13
38	14	15	16	17	18	19	20
39	21	22	23	24	25	26	27
40	28	29	30				

Octobre 2020

	Lun	Mar	Mer	Jeu	Ven	Sam	Dim
40				1	2	3	4
41	5	6	7	8	9	10	11
42	12	13	14	15	16	17	18
43	19	20	21	22	23	24	25
44	26	27	28	29	30	31	

Novembre 2020

	Lun	Mar	Mer	Jeu	Ven	Sam	Dim
44							1
45	2	3	4	5	6	7	8
46	9	10	11	12	13	14	15
47	16	17	18	19	20	21	22
48	23	24	25	26	27	28	29
49	30						

Décembre 2020

	Lun	Mar	Mer	Jeu	Ven	Sam	Dim
49		1	2	3	4	5	6
50	7	8	9	10	11	12	13
51	14	15	16	17	18	19	20
52	21	22	23	24	25	26	27
1	28	29	30	31			

numéro de la semaine

A. Réponds aux questions.

- Combien y a-t-il de jours dans une semaine complète ? ....
- Combien y a-t-il de semaines dans une année ? ....
- Combien y a-t-il de mois dans une année ? ....
- **Colorie** en bleu les mois qui ont 31 jours et en rouge ceux qui ont 30 jours.

B.

anniversaire de Lucie le 23/06

anniversaire de Mathis le 18/08

- Quel est le mois d'anniversaire de Lucie ? .... de Mathis ? ....
- Quel est le numéro de la semaine d'anniversaire de Lucie ? .... de Mathis ? ....
- **Écris** ta date de naissance (jour, mois, année). ....

Appliquer

1. Utilise le calendrier ci-dessus pour répondre aux questions.

- Dans quels mois y aura-t-il un vendredi 13 ? ....
- Quel mois commence par un lundi 1er ? ....
- L'anniversaire de Raphaël est le jeudi de la 38e semaine.

  Quel est le jour et le mois de son anniversaire ? ....

2. Écris les dates suivantes avec le mois en lettres.

- 01/01/2020 : ....
- 13/05/2020 : ....

3. Barre les dates impossibles.

- 32/04/2020
- 05/13/2020
- 29/02/2020
- 31/09/2020

Calcul mental : Trouver le complément à 100 d'un nombre à 2 chiffres.

S'entraîner

Parcours A

A1 Quel jour de la semaine sera chacun de ces jours fériés en 2020 ?

- 1er janvier : ……
- 1er mai : ……
- 25 décembre : ……

A2 **Écris** la date en lettres ou en chiffres.

- 25/02/2020 : ……
- 4 avril 2013 : ……
- 16/08/2008 : ……
- 12 juillet 2022 : ……

A3 **Écris** en abrégé les dates suivantes.
Exemple : le jeudi de la 37e semaine : 10/09/2020

- le mardi de la 4e semaine : ……
- le jeudi de la 12e semaine : ……
- le lundi de la 47e semaine : ……

A4 Combien y a-t-il de jours :

- du 13 février au 23 février compris ?

……

- du 7 décembre au 20 décembre compris ?

……

Parcours B

B1 En 2020, quel mois aura :

- un jeudi 1er ? ……
- un vendredi 8 ? ……
- un mercredi 17 ? ……
- un mercredi 28 ? ……

B2 **Barre** les dates impossibles.

- 30/02/2020
- 11/10/2020
- 14/00/2020
- 27/04/2020
- 31/11/2020
- 12/06/2020

B3 **Écris** en abrégé les dates de début et de fin des périodes suivantes.

- du jeudi au samedi de la 10e semaine :

……

- du mardi au vendredi de la 40e semaine :

……

B4 Combien y a-t-il de jours :

- du 28 mars au 3 avril compris ?

……

- du 26 novembre au 3 décembre compris ?

……

Résoudre des problèmes

A5 Ces deux mois se suivent dans le calendrier.
À eux deux, ils ont 62 jours.
Quels sont ces deux mois ?

……

A6 Alexis est parti 9 jours en vacances chez sa grand-mère puis, immédiatement après, 5 jours chez son oncle.
Combien de semaines est-il parti en vacances ?

……

……

……

B5 Au cours des 3 derniers mois de l'année, le magasin de jouets a été ouvert 78 jours.
Combien de jours a-t-il été fermé durant cette période ?

- ……
- ……

……

B6 Le 1er janvier, Sophia devra encore attendre 48 jours son anniversaire.
Quelle est la date de son anniversaire ?

……

……

Les polygones

Compétences : Décrire les polygones. Connaître et utiliser le vocabulaire approprié pour décrire les figures planes usuelles.

Découvrir

Adrien et Élisa jouent au jeu du portrait géométrique. Voici les figures qu'ils doivent décrire.

A. Adrien commence. Voici ce qu'il dit :
« La figure que j'ai choisie est un polygone.
Il a 4 côtés, dont deux de 3 cm.
Il n'a que 2 angles droits. »
Quelle est la figure choisie par Adrien ?

....

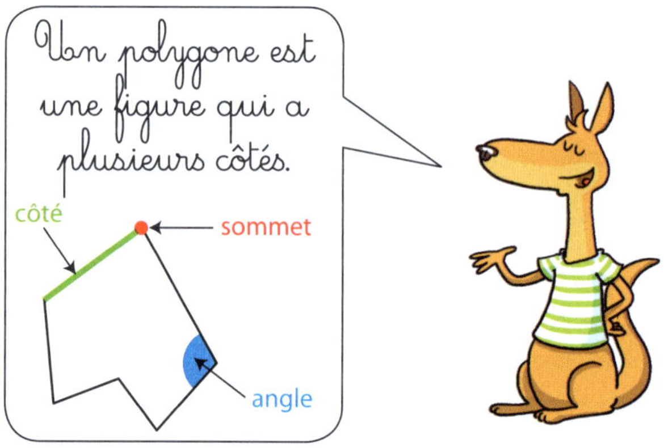

B. Lorsqu'ils ont terminé de décrire les 4 polygones, ils doivent compléter un tableau.
Aide-les à le compléter.

	Polygone bleu	Polygone rouge	Polygone jaune	Polygone vert
Nombre de sommets	....	....	....	....
Nombre de côtés	....	....	....	....
Nombre d'angles droits	....	....	....	....

Appliquer

Décris les polygones suivants.

Nombre de sommets : ....
Nombre de côtés : ....
Nombre d'angles droits : ....

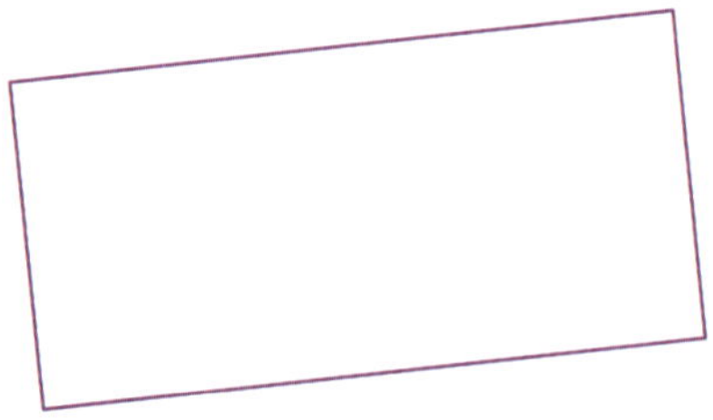

Nombre de sommets : ....
Nombre de côtés : ....
Nombre d'angles droits : ....

Calcul mental : Ajouter des dizaines entières à un nombre à 3 chiffres.

S'entraîner

Parcours A

A1 **Observe** les figures, puis **complète** le tableau.

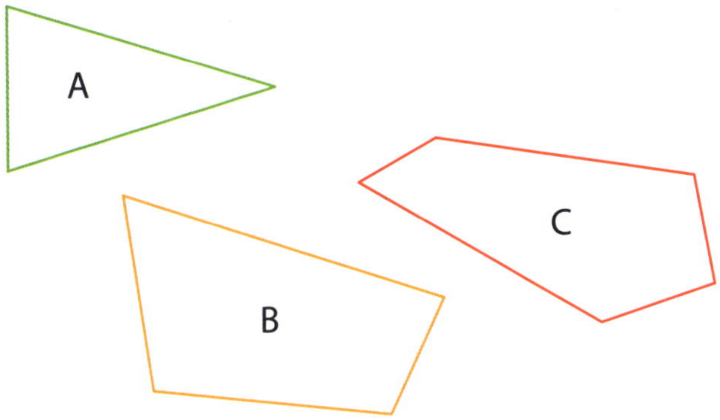

	Figure A	Figure B	Figure C
Nombre de sommets	....	....	....
Nombre de côtés	....	....	....
Nombre d'angles	....	....	....

A2 **Indique** le nombre d'angles droits pour chaque polygone.

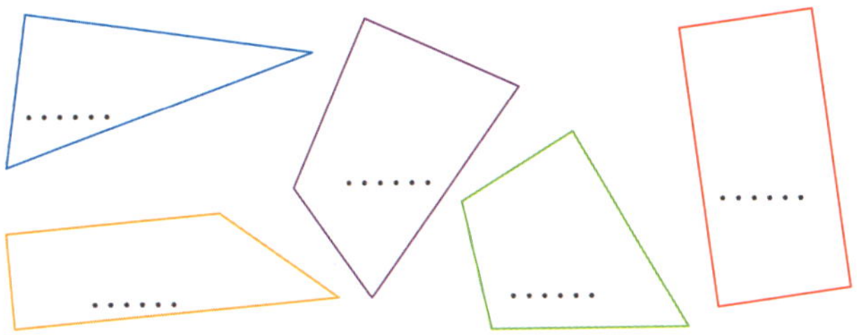

A3 **Décris** les polygones suivants.

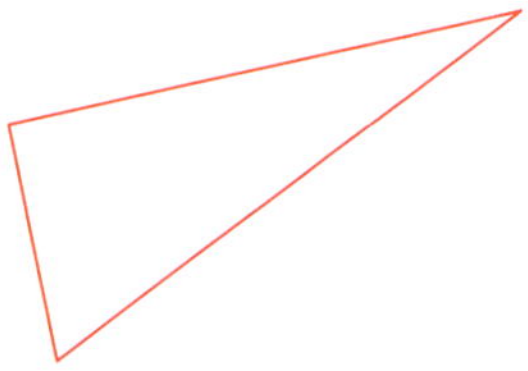

• Nombre de côtés : .....

• Nombre de sommets : .....

• Nombre d'angles droits : .....

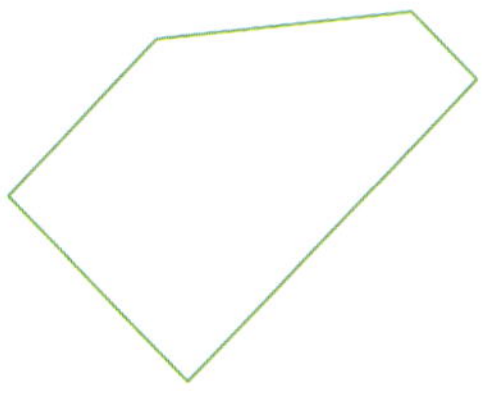

....

....

....

....

Parcours B

B1 **Observe** les figures, puis **complète** le tableau.

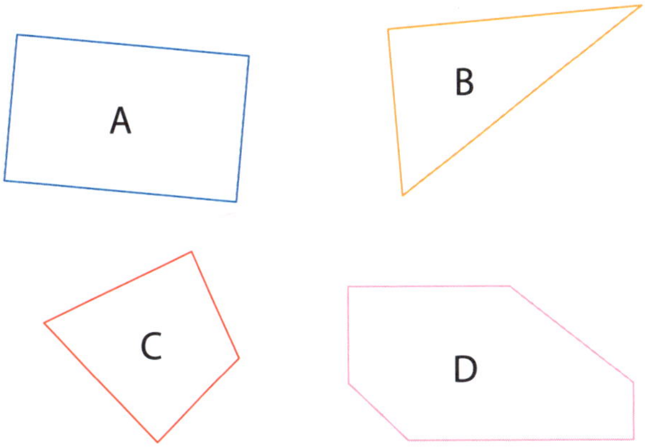

	Figure A	Figure B	Figure C	Figure D
Nombre de sommets	....	....	....	....
Nombre de côtés	....	....	....	....
Nombre d'angles	....	....	....	....
Nombre d'angles droits	....	....	....	....

B2 **Colorie** en bleu les polygones qui ont au moins un angle droit et deux côtés de 3 cm.

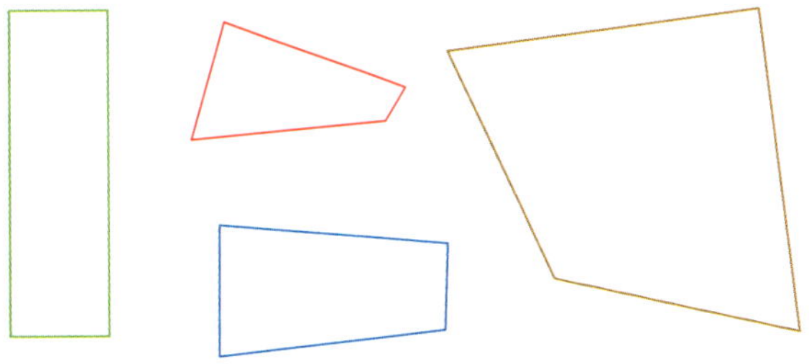

B3 **Décris** les polygones suivants.

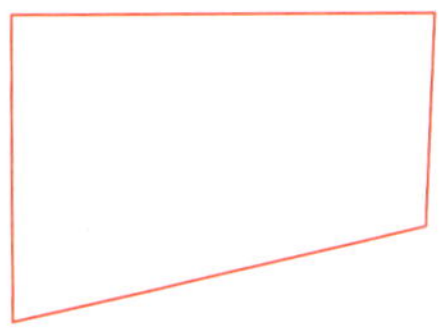

....

....

....

....

....

....

....

....

NOMBRES ET CALCULS

25 Stratégies de calcul : complément à la centaine supérieure

....

Compétences : Utiliser une stratégie de calcul pour trouver le complément à la centaine supérieure en s'appuyant sur le complément à la dizaine supérieure et sur la droite graduée.

Découvrir

Le club cycliste a organisé 2 courses : l'une de 100 km pour les femmes, l'autre de 200 km pour les hommes.

A. À 10 h, Johanna est en tête de la course féminine et a parcouru 63 km. Combien de km lui reste-t-il à parcourir ?
Complète le schéma et les égalités.

63 70 100

....

63 + ... = 70

70 + ... = 100

donc 63 + ... + ... = 100

63 + ... = 100

B. Pour la course masculine, c'est Teddy qui est en tête. À 15 h, il a déjà parcouru 158 km. Combien de km lui reste-t-il à parcourir ?
Complète le schéma et les égalités.

158 160 200

....

158 + ... = ...

160 + ... = ...

donc 158 + ... + ... = ...

158 + ... = 200

Appliquer

1. Calcule le complément à 100.

Pour aller de 72 à 100

72 + ... = 80

80 + ... = 100

donc 72 + ... + ... = 100

72 + ... = 100

Pour aller de 45 à 100

45 + ... = 50

50 + ... = 100

donc 45 + ... + ... = 100

45 + ... = 100

Pour aller de 83 à 100

83 + ... + ... = 100

83 + ... = 100

2. Calcule le complément à la centaine supérieure.

186 190 200

....

190 + ... = 200

donc 186 + ... + ... = 200

186 + ... = 200

Pour aller de 342 à 400

342 + ... = 350

350 + ... = 400

donc 342 + ... + ... = 400

342 + ... = 400

Pour aller de 251 à 300

251 + ... + ... = 300

251 + ... = 300

Calcul mental : Soustraire des dizaines entières à un nombre à 3 chiffres.

S'entraîner

Parcours A

A1 **Calcule** le complément à 100.

....

87 + ... = 90

90 + ... = 100

donc 87 + ... + ... = 100

87 + ... = 100

- **Pour aller de 56 à 100**

56 + ... = 60

..... + ... = 100

donc 56 + ... + ... = 100

56 + ... = 100

A2 **Calcule** le complément à la centaine supérieure.

....

168 + ... = 170

..... + ... = 200

donc 168 + ... + ... = 200

168 + ... = 200

- **Pour aller de 275 à 300**

275 + ... = ...

..... + ... = 300

donc 275 + ... + ... = 300

275 + ... = 300

Parcours B

B1 **Calcule** le complément à 100.

- **Pour aller de 26 à 100**

26 + ... = 30

30 + ... = 100

donc 26 + ... + ... = 100

26 + ... = 100

- **Pour aller de 34 à 100**

34 + ... = ...

..... + ... = 100

donc 34 + ... + ... = 100

34 + ... = 100

- **Pour aller de 18 à 100**

18 + ... + ... = ...

18 + ... = ...

B2 **Calcule** le complément à la centaine supérieure.

- **Pour aller de 235 à 300**

235 + ... = ...

..... + ... = 300

donc 235 + ... + ... = 300

235 + ... = 300

- **Pour aller de 327 à 400**

327 + ... + ... = 400

327 + ... = 400

- **Pour aller de 417 à 500**

417 + ... + ... = 500

417 + ... = ...

Résoudre des problèmes

A3 La cliente a commandé 400 g de bifteck haché. Le boucher a haché un premier morceau de 385 g. Quelle masse de viande doit-il encore passer au hachoir ?

....

....

....

....

B3 Le magasin a reçu une livraison de 400 bouteilles d'eau minérale. 312 bouteilles ont été vendues dans la journée. Combien en reste-t-il à la fin de la journée ?

....

....

....

....

26 Méthodologie : les questions de problème

....

Compétences : Trouver la question correspondant à un énoncé de problème. Comprendre qu'une question est une question de problème lorsqu'elle nécessite un calcul.

Découvrir

Voici un énoncé de problème et trois questions.

ÉNONCÉ DU PROBLÈME

Le marchand de fruits et légumes ouvre son magasin le matin de 8 h à 12 h.

L'après-midi, il ouvre à 14 h et ferme 6 heures plus tard.

Ce matin, il a mis 248 salades en rayon et il en a vendu 197 dans la journée.

Une cliente a acheté 3 artichauts à 2 € pièce.

Le marchand a préparé une commande de fruits : 3 kg de bananes, 2 kg d'oranges et 1 kg de pommes.

QUESTIONS DU PROBLÈME

1. Combien la cliente a-t-elle dépensé pour l'achat des artichauts ?
2. À quelle heure le marchand de fruits et légumes ferme-t-il son magasin ?
3. Quelle est la masse totale de la commande de fruits ?

A. Quelle question de problème correspond :

- au paragraphe noir de l'énoncé ? question n° ....
- au paragraphe rouge ? question n° ....
- au paragraphe bleu ? question n° ....

B. Aucune question de problème ne correspond au paragraphe vert de l'énoncé.
Écris une question de problème sur ce paragraphe.

....

C. La question « Combien de salades a-t-il mis en rayon ? » est-elle une question de problème ?
Justifie ta réponse.

....

Appliquer

1. Écris une question de problème pour chaque énoncé.

- Il y a 38 élèves au CE2 dont 16 garçons.

  Question : ....

- Nora a acheté un roman d'aventures de 145 pages. Elle a déjà lu 68 pages.

  Question : ....

- Éliot mesure 116 cm et sa maman mesure 168 cm.

  Question : ....

2. Barre la question qui n'est pas une question de problème.
Énoncé : Lili a 34 images d'animaux sauvages et 43 d'animaux domestiques.
Raphaël lui donne 17 nouvelles images d'animaux domestiques.

- Combien Lili a-t-elle d'images d'animaux sauvages ?
- Combien Lili a-t-elle d'images en tout ?
- Combien Lili a-t-elle d'images d'animaux domestiques en tout ?

Calcul mental : Différencier « le chiffre des » et « le nombre de ».

Résoudre des problèmes

Parcours A

A1 **Entoure** la question de problème qui correspond à l'énoncé.

Énoncé : Il y a 192 places dans la salle de cinéma. À la séance de 16 h 00, 58 places restent vides.

- Combien de places y a-t-il dans la salle de cinéma ?
- Combien de places sont occupées lors de la séance de 16 h ?
- Combien de places sont vides lors de la séance de 16 h ?

A2 **Trouve** la question de problème qui correspond à l'énoncé et **résous** le problème.

Énoncé : Il y a 137 rubans dans le paquet. Chacun des 25 enfants du centre de loisirs a besoin d'un ruban pour fabriquer son bracelet.

Question :

A3 **Trouve** la question de problème qui correspond à l'énoncé et **résous** le problème.

Énoncé : Dans le verger, il y a 198 arbres fruitiers : 77 cerisiers et des pommiers.

Question :

Parcours B

B1 **Entoure** la question de problème qui correspond à l'énoncé et **résous** le problème.

Énoncé : Au début de la récréation, Yann a 78 billes. À la fin, il lui en reste 65.

- Combien de billes Yann a-t-il avant la récréation ?
- Combien de billes Yann a-t-il à la fin de la récréation ?
- Combien de billes Yann a-t-il perdues durant la récréation ?

B2 **Trouve** la question de problème qui correspond à l'énoncé et **résous** le problème.

Énoncé : Mona avait 76 autocollants. Son papa lui achète de nouvelles pochettes d'autocollants. Mona en a maintenant 124.

Question :

B3 **Trouve** la question de problème qui correspond à l'énoncé et **résous** le problème.

Énoncé : Le bus va de la mairie au marché avec 45 passagers. Au marché, 18 passagers descendent et 6 montent.

Question :

•

•

27 Ce qu'il faut retenir (3)

Les nombres jusqu'à 499

Leçon 21

Écrire les nombres

100 cent
200 deux cents
253 deux cent cinquante-trois
« Cent » ne prend un « s » que s'il s'agit de centaines entières.

Décomposer le nombre

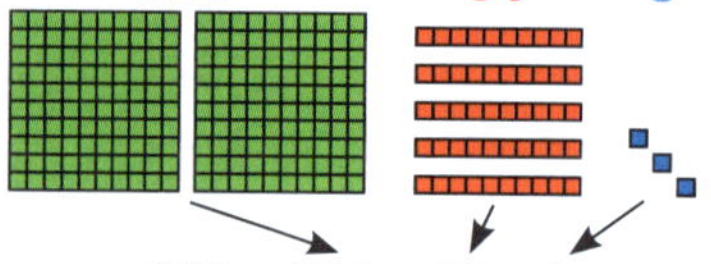

253 = 200 + 50 + 3

Chaque chiffre a sa position dans le nombre.

c	d	u
2	5	3

3 unités 2 centaines 5 dizaines

La soustraction avec retenue

Leçon 22

Méthode 1

Je n'ai pas assez d'unités : j'échange 1 dizaine contre 10 unités.

```
  4 7̸8 ₁4
−  2  5  8
──────────
   2  2  6
```

Je n'ai pas assez de dizaines : j'échange 1 centaine contre 10 dizaines.

```
 3̸4 ₁3  2
−  2  8  1
──────────
   1  5  1
```

Méthode 2

J'ajoute 10 unités aux deux nombres.

```
   4  8 ₁4   ← + 10 unités
−  2  5  8
      1      ← + 1 dizaine
──────────
   2  2  6
```

J'ajoute 10 dizaines aux deux nombres.

```
+ 10 dizaines →   4 ₁3  2
               −  2  8  1
+ 1 centaine  →   1
               ──────────
                  1  5  1
```

Le calendrier

Leçon 23

L'année	Les mois			La semaine
12 mois 52 semaines	**31 jours** janvier, mars, mai, juillet, août, octobre, décembre	**30 jours** avril, juin, septembre, novembre	**28 ou 29 jours** février	Une semaine dure 7 jours.

Les polygones

Leçon 24

Un polygone est une figure à plusieurs côtés.

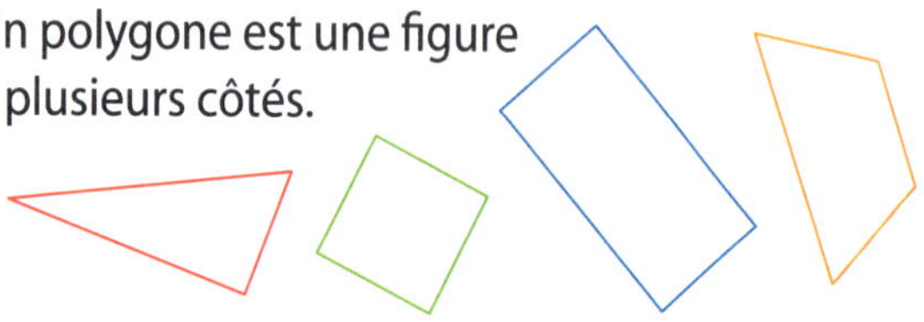

Pour reconnaître ou décrire un polygone,
il faut observer le nombre de côtés, de sommets et d'angles droits.

4 côtés égaux
4 sommets
4 angles droits

Stratégies de calcul : complément à la centaine supérieure

Leçon 25

Pour aller de 172 à 200, on ajoute d'abord 8 à 172 pour arriver à la dizaine supérieure 180.
Puis on ajoute 20 à 180 pour arriver à la centaine supérieure 200.

Donc 172 + 28 = 200.

Méthodologie : les questions de problème

Leçon 26

Une **question de problème**, c'est une question dont la réponse est obtenue par un calcul utilisant les données de l'énoncé.

Énoncé : J'ai acheté une poupée à 25 € et un robot à 43 €.

Quel est le prix de la poupée ? → Ce n'est pas une question de problème car la réponse est donnée dans l'énoncé (25 €).

Combien d'argent ai-je dépensé ? → C'est une question de problème car la réponse n'est pas donnée dans l'énoncé : il faut sélectionner les données utiles dans l'énoncé, puis faire un calcul pour répondre à la question.

28 Bilan (3)

1 **Écris** les nombres en chiffres ou en lettres.

- deux cent trente-cinq : ....
- quatre cent quarante-sept : ....
- 380 : ....
- 4 c 1 d 5 u : ....

2 **Complète** les égalités.

- 135 = ... + 30 + ...
- 369 = ... + ... + 9
- 267 = ... + ... + ...
- 400 + 50 + 6 = ...
- 200 + 3 = ...

3 **Entoure** :

- le chiffre des dizaines dans 3 8 2.
- le nombre de dizaines dans 4 7 3.
- le nombre de dizaines dans 2 9 6.

4 **Calcule** les soustractions.

$$\begin{array}{rrrr} & 4 & 9 & 4 \\ - & 2 & 7 & 6 \\ \hline & . & . & . \end{array} \qquad \begin{array}{rrrr} & 2 & 4 & 5 \\ - & 1 & 7 & 9 \\ \hline & . & . & . \end{array}$$

5 a) **Écris** les dates avec le mois en lettres.

- 06/01/2020 : ....
- 11/11/2020 : ....

b) **Écris** les dates en chiffres.

- 3 février 2007 : ....
- 6 juin 2009 : ....

6 Combien y a-t-il de jours :

- du 10 septembre au 30 septembre compris ?

....

- du 25 novembre au 6 décembre compris ?

....

7 **Décris** les polygones suivants.

Nombre de sommets : ....

Nombre de côtés : ....

Nombre d'angles droits : ....

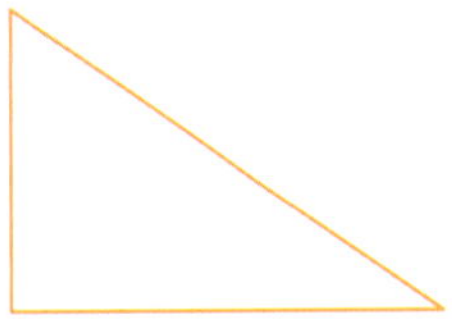

Nombre de sommets : ....

Nombre de côtés : ....

Nombre d'angles droits : ....

8 **Calcule** le complément à la centaine supérieure.

Pour aller de 346 à 400

346 + ... = ...

.... + ... = 400

donc 346 + ... + ... = ...

346 + ... = 400

NOMBRES ET CALCULS

29 Comparaison des nombres jusqu'à 499

Compétences : Comparer, ranger, encadrer et intercaler des nombres entiers ≤ 499 en utilisant les symboles < et >.

Découvrir

Quatre voyageurs habitant Tours partent en vacances dans différentes villes françaises.

Observe la carte de France et **lis** les indications données par chacun.

A. Dans quelles villes Lucie et José se rendent-ils ?

Lucie : .... km > .... km

Ville : ....

José : .... km > .... km

Ville : ....

B. Dans quelle ville Fred se rend-il ?

300 < .... < 400

Fred va à ....

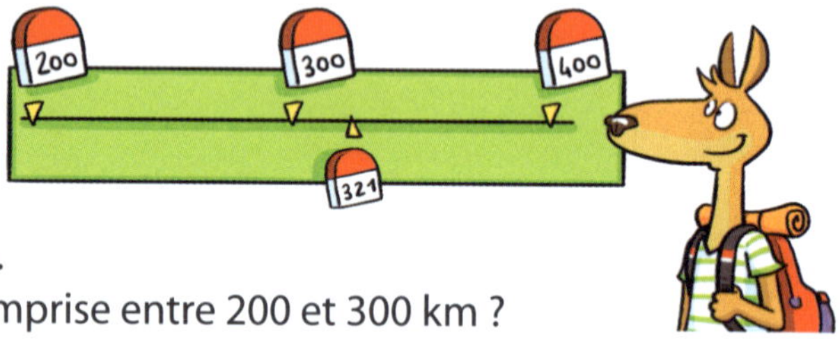

C. Pauline a un parcours compris entre 200 et 300 km.

- Quelles sont les villes dont la distance à Tours est comprise entre 200 et 300 km ?

....

- **Écris** ces distances dans l'ordre croissant. ....
- Dans quelle ville Pauline se rend-elle ? **Justifie** ta réponse.

....

Appliquer

1. Compare avec > ou <.

- 327 418
- 281 279
- 435 471
- 273 270

2. Complète.

- 100 < .... < 200
- .... < 348 < ....
- 200 < .... < 300
- .... < 192 < ....

3. Place les nombres suivants : 431 – 197 – 346.

- 180 < 191 < .... < 204 < 210
- 312 < 339 < .... < 347 < 354
- 128 < 241 < 398 < .... < 499

4. Range les nombres dans l'ordre croissant.

- 354 / 263 / 146 ...... < ...... < ......
- 387 / 157 / 458 / 275 ...... < ...... < ...... < ......
- 273 / 428 / 371 / 291 ...... < ...... < ...... < ......

Calcul mental : Trouver le complément à la centaine supérieure.

S'entraîner

Parcours A

A1 **Compare** avec > ou <.

- 198 211
- 418 373
- 280 + 2 281
- 326 297
- 356 329
- 291 ...... 280 + 15

A2 **Place** les nombres suivants : 359 – 257 – 464.

- 200 < .... < 300
- 300 < .... < 400
- 400 < .... < 500

A3 **Range** les nombres dans l'ordre croissant.

- 253 / 467 / 349 .... < .... < ....
- 225 / 198 / 373 .... < .... < ....
- 246 / 221 / 273 .... < .... < ....

Parcours B

B1 **Compare** avec > ou <.

- 290 + 8 291
- 345 ...... 310 + 45
- 460 + 34 491
- 402 + 30 431
- 180 + 52 326
- 360 + 34 393

B2 **Encadre** entre les deux centaines entières les plus proches.

- .... < 289 + 3 < ....
- .... < 327 + 40 < ....
- .... < 410 + 80 < ....

B3 **Range** les nombres dans l'ordre croissant.

- 287 / 409 / 428 / 398 ...... < ...... < ...... < ......
- 484 / 472 / 453 / 473 ...... < ...... < ...... < ......
- 347 / 299 / 318 / 309 ...... < ...... < ...... < ......

Résoudre des problèmes

A4 **Le nombre mystère**

Je suis compris entre 100 + 90 + 9
et 200 + 90 + 9.
J'ai le même chiffre des unités que 186
et le même chiffre des dizaines que 472.

Je suis le nombre ....

A5

Morgane veut s'acheter un appareil photo dont le prix est compris entre 300 € et 400 €.
3 modèles l'intéressent :
– le modèle A à 436 € ;
– le modèle B à 298 € ;
– le modèle C à 398 €.
Quel modèle va-t-elle acheter ?

....

....

....

B4 Au chamboule-tout, les enfants gagnent des points qu'ils peuvent échanger contre des cadeaux :
– entre 200 et 300 points : une raquette ;
– entre 300 et 400 points : un robot.
À 15 h, Lucas a 195 points ; à 16 h, il en a 87 de plus.
Lucas peut-il avoir le robot ? **Justifie** ta réponse.

....

....

....

....

B5

Aide Lilou à ranger les livres de la bibliothèque dans l'ordre croissant.

.... < .... < .... < .... < ....
< .... < .... < .... < ....

30 Le rectangle et le triangle rectangle

| ...... | ...... | ...... | ...... | ...... |

Compétences : Décrire un rectangle et un triangle rectangle. Les construire et les reproduire sur papier quadrillé ou uni en utilisant la règle et l'équerre.

Découvrir

A. Alexis a tracé deux rectangles.

• **Marque** les angles droits d'un carré rouge et **complète** le tableau.

	Nombre d'angles droits	Mesure des côtés	
		Longueur	Largeur
Rectangle ABCD	....	AB = 6 cm CD = ...	BC = 3 cm AD = ...
Rectangle EFGH	....	EH = ... FG = ...	EF = ... GH = ...

• **Complète** les phrases.

Un rectangle a .... sommets, ... angles et .... côtés.

Il a .... angles droits. Ses longueurs sont ....

et ses largeurs sont ....

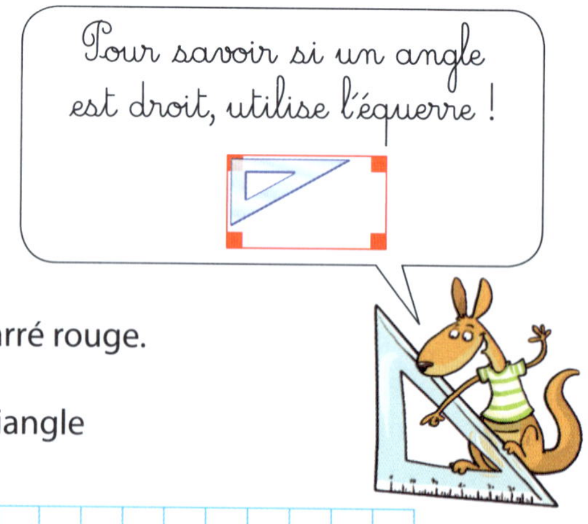

B. Farah coupe en 2 un rectangle.

• **Observe** le triangle rectangle ABD qu'elle obtient.

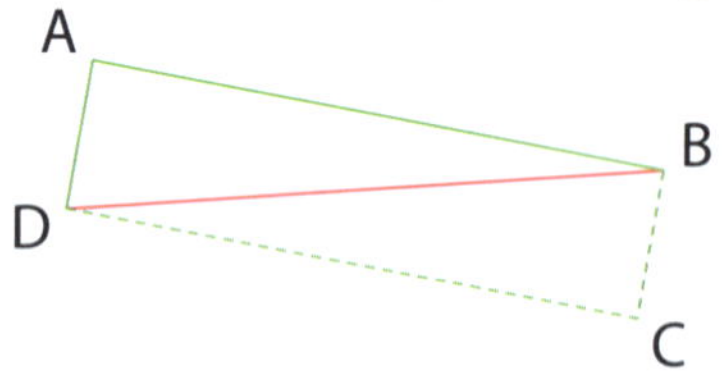

• **Marque** l'angle droit d'un carré rouge.

• **Complète** la phrase.

Le triangle rectangle est un triangle qui a .... angle droit.

C. **Reproduis** cette figure sur le quadrillage.

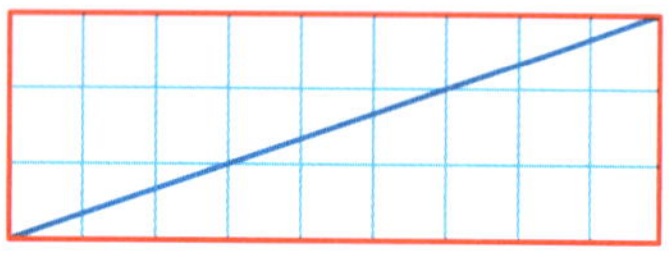

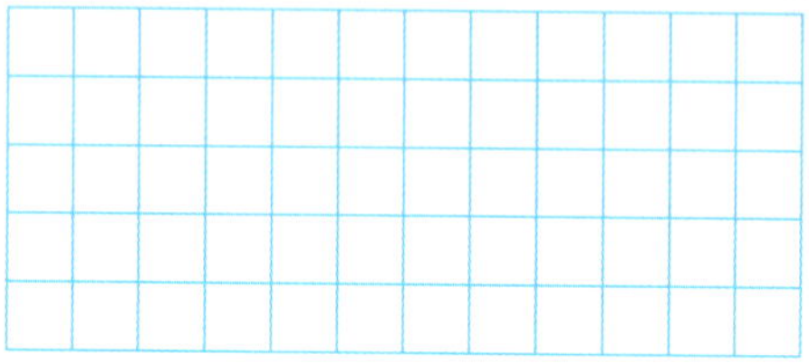

Appliquer

1. Quelle figure est un rectangle ? Pourquoi ?

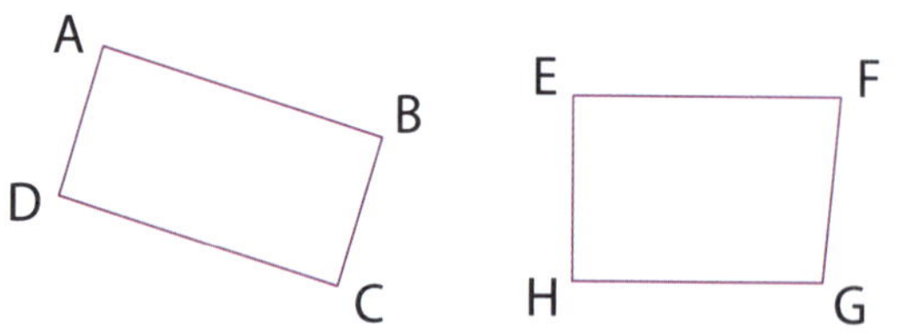

....

....

....

....

2. Quelle figure est un triangle rectangle ? Pourquoi ?

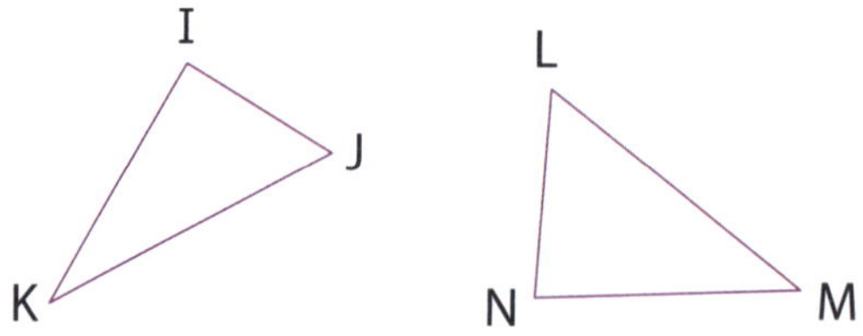

....

....

....

Calcul mental : Trouver le nombre pensé.

S'entraîner

Parcours A

A1 **Observe** la figure et **complète** le tableau.

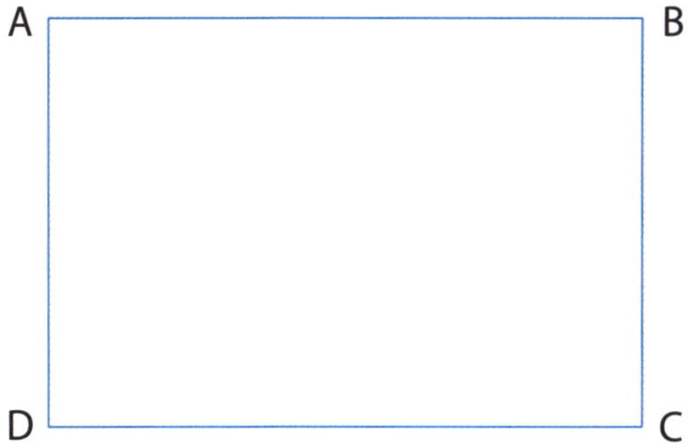

	Nombre d'angles droits	Mesure des côtés	
		Longueur	Largeur
Rectangle ABCD	....	AB = ... CD = ...	BC = ... AD = ...

A2 **Mesure** les côtés du triangle et **marque** l'angle droit avec un carré rouge.
Comment cette figure s'appelle-t-elle ?

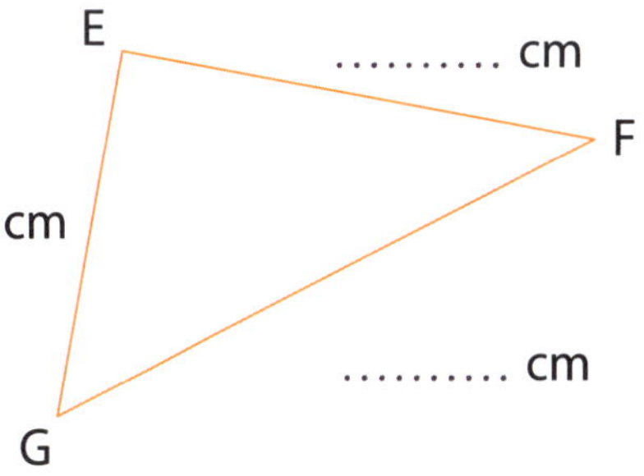

.... cm

.... cm

.... cm

....

A3 **Trace** un triangle rectangle dont les côtés de l'angle droit mesurent 6 cm et 5 cm.

Parcours B

B1 **Observe** la figure et **complète** le tableau.

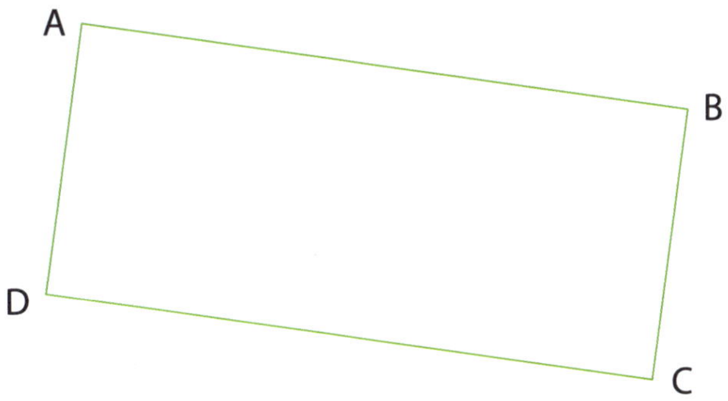

	Nombre d'angles droits	Mesure des côtés	
		Longueur	Largeur
Rectangle ABCD	....	AB = ... CD = ...	BC = ... AD = ...

B2 **Marque** les angles droits d'un carré rouge.
Colorie le quadrilatère qui est un rectangle et **mesure** ses côtés.

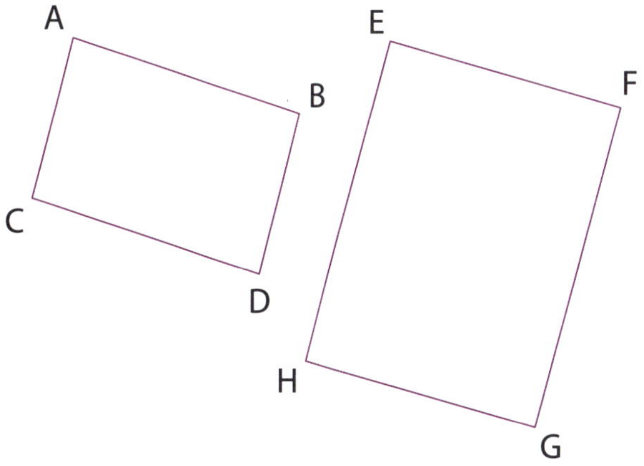

B3 **Trace** un triangle rectangle dont les côtés de l'angle droit mesurent 5 cm et 4 cm.

31

GRANDEURS ET MESURES

La monnaie

......	......	......	......	......

Compétences : Découvrir les principes d'utilisation de la monnaie (en euros et en centimes d'euro).
Utiliser le lexique lié aux pratiques économiques.

Découvrir

A. Deux clients ont acheté chacun une baguette à 1 €.

• **Écris** l'addition qui correspond à chaque paiement.

1er client : (50 c) (50 c)

...... + ... = ...

2nd client : (50 c) (20 c) (20 c) (10 c)

.... = ...

• **Complète** les égalités. 1 euro = ... centimes 1 € = ... c

B. Une cliente a acheté un gâteau avec de la monnaie. Quelle somme a-t-elle payée ?

Pièces	(20 c)	(10 c)	(5 c)
Nombre	5	6	8
Total	......	......	......

Complète le tableau et **donne** la réponse en euros.

....

C. Monsieur Duval achète 4 tartes au citron.
Il paie 8 € 60 c au total.
Il donne ce billet au boulanger : 

Combien de monnaie le boulanger doit-il rendre à Monsieur Duval ? **Complète.**

8 € 60 c → (+ ...... c) → 9 € → (+ ...... c) → 10 €

Somme rendue : .... c ; .... € et .... c.

Appliquer

1. Écris les sommes.

(50 c) (50 c) (20 c) (20 c)
(50 c) (50 c) (20 c) (20 c) (20 c) .... c = ... €

(50 c) (50 c) (20 c) (20 c)
(1 €) (50 c) (50 c) (10 c) .... € et c

2. Complète les égalités.

• 2 € = ... c • 700 c = ... €

• 5 € = ... c • 600 c = ... €

• 8 € = ... c • 3 € 40 = ... c

3. Écris la somme.

Pièces	(1 €)	(50 c)	(20 c)	(10 c)
Nombre	1	2	5	10
Total	......	......	......	......

.... c
= .... €

4. Complète pour faire les sommes demandées.

• 70 c + ... c = 1 €

• 180 c + ... c = 2 €

5. Quelle monnaie me rend-on si je paie :

• 4 € 25 c avec un billet de 5 € ? ....

• 7 € 70 c avec un billet de 10 € ? ....

Calcul mental : Soustraire un petit nombre à un nombre à 2 chiffres.

S'entraîner

Parcours A

A1 **Écris** les sommes en centimes, puis en euros.

.... c = ... €

.... c = ... €

A2 **Écris** la somme en centimes ou en euros.

- 3 € = ... c
- 7 € = ... c
- 400 c = ... €
- 800 c = ... €

A3 **Dessine** les sommes en utilisant le moins de pièces possible. Tu peux t'aider des pièces du matériel.

1 € 35 c | **2 € 70 c**

A4 **Complète** pour faire les sommes demandées.

- 80 c + ... c = 1 €
- 60 c + ... c = 1 €
- 140 c + ... c = 2 €
- 270 c + ... c = 3 €

Parcours B

B1 Quelle est la somme totale pour chaque ligne du tableau ? **Donne** la réponse en euros.

20 c	10 c	5 c	2 c	1 c	**Total**
3 c	3 c	1 c	2 c	1 c	.... €
5 c	8 c	2 c	4 c	2 c	.... €

B2 **Écris** la somme en euros et centimes.

- 385 c = ... € c
- 278 c = ... € c
- 430 c = ... € c
- 103 c = ... € c

B3 **Écris** le nombre de pièces nécessaires pour faire les sommes demandées.

	50 c	20 c	10 c	5 c	2 c	1 c
2 € 48 c	.....	.....	.....	.....	.....	.....
5 € 95 c	.....	.....	.....	.....	.....	.....

B4 **Complète** pour faire les sommes demandées.

- 75 c + ... c = 1 €
- 63 c + ... c = 1 €
- 215 c + ... c = 3 €
- 187 c + ... c = 2 €

Résoudre des problèmes

A5 Hugo achète une sucette à 50 c et 1 € de caramels. Il donne 2 €. Combien d'argent le marchand doit-il lui rendre ?

....

....

....

B5 Sur le marché, Adélaïde achète un concombre à 0 € 90 c et 2 € 50 c de carottes. Elle donne un billet de 5 €. Combien la vendeuse doit-elle lui rendre ?

....

....

....

32 Multiplication par un nombre de 2 à 9

Compétences : Calculer en utilisant des écritures multiplicatives en ligne. Revoir le sens et la propriété de commutativité de la multiplication. Mémoriser des faits numériques multiplicatifs.

Découvrir

A. Flora observe des figurines d'animaux préhistoriques dans un magasin de jouets.

Calcule le nombre total de figurines avec deux opérations différentes.

...... + ... + ... + ... + ... = ... × ...... = ...

B. Emma et Théo ont tous les deux les mêmes figurines.
Chacun calcule le total à sa manière. **Complète**.

- Emma dit : « Je fais 5 paquets de 3 animaux différents. »

...... + ... + ... + ... + ... = ...

...... × ...... = ...

- Théo dit : « Je fais 3 paquets de 5 animaux identiques. »

...... + ... + ... = ...

...... × ...... = ...

- **Complète** l'égalité. ...... × ...... = ... × ......

Appliquer

1. Calcule le nombre total de billes.

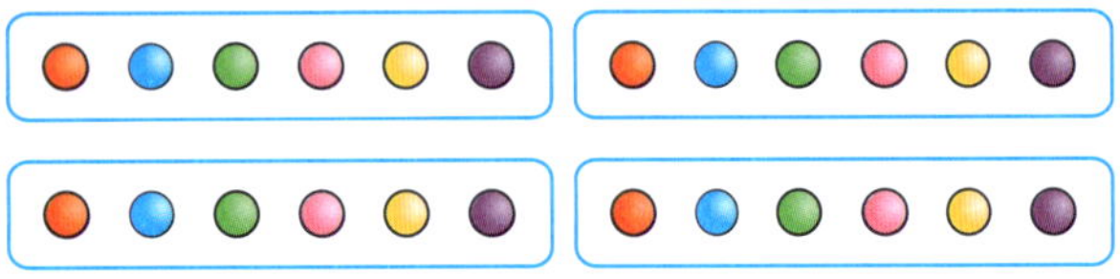

...... + ... + ... + ... = ...

...... × ...... = ...

2. Calcule le nombre total de carreaux.

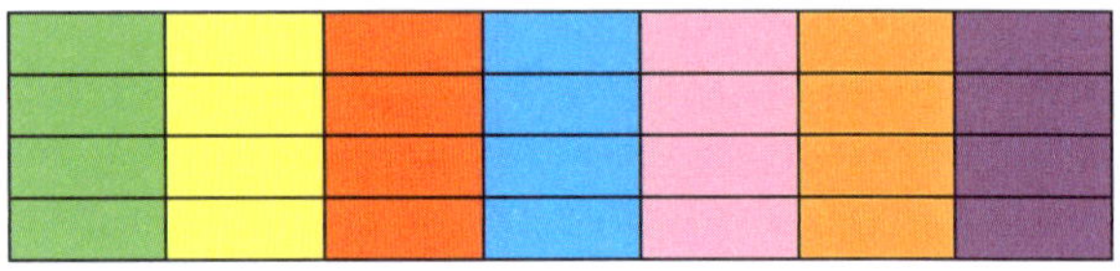

...... + ... + ... + ... + ... + ... +
...... = ... × ...... = ...

3. Complète.

- 8 × 4 = ... × 8 = ...
- 5 × 7 = ... × ...... = ...
- 3 × 9 = ... × ...... = ...
- 6 × 5 = ... × ...... = ...
- 3 × 8 = ... × ...... = ...
- 4 × 9 = ... × ...... = ...

4. Complète.

- 21 = ... × 3 = 3 × ......
- 18 = ... × 3 = 3 × ......
- 56 = 7 × ...... = 8 × ......
- 18 = ... × 9 = 9 × ......
- 45 = 9 × ...... = ... × 9
- 42 = ... × 7 = 7 × ......

Calcul mental : Calculer sur les nombres 1, 2, 5, 10, 20, 50 et 100 en lien avec la monnaie.

S'entraîner

Parcours A

A1 **Écris** une addition et/ou une multiplication pour calculer le nombre total de billes.

...... + ... + ... + ... + ... = ...

...... × ...... = ...

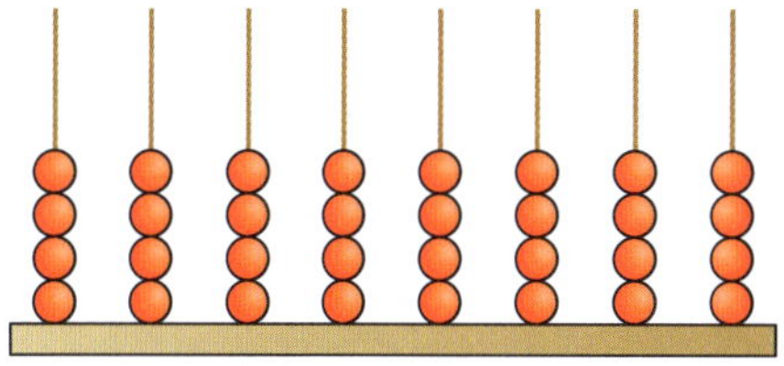

...... × ...... = ...

A2 **Écris** le résultat de chaque multiplication.

- 9 × 3 = ...
- 5 × 8 = ...
- 7 × 5 = ...
- 6 × 7 = ...

A3 **Complète**.

- 4 × 2 = ... × 4 = ...
- 6 × 5 = 5 × ...... = ...
- 24 = 4 × ...... = ... × ......

Parcours B

B1 **Écris** les deux multiplications possibles pour calculer le nombre total dans chaque cas.

...... × ...... = ... × ...... = ...

O	O	O	O	O	O	O	O
X	X	X	X	X	X	X	X
*	*	*	*	*	*	*	*
–	–	–	–	–	–	–	–
#	#	#	#	#	#	#	#

...... × ...... = ... × ...... = ...

B2 **Complète** les multiplications.

- 9 × ...... = 27
- 8 × ...... = 72
- 7 × ...... = 56
- 9 × ...... = 90

B3 **Complète**.

- 9 × 7 = 7 × ...... = ...
- 8 × 4 = ... × ...... = ...
- 54 = 9 × ...... = ... × ......

Résoudre des problèmes

A4 Le club de ping-pong organise un tournoi. 5 lots de 6 médailles sont prévus pour les récompenses. Combien de médailles sont prévues en tout ?

....

....

....

B4 Karim achète 8 paquets de figurines. Chaque paquet contient 4 figurines bleues et 5 figurines rouges. Quel est le nombre total de figurines achetées par Karim ?

....

....

....

B5 Joy a 6 pochettes de 8 timbres et 5 pochettes de 9 timbres. Combien de timbres a-t-elle en tout ?

....

....

....

33 Problèmes de la vie courante : la monnaie

Compétences : Résoudre des problèmes issus de situations de la vie quotidienne impliquant des prix. Connaître et utiliser le lexique lié aux pratiques économiques.

Découvrir

ÉNONCÉ

Astrid veut s'équiper d'un ordinateur et d'une sacoche.
Où ce matériel coûte-t-il le moins cher ?

Dans les énoncés suivants, **entoure** les mots et les expressions qui indiquent que ce sont des problèmes sur la monnaie.

A. Un site internet vend l'ordinateur et la sacoche pour un prix total de 310 €.
Il faut aussi prévoir 35 € de frais d'envoi.
Quel serait le coût total de cet achat par Internet ?

....

....

B. Dans un magasin spécialisé, l'ordinateur coûte 299 € et la sacoche 27 €.
Le magasin fait une réduction de 10 € pour l'achat de ce lot.
Quelle somme d'argent Astrid dépenserait-elle dans ce magasin ?

....

....

C. **Réponds** à la question du problème.

....

Appliquer

1. Les parents de Lorenzo décident d'acheter un lit à 186 € et une armoire à 295 €.

- Le magasin fait une promotion sur les lits : 50 € de réduction ! Quel est le nouveau prix du lit ?

....

....

- Quelle somme d'argent les parents de Lorenzo devront-ils alors payer pour le lit et l'armoire ?

....

....

2. Chez « Beau Meuble », le bureau est vendu 399 € et la chaise 89 €. Chez « Bureau + », le même bureau et la même chaise sont vendus ensemble à 499 €.
Quelle est la solution la moins chère ? **Justifie** ta réponse.

....

....

Calcul mental : S'entraîner sur la table de multiplication de 2.

S'entraîner

Parcours A

A1 **Calcule** le prix total pour l'achat des 2 objets.

....

A2 Pour chaque objet, **calcule** le prix à payer après la réduction.

Objet	Prix	Réduction	Prix à payer
n° 1	97 €	15 €	....
n° 2	135 €	42 €	....

A3 **Calcule** le prix à payer avec les frais d'envoi.

Objet	Prix	Frais d'envoi	Prix à payer
n° 1	81 €	18 €	....
n° 2	95 €	15 €	....

Parcours B

B1 **Calcule** le prix total pour l'achat des 2 objets.

Prix du 1er objet	Prix du 2nd objet	Total
269 €	184 €	....

B2 Pour chaque objet, **calcule** le prix à payer après la réduction.

Objet	Prix	Réduction	Prix à payer
n° 1	387 €	139 €	....
n° 2	482 €	191 €	....

B3 **Calcule** le prix à payer avec les frais d'envoi.

Objet	Prix	Frais d'envoi	Prix à payer
n° 1	356 €	92 €	....
n° 2	298 €	45 €	....

Résoudre des problèmes

A4 J'ai commandé un train électrique à 45 € sur un site internet. Je dois payer 7 € en plus de frais d'envoi.
Combien dois-je payer en tout ?

....

....

....

A5 Catherine avait 125 € dans son porte-monnaie.
Elle a dépensé 36 € à la boucherie et 47 € à l'épicerie.

- Combien d'argent a-t-elle dépensé ?
- Combien lui reste-t-il après ses achats ?

• ....

• ....

....

....

B4 Julie et Max achètent un four à 287 € avec une réduction de 40 €, et un sèche-linge à 199 € avec une réduction de 30 €.
Combien vont-ils dépenser au total ?

• ....

• ....

• ....

....

B5 Tiphaine profite des soldes pour acheter un téléphone portable à 239 € et une coque à 25 €. Le magasin fait des réductions.
Combien Tiphaine va-t-elle payer ?

SOLDES

Total de l'achat	Réduction
100 à 199 €	10 €
200 à 299 €	20 €
300 à 399 €	30 €
400 à 499 €	40 €

• ....

• ....

....

34 Méthodologie : les informations d'un énoncé de problème

Compétence : Sélectionner les informations utiles pour répondre à la question d'un problème.

Découvrir

ÉNONCÉ

OBERBRÜCK

- **Pays :** France
- **Région :** Grand Est
- **Département :** Haut-Rhin
- **Code postal :** 68290
- **Population en 2014 :** 446 habitants

- Le village d'Oberbrück se trouve à 36 km de Mulhouse.
- Il est traversé par un torrent, le Rimbach, sur une distance de 1 km et 500 m.
- En 1900, le village comptait cinq cent trente habitants.
- La station météorologique la plus proche indique qu'il y a en moyenne 1 863 heures d'ensoleillement et 720 mm de pluie par an.

De combien d'habitants la population de ce village a-t-elle diminué de 1900 à 2014 ?

A. Sur quoi porte la question du problème ? **Colorie** la bonne étiquette.

| la météo | les distances | le nombre d'habitants |

B. Entoure dans l'énoncé les informations dont tu as besoin pour répondre à la question du problème.

C. Quelle opération dois-tu faire ? ....

D. Réponds à la question du problème. ....

....

Appliquer

ÉNONCÉ

L'école possède 24 cerceaux, 10 rubans et 15 quilles.
La directrice décide d'acheter cinq ballons supplémentaires.
Quel est le coût pour l'achat de ces ballons ?

6 € | 5 € | 7 € | quatorze euros

- **Réécris** l'énoncé sous forme de texte avec uniquement les informations utiles.

....

....

- **Résous** le problème.

 ....

....

Calcul mental : S'entraîner sur la table de multiplication de 3.

Résoudre des problèmes

Parcours A

A1 **Entoure** les informations utiles dans l'énoncé, puis **résous** le problème.

Lors d'une étape du Tour de France,
les cyclistes doivent parcourir 217 km.
Ils partent à 10 h 30.
À 16 h 30, ils ont déjà parcouru 188 km
sous une chaleur accablante de 30 degrés.
Quelle distance leur reste-t-il à parcourir ?

....

....

....

A2 **Entoure** les informations utiles dans l'énoncé, puis **résous** le problème.

Le pâtissier prépare plusieurs fournées
de gâteaux.
Il réalise 100 chouquettes, quarante-huit
éclairs au café, 10 tartes aux pommes
et 62 éclairs au chocolat.
Tous les éclairs sont vendus au restaurant
« Chez Norbert » pour le dessert prévu
au menu.
Combien d'éclairs sont vendus ?

....

....

....

Parcours B

B1 **Résous** le problème.

Les soixante-dix poules de Gaëlle sont élevées
en plein air. Elles pondent un œuf
tous les deux jours.
Chaque poule mange environ 150 g
de graines, de vers, d'insectes ou de limaces
par jour.
Aujourd'hui, seules 37 poules n'ont pas pondu.
Combien d'œufs a-t-elle récoltés aujourd'hui ?

....

....

....

B2 **Résous** le problème.

La bibliothèque ouvre tous les jours
de 9 h à 18 h.
On y trouve 495 albums, 398 bandes dessinées,
329 romans et 427 livres documentaires.
Le bibliothécaire dispose d'une somme d'argent.
Il achète donc 54 albums, 127 romans, 48 livres
documentaires et 38 bandes dessinées.
Léo est ravi, il adore les romans.
Combien de romans Léo va-t-il pouvoir
emprunter au total ?

....

....

....

Les mots de la géométrie

....

Compétences : Connaître et utiliser avec précision les mots de la géométrie.

Découvrir

Juliette veut construire un robot. Elle commence par faire un schéma, et souhaite indiquer dessus toutes les informations qui lui seront utiles. **Aide**-la.

A. Complète avec les mots suivants : droite – segment – point – sommet – milieu – côté – angle droit.

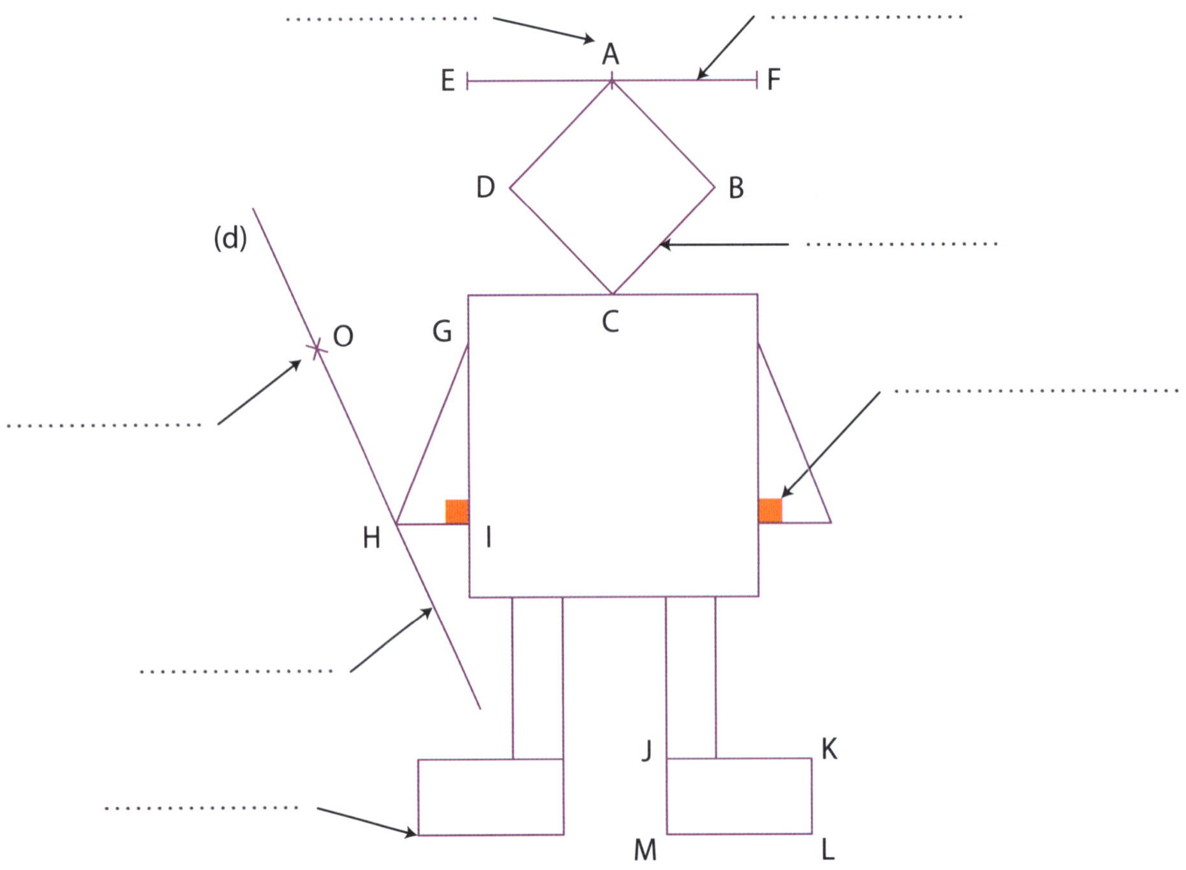

B. Pour construire la tête, les bras et les pieds du robot, elle a besoin de connaître le nom des figures géométriques utilisées.

Complète les phrases avec le nom du polygone.

La figure GHI est un ....

La figure ABCD est un ....

La figure JKLM est un ....

C. Elle hésite encore sur certains mots de la géométrie.

Aide-la. **Relie** la définition au mot qui convient.

On le représente par une croix. •	• une droite
C'est un ensemble infini de points alignés. •	• un point
C'est une partie d'une droite limitée par deux points. •	• un milieu
Il est exactement à la moitié du segment. •	• un segment

Calcul mental : Résoudre des problèmes simples sur la monnaie.

PROBLÈMES

36 Problèmes pour apprendre à chercher (2)

......	......	......	......	......

Compétence : S'engager dans une démarche de résolution de problèmes en émettant des hypothèses, en les testant, en essayant plusieurs pistes, en exposant sa démarche de recherche.

1 Les petites figures dans les grandes

Combien de triangles rectangles y a-t-il dans ce carré ?

....

2 Le casse-tête !

6 enfants veulent se retrouver un jour du mois de juillet pour aller à la piscine.
Il faut qu'ils trouvent une date où ils seront tous là.
Mathéo n'est pas là du 1er au 8 juillet inclus.
Asma sera en vacances à la mer du 18 au 25 juillet inclus.
Tim part en Norvège du 5 au 13 juillet inclus.
Amy va chez ses grands-parents du 16 au 21 juillet inclus.
Érika part au début du mois, du 4 au 12 juillet inclus.
Enfin, Lucile part du 27 au 31 juillet inclus.
À quelle(s) date(s) vont-ils pouvoir se retrouver pour aller à la piscine ?
Écris toutes les dates possibles en abrégé.

....

Fais tes essais.

3 Le nombre mystère

Claire fait deviner à Joshua un nombre à 3 chiffres auquel elle pense. Joshua propose des nombres et Claire lui donne des indices.

486	2 chiffres faux et 1 chiffre vrai bien placé
248	3 chiffres faux
173	2 chiffres faux et 1 chiffre vrai mal placé
342	2 chiffres faux et 1 chiffre vrai bien placé
219	2 chiffres faux et 1 chiffre vrai mal placé

Joshua s'écrie : « J'ai trouvé ! »

Quel est le nombre mystère ? ....

Fais tes essais.

Calcul mental : S'entraîner sur la table de multiplication de 4.

37 Ce qu'il faut retenir (4)

Comparaison des nombres jusqu'à 499

Leçon 29

Pour comparer deux nombres à 3 chiffres

- Le plus grand est celui qui a le plus de centaines : 4 6 2 > 3 9 1
- Si les deux nombres ont autant de centaines, le plus grand est celui qui a le plus de dizaines : 4 2 3 < 4 8 1
- S'ils ont autant de centaines et autant de dizaines, le plus grand est celui qui a le plus d'unités : 3 7 2 > 3 7 1

Le rectangle et le triangle rectangle

Leçon 30

Le rectangle est un quadrilatère qui a 4 angles droits.
Ses côtés opposés ont la même mesure.

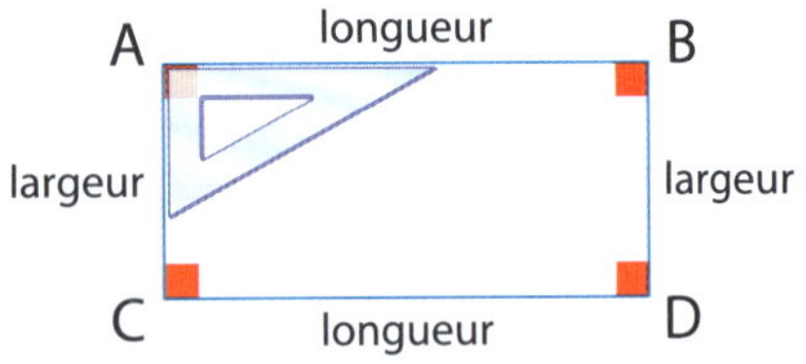

- Les longueurs sont égales : AB = CD.
- Les largeurs sont égales : AC = BD.

Le rectangle a 4 sommets et 4 côtés.

Le triangle rectangle est un triangle qui a un angle droit.

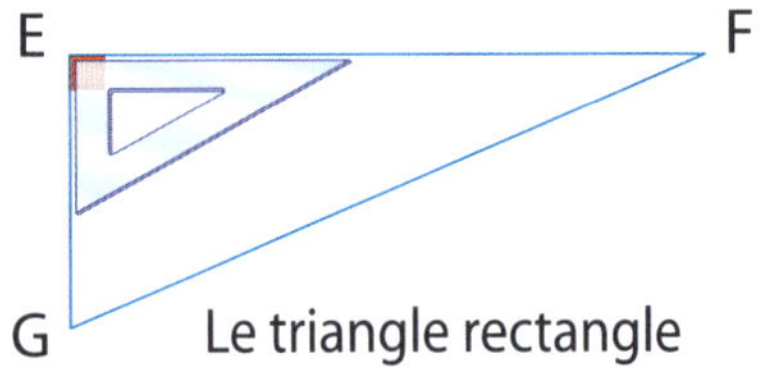

Le triangle rectangle a 3 sommets, 3 angles et 3 côtés.

La monnaie

Leçon 31

Les euros et les centimes

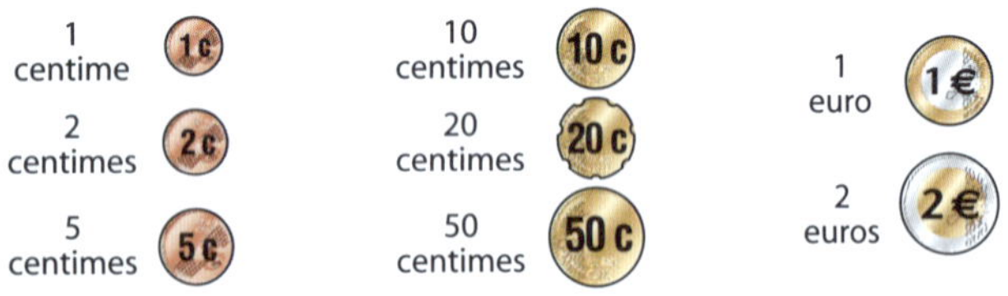

1 euro = 100 centimes

Pour rendre la monnaie sans faire de soustraction

Exemple : rendre la monnaie de 2 € 60 c sur 5 €

Multiplication par un nombre de 2 à 9

Leçon 32

La multiplication remplace l'addition d'un même nombre répété plusieurs fois.

9 + 9 + 9 + 9 + 9 = 9 × 5 (9 cinq fois)

Pour écrire la multiplication

nombre d'objets × nombre de fois = nombre total

Inverser les deux nombres donne le même résultat.

9 × 5 = 5 × 9 = 45

Problèmes de la vie courante : la monnaie

Leçon 33

Le vocabulaire des problèmes sur la monnaie

euros – centimes – prix – somme – achat – réduction – frais d'envoi – dépenses – soldes – promotions – dépenser – acheter

Problèmes sur la monnaie

- prix total = prix de l'objet A + prix de l'objet B
- prix payé = prix de l'objet + frais d'envoi
- prix payé = prix de l'objet – réduction

Méthodologie : les informations d'un énoncé de problème

Leçon 34

- La question d'un problème donne **le thème** et indique quelles **informations** il faut chercher dans l'énoncé pour résoudre le problème.
- Les informations utiles peuvent se trouver **dans le texte** ou **en dehors du texte** : dans un encadré, un schéma, un tableau… L'ensemble constitue **l'énoncé du problème**.

38 Bilan (4)

1 a) **Compare** avec <, > ou =.

- 380 208
- 370 ..... 300 + 70
- 480 ..... 400 + 80 + 1
- 278 300

b) **Range** les nombres dans l'ordre croissant.

432 / 284 / 398 / 291

.... < .... < .... < ....

2 **Encadre** entre les deux centaines entières les plus proches.

- .... < 412 < ....
- .... < 169 < ....
- .... < 326 < ....
- .... < 283 < ....

3 **Complète** le tableau.

	Nombre d'angles droits	**Mesure des côtés**	
		Longueur	**Largeur**
Rectangle ABCD	....	AB = ... cm DC = ... cm	BC = ... cm AD = ... cm

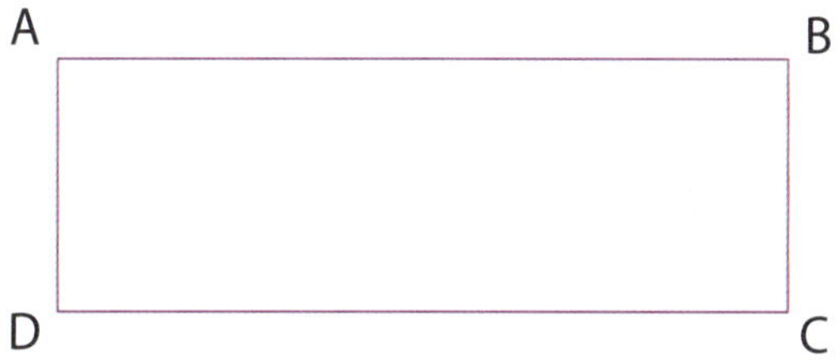

4 **Écris** la somme en centimes, en euros ou en € et c.

- 5 € = ... c
- 600 c = ... €
- 285 c = ... € et c
- 703 c = ... € et c

5 **Dessine** les sommes en utilisant le moins de pièces possible.

2 € 50

3 € 75

6 a) **Écris** le résultat de chaque multiplication.

- 5 × 2 = ...
- 6 × 3 = ...
- 7 × 4 = ...
- 9 × 5 = ...
- 8 × 5 = ...
- 7 × 3 = ...

b) **Complète**.

- 7 × 6 = 6 × .... = ...
- 3 × 8 = ... × .... = ...
- 4 × .... = 9 × .... = ...

7 **Résous** le problème. Jérôme a 78 €. Il achète un jeu de société à 21 € et un kit d'agent secret à 26 €. Le vendeur lui fait une réduction totale de 6 €.

Quelle somme d'argent dépense-t-il ?

....

....

....

Combien lui reste-t-il en sortant de la librairie ?

....

....

....

Les nombres jusqu'à 999

…… …… …… …… ……

Compétences : Dénombrer et décomposer des nombres entiers ≤ 999. Associer le nom des nombres à leur écriture chiffrée.

Découvrir

Le 14 Juillet, plusieurs villages organisent un lâcher de ballons. Chaque habitant lance un ballon.

A. Les villages de La Planche et de Roche-Plate ont commandé les ballons suivants.
Combien de ballons ont-ils achetés chacun ?
Complète les additions, et **réponds** à la question.

La Planche	Roche-Plate

…… + …… + ……	…… + …… + ……
= ……	= ……

....

....

B. Quel est le nombre de ballons achetés par les villages voisins ?
Écris les nombres en chiffres.

Prémont : .... ballons	**Le Vallon :** .... ballons	**Richeville :** .... ballons
neuf cent soixante-treize	3 dizaines – 9 unités – 6 centaines	7 u – 8 c – 1 d

Appliquer

1. Écris les nombres en chiffres.

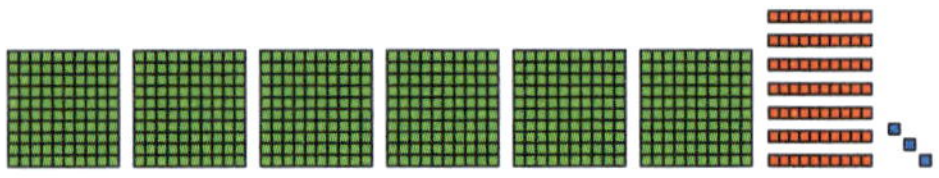 ....

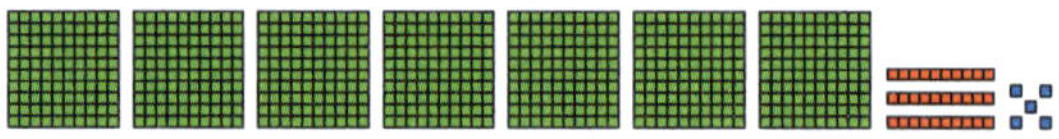 ....

2. Écris les nombres en chiffres.

- deux cent cinquante-quatre : ....
- huit cent soixante-quinze : ....

3. Écris les nombres en lettres.

- 938 : ....
- 578 : ....

4. Complète.

- 500 + 80 + 2 = ...
- 900 + 60 + 1 = ...

5. Écris les nombres en chiffres.
Tu peux utiliser un tableau de numération.

- 8 u 9 d 7 c : ....
- 6 c 4 u 5 d : ....

Calcul mental : S'entraîner sur la table de multiplication de 5.

S'entraîner

Parcours A

A1 **Écris** les nombres en chiffres.

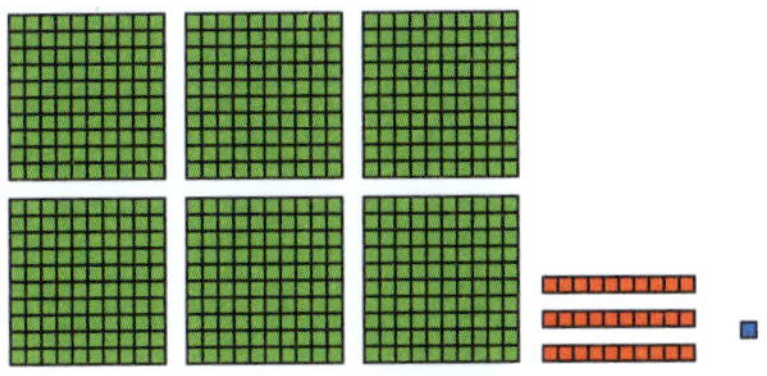

....

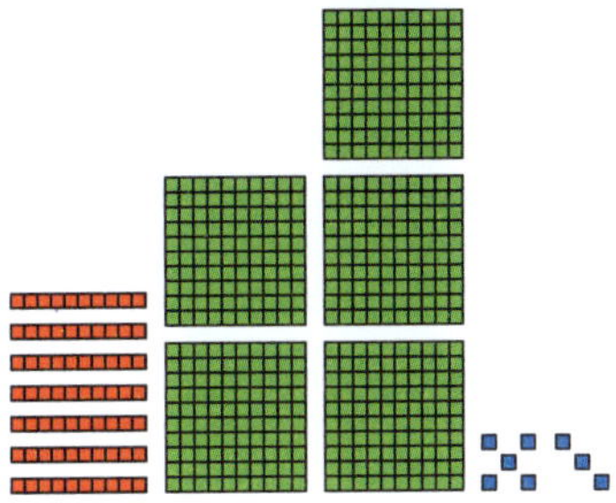

....

A2 **Écris** les nombres en chiffres ou en lettres.

- quatre cent vingt-sept : ....
- cinq cent quatre-vingt-six : ....
- sept cent soixante-quatre : ....
- 261 : ....

....

- 674 : ....

....

A3 **Complète.**

- 600 + 40 + 7 = ...
- 900 + 30 + 6 = ...

A4 **Écris** les nombres en chiffres.

- 4 c 8 d 7 u : ....
- 9 c 2 d 6 u : ....

Parcours B

B1 Quel est le total de points marqués sur chaque cible ?

......

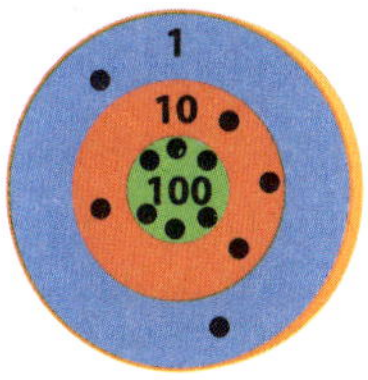

......

B2 **Écris** les nombres en chiffres ou en lettres.

- huit cent soixante-dix-huit : ....
- sept cent quatre-vingt-quinze : ....
- 980 : ....

....

- 779 : ....

....

B3 **Complète.**

- 800 + 70 + 6 = ...
- 60 + 500 + 3 = ...
- 9 + 700 + 60 = ...
- 10 + 7 + 600 = ...

B4 **Complète** les égalités.

- 928 = 900 + ... + ...
- 685 = ... + 80 + ...

B5 **Écris** les nombres en chiffres.

- 3 dizaines, 6 centaines et 5 unités : ....
- 8 unités, 4 dizaines et 9 centaines : ....

Résoudre des problèmes

A5 Samir et Éva font collection de timbres. Éva a 2 pochettes de 100 timbres, 4 pochettes de 10 timbres et 8 timbres seuls. Samir a 3 pochettes de 100 timbres de plus qu'Éva. Combien Samir a-t-il de timbres ?

....

....

....

B6 Au supermarché, Luc s'occupe du rayon « boissons ». Lundi, il a mis en rayon 2 palettes de 100 canettes, 4 palettes de 10 canettes et 6 canettes. Vendredi, il a mis en rayon 3 palettes de 100, 3 palettes de 10 et 2 canettes. Combien de canettes a-t-il rangées au total ?

....

....

....

Multiplication par un nombre à 1 chiffre

....

Compétences : Mettre en œuvre un algorithme de calcul posé pour la multiplication. Mémoriser des faits numériques et des procédures.

Découvrir

Noé a donné 2 paquets de 10 billes et 7 billes seules à chacun de ses amis.
Combien a-t-il donné de billes en tout ?

.... billes .... billes .... billes

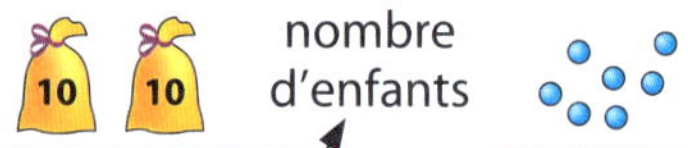

nombre d'enfants — nombre d'enfants

2 paquets × 3 + 7 billes × 3 = 6 paquets + 7 billes × 3

A. Clémentine calcule par étapes.

• Elle rassemble les billes bleues seules. Combien de nouveaux paquets de 10 billes peut-elle faire ?

Entoure les nouveaux paquets.	**Complète** les phrases.
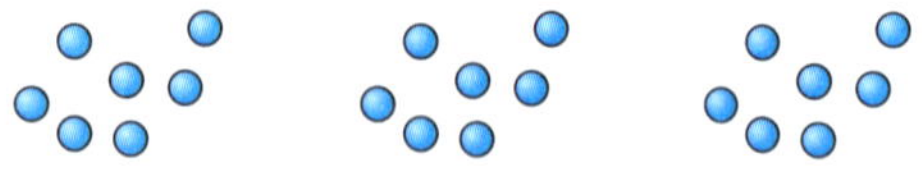	Elle peut faire .... nouveaux paquets. Il reste encore .... bille(s) seule(s).

• Quel est le nombre total de paquets de 10 billes (en comptant les nouveaux paquets) ?

Au total, il y a .... paquets de 10, soit .... dizaines.

• Combien de billes ont été données ? **Complète** le calcul de Clémentine.

.... dizaines + ... bille(s) seule(s) = ... + ... = ...

Noé a donné .... billes en tout.

B. Kévin pose une multiplication.

1.

10	●
2	7
×	3
.	.

retenue à garder en mémoire : .

$7 \times 3 = 21$
21, c'est 2 paquets de 10 et 1 unité.

2.

10	●
2	7
×	3
.	1

retenue à garder en mémoire : 2

Je pose 1 u et je retiens 2 dizaines.

3.

10	●
2	7
×	3
.	1

retenue à garder en mémoire : 2

2 d × 3 = 6 d

4.

10	●
2	7
×	3
8	1

retenue à garder en mémoire : 2

6 d +

Noé a donné ...... billes.

Appliquer

Calcule les multiplications.

d	u
2	8
×	6
. .	.

retenue à garder en mémoire : .

d	u
3	5
×	5
. .	.

retenue à garder en mémoire : .

4	2
×	8
. .	.

retenue à garder en mémoire : .

Calcul mental : Compter et décompter de 100 en 100.

S'entraîner

Parcours A

A1 **Complète** les multiplications.

	3	4
×		3
.	.	2

retenue à garder en mémoire [.]

	6	7
×		4
.	.	8

retenue à garder en mémoire [.]

A2 **Calcule** les multiplications.

	7	4
×		6
.	.	.

retenue à garder en mémoire [.]

	8	3
×		5
.	.	.

[.]

Parcours B

B1 **Calcule** les multiplications.

	5	6
×		5
.	.	.

[.]

	7	8
×		6
.	.	.

[.]

B2 **Pose** et **calcule** les multiplications.

68 × 8 = ...

39 × 7 = ...

Résoudre des problèmes

A3

Pour le spectacle des enfants, le centre de loisirs a acheté 3 paquets de 45 ballons de baudruche.
Combien de ballons le centre a-t-il achetés au total ?

....

.... × .

....

A4 La maman de Zélia achète 6 paquets de 24 bonbons à la fraise et 5 paquets de 36 bonbons à l'orange pour Halloween.
Combien de bonbons pourra-t-elle distribuer ?

• ....

• ....

• ....

....

....

B3

Chaque paquet de billes contient 24 billes bleues et 24 billes vertes. Quel est le nombre total de billes dans 8 paquets ?

• ....

• ....

....

....

B4

Le club de basket a acheté 9 ballons au prix de 39 € par ballon.
Le vendeur a fait une réduction de 3 € par ballon.
Combien le club de basket a-t-il dépensé ?

• ....

• ....

....

....

Le carré

......	......	......	......	......

Compétences : Reconnaître et décrire un carré à partir des côtés et des angles droits. Construire un carré sur papier quadrillé ou pointé.

Découvrir

Salima a tracé 4 figures géométriques, dont 2 carrés en rouge.

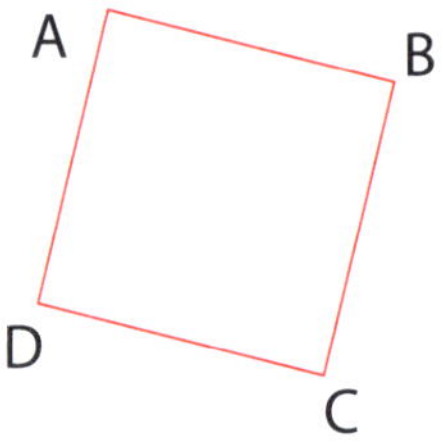

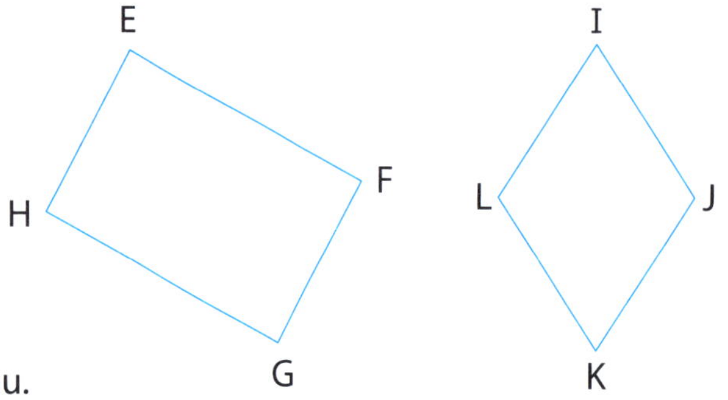

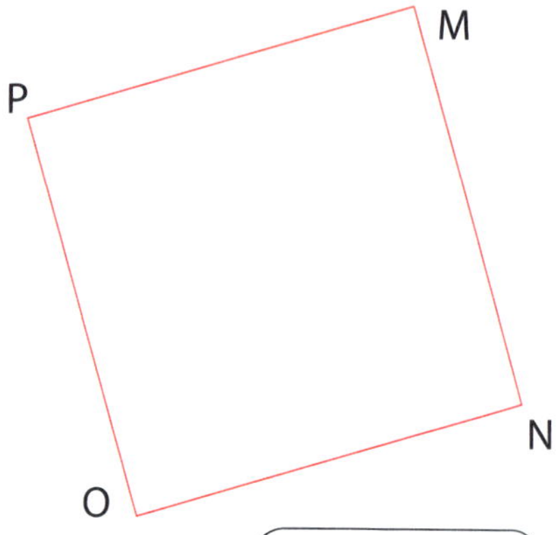

A. Complète le tableau.

	Nombre d'angles droits	Mesure des côtés			
Carré ABCD	....	AB = ...	BC = ...	CD = ...	DA = ...
Carré MNOP	....	MN = ...	NO = ...	OP = ...	PM = ...

B. Complète les phrases.

Les 4 côtés du carré ....

Les 4 angles du carré ....

C. Réponds aux questions.

- Pourquoi la figure EFGH n'est-elle pas un carré ?

....

- Pourquoi la figure IJKL n'est-elle pas un carré ?

....

Appliquer

1. Colorie les carrés en bleu.

2. Écris la « carte d'identité » de ce carré.

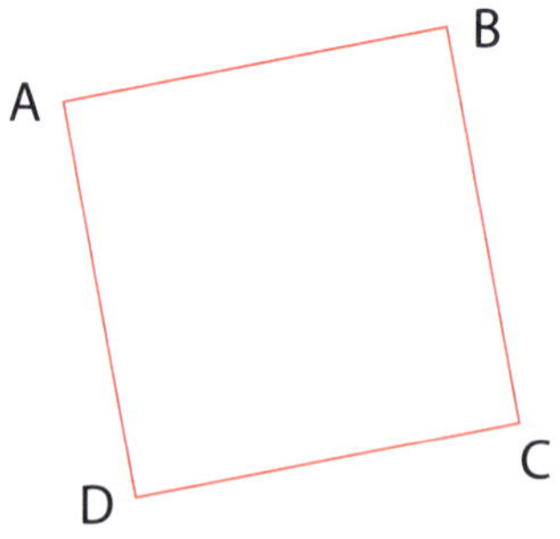

AB = ...

BC = ...

CD = ...

DA = ...

Le carré ABCD a 4 angles ....

et 4 côtés ....

Calcul mental : S'entraîner sur les tables de multiplication de 2 à 5.

S'entraîner

Parcours A

A1 **Mesure** les côtés, **marque** les angles droits et **nomme** la figure.

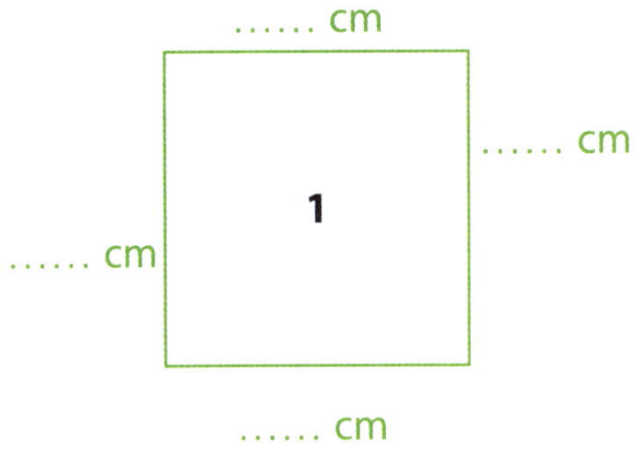

ABCD est un ....

A2 **Trace** un carré de 5 cm de côté.

A3 **Écris** la « carte d'identité » de ce carré.

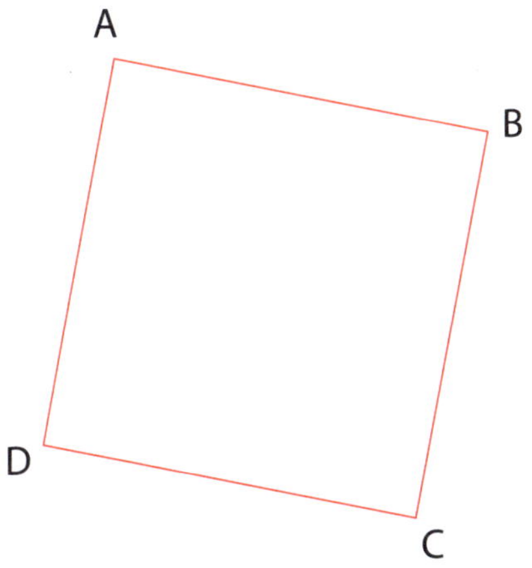

Les 4 côtés mesurent ....

Les 4 angles sont .... et

les 4 côtés sont ....

Parcours B

B1 **Trace** un carré de 5 cm et 5 mm de côté.

B2 **Écris** la « carte d'identité » des 3 types de carrés utilisés pour dessiner ce robot.

Carré bleu : ....

....

....

Carré jaune : ....

....

....

Carré vert : ....

....

....

42 PROBLÈMES

Les tableaux à double entrée

Compétences : Identifier et exploiter des données numériques consignées dans un tableau pour répondre à des questions.

Découvrir

Monsieur et Madame Morel veulent envoyer des colis à leur famille pour les fêtes de Noël.

A. Observe le tableau des tarifs d'expédition.

Masse du colis	Tarifs France	Tarifs outre-mer
De 0 à 500 g	5 €	8 €
De plus de 500 g à 1kg	7 €	12 €
De plus de 1 kg à 2 kg	8 €	17 €
De plus de 2 kg à 3 kg	9 €	22 €
De plus de 3 kg à 4 kg	10 €	26 €
De plus de 4 kg à 5 kg	11 €	31 €

• Ils doivent envoyer un colis de 2 kg à leur fils, qui habite à Paris.
Ils ne sont pas d'accord sur le prix à payer.

Qui a raison ? ....

Colorie la case correspondante dans le tableau.

• Leur fille vit aux Antilles.
Quel prix vont-ils payer pour un colis de 4 kg et 500 g ? ....

• Ils ne veulent pas dépenser plus de 11 € pour envoyer un colis à leur neveu qui habite à Marseille.
Quelle peut être la masse maximum de ce colis ?

....

B. Les Morel doivent aussi envoyer des cadeaux à leurs petits-enfants à Lyon :
– un colis de 750 g pour Amélie ;
– un colis de 3 kg et 600 g pour Nathan.
Complète le tableau pour connaître la dépense totale.

	Masse du colis	Tarifs
Pour Amélie	....	....
Pour Nathan	....	....
Total de la dépense		....

Appliquer

Observe le tableau et **réponds** aux questions.

Distance en km	Bruxelles	Berne	Londres
Paris	296	590	465
Nantes	486	907	486
Lille	91	785	242

• Quelle est la distance :
– de Paris à Londres ? ....
– de Nantes à Bruxelles ? ....
– de Lille à Berne ? ....
• Quelle est la distance la plus courte en partant de Lille ?
....

Calcul mental : S'entraîner sur la table de multiplication de 6.

S'entraîner

Parcours A

A1 **Observe** le tableau, puis **réponds** aux questions.

	Baguettes vendues	Pains vendus
Lundi	64	76
Mardi	98	82
Jeudi	85	84
Vendredi	73	79

• Combien de baguettes ont été vendues le jeudi ? ....
• Combien de pains ont été vendus le mardi ? ....

A2 **Complète** le tableau, puis **réponds** aux questions.

Nombre d'élèves	Élémentaire	Maternelle	Total
École Les Sablons	45	32	......
École La Fontaine	84	45	......
École La Source	......	49	117

• Combien d'élèves y a-t-il à l'école élémentaire La Source ? ....
• Dans quelle école y a-t-il 129 élèves au total ?
....

Parcours B

B1 **Complète** le tableau.

Effectifs	Filles	Garçons	Total
Club de basket	17	25	......
Club de football	11	......	69
Club de gymnastique	......	31	79
Club de danse	85	12	......

B2 **Complète** le tableau.

Prénom des enfants	Images de sport	Images d'animaux	Total
Jonas	35	......	......
....	61	39	......
....	54	26	......

• Jonas a 25 images d'animaux.
• C'est Maya qui a le plus d'images.
• Chang a 80 images en tout.

Résoudre des problèmes

A3 Les CE1 et les CE2 vont à la piscine.
Les effectifs de l'école sont les suivants :

	CP	CE1	CE2	CM1	CM2
Filles	12	14	11	14	15
Garçons	13	12	15	14	13

Combien de garçons y aura-t-il à la piscine ?

....
....
....

B3 L'école commande des livres pour la bibliothèque : 8 albums pour 43 €, 6 bandes dessinées pour 67 € et 5 contes pour 98 €. Quelle est la dépense totale ? **Complète** le tableau, puis **réponds** à la question.

	Nombre de livres	Prix total
Albums	......	......
BD	......	......
Contes	......	......
Dépense totale		......

....
....

43

NOMBRES ET CALCULS

Comparaison des nombres jusqu'à 999

| ...... | ...... | ...... | ...... | ...... |

Compétences : Comparer, ranger, intercaler et encadrer des nombres entiers ≤ 999 en utilisant les symboles =, ≠, < et >.

Découvrir

Le papa de Cléa compare les prix de différents vélos dans deux magasins.

A. Où le VTT est-il le plus cher ?

• **Écris** le prix du VTT dans chaque magasin et **compare** avec > ou <.

• **Réponds** à la question en entourant le nom du magasin.

Magasin « Le Cycliste »

Magasin « Vélo Plus »

.... euros .... euros

B. Il a aussi regardé les prix des vélos électriques. Il a vu 5 modèles.

• **Range** ces prix dans l'ordre croissant.

Modèle 1 : 735 €	Modèle 2 : 659 €	Modèle 3 : 648 €	Modèle 4 : 599 €	Modèle 5 : 810 €

....

• Le papa de Cléa veut payer une somme comprise entre 600 et 700 €. Quels modèles peut-il choisir ?

Colorie les cases du tableau correspondantes.

Appliquer

1. Compare avec > ou <.

• 451 918

• 658 369

• 573 598

• 482 484

2. Encadre entre les deux centaines entières les plus proches.

• .... < 371 < ....

• .... < 827 < ....

• .... < 632 < ....

• .... < 591 < ....

3. Range les nombres dans l'ordre croissant.

526 / 287 / 673

....

4. Range les nombres dans l'ordre décroissant.

852 / 159 / 378 / 259

....

5. Compare avec = ou ≠.

• 873 ..... 800 + 70 + 3

• 456 ..... 400 + 40 + 6

• 984 ..... 80 + 100 + 4

• 734 ..... 30 + 4 + 700

Calcul mental : Résoudre des problèmes additifs et soustractifs simples.

S'entraîner

Parcours A

A1 **Compare** avec > ou <.

- 671 495
- 731 737
- 398 299
- 946 941

A2 **Encadre** entre les deux centaines entières les plus proches.

- ...... < 639 < ......
- ...... < 854 < ......
- ...... < 493 < ......
- ...... < 346 < ......

A3 **Range** les nombres dans l'ordre croissant.

- 284 / 199 / 311

....

- 657 / 609 / 659 / 632

....

A4 **Compare** avec = ou ≠.

- 561 ..... 500 + 80
- 689 ..... 600 + 89
- 765 ..... 700 + 60 + 5

Parcours B

B1 **Compare** avec >, < ou =.

- 743 ..... 600 + 50 + 4
- 700 + 51 ..... 700 + 53
- 935 ..... 900 + 30 + 5

B2 **Encadre** entre les deux centaines entières les plus proches.

- ..... < 700 + 35 < .....
- ..... < 500 + 42 < .....
- ..... < 800 + 98 < .....
- ..... < 300 + 85 < .....

B3 **Range** les nombres dans l'ordre décroissant.

- 875 / 945 / 867 / 919 / 699

....

- 912 / 921 / 913 / 981 / 915

....

B4 **Compare** avec = ou ≠.

- 725 ..... 700 + 50
- 913 ..... 900 + 10 + 3
- 896 ..... 800 + 80 + 16

Résoudre des problèmes

A5

L'album de Sonia peut contenir 500 photos.
Elle en a déjà collé 483.
Elle vient d'en imprimer 20 supplémentaires.
A-t-elle assez de place dans son album ?
Justifie ta réponse.

....

....

....

B5 Aux fléchettes,
Rémi veut marquer plus de 800 points.
Il a déjà marqué 700 points dans la zone « cent »,
60 points dans la zone « dix »
et 3 points dans la zone « un ».
Dans quelle zone doit-il lancer sa dernière fléchette pour marquer plus de 800 points ?
Justifie ta réponse.

....

....

....

....

Stratégies de calcul : organiser ses calculs (1)

Compétences : Calculer des additions en ligne. Décomposer des nombres en unités intermédiaires « unités, dizaines, centaines » pour faciliter le calcul.

Découvrir

Enzo s'est cassé le bras et il ne peut pas écrire. Il est obligé de calculer mentalement les opérations écrites au tableau.
La maîtresse demande de calculer : 563 + 25.

A. Observe la méthode d'Enzo, et **complète** avec les résultats.

563 → (+5) → .... → (+20) → ....

• **Trouve** une autre manière de calculer 563 + 25.

....

B. Enzo doit maintenant calculer : 234 + 142.
Complète en décomposant 142.

234 → (+ ....) → .... → (+ ....) → .... → (+ ....) → ....

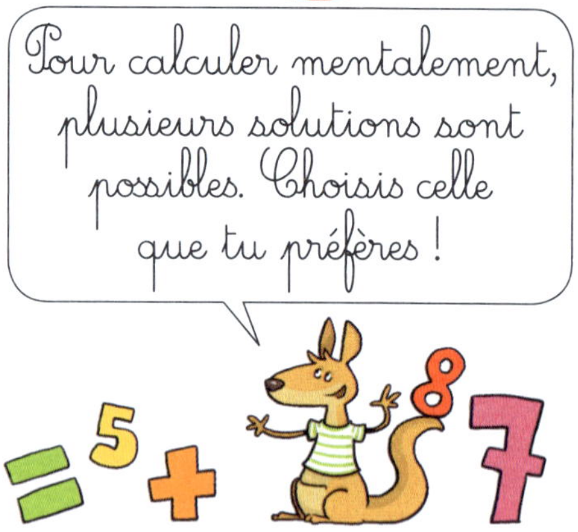

Appliquer

1. Calcule.

• 132 + 24   132 → (+ ......) → ...... → (+ ......) → ......
• 135 + 54   135 → (+ ......) → ...... → (+ ......) → ......
• 145 + 43   145 → (+ ......) → ...... → (+ ......) → ......
• 216 + 62   216 → (+ ......) → ...... → (+ ......) → ......
• 354 + 34   354 → (+ ......) → ...... → (+ ......) → ......
• 425 + 53   425 → (+ ......) → ...... → (+ ......) → ......

2. Calcule.

• 226 + 253   226 → (+ ....) → .... → (+ ....) → .... → (+ ....) → ....
• 453 + 244   453 → (+ ....) → .... → (+ ....) → .... → (+ ....) → ....
• 643 + 235   643 → (+ ....) → .... → (+ ....) → .... → (+ ....) → ....

3. Calcule.

• 342 + 126   342 + ... + ... + ... = ...
• 413 + 344   344 + ... + ... + ... = ...
• 612 + 246   246 + ... + ... + ... = ...

Calcul mental : S'entraîner sur la table de multiplication de 7.

S'entraîner

Parcours A

A1 **Calcule.**

- 541 → (+6) → .... → (+30) → ....
- 323 → (+5) → .... → (+60) → ....

A2 **Calcule** les additions en ligne en décomposant le nombre ajouté.

- 352 + 23 = ...
- 434 + 62 = ...
- 261 + 38 = ...

A3 **Calcule.**

- 643 → (+2) → ..... → (+40) → ..... → (+200) → .....
- 432 → (+4) → ..... → (+50) → ..... → (+100) → .....
- 528 → (+3) → ..... → (+40) → ..... → (+100) → .....

A4 **Calcule** les additions en ligne en décomposant le nombre ajouté.

- 243 + 126 = ...
- 634 + 343 = ...
- 432 + 236 = ...

Parcours B

B1 **Calcule.**

- 324 + 60 + 2 = ...
- 432 + 50 + 7 = ...
- 614 + 70 + 4 = ...
- 825 + 40 + 2 = ...

B2 **Calcule** les additions en ligne en décomposant le nombre ajouté.

- 732 + 45 = ...
- 623 + 64 = ...
- 512 + 86 = ...

B3 **Calcule** le résultat et **indique** le nombre ajouté.

- 725 + 200 + 30 + 4 = ... nombre : ....
- 654 + 200 + 20 + 3 = ... nombre : ....
- 325 + 1 + 60 + 400 = ... nombre : ....
- 241 + 7 + 50 + 400 = ... nombre : ....

B4 **Calcule** les additions en ligne en décomposant le nombre ajouté.

- 543 + 235 = ...
- 322 + 367 = ...

Résoudre des problèmes

A5 **Résous** le problème sans poser l'opération.

Mario fait réparer sa voiture. Le garagiste lui demande 351 € pour changer les pneus et 148 € pour la réparation des freins.
Quelle somme Mario doit-il payer ?

....

....

....

B5 **Résous** le problème sans poser les opérations.

M. et Mme Hojlo achètent un lave-linge à 342 € et un four à 155 €. Ils donnent un billet de 500 €.
Combien le caissier leur rend-il ?

....

....

....

....

PROBLÈMES

45 Méthodologie : les informations en tableaux ou graphiques

Compétence : Exploiter des données numériques présentées sous forme de tableaux ou de graphiques pour résoudre des problèmes.

Découvrir

ÉNONCÉ

Un vendeur d'automobiles compte ses ventes de l'année.

Quel est le nombre de voitures vendues dans l'année ?

Graphique des ventes

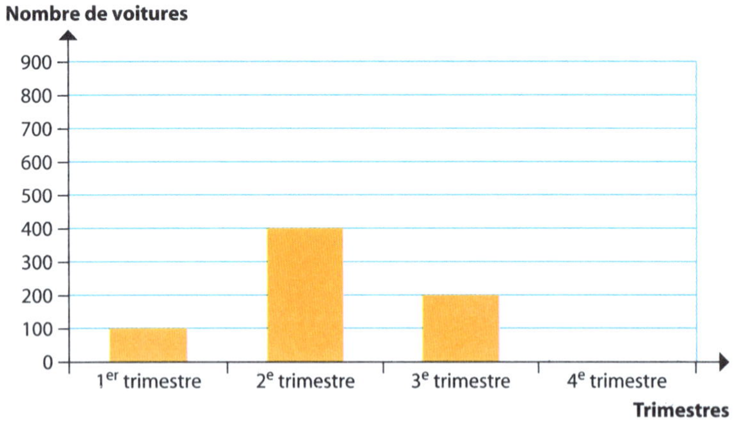

Ventes du 4e trimestre

Mois	Octobre	Novembre	Décembre
Nombre de ventes	72	110	18

• **1re étape : Utilise** le graphique pour connaître les ventes de voitures à chaque trimestre.

1er trimestre : ....

2e trimestre : ....

3e trimestre : ....

• **2e étape : Utilise** le tableau pour calculer la donnée qui n'est pas dans le graphique.

....

....

• **3e étape : Résous** le problème.

....

....

....

Appliquer

Le verger produit des pêches, des cerises et des prunes. Quelle masse totale de fruits a été récoltée en 2017 ?

• **Observe** le graphique.

Production de prunes des 3 dernières années

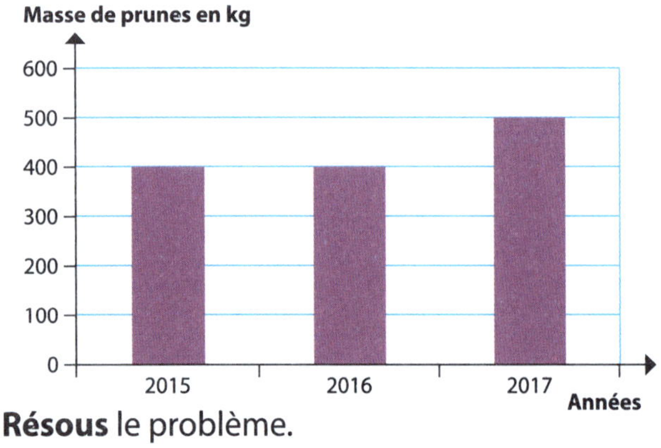

• **Complète** le tableau.

Masse en kg	2017
pêches	150
cerises	200
prunes	....

• **Résous** le problème.

....

....

....

Calcul mental : Trouver le nombre pensé.

Résoudre des problèmes

Parcours A

A1 Les élèves de la classe de CE2 ont indiqué leur activité préférée.

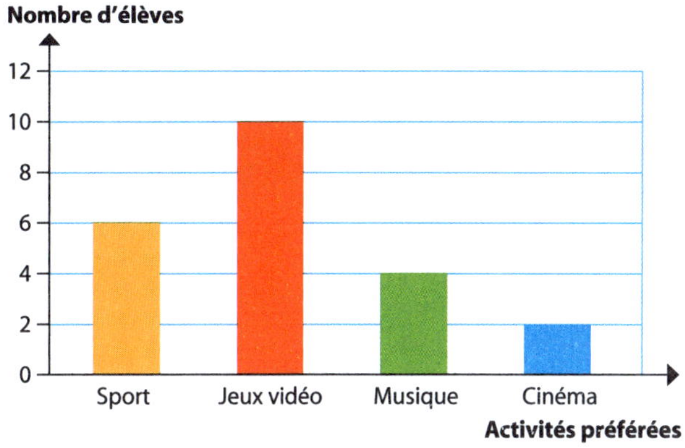

Six élèves n'ont pas répondu à la question. Combien d'élèves y a-t-il dans cette classe de CE2 ?

A2 Le mercredi après-midi, les enfants du village peuvent participer à des activités sportives et culturelles.

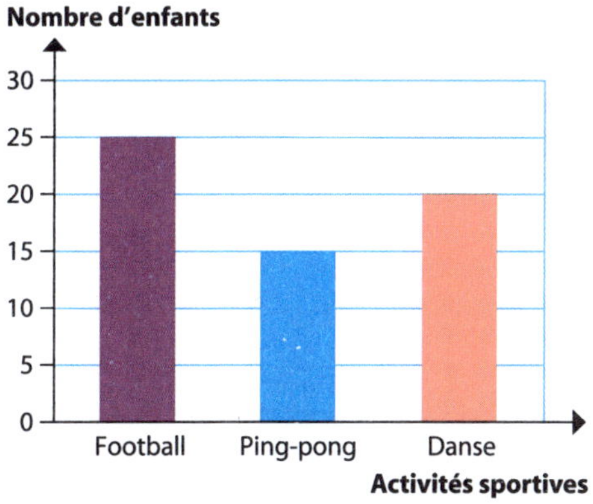

Activités culturelles	Nombre d'enfants
Peinture	8
Chorale	12
Poterie	10

Combien d'enfants participent à une activité le mercredi après-midi ?

Parcours B

B1 Voici le graphique de la population d'un village au 31 décembre 2016.

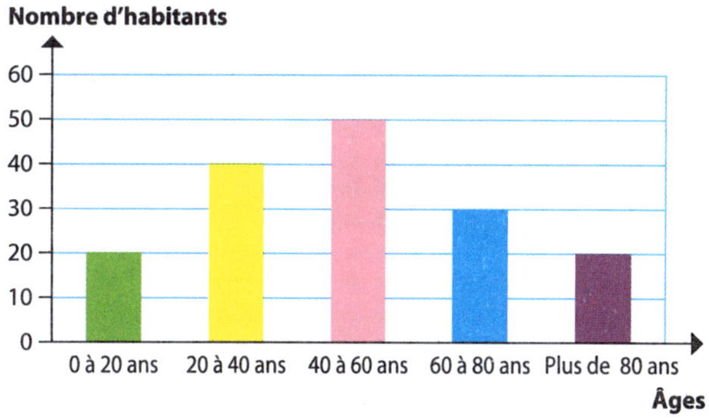

En 2017, il y a eu 6 naissances et 2 décès d'habitants âgés de 98 et 100 ans dans le village. Quel est le nombre d'habitants fin 2017 ?

B2 Dans la médiathèque de l'école, il y a des albums, des bandes dessinées et des romans. Il y a également des livres documentaires.

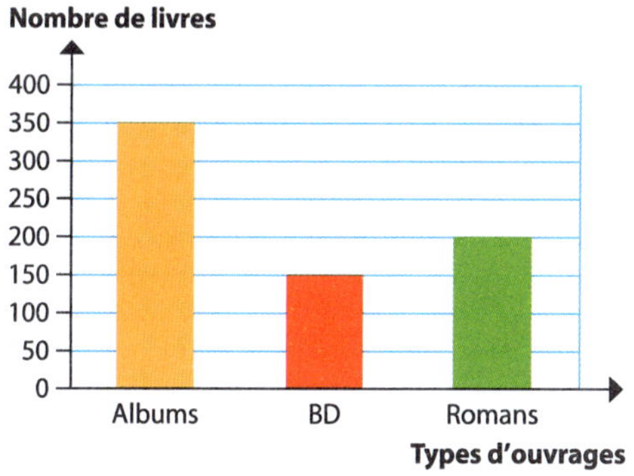

Types de documentaires	Nombre
Animaux sauvages	35
Histoire	98
Géographie	45

Combien de livres y a-t-il au total dans cette médiathèque ?

46 Ce qu'il faut retenir (5)

Les nombres jusqu'à 999

Leçon 39

Décomposer le nombre

8 c 7 d 3 u
87 d 3 u → **873**
800 + 70 + 3

c	d	u
3	7	8

37 est le nombre de dizaines. 7 est le chiffre des dizaines.

Multiplication par un nombre à 1 chiffre

Leçon 40

1re étape

$$\begin{array}{r} 2\ 4 \\ \times\quad 8 \\ \hline 2 \end{array}$$

Retenue : 3

- Je multiplie le chiffre des unités par 8.
  4 × 8 = 32 8 fois 4 égale 32.
- Je pose le 2 des unités sous la multiplication.
- Je garde le 3 des dizaines en mémoire : c'est la retenue.

2nde étape

$$\begin{array}{r} 2\ 4 \\ \times\quad 8 \\ \hline 1\ 9\ 2 \end{array}$$

Retenue : ~~3~~

- Je multiplie les dizaines par 8.
  2 × 8 = 16 8 fois 2 égale 16.
- J'ajoute les 3 dizaines gardées en retenue.
  16 + 3 = 19
- Je pose 19 dizaines sous la multiplication.
  résultat : 24 × 8 = 192

Le carré

Leçon 41

Le carré est un polygone

Le carré a :
- 4 sommets ;
- 4 côtés de même mesure ;
- 4 angles droits.

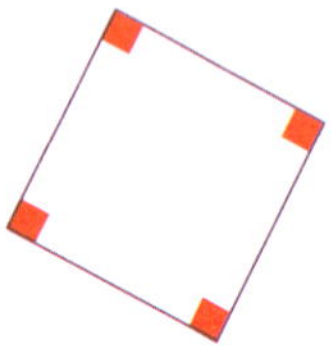

Les tableaux à double entrée

Leçon 42

	Nombre de livres	Prix total
Albums	3	36 €
BD	....	....
Dépense totale		....

Carmen commande
3 albums pour 36 € et 5 BD pour 75 €.
Quelle somme totale dépense-t-elle ?

Comparaison des nombres jusqu'à 999

Leçon 43

Encadrer un nombre entre des centaines entières proches

Pour **encadrer** un nombre entre des centaines entières proches, il faut trouver :
- la centaine entière inférieure la plus proche : 600 < 685
- la centaine entière supérieure la plus proche : 685 < 700

Puis, il faut écrire l'encadrement : 600 < 685 < 700

Stratégies de calcul : organiser ses calculs (1)

Leçon 44

Exemple : 345 + 123

Pour ajouter un nombre à deux ou trois chiffres à un nombre inférieur à 999, deux stratégies sont possibles.

- ajouter d'abord les unités : 345 + 3 = 348
- ajouter ensuite les dizaines : 348 + 20 = 368
- ajouter enfin les centaines : 368 + 100 = 468

- ajouter d'abord les centaines : 345 + 100 = 445
- ajouter ensuite les dizaines : 445 + 20 = 465
- ajouter enfin les unités : 465 + 3 = 468

47 Bilan (5)

1 **Écris** les nombres en chiffres.

- sept cent dix : ....
- neuf cent trente-sept : ....
- 3 centaines et 4 unités : ....

2 **Complète.**

- 400 + 30 + 8 = ...
- 800 + 50 + 3 = ...
- 900 + 10 + 9 = ...

3 **Décompose** les nombres sous forme additive.

- 435 = 400 + ... + ...
- 742 = ... + ... + ...

4 **Entoure :**

- le chiffre des dizaines dans 8 1 7.
- le nombre de dizaines dans 5 6 9.

5 **Calcule** les multiplications.

```
  2 3          4 7
×   6  [ . ]  ×   8  [ . ]
-----         -----
. . .         . . .
```

6 **Trace** un carré de 2 cm de côté.

7 **Complète** le tableau. Tu peux utiliser ta calculatrice.

Prénoms des enfants	Timbres français	Timbres étrangers	Total
....	110	....	....
....	96	78	....
....	126	95	....

Lison possède 109 timbres étrangers.
Jasmine possède 126 timbres français.
Louis possède 78 timbres étrangers.

8 **a) Compare** avec > ou <.

- 732 827
- 938 915
- 681 687
- 600 + 50 + 4 751

b) Range les nombres dans l'ordre décroissant.

935 / 967 / 953 / 948

....

c) Compare avec = ou ≠.

- 500 + 85 ..... 500 + 95
- 800 + 75 ..... 800 + 60 + 15

9 **Calcule** les additions en ligne en décomposant le nombre ajouté.

- 536 + 253 = ...
- 215 + 662 = ...

48 Les nombres jusqu'à 9 999 (1)

......	......	......	......	......

Compétences : Dénombrer et décomposer des nombres entiers ≤ 9 999. Associer le nom des nombres à leur écriture chiffrée.

Découvrir

Une comédie musicale va se jouer dans le théâtre de la ville.

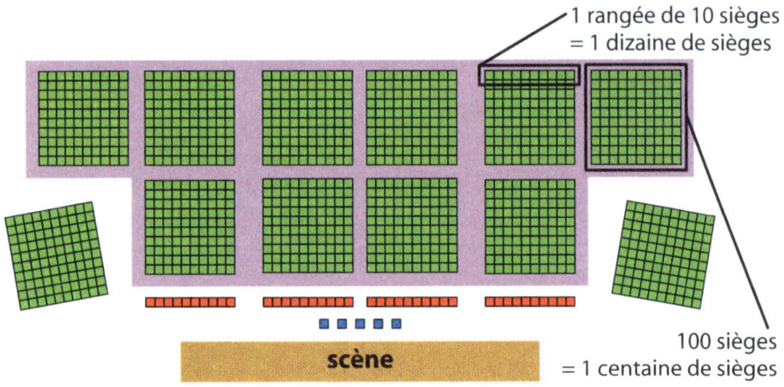

A. La zone de couleur violette permet d'accueillir un total de 1 000 spectateurs.

- Combien de centaines de sièges y a-t-il dans cette zone violette ? ....
- Combien de rangées d'une dizaine de sièges y a-t-il en tout dans cette zone violette ? ....
- **Complète** les égalités.

1 000 = ... centaines   1 000 = ... dizaines   1 000 = ... millier

B. Quel est le nombre total de sièges dans ce théâtre ?

- **Complète** le tableau de numération.
- **Écris** le nombre en chiffres, puis en lettres :

mille	centaines	dizaines	unités
......	......	......	......

- .... • ....

Appliquer

1. Écris le nombre dans le tableau de numération, puis en dehors du tableau en chiffres et en lettres.

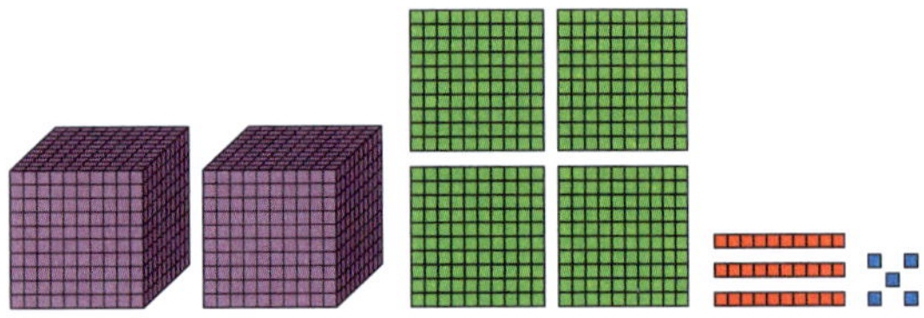

mille	centaines	dizaines	unités
......	......	......	......

- ....
- ....

2. Écris les nombres en chiffres.

- cinq mille trois cent vingt-sept : ....
- sept mille huit cent quarante : ....
- huit mille six cent trois : ....
- quatre mille quatre : ....

3. Complète les égalités.

- 2 000 = ... centaines
- 4 700 = ... centaines
- 3 100 = ... dizaines
- 5 000 = ... dizaines

Calcul mental : S'entraîner sur la table de multiplication de 8.

S'entraîner

Parcours A

A1 **Écris** le nombre dans le tableau de numération.

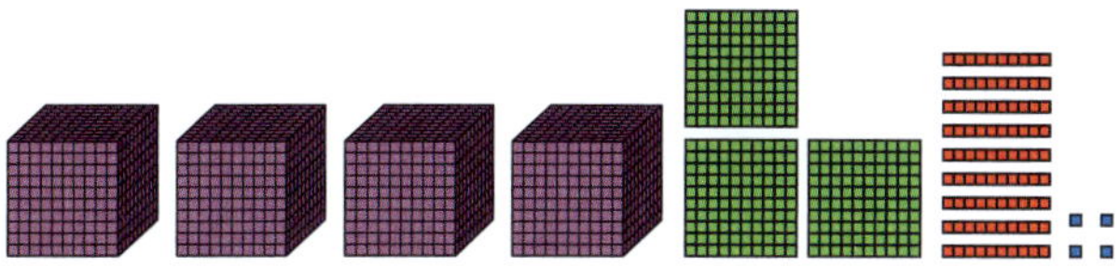

m	c	d	u
...	...	...	...

A2 **Écris** les nombres en chiffres.

- sept mille huit cent cinquante-six : ....
- deux mille trois cent soixante-dix : ....

A3 **Écris** les nombres en lettres.

- 5 953 : ....
....
- 8 900 : ....

A4 **Complète** les égalités.

- 20 centaines = ... milliers
- 70 centaines = ... milliers
- 4 000 = ... centaines
- 6 000 = ... dizaines

Parcours B

B1 **Écris** le nombre dans le tableau de numération.

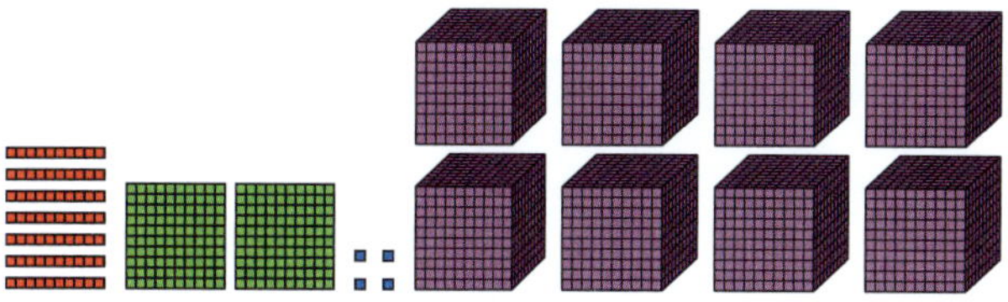

m	c	d	u
...	...	...	...

B2 **Écris** les nombres en chiffres.

- sept mille six cent vingt : ....
- neuf mille trois : ....

B3 **Écris** les nombres en lettres.

- 9 800 : ....
- 4 080 : ....
....

B4 **Complète** les égalités.

- 34 centaines = ... milliers et ..... centaines
- 87 centaines = ... milliers et ..... centaines
- 3 700 = ... centaines
- 1 300 = ... dizaines

Résoudre des problèmes

A5 Lucas veut obtenir exactement 1 000 avec des cartes à jouer.
Il a tiré les cartes suivantes.
Combien de points lui manque-t-il pour arriver à 1 000 ?

....
....
....
....

B5 L'hypermarché a en réserve :

- 3 caisses de 1 000 boîtes, 2 caisses de 100 boîtes, 5 caisses de 10 boîtes et 6 boîtes de « Bon Toutou » ;
- 1 caisse de 1 000 boîtes, 7 caisses de 100, 3 caisses de 10 et 2 boîtes de « Super Médor ».

Quel nombre total de boîtes de pâtée pour chiens l'hypermarché a-t-il en réserve ?

....
....
....
....

Reproduction de figures

....

Compétence : Reproduire des figures ou des assemblages de figures planes sur papier quadrillé ou pointé en utilisant la règle ou l'équerre.

Découvrir

Mathieu a tracé une figure sur du papier quadrillé.

Suis ses indications pour reproduire sa figure sur le papier quadrillé.

Étape n° 1

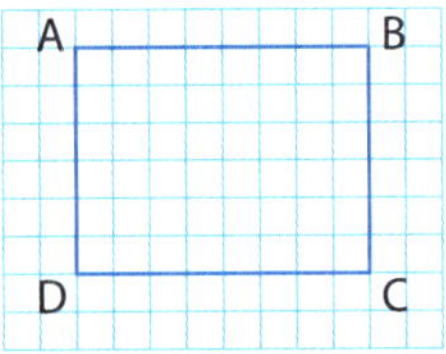

- **Trace** un rectangle de 8 carreaux de longueur et 6 carreaux de largeur.
- **Nomme** les sommets A, B, C et D.

Étape n° 2

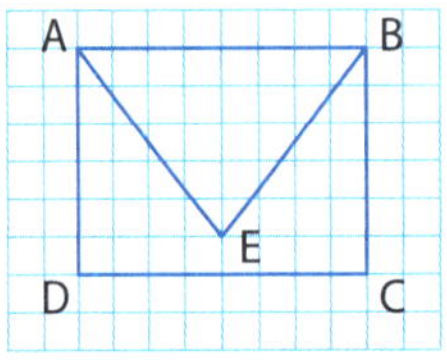

- **Repère** le milieu de DC, puis **compte** 1 carreau vers le haut. **Nomme** ce point E.
- **Trace** les segments AE et BE.

Étape n° 3

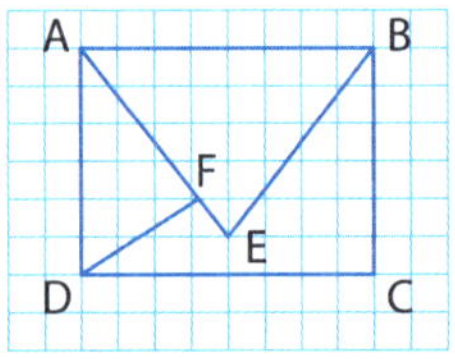

- **Compte** 1 carreau sur le segment AE en partant de E. **Nomme** ce point F.
- **Trace** le segment DF.

Étape n° 4

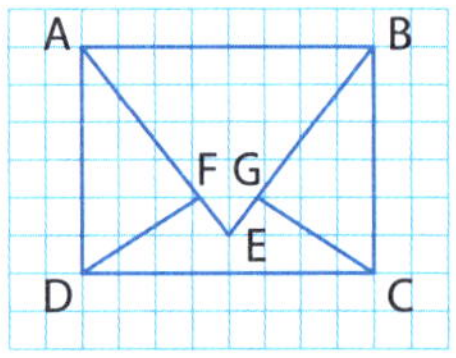

- **Compte** 1 carreau sur le segment EB en partant de E. **Nomme** le point G.
- **Trace** le segment CG.

Étape n° 5

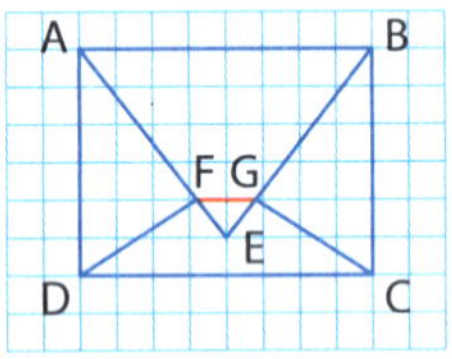

- **Relie** les points F et G.

Étape n° 6

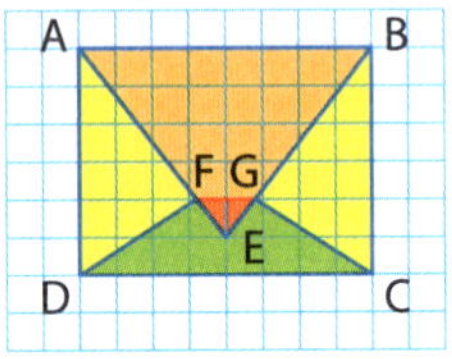

- **Colorie** la figure avec les couleurs de ton choix.

Appliquer

Reproduis la frise sur le papier quadrillé.

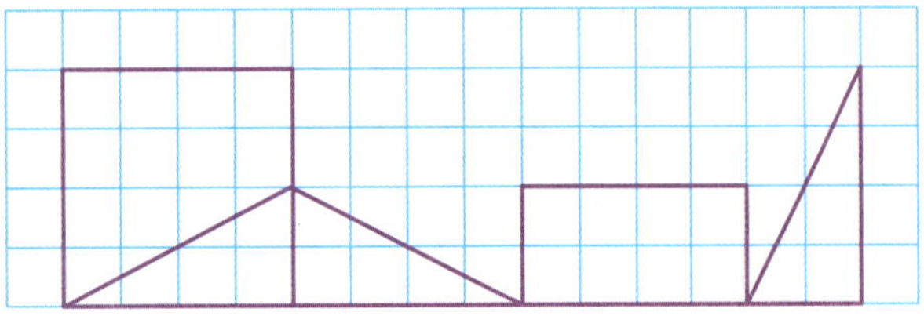

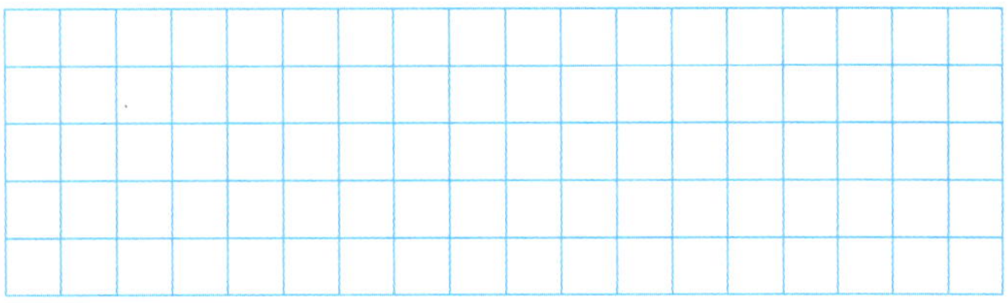

Calcul mental : Additionner deux nombres à 2 chiffres par étapes.

S'entraîner

Parcours A

A1 **Reproduis** les figures géométriques.

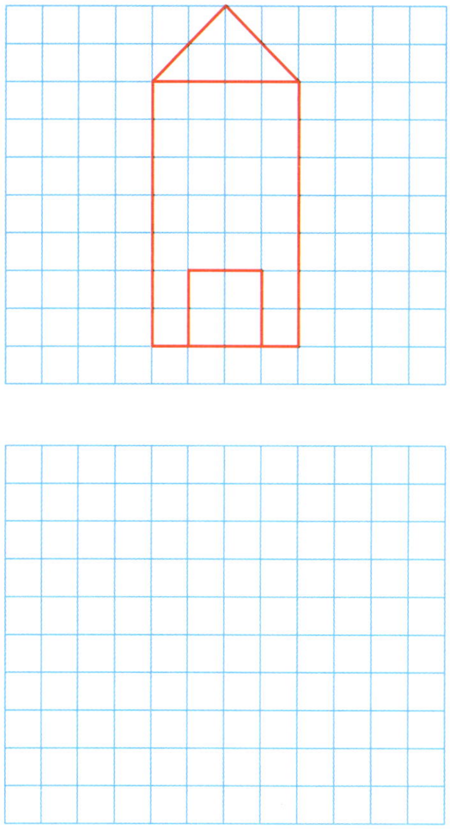

A2 **Reproduis** les figures géométriques.

Parcours B

B1 **Reproduis** les figures géométriques.

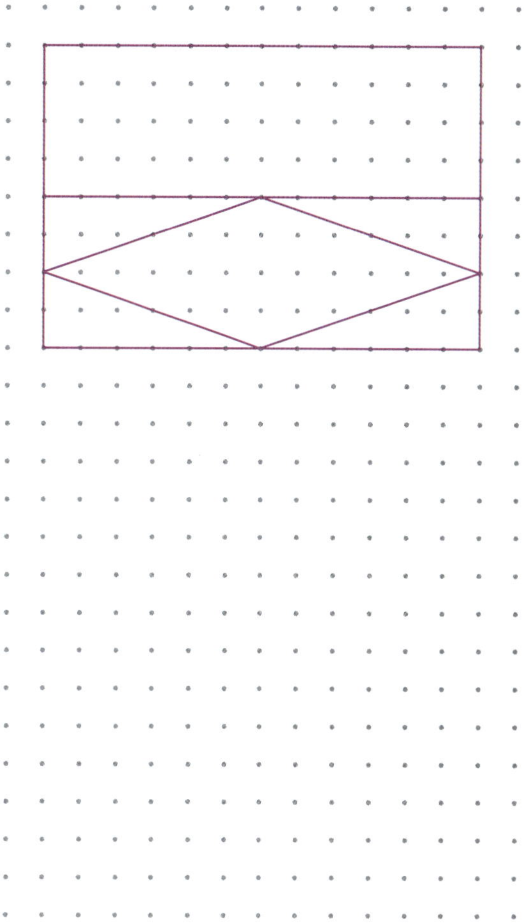

B2 **Reproduis** les figures géométriques.

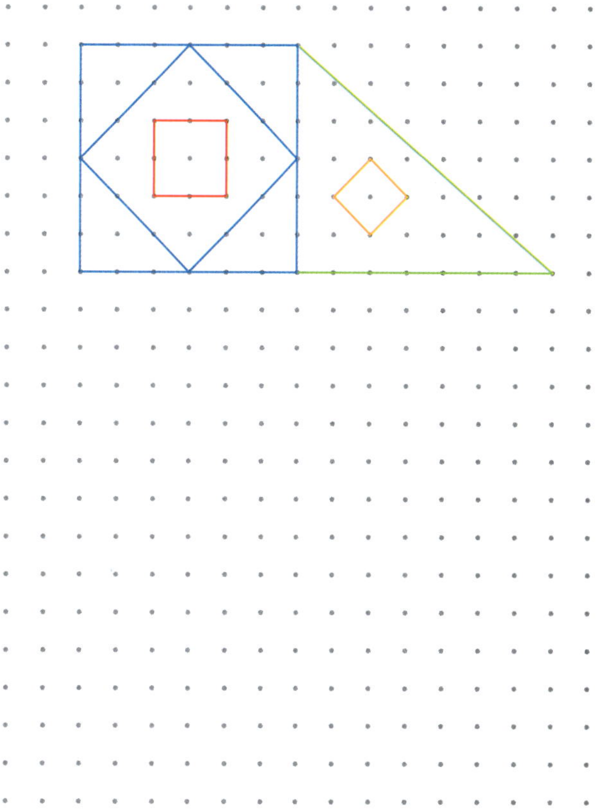

50 Se déplacer dans l'espace quadrillé

…… …… …… …… ……

Compétences : Coder et décoder pour prévoir, représenter et réaliser des déplacements sur un quadrillage.
Utiliser le vocabulaire permettant de définir des déplacements.

Découvrir

Le robot Tisos est à la recherche de son chapeau. Son amie Atisis lui indique comment le retrouver.

A. Observe toutes les positions du robot. **Complète** avec D ou G (droite ou gauche).

B. Observe le parcours de Tisos et la liste des consignes. **Code**, comme dans les exemples écrits en bleu.

- Avance de 6 cases → **AV 6**
- Tourne à droite → **TD**
- Avance de 4 cases → ……..
- Tourne à droite → ……..
- Avance de 3 cases → ……..
- Tourne à gauche → **TG**
- Avance de 4 cases → ……..
- Tourne à gauche → ……..
- Avance de 4 cases → ……..

C. Tisos effectue maintenant le parcours suivant.
TD – AV 5 – TG – AV 5 – TG – AV 5 – TG – AV 5

- **Trace** son parcours sur le quadrillage.
- Quelle figure géométrique dessine-t-il ?

……………………………………………………

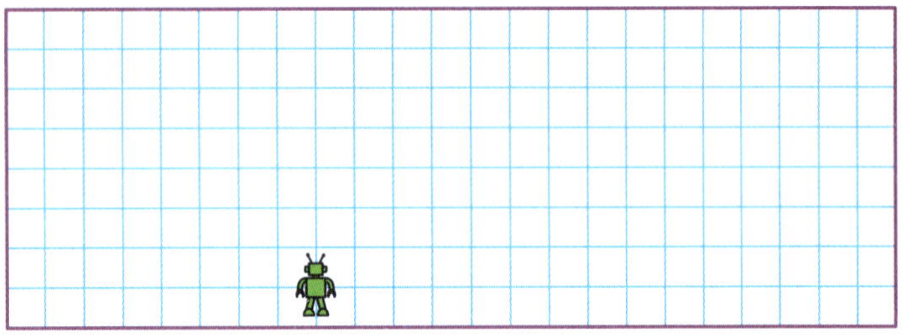

Appliquer

1. Écris la liste des consignes correspondant au parcours de Paolo.

……………………………………………………………

……………………………………………………………

2. Trace le parcours suivant sur le quadrillage.
AV 7 – TD – AV 7 – TD – AV 4 – TD – AV 4 – TG – AV 3 – TD – AV 3

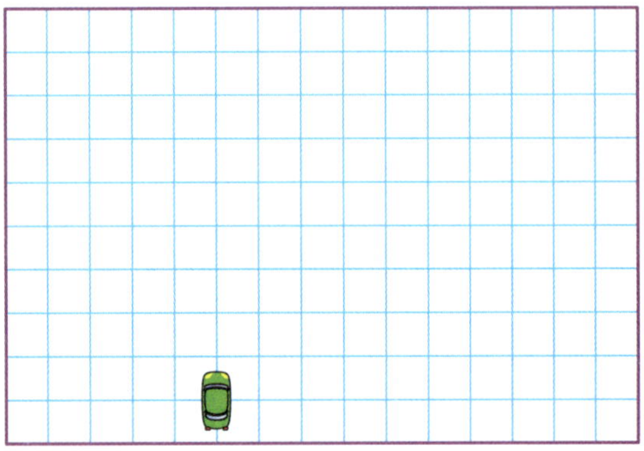

Calcul mental : Résoudre des problèmes multiplicatifs simples.

S'entraîner

Parcours A

A1 Il y a une erreur dans la liste des consignes correspondant à ce parcours.
Repère-la et **corrige**-la.

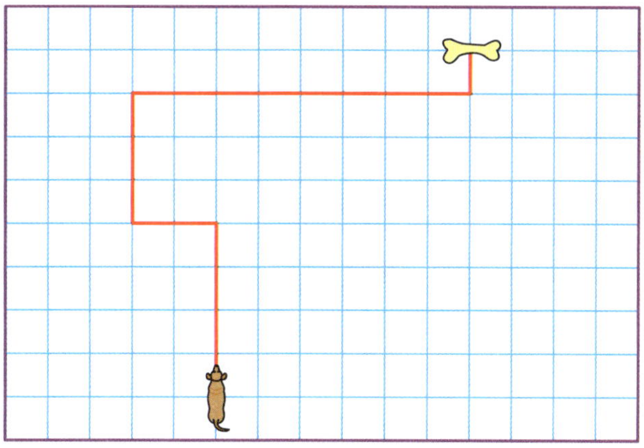

AV 4 – TG – AV 2 – TD – AV 3 – TD – AV 7 – TG – AV 1

A2 **Écris** la liste des consignes correspondant au parcours de l'escargot.

....

....

A3 **Trace** le parcours suivant sur le quadrillage.
AV 5 – TD – AV 7 – TD – AV 4

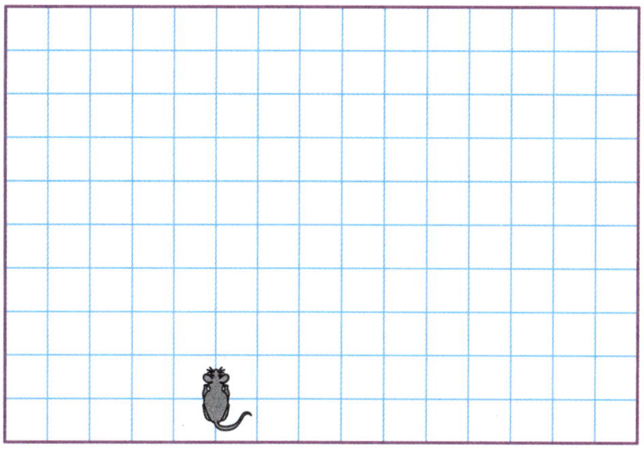

Parcours B

B1 **Complète** la liste des consignes correspondant au parcours du chat.

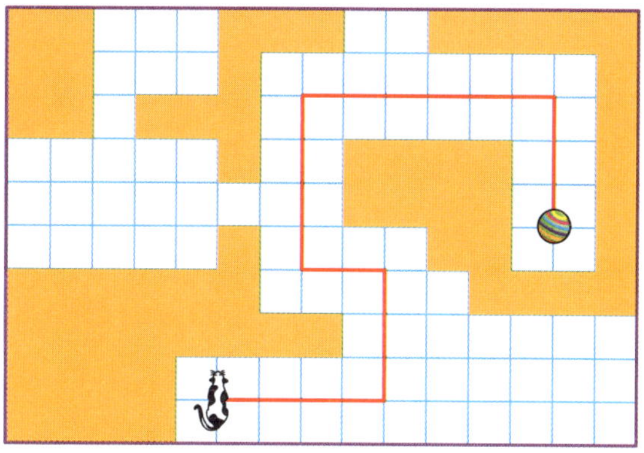

.... – AV 4 – .... – AV 3 – TG – AV 2 – TD – .... – TD – AV 6 – .... – AV 3

B2 **Écris** la liste des consignes correspondant au parcours du robot. Plusieurs solutions sont possibles.

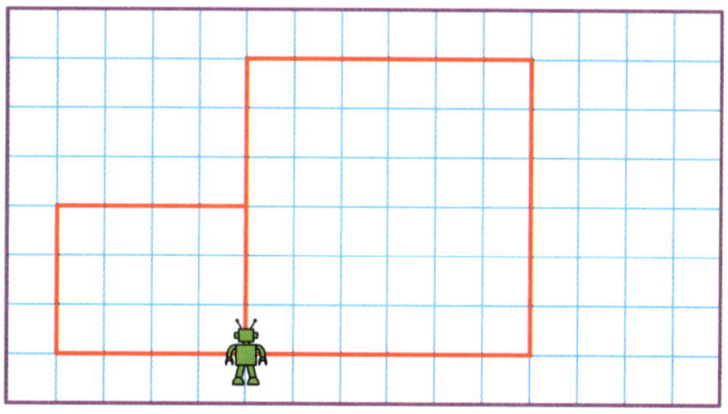

....

....

....

....

B3 **Trace** le parcours suivant sur le quadrillage.
TG – AV 4 – TD – AV 6 – TD – AV 10 – TD – AV 4 – TG – AV 2

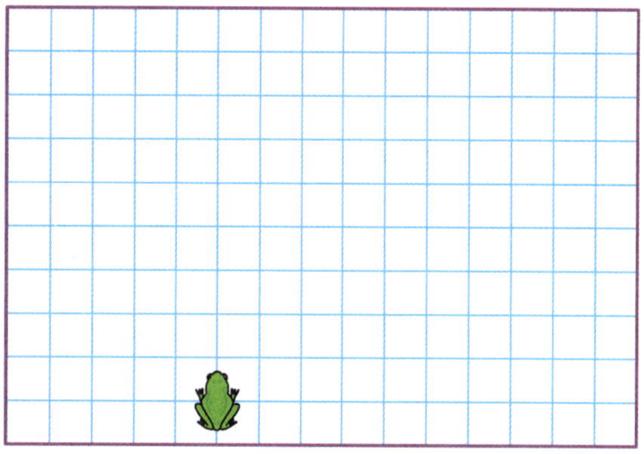

NOMBRES ET CALCULS

51 Comparaison des nombres jusqu'à 9 999

Compétences : Comparer, ranger et intercaler des nombres entiers ≤ 9 999 en utilisant les symboles < et >.

Découvrir

Dimitri et Nina comparent les nombres représentés sur leur abaque.

A. Dans chaque situation, **cherche** qui a raison. **Écris** les nombres, puis **compare** avec > ou <. **Colorie** la bulle de celui qui a raison.

1re situation

J'ai plus de centaines que toi ! Donc mon nombre est le plus grand !

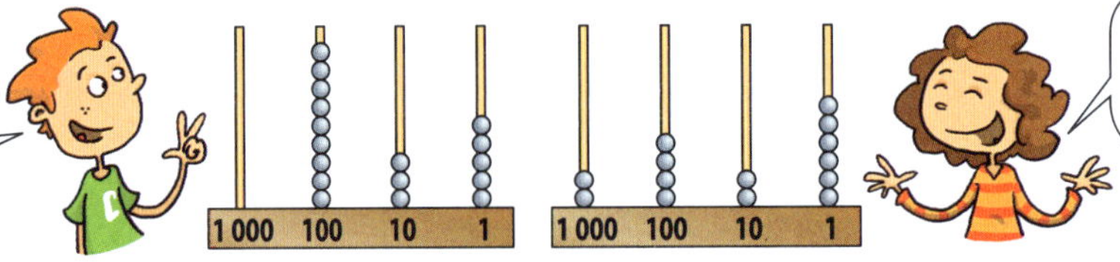

Non ! C'est moi qui ai le plus grand nombre !

....

2e situation

C'est mon nombre qui est le plus grand !

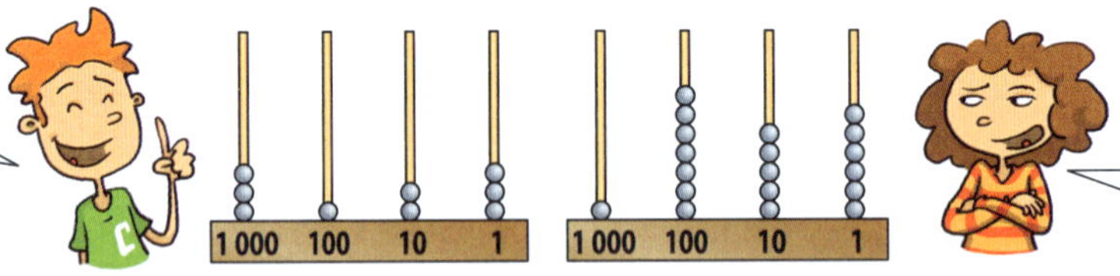

Non ! C'est le mien. J'ai mis plus de boules que toi !

....

3e situation

Nous avons le même nombre car nous avons autant de boules sur la barre 1 000.

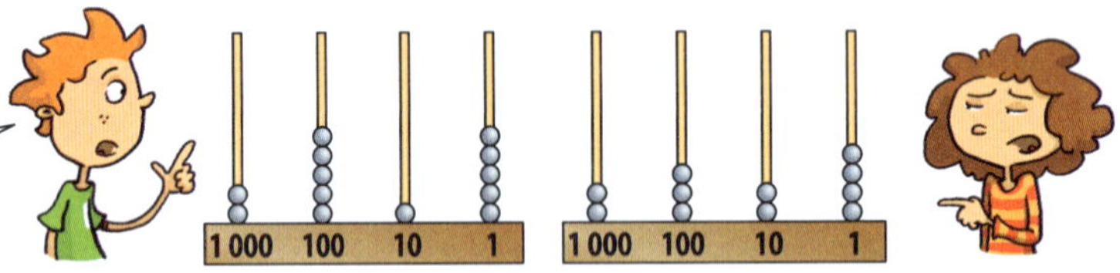

Je crois que le tien est plus grand !

....

B. **Range** les 6 nombres représentés sur les abaques de Dimitri et Nina dans l'ordre croissant.

....

....

Utilise les signes > et < pour comparer les nombres.

Appliquer

1. **Compare** avec > ou <.

- 4 589 ... 3 678
- 7 426 ... 998
- 2 892 ... 7 431
- 673 ... 1 111

2. **Compare** avec < et >.

- 6 723 ... 5 000 + 900 + 70 + 4
- 7 338 ... 8 000 + 600 + 80 + 5

3. **Range** les nombres dans l'ordre croissant.

- 7 832 / 345 / 2 125 / 7 348

....

4. **Range** les nombres dans l'ordre décroissant.

- 9 875 / 9 978 / 9 756 / 9 852

....

Calcul mental : Rendre la monnaie.

S'entraîner

Parcours A

A1 **Compare** avec > ou <.

- 3 978 ... 1 124
- 2 315 ... 568
- 1 111 ... 1 799
- 7 924 ... 7 388

A2 **Range** les nombres dans l'ordre croissant.

- 7 891 / 9 425 / 6 581

....

- 3 128 / 3 028 / 3 328

....

A3 **Range** les nombres dans l'ordre décroissant.

- 2 543 / 4 543 / 3 078 / 2 432

....

A4 **Écris** le nombre qui est **entre** :

- 1 998 < .... < 2 000
- 3 999 < .... < 4 001
- 7 998 < .... < 8 000

Parcours B

B1 **Compare** avec > ou <.

- 3 000 + 567 ... 4 581
- 9 321 ... 7 000 + 300 + 40 + 6
- 2 000 + 600 + 80 + 1 ... 5 734

B2 **Range** les nombres dans l'ordre croissant.

- 8 712 / 899 / 8 816 / 999

....

- 9 757 / 9 677 / 9 567 / 9 977

....

B3 **Range** les nombres dans l'ordre décroissant.

- 6 745 / 6 252 / 6 345 / 6 834

....

B4 **Écris** le nombre qui **précède** ou qui **suit**.

- .... < 7 000
- .... < 6 000
- 2 999 < ....
- 4 999 < ....

Résoudre des problèmes

A5 Les parents de Maude ont un budget de 1 200 € pour acheter un réfrigérateur et un lave-linge.

438 €

690 €

Auront-ils assez d'argent pour acheter les deux appareils qu'ils ont vus dans le magasin ?
Justifie ta réponse.

....

....

....

B5

Monsieur Bellataf a 8 500 € pour acheter une voiture d'occasion. Il a vu une voiture à 9 499 €. Le vendeur accepte de lui faire une remise de 950 €.
Aura-t-il assez d'argent pour cet achat ?
Justifie ta réponse.

....

....

....

....

Les mesures de longueur (2)

Compétences : Connaître et utiliser les unités de mesure de longueur (m et km) et leurs relations.
Convertir avant de calculer et comparer si nécessaire.

Découvrir

Une grande chasse au trésor a été organisée dans la ville. Plusieurs parcours ont été tracés.

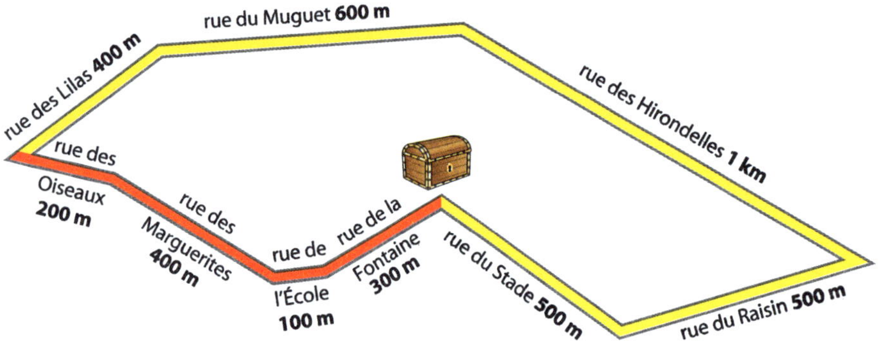

Parcours des enfants de moins de 12 ans

Parcours des enfants de plus de 12 ans

A. Le parcours des enfants de moins de 12 ans mesure exactement 1 km.
- **Calcule** la longueur totale de ce parcours en m.

....

- **Complète** l'égalité : 1 km = ... m

B. Les enfants de plus de 12 ans suivent le parcours jaune.
Quelle est la longueur totale de ce parcours en m ? en km ?

....

....

C. Les adultes ont le choix entre 4 parcours.
Range les longueurs de chaque parcours dans l'ordre croissant.
3 100 m / 8 km / 7 900 m / 4 km

....

....

Appliquer

1. Calcule la longueur totale en m.
- 1 km + 500 m + 500 m = ...
- 8 km + 600 m + 400 m = ...
- 700 m + 2 km + 300 m = ...

2. Calcule la longueur totale en km.
- 200 m + 800 m + 100 m + 900 m = ...
- 2 km + 700 m + 300 m + 1 km = ...
- 4 km + 500 m + 500 m + 2 km = ...

3. Compare les longueurs avec > ou <.
- 4 km ...... 3 000 m
- 5 000 m ...... 7 km
- 7 650 m ...... 6 km
- 5 320 m ...... 6 km

4. Range les longueurs dans l'ordre décroissant.
- 5 km / 2 800 m / 8 km / 4 200 m

....

....

Calcul mental : S'entraîner sur la table de multiplication de 9.

S'entraîner

Parcours A

A1 **Écris** les longueurs entre les villes en m.

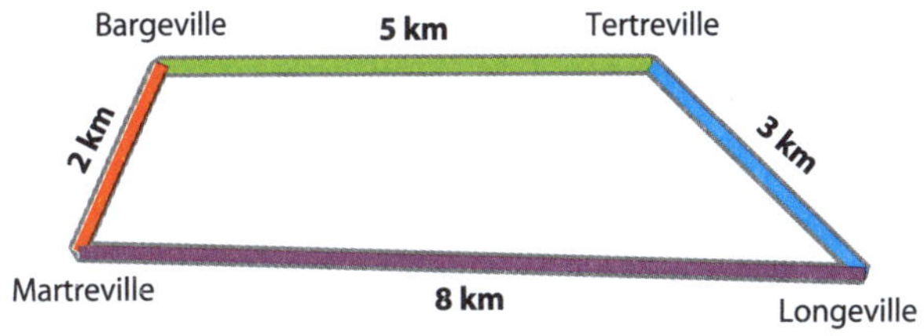

- de Bargeville à Tertreville : .... m
- de Tertreville à Longeville : .... m

A2 **Écris** les longueurs en km.

- 4 000 m = ... km
- 7 000 m = ... km

A3 **Complète** les égalités pour avoir 1 km.

- 500 m + ... m = 1 km
- 800 m + ... m = 1 km

A4 **Additionne** les longueurs.
Donne la réponse en m, puis en km.

- 2 km + 4 000 m = ... m = ... km
- 6 000 m + 3 km = ... m = ... km

A5 **Compare** les longueurs avec >, < ou =.

- 3 km ... 4 000 m
- 6 000 m ... 7 km

A6 **Range** les longueurs dans l'ordre croissant.

- 4 000 m / 7 000 m / 2 km / 6 000 m

....

....

Parcours B

B1 **Écris** les longueurs en m.

- 3 km et 500 m = ... m
- 7 km et 250 m = ... m

B2 **Complète** les égalités pour avoir un nombre entier de km.

- 1 700 m + ... m = 2 km
- 4 500 m + ... m = 5 km

B3 **Additionne** les longueurs.
Donne la réponse en m, puis en km.

- 400 m + 600 m + 2 km
  = ... m = ... km
- 5 km + 3 km + 500 m + 500 m
  = ... m = ... km

B4 **Compare** les longueurs avec >, < ou =.

- 2 km et 400 m ... 4 200 m
- 8 500 m ... 7 km et 900 m

B5 **Range** les longueurs dans l'ordre décroissant.

- 7 km / 8 km et 350 m / 2 600 m / 3 km

....

....

Résoudre des problèmes

A7 Lors de la course d'endurance, les élèves ont couru sur un circuit de 500 m. Ils ont fait 4 tours. Quelle distance ont-ils parcourue ?
Donne la réponse en m, puis en km.

....

....

....

B6 Le gymnase est à 3 km de la maison. Pour y aller, Pierre passe devant la mairie et l'école. Il y a 500 m de la maison à la mairie, et 1 km 500 m de la mairie à l'école. Quelle distance lui reste-t-il à parcourir de l'école au gymnase ?

....

....

....

....

53 Stratégies de calcul : calculs avec des parenthèses

Compétence : Calculer en utilisant des écritures additive, soustractive, multiplicative et mixte en ligne.

Découvrir

A. Dragan et Anaïs regroupent leurs briques pour construire une maison.
Anaïs avait 30 briques, mais elle en a perdu 6. Dragan avait 56 briques, mais il en a perdu 8.
Combien de briques ont-ils au total ? **Effectue** les calculs de Dragan et d'Anaïs.

J'effectue la 1re soustraction, puis la 2nde soustraction. J'additionne les deux résultats.

Voici les calculs de Dragan :

30 – 6 = ...
56 – 8 = ...
..... + ... = ...

Je calcule les deux soustractions entre parenthèses. Puis j'additionne leur résultat.

Voici les calculs d'Anaïs :

(30 – 6) + (56 – 8) = ...
..... + ... = ...

B. Dragan et Anaïs veulent maintenant construire une fusée.
Il leur faut 4 sachets de 8 briques bleues, 3 sachets de 4 briques jaunes et 2 sachets de 6 briques rouges.
Calcule le nombre total de briques dont ils ont besoin.

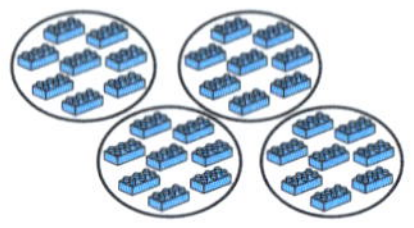 + 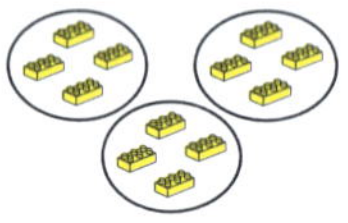 + 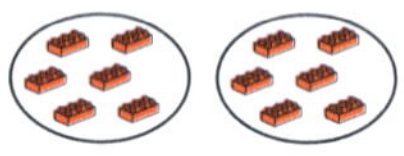

(8 × ......) + (4 × ......) + (...... × ......)
= ...... + ... + ...
= ......

Calcule d'abord les opérations entre parenthèses.

Appliquer

1. Écris l'opération correspondante, puis **effectue** les calculs.

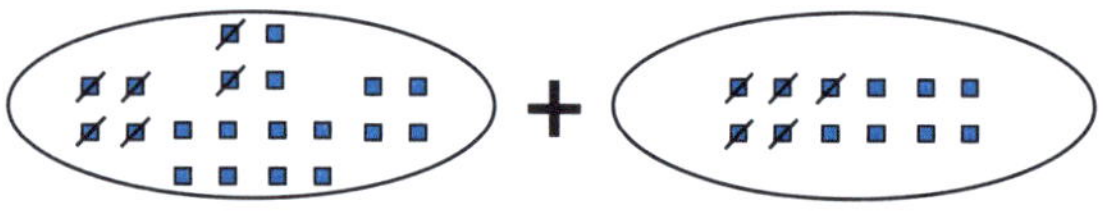

(...... – ......) + (...... – ......) = ... + ... = ...

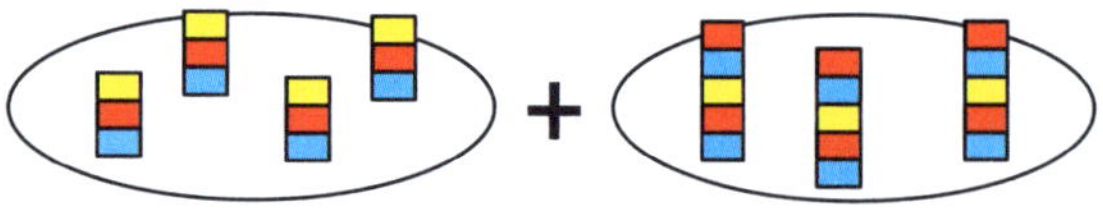

(...... × ......) + (...... × ......) = ... + ... = ...

2. Calcule en commençant par les parenthèses.

- (35 – 10) + (64 – 8) = ... + ... = ...
- (5 × 2) + (4 × 3) = ... + ... = ...
- (100 × 3) + 7 = ... + ... = ...
- (100 × 8) + (10 × 5) + 6 = ... + ... + ... = ...
- (100 × 7) + (10 × 6) + 2 = ... + ... + ... = ...
- (100 × 6) + (10 × 3) + 1 = ... + ... + ... = ...

Calcul mental : Additionner deux nombres à 2 chiffres par étapes.

S'entraîner

Parcours A

A1 **Complète** et **calcule** l'égalité qui correspond.

(...... – ......) + (...... – ......)

= ....

A2 **Complète** et **calcule** l'égalité qui correspond.

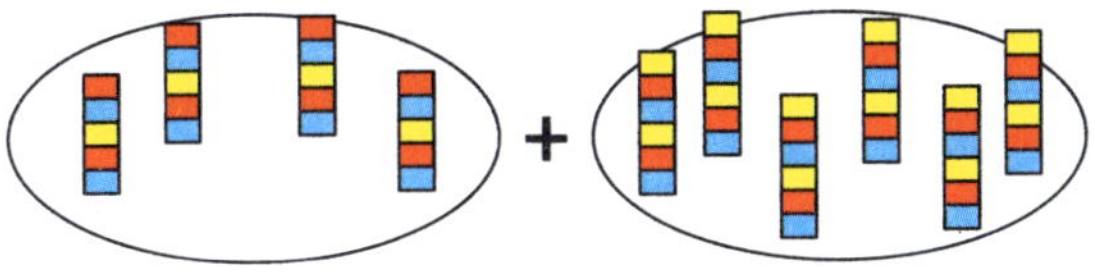

(...... × ......) + (...... × ......)

= ....

A3 **Calcule.**

- (8 – 4) + (6 – 1) = ...
- (12 – 4) + (17 – 9) = ...

A4 **Calcule.**

- (7 × 3) + (4 × 2) = ...
- (9 × 2) + (6 × 4) = ...

A5 **Calcule.**

- (10 × 7) + 8 = ...
- (10 × 2) + (10 × 5) = ...

Parcours B

B1 **Écris** et **calcule** l'égalité qui correspond.

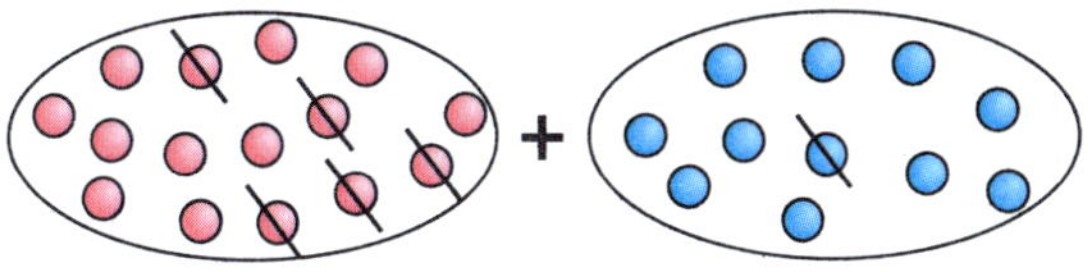

....

....

B2 **Écris** et **calcule** l'égalité qui correspond.

(2 paquets de 10 bonbons) + (3 paquets de 8 bonbons)

....

....

B3 **Calcule.**

- (14 – 9) + (35 – 11) = ...
- (60 + 10) + (50 – 20) = ...

B4 **Calcule.**

- (9 × 6) + (6 × 7) = ...
- (10 × 4) + (7 × 4) = ...

B5 **Calcule.**

- (100 × 4) + (10 × 3) = ...
- (100 × 9) + (10 × 5) = ...

Résoudre des problèmes

A6 **Résous** le problème en utilisant un calcul avec des parenthèses.

J'ai acheté 3 paquets de gâteaux à 2 € l'un et 4 boîtes de chocolats à 5 € l'une.
Combien ai-je dépensé ?

....

....

....

....

B6 **Résous** le problème en utilisant un calcul avec des parenthèses.
J'avais 18 billes bleues et 24 billes vertes.
J'ai perdu 5 billes bleues et 10 billes vertes.
Combien de billes me reste-t-il ?

....

....

....

....

Méthodologie : choisir la bonne opération (1)

Compétence : Résoudre des problèmes issus de situations de la vie quotidienne conduisant à utiliser les opérations étudiées.

Découvrir

Les parents de Peyo préparent les vacances d'été. Ils décident de partir dans un village-vacances dans le Massif central.

A. 1er problème : Le prix de l'hébergement est de 1 400 € pour les deux adultes et de 1 050 € pour les deux enfants. Quel est le coût total de l'hébergement ?

• **Colorie** la formule de calcul qui correspond au problème.

prix total = prix A × nombre de personnes	prix total = prix A + prix B	prix A = prix total – prix B

• **Écris** et **calcule** l'opération. ....

• **Écris** la réponse. ....

B. 2nd problème : Le papa de Peyo a vu sur Internet que l'essence et le péage de l'autoroute allaient lui coûter 210 € en tout. Le péage coûte 45 €. Combien va-t-il dépenser pour l'essence ?

• **Écris** la formule de calcul qui correspond au problème.

....

• **Écris** et **calcule** l'opération. ....

• **Écris** la réponse. ....

....

Appliquer

Pour chaque problème, **colorie** la bonne formule de calcul, puis **résous**-le.

1. Le samedi, la boulangère fait 85 viennoiseries. Le dimanche, elle en prépare 3 fois plus. Combien de viennoiseries fait-elle le dimanche ?

• **Colorie** la formule de calcul qui correspond au problème.

- quantité totale = quantité A × nombre de fois
- quantité totale = quantité A + quantité B
- quantité A = quantité totale – quantité B

• **Résous** le problème.

....

....

....

2. Ce matin, Max a reçu une livraison de 200 journaux. Il en a vendu 147. Combien de journaux reste-t-il le soir ?

• **Colorie** la formule de calcul qui correspond au problème.

- quantité totale = quantité A × nombre de fois
- quantité totale = quantité A + quantité B
- quantité A = quantité totale – quantité B

• **Résous** le problème.

....

....

....

Calcul mental : S'entraîner sur les tables de multiplication de 5 à 9.

Résoudre des problèmes

Parcours A

Pour les problèmes A1 et A2, **entoure** la bonne formule de calcul, puis **résous**-les.

A1

Le cahier contient 160 coloriages.
J'en ai fait 48.
Combien de coloriages me reste-t-il à faire ?

quantité totale = quantité A × nombre de fois

quantité totale = quantité A + quantité B

quantité A = quantité totale – quantité B

....

....

....

A2 Til s'achète 3 pochettes d'images à 4 € la pochette.
Combien dépense-t-il ?

prix total = prix A × nombre de fois

prix total = prix A + prix B

prix A = prix total – prix B

....

....

....

A3 **Écris** la formule de calcul qui correspond au problème, puis **résous**-le.

Un groupe de randonneurs marche 15 km le matin et 14 km l'après-midi.
Quelle distance totale parcourt-il ?

....

....

....

....

Parcours B

Pour les problèmes B1 et B2, **entoure** la bonne formule de calcul, puis **résous**-les.

B1 Un commerçant a reçu 5 cartons de 25 bouteilles de sirop de grenadine.
Combien de bouteilles a-t-il reçues ?

quantité totale = quantité A × nombre de fois

quantité totale = quantité A + quantité B

quantité A = quantité totale – quantité B

....

....

....

B2

Pour cette épreuve en eau libre, il ne reste que 800 m à parcourir à la nageuse. Elle prévoit de parcourir 625 m avant de réaliser une accélération finale. Sur quelle distance accélère-t-elle en fin de course ?

distance totale = distance A × nombre de fois

distance totale = distance A + distance B

distance A = distance totale – distance B

....

....

....

B3 **Écris** la formule de calcul qui correspond au problème, puis **résous**-le.

La console de jeux coûte 359 €
et les accessoires 156 €.
Quel est le coût total de la console de jeux et des accessoires ?

....

....

....

....

Les mots pour comparer

Compétences : Connaître et utiliser les mots permettant de comparer les nombres et les différents types de grandeurs.

Découvrir

Océane et Thomas sont allés au cirque. Pendant le spectacle, ils ont fait des comparaisons.

A. Tous les clowns n'avaient pas la même taille. Certains étaient petits, d'autres grands.
Complète les phrases.

Léandre est .... Victor.

Charly est .... Hector.

B. Hector est un clown jongleur. De sa grande valise, il sort des balles, des massues et des cerceaux.

Complète les phrases.

Il y a .... de balles que de massues.

Il y a .... de balles que de cerceaux.

Il y a .... de cerceaux que de massues.

C. **Complète** les phrases suivantes.

a) Le nombre de clowns au chapeau vert est .... nombre de clowns au chapeau bleu.

b) Le nombre de clowns au chapeau vert est .... nombre de jongleurs.

Appliquer

1. Complète les phrases suivantes.

Luna a .... d'argent que Zoé.

Tom a .... d'argent que Luna.

Zoé a .... d'argent que Tom.

2. Écris la comparaison sous forme mathématique.

- 57 cm est plus grand que 46 cm.

....

- 63 km est plus petit que 65 km.

....

- 174 mm est plus grand que 143 mm.

....

3. Écris la phrase qui correspond.

- $132 \neq 100 + 30 + 4$.

132 est ....

- $127 = 100 + 20 + 7$.

127 est ....

4. Écris la comparaison sous forme mathématique.

- 246 est égal à 200 + 46.

....

- 367 est différent de 200 + 68.

....

Calcul mental : Compter et décompter de 10 en 10 sur les nombres à 4 chiffres.

Problèmes pour apprendre à chercher (3)

....

Compétence : S'engager dans une démarche de résolution de problèmes en émettant des hypothèses, en les testant, en essayant plusieurs pistes, en exposant sa démarche de recherche.

1 Le tableau logique

Complète le tableau de façon logique.

1 328	1 428	1 528	....
1 338	1 438	1 538	....
1 348	1 448	....	....
1 358	....	....	....

2 Quel âge ont-ils ?

Stéphane a 5 fois l'âge de Martin.
Stéphane a entre 40 et 50 ans.
Sandrine a 4 fois l'âge de Martin.
Martin a 3 fois l'âge de Valentine.
Quel est l'âge de chacun ?

....

....

....

....

Fais tes essais.

3 Où est ma voiture ?

Johanna, Imane, Arthur et Geoffrey ont chacun une voiture de couleur différente.
Leur numéro d'immatriculation commence par les lettres AC et finit par AE.

....

Le numéro de la voiture de Geoffrey n'est pas le plus grand.
Le numéro de la voiture d'Imane est le plus petit.
Le numéro de la voiture d'Arthur est plus grand que celui de la voiture de Geoffrey, mais il n'est pas le plus grand.
Associe chaque propriétaire à sa voiture.

Fais tes essais.

Calcul mental : Différencier « le chiffre des » et « le nombre de ».

57 Ce qu'il faut retenir (6)

Les nombres jusqu'à 9 999 (1)

Leçon 48

Le nombre 1 000 se dit « **mille** ».
On dit aussi « **1 millier** ».
Pour écrire un nombre à 4 chiffres, on laisse **un espace** entre le chiffre des milliers et les 3 autres chiffres.

1 000 = 10 centaines = 100 dizaines

Dans un nombre, chaque chiffre a une position précise.

m	c	d	u
3	5	2	8

3 m, 5 c, 2 d et 8 u

3 528 trois mille cinq cent vingt-huit

Le mot « mille » est **invariable** : il ne prend jamais de « s ».

Reproduction de figures

Leçon 49

Pour reproduire une figure sur un quadrillage :

- **observe bien le modèle** à reproduire.
- **repère les points** caractéristiques : les sommets, les points sur un segment…
- **reporte la mesure en nombre de carreaux** (carreaux de 1 cm ou de 5 mm).

Se déplacer dans l'espace quadrillé

Leçon 50

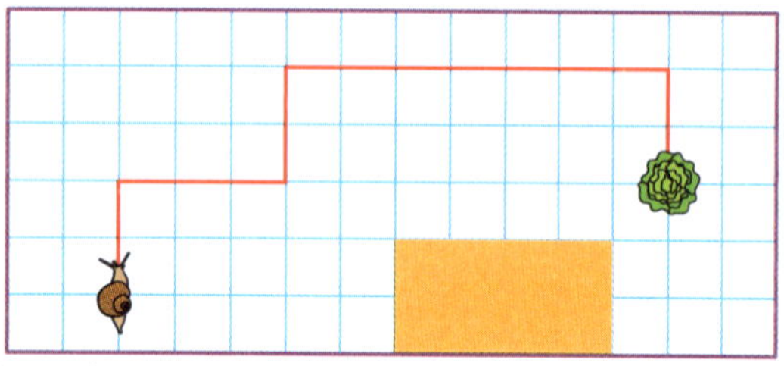

Codage du parcours :
AV 2 – TD – AV 3 – TG – AV 2 – TD – AV 7 – TD – AV 2

Comparaison des nombres jusqu'à 9 999

Leçon 51

- Le plus grand nombre est celui qui a le plus de chiffres : 2 123 > 987
- Si les nombres ont le même nombre de chiffres, il faut comparer le chiffre des milliers : 5 432 > 2 963
- Si les nombres ont le même chiffre des milliers, il faut comparer le chiffre des centaines : 6 432 > 6 258
- Et ainsi de suite, pour les dizaines et les unités.

Les mesures de longueur (2)

Leçon 52

1 km = 1 000 m
Pour **comparer** et **additionner** des longueurs, il faut les écrire dans la même unité.

2 km et 350 m
↓
2 000 m > 350 m

700 m + 3 km
↓
700 m + 3 000 m = 3 700 m

Stratégies de calcul : calculs avec des parenthèses

Leçon 53

Pour calculer une opération avec des parenthèses, il faut commencer par chaque opération mise entre parenthèses.

$(5 \times 4) + (4 \times 2) = \ldots\ldots$

$20 + 8 = 28$

Méthodologie : choisir la bonne opération (1)

Leçon 54

Problèmes sur les distances

distance totale = distance A + distance B
distance A = distance totale – distance B
distance totale = distance A × nombre de fois

Problèmes sur les quantités

quantité totale = quantité A + quantité B
quantité A = quantité totale – quantité B
quantité totale = quantité A × nombre de fois

Problèmes sur les longueurs

longueur totale = longueur A + longueur B
longueur A = longueur totale – longueur B
longueur totale = longueur A × nombre de fois

Problèmes sur la monnaie

prix total = prix A + prix B
prix A = prix total – prix B
prix total = prix A × nombre de fois

Bilan (6)

1 **Remets** dans l'ordre et **écris** le nombre en chiffres, puis en lettres.

• 6 mille 5 dizaines 2 unités 4 centaines

• ....

.... • ....

• ....

....

2 **Écris** les nombres en chiffres ou en lettres.

• cinq mille sept cents : ....

• 8 040 : ....

• deux mille six cent vingt-cinq : ....

• 9 000 : ....

3 **Reproduis** les figures géométriques.

4 **Trace** le parcours suivant sur le quadrillage.
AV 5 – TD – AV 4 – TD – AV 5 – TG – AV3

5 **Compare** avec < ou >.

• 543 ..... 1 126 • 2 476 ..... 1 987

• 8 562 ..... 8 499 • 9 820 ..... 9 836

• 3 625 ..... 3 000 + 300 + 50 + 3

• 7 412 ..... 7 000 + 400 + 2

6 **Range** les nombres dans l'ordre croissant.

8 543 / 999 / 6 870 / 8 500

....

7 a) **Additionne** les longueurs.

• 700 m + 3 km + 300 m = ... m

• 5 000 m + 4 km + 2 000 m + 3 000 m = ... km

b) **Compare** avec <, > ou =.

• 6 000 m ..... 4 km • 3 000 m + 5 000 m ..... 8 km

• 5 km ... 2 km + 1 000 m • 3 km + 2 000 m ... 5 000 m

8 **Calcule**.

• (3 × 2) + (5 × 4) = ...

• (6 × 7) + (9 × 8) = ...

• (8 – 4) + (7 – 2) = ...

• (100 × 8) + (10 × 4) = ...

Les nombres jusqu'à 9 999 (2)

Compétences : Dénombrer et décomposer des nombres entiers ≤ 9 999 sous forme additive et multiplicative. Associer le nom des nombres à leur écriture chiffrée. Interpréter le nom des nombres à l'aide des unités de numération et des écritures arithmétiques.

Découvrir

La famille Grandjeux a fait des puzzles pendant les vacances.

Les parents ont fait 2 puzzles de 1 000 pièces.

Frédéric a fait 4 puzzles de 100 pièces.

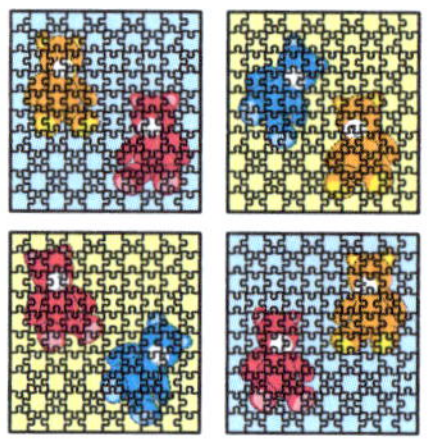

Betty a réalisé 3 puzzles de 10 pièces.

Nino, le petit dernier, a réalisé 1 puzzle de 4 pièces.

Combien de pièces la famille Grandjeux a-t-elle utilisées au total ?

- **Écris** l'addition. ....
- **Écris** le nombre total de pièces utilisées sous forme de décomposition additive et multiplicative.

(1 000 × ....) + (100 × ....) + (....... × ....) + ... = ...

- **Écris** le nombre en lettres. ....

....

- **Réponds** à la question du problème.

....

Utilise un tableau de numération.

m	c	d	u
.	.	.	.

Appliquer

1. Écris les nombres dans le tableau de numération, puis hors du tableau.

• 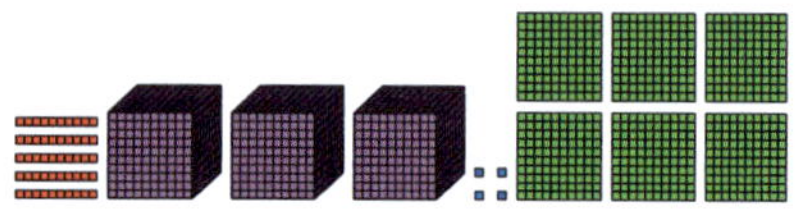 ....

• 7 mille, 5 centaines, 9 dizaines et 8 unités ....

• 5 000 + 600 + 30 + 2 = ...

• (1 000 × 8) + (100 × 5) + (10 × 9) = ...

m	c	d	u
.	.	.	.
.	.	.	.
.	.	.	.
.	.	.	.

2. Écris les nombres en chiffres ou en lettres.

• 2 020 : ....

• huit mille quatre cent quatre-vingt-sept : ....

3. Complète les décompositions additives.

• 5 463 = ... + 400 + ... + ...

• 7 187 = 7 000 + ... + ... + ...

4. Décompose les nombres sous forme multiplicative et additive.

• 8 762 = (.......... × ....) + (.......... × ....) + (.......... × ....) + ...

• 9 375 = ...

Calcul mental : Additionner un nombre à 3 chiffres à un nombre à 2 chiffres par étapes.

S'entraîner

Parcours A

A1 **Complète**, puis **écris** le nombre dessiné en chiffres et en lettres.

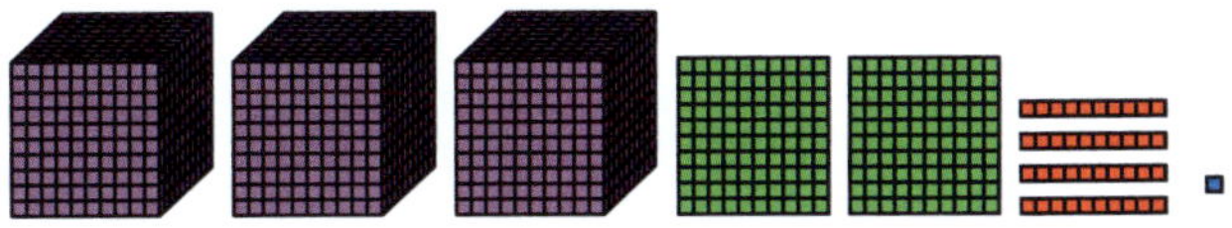

• ...... mille, ... centaines,

...... dizaines et ...... unité

• ....

• ....

....

A2 **Complète** les décompositions additives.

• 5 673 = ... + 600 + ... + ...

• 7 839 = ... + ... + 30 + ...

• 4 325 = ...

A3 **Complète** la décomposition multiplicative et additive.

2 567 = (............. × 2) + (............. × 5)

+ (......... × ....) + ...

Parcours B

B1 **Écris** les nombres en chiffres, puis en lettres.

4 mille, 0 centaine, 8 dizaines et 4 unités

• .... • ....

....

9 mille, 0 centaine, 7 dizaines et 5 unités

• .... • ....

....

B2 **Écris** les nombres en chiffres.

• 6 unités, 4 mille, 2 centaines et 7 dizaines

....

• 4 centaines, 9 dizaines, 8 mille et 0 unité

....

B3 **Décompose** les nombres sous forme additive.

• 8 354 = ... + ... + ... + ...

• six mille trois cent soixante-deux

....

B4 **Décompose** le nombre sous forme multiplicative et additive.

7 465 = (.......... × ......) + (.......... × ......)

+ (.......... × ......) + ...

Résoudre des problèmes

A4

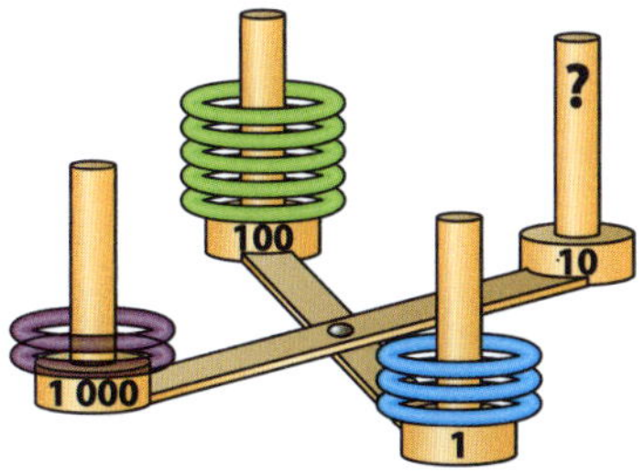

Au jeu d'adresse, il faut lancer des anneaux sur des piquets pour marquer des points. Inès a marqué deux mille cinq cent quatre-vingt-trois points au total. Combien d'anneaux a-t-elle lancés sur le piquet valant 10 points ?

....

....

B5 Le code du coffre est un nombre à 4 chiffres. Le chiffre des centaines est compris entre 2 et 4. Le chiffre des milliers est le double du chiffre des centaines. Le nombre formé par les deux derniers chiffres est compris entre 70 et 80. Si l'on additionne le chiffre des dizaines et celui des unités, on obtient 12. Quel est le nombre qui permet d'ouvrir le coffre ?

....

....

Heures, minutes et secondes

....

Compétences : Découvrir les unités de mesure de durée et leurs relations. Comparer et calculer des durées.

Découvrir

A. Mercredi, Nolan a regardé la télévision pendant exactement 1 heure.

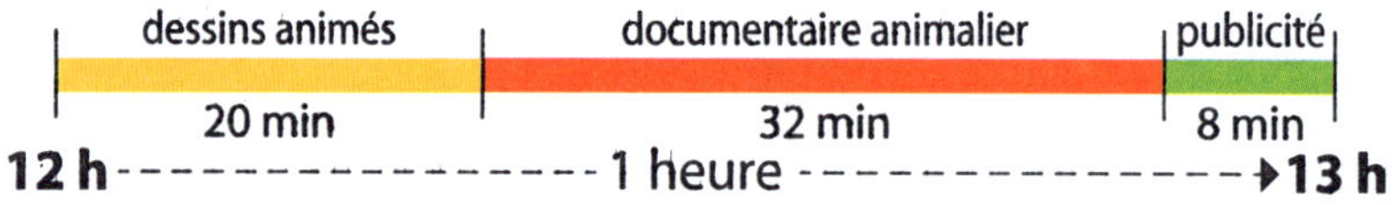

Combien de minutes Nolan est-il resté devant la télévision ?

Complète l'égalité : 20 min + ... min + ... min = ... min. Donc : .... min = 1 h.

B. Le dimanche soir entre 19 h et 20 h, Nolan a regardé les jeux télévisés, la publicité et la météo.

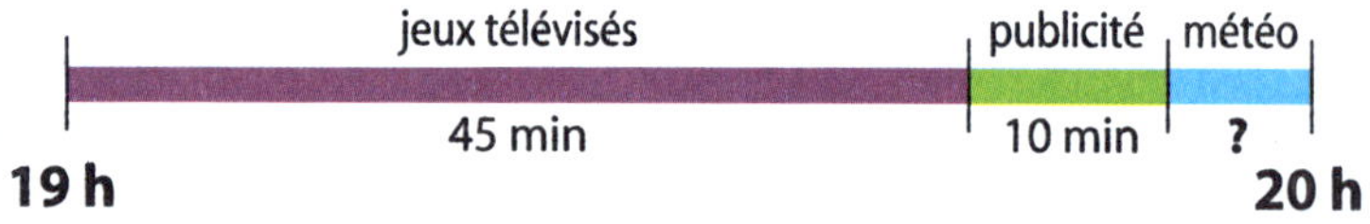

Quelle est la durée en minutes de la météo ? ....

C. Au milieu du film, il y a eu une coupure publicitaire de 1 min, avec 2 messages publicitaires de 30 s.

- Quelle est la durée totale en secondes de ces 2 messages ?

....

- Combien de secondes y a-t-il dans 1 minute ? 1 min = ... s

Les instruments pour mesurer des durées :
– la montre donne les heures et les minutes ;
– le chronomètre précise les minutes et les secondes.

Appliquer

1. Complète pour faire 1 h.

50 min + ... min = 1 h

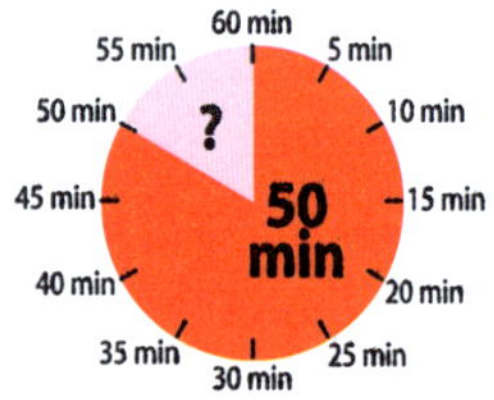

30 min + ... min = 1 h

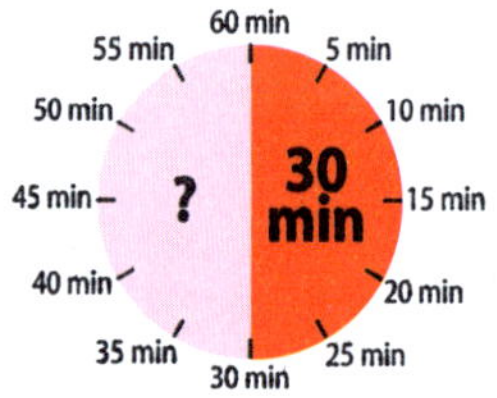

2. Combien de minutes y a-t-il dans :

- 2 h = ... min
- 2 h et 15 min = ... min
- 1 h et 30 min = ... min
- 4 h = ... min

3. Combien de secondes y a-t-il dans :

- 4 min = ... s
- 1 min et 10 s = ... s
- 2 min et 30 s = ... s
- 2 min = ... s

4. Compare les durées avec <, > ou =.

- 3 min .... 1 h
- 2 min .... 120 s
- 45 min .... 90 s
- 2 h .... 90 s

5. Complète avec le nombre de secondes qui convient.

- 45 s + ... s = 1 min
- 110 s + ... s = 2 min

Calcul mental : Compter et décompter de 1 000 en 1 000, de 100 en 100, de 10 en 10.

S'entraîner

Parcours A

A1 **Complète** pour faire 1 h.

40 min + ... min = 1 h

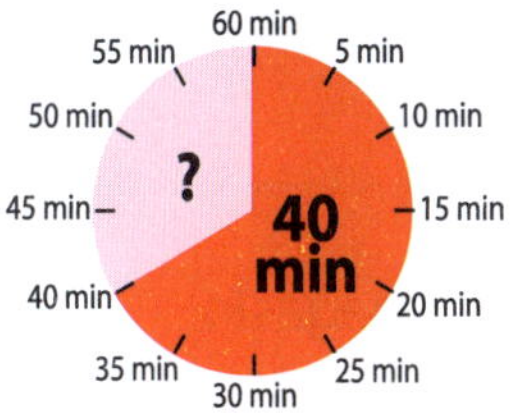

25 min + ... min = 1 h

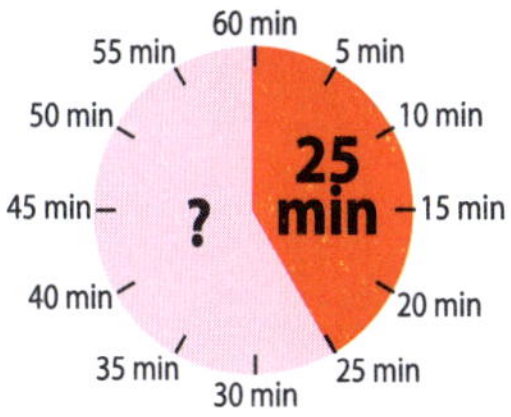

A2 **Calcule** les durées. **Donne** le résultat en min, puis en h.

- 90 min + 30 min = ... min = ... h
- 45 min + 15 min = ... min = ... h

A3 **Complète** les égalités.

- 120 s = ... min
- 180 s = ... min
- 1 min et 30 s = ... s
- 2 min et 10 s = ... s

A4 **Complète** les égalités.

- 50 s + ... s = 1 min
- 90 s + ... s = 2 min
- 30 s + ... s = 1 min
- 120 s + ... s = 3 min

A5 **Compare** avec < ou >.

- 55 s .... 1 min
- 125 min .... 1 h
- 2 h .... 20 min
- 38 min .... 3 h

Parcours B

B1 **Complète** pour faire 1 h.

- 34 min + ... min = 1 h
- 48 min + ... = 1 h

B2 **Écris** ces durées en h et en min.

- 130 min = ... h et .... min
- 90 min = ... h et .... min
- 160 min = ... h et .... min
- 200 min = ... h et .... min

B3 **Calcule** les durées. **Donne** le résultat en h et en min.

- 120 min + 90 min = ... h et .... min
- 45 min + 15 min + 45 min
  = ... h et .... min

B4 **Complète** les égalités.

- 2 min et 26 s = ... s
- 145 s = ... min et .... s
- 70 s + ... s = 2 min

B5 **Compare** avec >, < ou =.

- 45 s .... 1 min
- 2 h .... 99 min
- 180 min .... 3 h
- 4 min .... 140 s

Résoudre des problèmes

A6 Il faut faire 2 tours complets de stade pour courir le 800 m. L'athlète a parcouru le premier tour en 57 s et le second en 63 s.
Combien de temps met-elle pour parcourir les 800 m ?
Donne le résultat en s, puis en min.

....

....

....

B6 Margot fait des crêpes.
Il lui faut 20 min pour préparer la pâte, 15 min pour la laisser reposer et 20 min pour faire cuire les crêpes.
Margot commence à cuisiner à 11 h.
Les crêpes seront-elles prêtes pour 12 h ?
Justifie ta réponse.

....

....

....

NOMBRES ET CALCULS

61 Stratégies de calcul : organiser ses calculs (2)

....

Compétences : Calculer des soustractions en ligne. Décomposer des nombres en unités intermédiaires « unités, dizaines, centaines » pour faciliter le calcul.

Découvrir

Quentin veut profiter des réductions proposées par un magasin.

A. Il a repéré une télévision à 799 €. Le magasin fait 35 € de réduction. Combien va-t-il dépenser pour cette télévision ?

• **Complète** la méthode de Quentin avec les résultats.

799 (–5) → .... (–30) → ....

• **Trouve** une autre manière de calculer le prix de la télévision.

799 (– ....) → .... (– ....) → ....

• **Réponds** à la question.

....

B. Il voit ensuite un ordinateur à 789 € avec une réduction de 145 €. Quel sera le prix de cet ordinateur après la réduction ?

• **Complète** en décomposant 145 €.

789 (– ....) → .... (– ....) → .... (– ....) → ....

• **Réponds** à la question.

....

Appliquer

1. Calcule.

• 79 – 32   79 (– ....) → .... (– ....) → ....

• 248 – 25   248 (– ....) → .... (– ....) → ....

• 386 – 65   386 (– ....) → .... (– ....) → ....

2. Calcule.

• 356 – 124   356 (– ....) → .... (– ....) → .... (– ....) → ....

• 468 – 156   468 (– ....) → .... (– ....) → .... (– ....) → ....

• 349 – 132   349 (– ....) → .... (– ....) → .... (– ....) → ....

3. Calcule les soustractions sans les poser.

• 68 – 45 = ...

• 156 – 34 = ...

• 367 – 23 = ...

4. Calcule les soustractions sans les poser.

• 367 – 136 = ...

• 272 – 131 = ...

• 453 – 235 = ...

Calcul mental : S'entraîner sur les tables de multiplication de 2 à 9.

S'entraîner

Parcours A

A1 **Calcule.**

- 138 (−4) → .... (−20) → ....
- 257 (−3) → .... (−40) → ....
- 466 (−30) → .... (−3) → ....

A2 **Calcule.**

- 358 (−5) → .... (−20) → .... (−100) → ....
- 286 (−3) → .... (−50) → .... (−100) → ....
- 467 (−100) → .... (−40) → .... (−1) → ....

A3 **Calcule** les soustractions sans les poser.

- 549 − 26 = ...
- 264 − 121 = ...
- 484 − 162 = ...

Parcours B

B1 **Calcule.**

- 254 (−3) → .... (−20) → ....
- 346 (−5) → .... (−30) → ....
- 461 (−40) → .... (−4) → ....

B2 **Calcule.**

- 369 (−4) → .... (−30) → .... (−100) → ....
- 472 (−8) → .... (−20) → .... (−200) → ....
- 580 (−100) → .... (−40) → .... (−5) → ....

B3 **Calcule** les soustractions sans les poser.

- 346 − 129 = ...
- 562 − 144 = ...
- 671 − 249 = ...

Résoudre des problèmes

A4 Un camionneur doit faire une livraison à 64 km de son entrepôt.
Sur la route, il regarde son compteur et constate qu'il a fait 43 km.
Calcule le nombre de km qu'il lui reste à parcourir sans poser l'opération.

....

....

....

B4 Chez « Super Aventurier », Tom a vu une tente de camping 4 places qu'il aimerait acheter.
Elle coûte 372 €.
Tom sait qu'il a 895 € sur son compte.
Calcule la somme qu'il lui resterait après cet achat sans poser l'opération.

....

....

A5 Mamie prépare une pâte à tarte.
Il lui faut 850 g de farine. Elle verse sur sa balance les 230 g qui lui restent dans son paquet.
Elle ouvre un nouveau paquet.
Calcule la quantité de farine qu'elle doit encore ajouter sans poser l'opération.

....

....

B5 Deux amies achètent chacune un instrument de musique. Lila achète une batterie à 259 € et Coline achète un violoncelle.
Au moment de payer, Coline s'aperçoit qu'elle a oublié son portefeuille.
Lila paie 768 € la totalité des achats.
Quelle somme d'argent Coline doit-elle lui rembourser ?

....

....

62 Le cercle

Compétences : Construire un cercle en connaissant son centre et un point, ou son centre et son rayon. Utiliser le vocabulaire approprié : cercle, rayon, centre. Connaître le lien entre les propriétés géométriques et les instruments de tracé : cercle et compas.

Découvrir

Mehdi a découvert un ancêtre du vélo : le grand-bi !

A. Le cercle de chaque roue est maintenu par des rayons.

- Sur la photo, **repère** le centre de la grande roue du grand-bi.
- **Mesure** plusieurs rayons de cette grande roue. Que constates-tu ?

....

B. **Reproduis** la grande roue du grand-bi en suivant les étapes.

- Quelle est la mesure du rayon OA de la grande roue en nombre de carreaux ? ....
- **Place** la pointe du compas sur le centre O.
- **Écarte** les branches du compas du nombre de carreaux du rayon et **trace** le cercle.

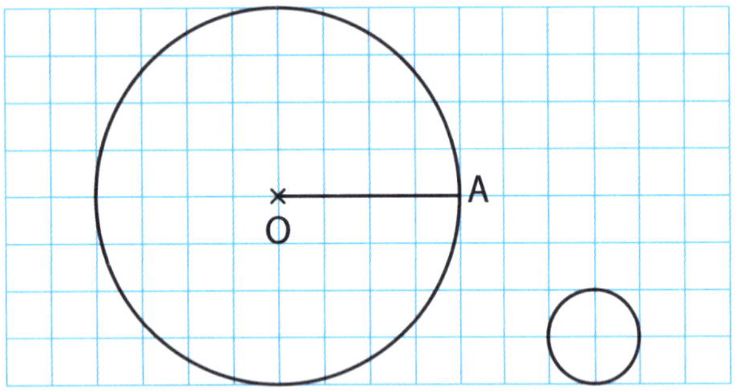

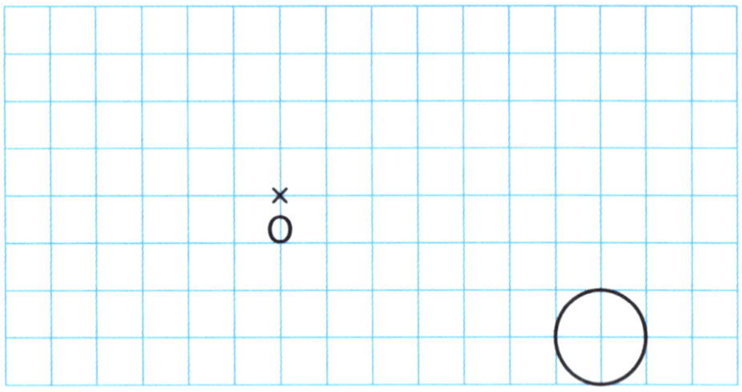

Appliquer

1. **Observe** le cercle, puis **complète**.

- A est le .... du cercle.
- AB est le .... du cercle.
- Quelle est la mesure du segment AB ?

....

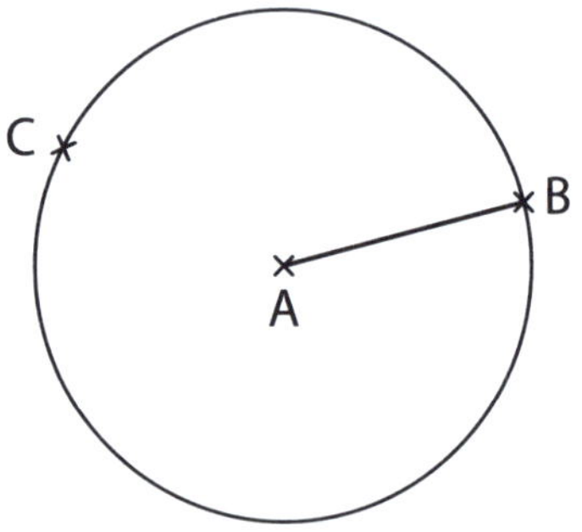

2. **Trace** un cercle de centre O et de rayon OA.

Calcul mental : Additionner deux nombres à 3 chiffres par étapes.

S'entraîner

Parcours A

A1 **Nomme** le centre du cercle.
Quelle est la mesure du rayon OA ?

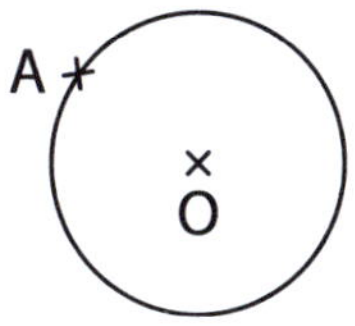

centre : ....

rayon OA = ...

A2 **Reproduis** le cercle de centre O à partir du centre O_1.

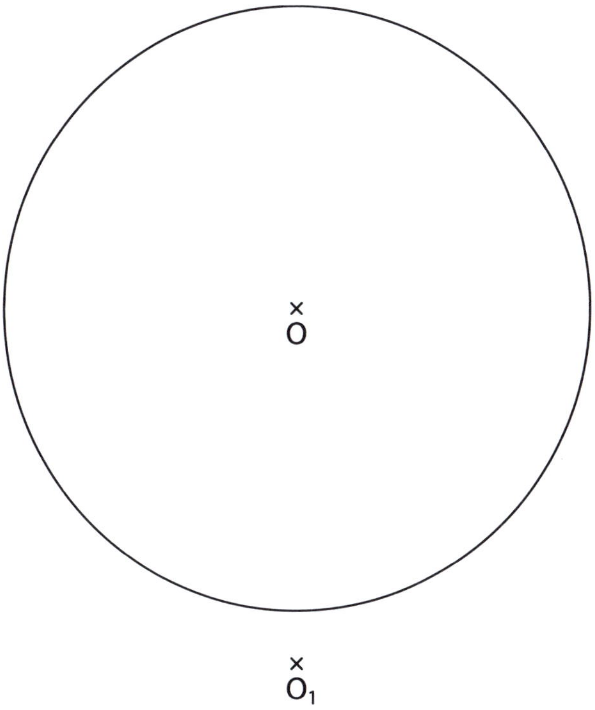

A3 **Place** un point C. **Trace** un cercle de centre C et de 3 cm de rayon.

× C

Parcours B

B1 Ces cercles sont en partie effacés.
Pour chacun, **donne** son centre et la mesure de son rayon.

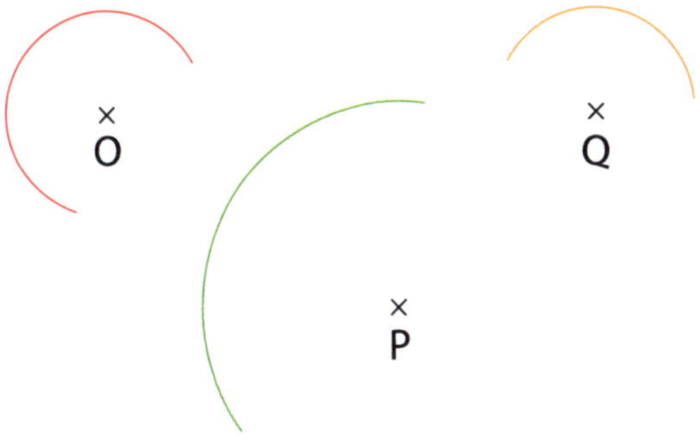

- **Cercle rouge :** centre :...... rayon :.........
- **Cercle orange :** centre :...... rayon :.........
- **Cercle vert :** centre :...... rayon :.........

B2 **Trace** un cercle de 2 cm et 5 mm de rayon et de centre A.

× A

B3 **Nomme** les points situés sur chaque cercle.

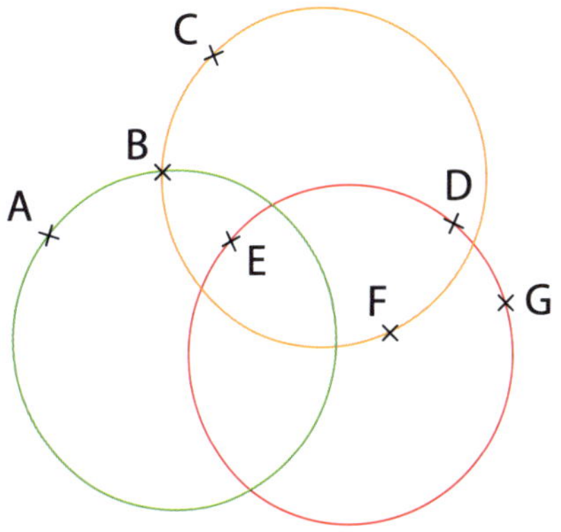

- **Cercle rouge :** ....
- **Cercle vert :** ....
- **Cercle orange :** ....

63 Stratégies de calcul : multiplier par des dizaines entières

....

Compétence : Calculer en utilisant des écritures multiplicatives en ligne. Mémoriser des procédures.

Découvrir

Pour la fête de l'école, les parents ont organisé un stand « buvette-sandwichs ».

A. Sébastien s'occupe des saucisses.
Complète les multiplications.

10 paquets de 12 saucisses aux herbes : 12 × 10 = 120

10 paquets de 24 chipolatas : 24 × 10 = ...

10 paquets de 36 merguez : 36 × 10 = ...

B. Mathilde s'occupe des paninis.
Elle a un stock de 20 paquets de 8 petits pains.
Complète pour calculer le nombre total de petits pains.

20 paquets, c'est 2 fois 10 paquets.
30 paquets, c'est 3 fois 10 paquets.

8 –(×2)→ .... –(×10)→ .... donc 8 –(×20)→ ....

C. Renaud a reçu 30 caisses de 6 canettes de jus d'orange et 60 caisses de 4 canettes de soda.
- **Complète** les arbres à calculs.
- Combien de canettes de chaque sorte peut-il vendre ?

6 × 3 0 → 18 0 → ....

4 × 6 0 → .... → ....

....

....

Appliquer

1. Multiplie par 10.

- 15 × 10 = ...
- 73 × 10 = ...
- 27 × 10 = ...
- 91 × 10 = ...

2. Multiplie par 20.

- 21 –(×2)→ ...... –(×10)→ .... donc 21 × 20 = ...
- 42 –(×2)→ ...... –(×10)→ .... donc 42 × 20 = ...
- 34 –(×2)→ ...... –(×10)→ .... donc 34 × 20 = ...
- 64 –(×2)→ ...... –(×10)→ .... donc 64 × 20 = ...

3. Calcule.

4 × 5 0 → .... → ....

5 × 2 0 → .... → ....

- 12 × 30 = ...
- 21 × 30 = ...
- 13 × 50 = ...
- 24 × 40 = ...

Calcul mental : Soustraire deux nombres à 2 chiffres par étapes.

S'entraîner

Parcours A

A1 **Calcule** en ligne.

- 24 × 2 = ...
- 61 × 4 = ...
- 32 × 3 = ...
- 81 × 6 = ...

A2 **Multiplie** par 10.

- 14 × 10 = ...
- 46 × 10 = ...
- 23 × 10 = ...
- 54 × 10 = ...

A3 **Multiplie** par 20, 30.

- 13 –(×2)→ .... –(×10)→ ....
- 21 –(×3)→ .... –(×10)→ ....

A4 **Complète** les arbres à calculs.

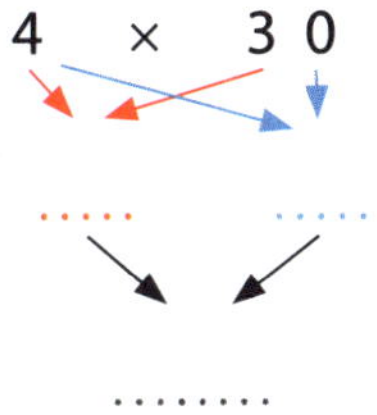

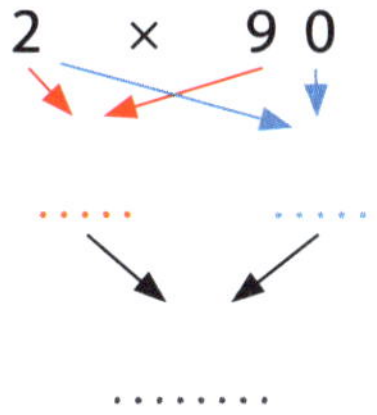

A5 **Calcule** en ligne.

- 23 × 20 = ...
- 32 × 30 = ...

Parcours B

B1 **Calcule** en ligne.

- 34 × 5 = ...
- 28 × 8 = ...
- 62 × 6 = ...
- 39 × 9 = ...

B2 **Multiplie** par 10.

- 78 × 10 = ...
- 89 × 10 = ...
- 92 × 10 = ...
- 97 × 10 = ...

B3 **Multiplie** par 20.

- 35 × 20 = ...
- 67 × 20 = ...

B4 **Complète** les arbres à calculs.

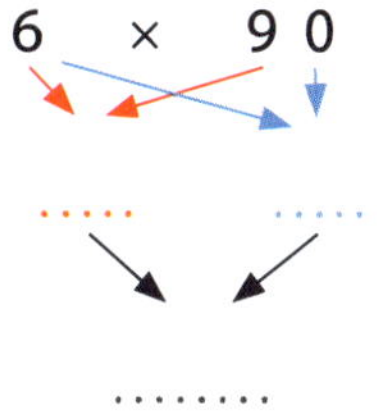

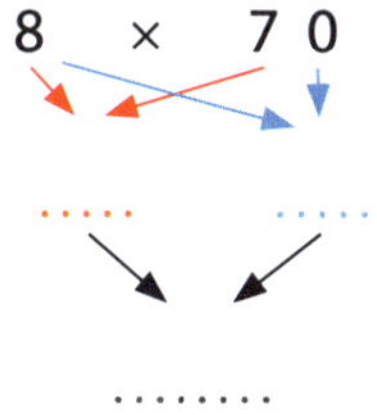

B5 **Calcule** en ligne.

- 37 × 30 = ...
- 60 × 50 = ...

Résoudre des problèmes

A6 Jean fabrique des animaux avec des ballons de baudruche. Il les achète par paquets de 24 ballons. Il commande 20 paquets. Combien de ballons va-t-il recevoir ?

....
....
....

B6 Le cuisinier de l'école a prévu une omelette pour le repas de midi. Il a reçu 30 plaques de 36 œufs. Combien d'œufs a-t-il reçus au total ?

....
....
....

64 PROBLÈMES

Problèmes de la vie courante : les durées

Compétences : Résoudre des problèmes issus de situations de la vie quotidienne impliquant des durées.
Connaître et utiliser le lexique lié aux durées.

Découvrir

Aurèl et Charlie sont tous les deux allés de Paris à Marseille, mais avec des moyens de transport différents.

A. Aurèl a pris le TGV. Il est parti à 15 h et son voyage a duré 3 h et 20 min. À quelle heure Aurèl est-il arrivé ?

- **Entoure** dans l'énoncé les mots qui t'indiquent que c'est un problème sur les durées.
- **Aide**-toi du schéma pour répondre à la question.

....

....

B. Charlie a voyagé en avion. Elle a décollé à 18 h 50 à l'aéroport de Paris-Roissy et a atterri à Marseille à 19 h 40. Quelle a été la durée de son voyage ?

Observe le schéma, puis **résous** le problème.

....

....

....

Attention au vocabulaire qui indique un problème sur les durées !

Appliquer

1. Écris la durée en heures :

- de 8 h 00 à 10 h 00 : ....
- de 10 h 30 à 13 h 30 : ....
- de 10 h 30 à 17 h 30 : ....

2. Écris la durée en min :

- de 9 h 10 à 9 h 30 : ....
- de 8 h 20 à 8 h 50 : ....
- de 14 h 10 à 14 h 40 : ....

3. Résous le problème.
Pour arriver à Chamonix, le conducteur du car a prévu de mettre 6 h et 30 min.
Le départ est fixé à 9 h 30. À quelle heure le car devrait-il arriver à Chamonix ?

....

....

....

4. Résous le problème.
L'année dernière, les élèves sont allés en classe de mer. Ils sont partis de l'école à 11 h 45 et sont arrivés à destination à 17 h 50.
Quelle a été la durée du voyage ?

....

....

....

Calcul mental : Multiplier un nombre par 10.

S'entraîner

Parcours A

A1 Quelle est la durée en h ?

- de 10 h 00 à 21 h 00 : ....
- de 11 h 30 à 18 h 30 : ....

A2 **Écris** la durée en minutes.

- de 17 h 10 à 17 h 30 : ....
- de 7 h 50 à 8 h 25 : ....

Parcours B

B1 **Écris** la durée en minutes.

- de 6 h 00 à 6 h 50 : ....
- de 16 h 15 à 16 h 45 : ....

B2 Quelle est la durée en h et min ?

- de 9 h 10 à 18 h 25 : ....
- de 13 h 05 à 23 h 40 : ....

Résoudre des problèmes

A3

Il faut 2 h et 30 min à Monsieur Garcia pour faire les courses à l'hypermarché.
Il entre dans le magasin à 13 h 00.
À quelle heure en sort-il ?

....

....

B3 La boulangerie ouvre de 7 h 15 à 12 h 30.
Elle est fermée sur le temps du repas. Elle ouvre de nouveau à 14 h 30 et ferme à 19 h 00.
Combien de temps la boulangerie reste-t-elle ouverte dans une journée ?

....

....

A4

Le soir, Thibaud s'endort à 21 h 00. Il se réveille à 7 h 30 le lendemain matin.
Combien de temps dort-il ?

....

....

B4 Le coureur cycliste s'est entraîné 3 jours cette semaine.
Le premier jour, il a roulé pendant 4 h et 15 min et le deuxième jour pendant 3 h et 45 min.
Le troisième jour, il a roulé 30 min de moins que le premier jour.
Combien de temps a-t-il roulé au total ?

....

....

65 Méthodologie : choisir la bonne opération (2)

Compétence : Résoudre des problèmes issus de situations de la vie quotidienne conduisant à utiliser les opérations étudiées.

Découvrir

Tous les membres de la famille ont mesuré leur taille.

A. Louisa mesure 170 cm.

Elle mesure 10 cm **de moins** qu'Abdel.
Combien Abdel mesure-t-il ?

- Qui de Louisa ou d'Abdel est le plus grand ?

....

- **Écris** et **calcule** l'opération.

....

- **Écris** la réponse.

....

B. Abdel mesure 180 cm. Il mesure 60 cm **de plus** qu'Asma.
Combien Asma mesure-t-elle ?

- **Complète** le schéma avec les données de l'énoncé.
- Qui d'Abdel ou d'Asma est le plus grand ? ....
- **Écris** et **calcule** l'opération.

....

- **Écris** la réponse.

....

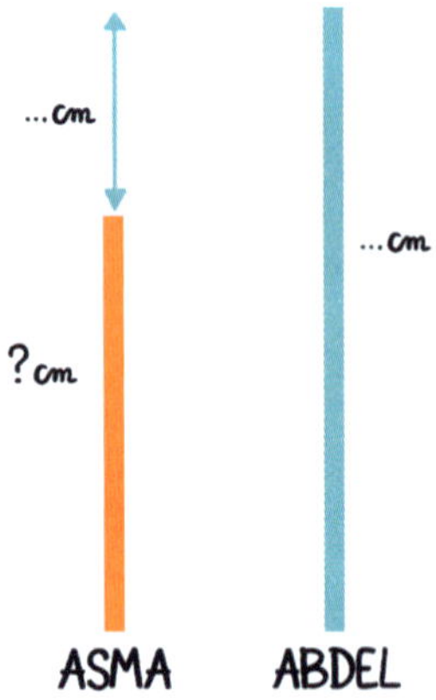

C. Asma mesure 120 cm. Son frère Waël mesure 40 cm **de plus** qu'elle.
Combien Waël mesure-t-il ?

- Qui d'Asma ou de Waël est le plus grand ? ....
- **Écris** et **calcule** l'opération.

....

- **Écris** la réponse.

....

Appliquer

Résous les problèmes.

1. Papa a 39 ans.
Lee a 30 ans **de moins**.
Quel est l'âge de Lee ?

....

....

....

2. Il y a 34 km de Marseille à Aix-en-Provence, soit 30 km **de moins** que de Marseille à Toulon.
Quelle est la distance de Marseille à Toulon ?

....

....

....

Calcul mental : Multiplier un nombre par un multiple de 10.

Résoudre des problèmes

Parcours A

A1

Ulane, le chien, pèse 30 kg.
Milk, le chat, pèse 26 kg **de moins** que le chien.
Combien Milk pèse-t-il ?

....

....

....

A2 Dans sa tirelire, Sacha a 10 € **de plus** que son frère Nathan.
Nathan a 75 €.
Combien Sacha a-t-elle dans sa tirelire ?

....

....

....

A3

José et Mathieu font du canoë-kayak le dimanche.
José parcourt 20 km, c'est-à-dire 6 km **de moins** que Mathieu.
Quelle distance Mathieu parcourt-il ?

....

....

....

Parcours B

B1

La Loire et la Seine sont les deux fleuves les plus longs de France.
La Seine a une longueur de 776 km.
La Loire mesure 236 km **de plus** que la Seine.
Quelle est la longueur de la Loire ?

....

....

....

B2 L'éléphant d'Asie pèse 2 700 kg.
La girafe pèse 1 600 kg **de moins** que l'éléphant d'Asie.
Quelle est la masse de la girafe ?

....

....

....

B3

Le plus haut sommet des Alpes, le mont Blanc, a une altitude de 4 810 m. Il mesure 1 406 m **de plus** que le pic d'Aneto, le plus haut sommet des Pyrénées.
Quelle est l'altitude du pic d'Aneto ?

....

....

....

66 Ce qu'il faut retenir (7)

Les nombres jusqu'à 9 999 (2)

Leçon 59

Un nombre peut se décomposer de deux façons : additive ou additive et multiplicative.

2 453 = 2 000 + 400 + 50 + 3 — 2 453 = (1 000 × 2) + (100 × 4) + (10 × 5) + 3

Heures, minutes, secondes

Leçon 60

1 h = 60 min

À chaque fois que 60 min passent, c'est 1 h supplémentaire.

60 min = 1 h
120 min = 2 h
180 min = 3 h

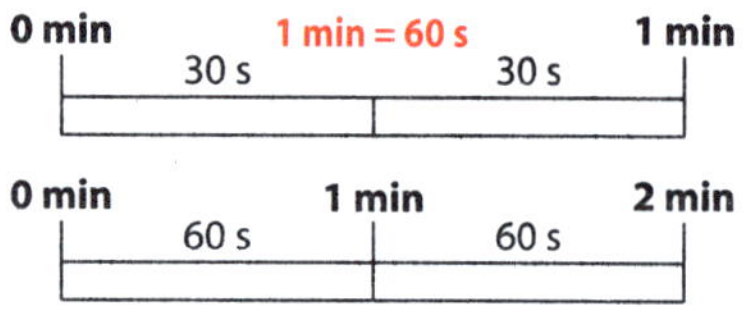

60 s = 1 min
120 s = 2 min

Le cercle

Leçon 62

Tracer un cercle

Le cercle se trace avec le compas.

Le rayon est la mesure du centre du cercle à chacun de ses points.

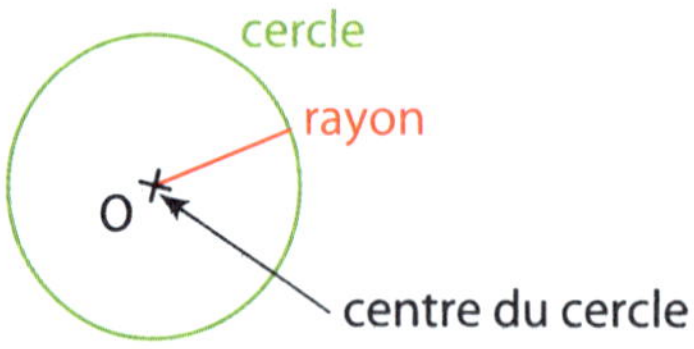

La mesure du rayon est donnée par l'écartement du compas. On l'obtient en le mesurant sur la règle.

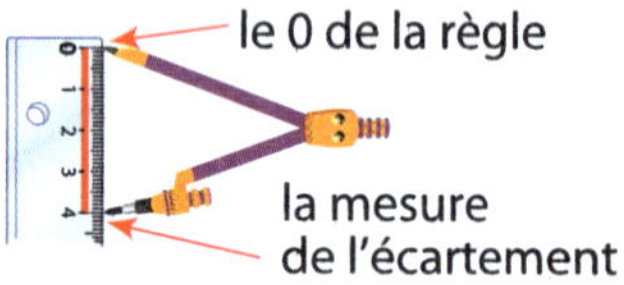

Stratégies de calcul : multiplier par des dizaines entières

Leçon 63

Pour multiplier par 20, 30… Il faut multiplier par 2, 3… puis par 10.

6 × 20 = 6 [× 2] → 12 [× 10] → 120

Problèmes de la vie courante : les durées

Leçon 64

Le vocabulaire des problèmes sur les durées

durée – heure de départ – heure d'arrivée – heures – minutes – temps…

Problèmes sur les durées

- durée = heure d'arrivée – heure de départ
- heure d'arrivée = heure de départ + durée
- heure de départ = heure d'arrivée – durée

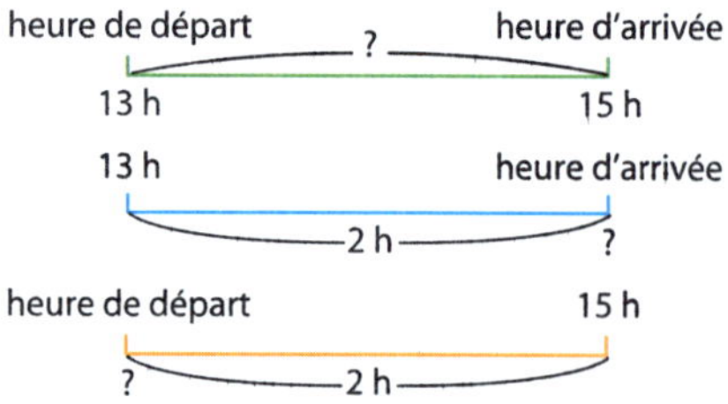

Méthodologie : choisir la bonne opération (2)

Leçon 65

Un schéma peut aider à comprendre le sens.

Le papa d'Elsa a 30 ans. Il a 24 ans **de plus** que sa fille. Quel est l'âge d'Elsa ?

30 – 24 = 6
Elsa a 6 ans.

« **De plus…** » n'entraîne pas toujours une addition.

Chaque mercredi, Oliver court 18 km, soit 6 km **de moins** que Joris. Quelle distance Joris court-il ?

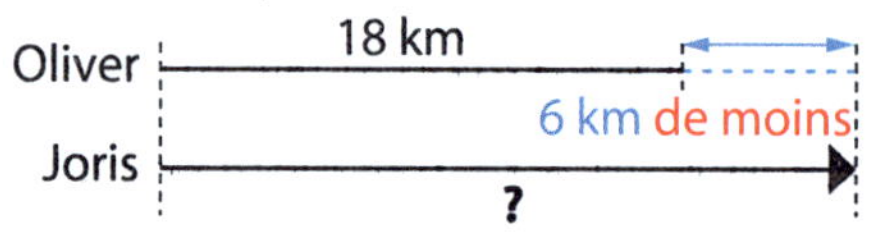

18 + 6 = 24
Joris court une distance de 24 km.

« **De moins…** » n'entraîne pas toujours une soustraction.

Bilan (7)

1 Écris les nombres en chiffres.

- 3 centaines, 5 milliers, 7 unités et 4 dizaines : ....
- 9 unités, 3 dizaines, 8 milliers et 1 centaine : ....
- 7 dizaines, 8 milliers et 2 unités : ....
- 7 000 + 500 + 80 + 3 = ...
- 9 000 + 100 + 20 + 6 = ...
- (1 000 × 6) + (100 × 3) + (10 × 9) = ...

2 Complète les décompositions.

- 3 254 = ... + 200 + ... + 4
- 7 586 = 7 000 + ... + ... + ...
- 1 532 = (........ × ....) + (........ × 5) + (........ × 3) + ...
- 5 487 = (.......... × 5) + (........ × ....) + (........ × ....) + ...

3 Complète les égalités.

- 2 h = ... min
- 1 min et 15 s = ... s
- 70 s = ... min et .... s
- 80 s + ... s = 2 min

4 Calcule les durées. **Donne** le résultat en min, puis en h.

- 35 min + 25 min = ... min = ... h
- 70 min + 50 min = ... min = ... h

5 Compare avec <, > ou =.

- 66 s ..... 1 min
- 2 h ..... 120 min
- 150 min ..... 3 h
- 5 min ..... 200 s

6 Calcule.

- 358 (−6)→ .... (−40)→ .... (−200)→ ....
- 356 (−2)→ .... (−50)→ .... (−100)→ ....

7 Calcule les soustractions sans les poser.

369 − 236 = ...

684 − 373 = ...

8 Trace un cercle de centre O et de 2 cm de rayon.

×
O

9 Calcule.

- 47 × 10 = ...
- 84 × 10 = ...
- 23 × 30 = ...
- 36 × 20 = ...
- 75 × 50 = ...
- 41 × 60 = ...

10 Résous le problème. Le conducteur est parti de Lille à 8 h 00 et il est arrivé à Lyon à 23 h 15. Quelle a été la durée de son voyage ?

....

Le nombre ordinal

Compétences : Connaître le nombre ordinal et établir la relation entre ordinal et cardinal. Faire le lien entre le rang dans une liste et le nombre d'éléments qui le précèdent.

Découvrir

Au rayon « poissonnerie », il y a beaucoup d'attente. Chaque client a pris un ticket avec un numéro. Le 1er client a le ticket numéro 1.

A. Arnaud a le ticket numéro 58.

- **Complète** la phrase avec la position d'Arnaud écrite en lettres.

Arnaud est le .... client de la journée.

- Combien de personnes vont être servies avant lui ?

....

B. La poissonnière appelle le quarante-neuvième client.

- Quel nombre est inscrit sur son ticket ? ....
- Combien de personnes attendent maintenant avant Arnaud ?

....

C. Olga est la 50e cliente.
Lucien est 6 places après Olga.
Écris la position de Lucien en chiffres, puis en lettres.

....

Appliquer

1. Écris les positions en chiffres ou en lettres.

- septième : ....
- trente et unième : ....
- 1er : ....
- 20e : ....

2. Complète les phrases avec la position écrite en lettres.

- Lundi est le .... jour de la semaine.
- Mardi est le ....
- Jeudi ....
- Samedi ....

3. Réponds aux questions.

Le 41e marathon international de Paris a eu lieu le 9 avril 2017.
Combien de marathons de Paris ont eu lieu avant cette date ?

....

Pendant la course de planche à voile, Emma est arrivée juste avant Gabin qui était 63e.
Combien de participants sont arrivés avant Emma ?

....

Je suis le 23e sur la liste.
Combien de personnes sont inscrites avant moi ?

....

Adama est 67e à l'arrivée de la course.
Guillaume est arrivé 11 places avant.
Quelle est la position de Guillaume ?

....

Calcul mental : Soustraire un nombre à 2 chiffres d'un nombre à 3 chiffres par étapes.

S'entraîner

Parcours A

A1 **Écris** les positions en chiffres.

- huitième : ....
- trentième : ....
- quarante-cinquième : ....
- vingt-huitième : ....

A2 **Écris** les positions en lettres.

- 5e : ....
- 7e : ....
- 12e : ....

Parcours B

B1 **Écris** les positions en chiffres.

- soixante-treizième : ....
- cent vingt-huitième : ....
- cent quatre-vingt-sixième : ....
- deux cent quatre-vingt-dixième : ....

B2 **Écris** les positions en lettres.

- 75e : ....
- 89e : ....
- 94e : ....

Résoudre des problèmes

A3

Lors de la compétition de karaté, Hannya est classée trente et unième.
Combien d'enfants sont placés avant elle ?

....

....

....

A4 Voici la série des nombres pairs : 2, 4, 6…
Quel est le 10e nombre de la série ?
Combien de nombres précèdent le nombre trouvé ?

- ....

....

- ....

....

B3 Dylan adore lire. Il peut y passer des heures. Cet après-midi, il a commencé un nouveau livre et il est déjà arrivé au début de la page 147.
Combien de pages a-t-il déjà lues ?

....

....

....

B4 La liste des élèves de l'école est écrite par ordre alphabétique et numérotée dans cet ordre :

A de 1 à 12 ;	D de 38 à 45 ;
B de 13 à 21 ;	E de 46 à 49 ;
C de 22 à 37 ;	F de 50 à 51.

Willy s'appelle Fijar et Julia se nomme Faber.

Quel est le numéro de Willy ?
et celui de Julia ?

....

....

Par quelle lettre commence le nom de l'élève qui est quarante-deuxième sur cette liste ?

....

Combien d'élèves sont inscrits avant lui ?

....

....

69

NOMBRES ET CALCULS

Multiplication par un nombre à 2 chiffres (1)

......	......	......	......	......

Compétences : Mettre en œuvre un algorithme de calcul posé pour la multiplication. Mémoriser des faits numériques et des procédures.

Découvrir

A. Le carreleur doit recouvrir le mur de la salle de bains de carreaux de deux couleurs.

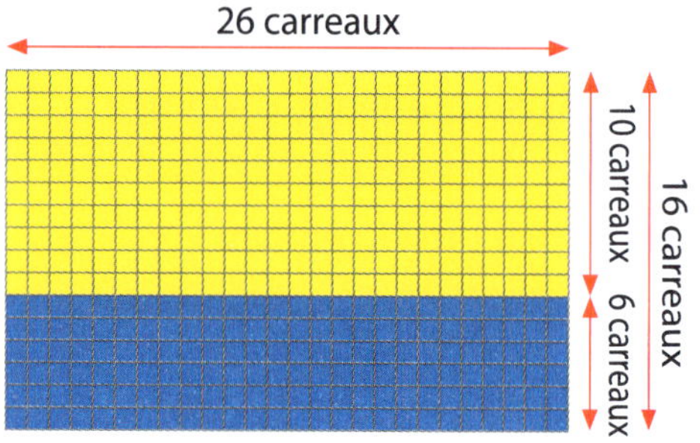

Combien de carreaux doit-il poser au total ?
Complète l'opération.

- Combien de carreaux bleus doit-il poser ? → Total des carreaux bleus 26 × 6 → . . .
- Combien de carreaux jaunes doit-il poser ? → Total des carreaux jaunes 26 × 10 → . . .
- Combien de carreaux doit-il poser au total ? → Total des carreaux à poser → . . .

		2	6
	×	1	6
	.	.	.
	.	.	.
	.	.	.

B. Il doit ensuite carreler un mur de la cuisine. Il dessine un plan pour préparer son travail. **Calcule** l'opération en colonnes pour connaître le nombre total de carreaux qu'il devra poser.

24 = ... + ...

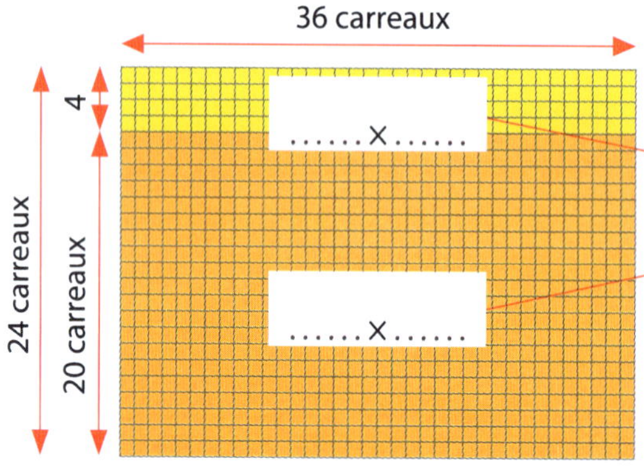

		3	6
	×	2	4
	.	.	.
	.	.	.
	.	.	.

Appliquer

Calcule.

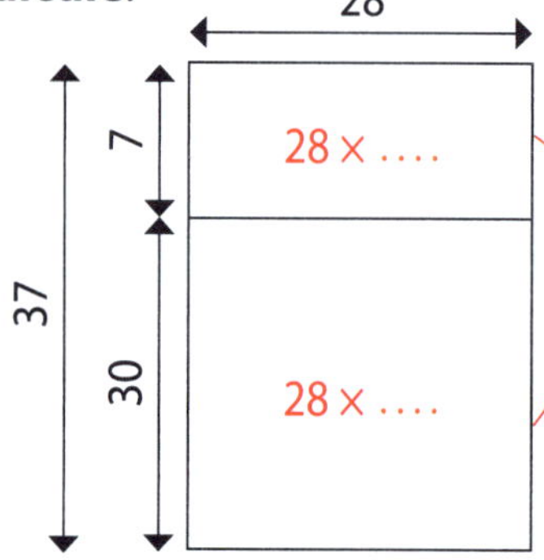

28 × ...... → . . .
28 × ...... → . . .

		2	8
	×	3	7
	.	.	.
	.	.	.
.	.	.	.

29 × ...... → . .
29 × ...... → . . . .

		2	9
×		4	2
		.	.
.	.	.	.
.	.	.	.

Calcul mental : Trouver le nombre pensé.

S'entraîner

Parcours A

A1 **Calcule** en colonnes.

23 × 4 = ……

```
    2 3
×     .
-------
    . .
```

32 × 5 = ……

```
    . .
×     .
-------
  . . .
```

A2 **Calcule** en ligne.

- 32 × 20 = ……
- 43 × 30 = ……

A3 **Complète** le schéma et **calcule**.

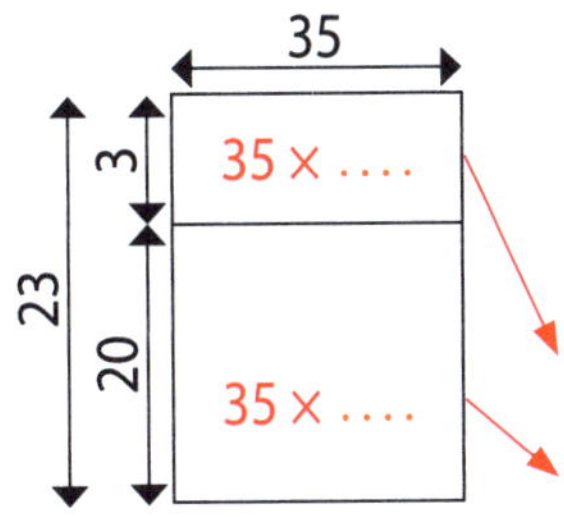


```
         3 5
   ×     2 3
   ---------
35 × … → . . .
35 × … → . . .
   ---------
       . . .
```

A4 **Calcule**.

```
          4 2
   ×      3 4
   ----------
42 × … →  . . .
42 × … → . . . .
   ----------
        . . . .
```

```
    6 2
×   2 4
-------
```

Parcours B

B1 **Pose** en colonnes et **effectue** les calculs.

46 × 6 = ……

39 × 8 = ……

B2 **Calcule** en ligne.

- 48 × 60 = ……
- 34 × 70 = ……

B3 **Complète** le schéma et **calcule**.

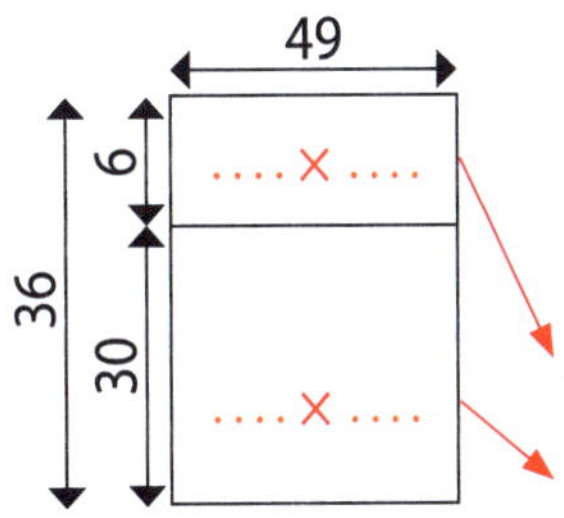


```
            4 9
   ×        3 6
   ------------
…. × …. →   . . .
…. × …. → . . . .
   ------------
          . . . .
```

B4 **Calcule**.

```
    6 5
×   3 8
-------
  . . .
. . . .
-------
. . . .
```

```
    8 4
×   5 6
-------
```

Résoudre des problèmes

A5 Pour le goûter, le directeur du centre aéré a acheté 14 paquets de gâteaux. Chaque paquet contient 36 gâteaux. Quel est le nombre total de gâteaux ?

……

……

……

B5 Le club de tennis a acheté des survêtements pour tous ses adhérents : 35 adultes et 24 juniors. Chaque survêtement coûte 49 €. Quel est le coût total de la dépense ?

- ……
- ……

……

……

Les mesures de masse (1)

Compétences : Connaître et utiliser les unités de mesure de masse (g et kg) et leurs relations. Comparer, ranger, encadrer et additionner des masses.

Découvrir

A. Au rayon « fruits » du supermarché, Apolline propose des corbeilles de fruits de **1 kg**.

• **Calcule** la masse de chaque corbeille en g.

Corbeille « classique »

....

....

Corbeille « exotique »

....

....

• **Complète** l'égalité : 1 kg = ... g.

B. Un client commande une corbeille spéciale composée d'une corbeille « classique », ainsi que de 300 g de litchis, 400 g de kiwis et 300 g de mangue. Quelle est la masse totale de cette corbeille spéciale ? **Donne** le résultat en g, puis en kg.

....

entre 2 et 3 kg

chariot n° 1

entre 3 et 4 kg

chariot n° 2

C. Pour livrer les commandes, Apolline les classe en 2 chariots.

• Dans quel chariot place-t-elle la commande de 3 800 g ? **Entoure**-le.

• **Encadre** la masse donnée en g entre les deux nombres entiers de kg les plus proches. .... kg < 2 400 g < .... kg

Appliquer

1. Calcule la masse totale en g.

• 3 kg + 1 kg + 200 g = ...

....

• 500 g + 500 g + 100 g + 2 kg = ...

....

2. Calcule la masse totale en kg.

• 600 g + 300 g + 100 g + 2 kg = ...

....

• 1 kg + 400 g + 200 g + 400 g = ...

....

3. Encadre entre les deux nombres entiers de kg les plus proches.

...... kg < 4 500 g < ...... kg

.... < 7 200 g < ....

4. Range les masses dans l'ordre décroissant.

1 kg / 800 g / 4 kg / 95 g

....

....

Calcul mental : S'entraîner sur la relation ordinaux / cardinaux.

S'entraîner

Parcours A

A1 **Écris** la masse du paquet en g, puis en kg.

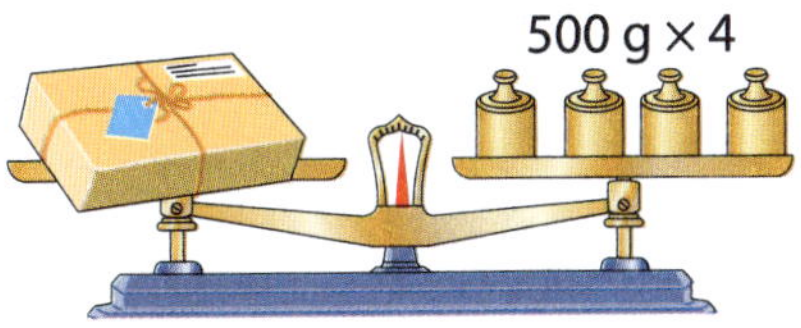

.... g

.... kg

A2 **Écris** les masses en g.

• 6 kg = ... g • 2 kg et 200 g = ... g

A3 **Complète** pour avoir 1 kg.

• 400 g + ... = 1 kg • 700 g + ... = 1 kg

A4 **Compare** les masses avec > ou <.

• 8 000 g ... 9 kg • 8 kg ... 1 200 g

A5 **Additionne** les masses.
Donne la réponse en g.

• 2 kg + 800 g = ...

• 5 kg + 500 g = ...

A6 **Encadre** entre les deux nombres entiers de kg les plus proches.

• .... < 2 800 g < ....

• .... < 7 500 g < ....

A7 **Range** les masses dans l'ordre croissant.

8 kg / 4 000 g / 3 000 g

....

Parcours B

B1 **Écris** les masses en g.

• 4 kg et 100 g = ... g

• 6 kg et 800 g = ... g

B2 **Complète** les égalités.

• 1 800 g + ... = 2 kg

• 6 100 g + ... = 7 kg

B3 **Compare** les masses avec >, < ou =.

• 5 kg et 100 g ... 5 200 g

• 4 200 g ... 4 kg et 200 g

• 8 120 g ... 8 kg

B4 **Additionne** les masses. **Donne** la réponse dans l'unité demandée.

• 500 g + 300 g + 400 g + 2 kg = ... g

• 700 g + 200 g + 4 kg + 100 g = ... kg

B5 **Encadre** entre les deux nombres entiers de kg les plus proches.

• .... < 2 kg et 100 g < ....

• .... < 6 kg et 500 g < ....

B6 **Range** les masses dans l'ordre croissant.

2 kg / 2 135 g / 2 kg et 100 g / 2 800 g

....

Résoudre des problèmes

A8 Le confiseur a 1 kg et 800 g de caramels, 900 g de sucettes et 1 300 g de bonbons acidulés au total. Il prépare des sachets de bonbons de 1 kg.
Combien de sachets peut-il faire ?

....

....

....

....

B7 Pour faire de la confiture, Élise a mélangé 1 kg et 200 g de mirabelles et 800 g de sucre. Pendant la cuisson, le mélange réduit et perd 200 g. Quelle est la masse totale de fruits et de sucre avant la cuisson ? Quelle est la masse de confiture après la cuisson ?

....

....

....

....

PROBLÈMES

71 Problèmes de la vie courante : les masses

Compétences : Résoudre des problèmes issus de situations de la vie quotidienne portant sur les masses. Connaître et utiliser le lexique spécifique lié aux masses.

Découvrir

L'immeuble est équipé de deux ascenseurs. Le plus petit ne peut pas transporter plus de 230 kg.

• Dans les 3 énoncés suivants, **entoure** les mots et les expressions qui indiquent que ce sont des problèmes sur les masses.

A. M. Martin pèse 90 kg et M. Duchat 80 kg.
Peuvent-ils monter ensemble dans le petit ascenseur ?

....

....

B. M. Lee pèse 140 kg. Si une 2nde personne veut monter dans l'ascenseur avec lui, quel devra être son poids maximum ?

....

....

C. Au maximum, 12 personnes de 75 kg peuvent monter dans le grand ascenseur. Quelle masse maximum accepte-t-il ?

....

....

D. Chaque problème utilise plusieurs des informations suivantes :

poids d'une personne	nombre de personnes	poids de M. Martin
poids total	poids de M. Duchat	poids de M. Lee

Complète les égalités en utilisant les étiquettes ci-dessus.

• **Problème A :** poids total = ... + ...

• **Problème B :** poids de la 2nde personne = ... – ....

• **Problème C :** poids total = ... × ....

Appliquer

Andréa et Gauthier pèsent 130 kg à eux deux. Andréa pèse 55 kg. Combien Gauthier pèse-t-il ?

poids total

poids d'Andréa

poids de Gauthier

• **Complète** l'égalité en utilisant les étiquettes.

poids de Gauthier = poids .... – poids ....

• **Résous** le problème.

....

....

....

Calcul mental : S'entraîner sur les tables de multiplication de 2 à 9.

S'entraîner

Parcours A

A1 Deux enfants montent ensemble sur une balançoire. Quelle est la masse totale sur la balançoire ? **Écris** l'opération en ligne.

1er enfant	2nd enfant	Masse totale
28 kg	39 kg	....

....

A2 Quelle est la différence de masse entre les animaux ? **Écris** l'opération en ligne.

Le plus lourd	Le plus léger	Différence de masse
renard : 6 kg	lapin : 2 kg	....

....

A3 Quelle est la masse totale de pommes de terre commandées ?
Écris l'opération en ligne.

Masse d'un sac	Nombre de sacs	Masse totale
100 kg	8	....

....

Parcours B

B1 Quelle est la masse de la voiture quand elle est chargée (passagers et bagages) ?
Écris l'opération en ligne.

Masse de la voiture	Masse de la charge	Masse totale
850 kg	225 kg	....

....

B2 Quelle est la différence de masse entre les animaux ? **Écris** l'opération en ligne.

Le plus lourd	Le plus léger	Différence de masse
hippopotame : 3 800 kg	éléphant : 1 400 kg	....

....

B3 Quelle est la masse totale des valises mises dans la soute du car ?
Écris l'opération en ligne.

Masse d'une valise	Nombre de valises	Masse totale
20 kg	49	....

....

Résoudre des problèmes

A4 Aya veut changer la terre des plantes de son balcon. Elle achète 3 sacs de terreau ayant chacun une masse de 20 kg. Quelle masse totale de terreau a-t-elle achetée ?

....

....

....

A5 L'homme le plus gros du monde pesait 560 kg. Il est entré dans le *Livre des records* pour avoir perdu 200 kg.
Quel était son poids après son régime ?

....

....

....

B4 La camionnette du maçon peut transporter 950 kg au maximum. Il doit emporter sur le chantier de construction d'une maison 295 kg de parpaings et 15 sacs de ciment de 25 kg chacun.

- Quelle est la masse totale des sacs de ciment ?

....

....

....

- La camionnette peut-elle contenir ce chargement ? **Justifie** ta réponse.

....

....

....

Méthodologie : vérifier la vraisemblance d'un résultat et la cohérence d'une réponse

Compétences : Vérifier la vraisemblance d'un résultat et la cohérence d'une réponse dans la résolution de problèmes en s'appuyant sur le sens et la question posée.

Découvrir

ÉNONCÉ
Mathéïs a fait 45 cupcakes pour ses camarades du centre de loisirs.
Le matin, il distribue 18 cupcakes. L'après-midi, il en offre 19.
Combien de cupcakes lui reste-t-il le soir ?

Lola et Élior doivent résoudre ce problème.
Observe la résolution du problème faite par chacun d'entre eux.

Lola
Nombre total de cupcakes offerts :
18 + 19 = 37 Mathéïs a offert 37 cupcakes.

Nombre de cupcakes restants :
45 + 37 = 82 Le soir, il lui reste 82 cupcakes.

Élior
Nombre total de cupcakes offerts :
18 + 19 = 37 Il a offert 37 cupcakes.

A. Le résultat de Lola est-il vraisemblable ? **Justifie** ta réponse.

....

....

....

B. Pourquoi la réponse d'Élior n'est-elle pas cohérente ?

....

....

....

C. **Résous** le problème.

....

....

Appliquer

ÉNONCÉ : La bibliothèque possède 8 500 livres. La directrice achète 50 BD et 60 albums supplémentaires. Combien la bibliothèque possède-t-elle de livres désormais ?

• **Explique** pourquoi la réponse de Cyril n'est pas vraisemblable.

....

....

• **Résous** le problème.

....

....

Calcul mental : Soustraire un nombre à 2 chiffres d'un nombre à 3 chiffres par étapes.

Résoudre des problèmes

Parcours A

Pour chaque problème, **explique** pourquoi la réponse n'est pas juste, puis **résous** le problème.

A1 Chez « Planète 3000 », l'appareil photo coûte 500 € et l'objectif 300 €. Combien vais-je dépenser si j'achète les 2 objets ?

Réponse : Je vais dépenser 200 €.

A2 Justin a 85 figurines de chats et 42 de dauphins. Émeline a 23 figurines de chats et 40 de dauphins. Combien de figurines de chats Justin a-t-il de plus qu'Émeline ?

Réponse : Justin a 2 figurines de dauphins de plus qu'Émeline.

Parcours B

Pour chaque problème, **explique** pourquoi la réponse n'est pas juste, puis **résous** le problème.

B1 Nico achète un trampoline géant à 378 €. Après son achat, il a encore 125 € dans son portefeuille. Combien avait-il d'argent en entrant dans le magasin ?

Réponse : Il avait 253 € en entrant dans le magasin.

B2 Le papi de Charline a 59 ans. Il mesure 1 m 80. Charline a 53 ans de moins que lui et mesure 105 cm. Quel est l'âge de Charline ?

Réponse : Le papi de Charline mesure 75 cm de plus qu'elle.

PROBLÈMES

73 Les mots des problèmes

| ...... | ...... | ...... | ...... | ...... |

Compétences : Connaître et identifier le vocabulaire spécifique à une typologie de problèmes pour mieux les résoudre (problèmes sur les longueurs, sur les prix, sur les masses…).

Découvrir

A. Romane veut savoir si les problèmes suivants portent sur les longueurs, les masses, les durées ou la monnaie. **Indique**-lui la nature des problèmes en observant les mots surlignés.

• J'ai acheté un skateboard à 45 € et des genouillères à 15 €. Combien ai-je dépensé ?

Il s'agit d'un problème sur ....

• Benoît pèse 45 kg et Éliana pèse 38 kg. Quelle est la différence de masse entre eux deux ?

Il s'agit d'un problème sur ....

• Matilda est allée à la bibliothèque. Elle est partie de la maison à 9 h et elle est rentrée à 10 h 30. Pendant combien de temps est-elle partie ?

Il s'agit d'un problème sur ....

B. Romane a fait cette liste de mots.

achat	cm	dépense	départ	g
minutes	temps	durée	épaisseur	m
longueur	prix	km	heures	parcourir
taille	kg	coûter	masse	centimes
euros	largeur	charge	distance	peser

• **Aide**-la en classant les mots dans le tableau ci-dessous.

Problèmes sur les longueurs	Problèmes sur les masses	Problèmes sur la monnaie	Problèmes sur les durées
....	....	....	....
....	....	....	....
....	....	....	....
....	....	....	....

Appliquer

Complète les énoncés de problèmes avec les mots qui conviennent.

• **Problème sur les longueurs :** Le terrain rectangulaire a une .... de 45 .... et une .... de 36 .... Quelle .... de grillage faut-il pour clôturer ce terrain ?

• **Problème sur les prix :** Je fais l'.................. de deux vêtements. Le manteau est au .... de 125 .... Le pull .... 43 .... Combien vais-je .... au total ?

• **Problème sur les masses :** Tim a acheté une barquette de 500 .... de fraises et un sac de 3 .... de clémentines. Il a ensuite .... 2 .... de bananes sur la balance. Quelle .... totale de fruits a-t-il achetée ?

Calcul mental : Trouver le bon compte.

74 PROBLÈMES

Problèmes pour apprendre à chercher (4)

Compétence : S'engager dans une démarche de résolution de problèmes en émettant des hypothèses, en les testant, en essayant plusieurs pistes, en exposant sa démarche de recherche.

1

Au temps des pharaons, les Égyptiens représentaient les nombres grâce à des dessins.
Comment écrivaient-ils 4 327 ?

pour 5 050

pour 5 500

pour 505

Fais tes essais.

2

Dans la forêt, chaque animal possède son territoire.

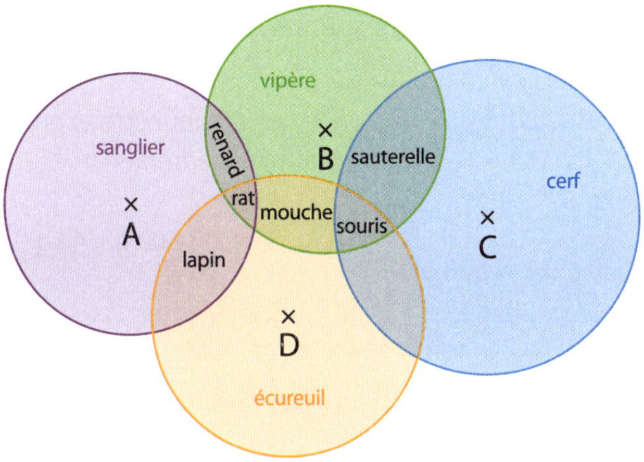

- Quel animal n'est ni dans le cercle de centre A, ni dans le cercle de centre C, ni dans le cercle de centre D ?

....

- Quel animal est à la fois dans le cercle de centre A et dans celui de centre D, mais pas dans le cercle de centre B ?

....

- Dans quels cercles la souris se trouve-t-elle ?

....

....

3

Florine, Azzedine, Salomé, Johan et Émile font la course dans le parc.

Azzedine est arrivé avant Florine et Johan, mais après Salomé et Émile.
Johan est arrivé avant Florine.
Émile n'est pas arrivé le premier.

Dans quel ordre les enfants sont-ils arrivés ?

....

....

Fais tes essais.

Calcul mental : Organiser ses calculs pour additionner plusieurs nombres.

75 Ce qu'il faut retenir (8)

Le nombre ordinal

Leçon 68

- Le nombre ordinal exprime un rang ou une position dans une suite ordonnée : la position dans une file d'attente, la position de chaque coureur à l'arrivée d'une course…

  Exemples : le 1er (le premier) ; le 2e (le deuxième) ; le 3e (le troisième)…
- Le lien entre ordinal et cardinal :

  Si je suis 12e, cela veut dire que 11 personnes sont avant moi.

Multiplication par un nombre à 2 chiffres (1)

Leçon 69

Pour calculer une multiplication par un nombre à 2 chiffres

Exemple : 48 × 24

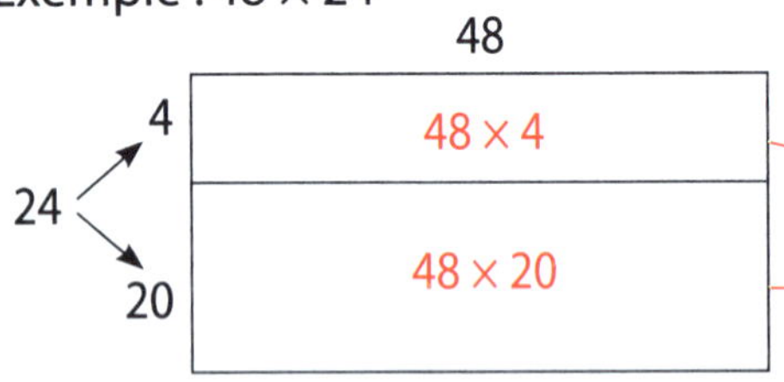

48 × 4 = 192 →
48 × 20 = 960 →

		4	8
×		2	4
	1	9	2
	9	6	0
1	1	5	2

J'additionne les 2 résultats.

Les mesures de masse (1)

Leçon 70

1 kg = 1 000 g

Pour **comparer** ou **additionner** des masses, il faut les écrire dans la même unité.

3 kg et 450 g → 3 000 g > 450 g

500 g + 4 kg → 500 g + 4 000 g = 4 500 g

La mesure peut être exprimée par un encadrement.

3 kg < 3 500 g < 4 kg

Méthodologie : vérifier la vraisemblance d'un résultat et la cohérence d'une réponse

Leçon 72

Lorsque tu as trouvé le résultat d'un problème ou écrit sa réponse, tu dois vérifier s'il ou elle est vraisemblable ou cohérente.

- Est-ce que le résultat trouvé est vraisemblable dans la réalité ?
  Exemple : Un homme ne peut pas peser 1 575 kg.
- Est-ce que la réponse est cohérente par rapport à la question posée ?
  Exemple : **Question :** Combien a-t-il dépensé ? **Réponse :** « Il a dépensé 5 €. » Cette réponse est cohérente, elle répond bien à la question.
- Est-ce que la réponse est cohérente avec l'histoire ?
  Exemple : Il ne peut pas rester 288 pages à lire quand un livre n'en contient que 228.
- Est-ce que l'opération a été bien choisie ?
  Exemple : Lorsque tu cherches une différence, tu dois calculer 452 – 238 et non pas 452 + 238.
- Est-ce que l'opération a été bien calculée ?
  Exemple : 452 + 238 ne peut pas être égal à 686 car la somme des unités est égale à 10. Le nombre trouvé se terminera donc forcément par 0.

Bilan (8)

1 **Écris** les positions en chiffres ou en lettres.

- sixième : ....
- treizième : ....
- quarante-troisième : ....
- 15e : ....
- 68e : ....
- cent quatre-vingt-douzième : ....
- deux cent quatre-vingt-quinzième : ....
- 25e : ....
- 90e : ....

2 **Réponds** aux questions.
Au tournoi de ping-pong, Gaëlle est classée 21e. Norman est 6 places après Gaëlle, et Kenza est 9 places avant Norman. Il y avait en tout 170 participants.

- **Écris** la position de Norman et Kenza en chiffres, puis en lettres.

Norman : ....

Kenza : ....

- **Écris** le nombre de participants placés après Gaëlle. ....

3 **Calcule.**

```
           7 3
        ×  4 5
...×... →  . . .
...×... →  . . . .
           . . . .
```

```
           6 3
        ×  2 1
...×... →    . .
...×... →  . . . .
           . . . .
```

```
   8 2
×  5 9
```

4 **a)** **Écris** les masses en g ou en kg.

- 5 kg = ... g
- 3 000 g = ... kg
- 6 000 g = ... kg
- 8 kg et 800 g = ... g

b) **Calcule** la masse totale en kg.

- 500 g + 400 g + 2 kg + 100 g = ... kg
- 5 kg + 300 g + 100 g + 600 g + 2 kg = ... kg

c) **Encadre** entre les deux nombres entiers de kg les plus proches.

- .... kg < 7 430 g < .... kg

d) **Range** les masses dans l'ordre croissant.

- 4 kg / 2 kg / 1 800 g / 2 300 g

....

5 Calvin doit livrer 8 colis pesant 50 kg chacun. Quelle masse totale Calvin doit-il livrer ?

- **Complète** la formule de calcul : masse totale = ...
- **Résous** le problème.

....

....

77 Le double, la moitié, la somme, la différence

Compétences : Connaître les doubles et les moitiés de nombres d'usage courant. Désigner un nombre par « le double de », « la moitié de », « la somme de », « la différence de ».

Découvrir

Le mercredi après-midi, les enfants vont à la bibliothèque.

A. Louis a choisi une bande dessinée de 50 pages et Naïma un roman historique de 100 pages. Ils ont tous les deux lu **la moitié** de leur livre. Combien de pages chaque enfant a-t-il lues ?

Louis : ....

Naïma : ....

B. Enzo a déjà lu 30 pages d'un livre sur les planètes qui en compte **le double**.

Quel est le nombre de pages du livre d'Enzo ? ....

C. Mathis veut lire deux livres documentaires sur les ours.

Quelle est la somme des pages des deux livres ?

....

60 pages

80 pages

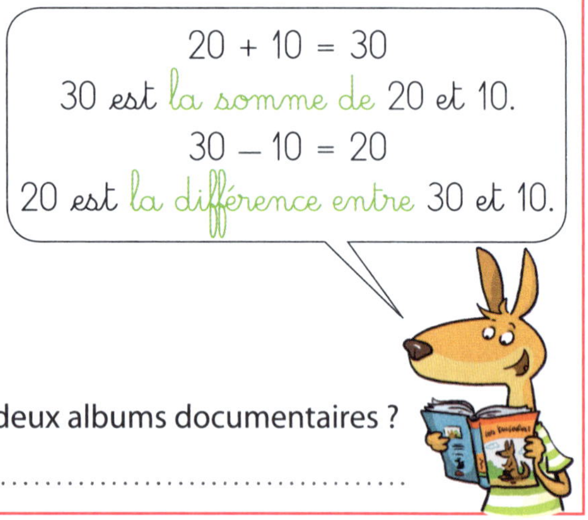

D. Ingrid a lu deux albums documentaires sur l'Égypte.
Le premier a 90 pages et le second en a 70.
Quel nombre correspond à la différence de pages entre les deux albums documentaires ?

....

Appliquer

1. Complète les phrases avec **le double** ou **la moitié**.

- 10 + 10 = 20 → 20 est .... de 10.
  - → 10 est .... de 20.
- 20 + 20 = 40 → 40 est .... de 20.
  - → 20 est .... de 40.

2. Écris le nombre demandé.

- le double de 12 : ......
- le double de 8 : ......
- le double de 11 : ......
- le double de 50 : ......
- la moitié de 14 : ......
- la moitié de 18 : ......
- la moitié de 22 : ......
- la moitié de 24 : ......

3. Complète les phrases avec **la somme de** ou **la différence entre**.

- 20 est .... 10 et 10.
- 20 est .... 50 et 30.
- 25 est .... 10 et 15.
- 25 est .... 40 et 15.

4. Écris le nombre demandé.

- la somme de 40 et 10 : ......
- la différence entre 40 et 10 : ......
- la somme de 35 et 15 : ......
- la différence entre 35 et 15 : ......

Calcul mental : Soustraire deux nombres à 3 chiffres par étapes.

S'entraîner

Parcours A

A1 **Complète** les phrases avec **le double** ou **la moitié**.

- 6 est .... de 3.
- 8 est .... de 16.
- 14 est .... de 7.
- 9 est .... de 18.
- 12 est .... de 6.

A2 **Écris** le nombre demandé.

- le double de 3 : ......
- la moitié de 16 : ......
- la moitié de 12 : ......
- le double de 9 : ......
- le double de 5 : ......
- la moitié de 4 : ......

A3 **Complète** les phrases avec **la somme de** ou **la différence entre**.

- 8 est .... 10 et 2.
- 12 est .... 10 et 2.
- 18 est .... 9 et 9.
- 10 est .... 12 et 2.

Parcours B

B1 **Complète** les phrases avec **le double** ou **la moitié**.

- 15 est .... de 30.
- 40 est .... de 20.
- 30 est .... de 15.
- 25 est .... de 50.
- 60 est .... de 30.

B2 **Calcule**.

- la moitié de 60 + la moitié de 60 = ...
- le double de 30 + la moitié de 60 = ...
- le double de 15 + le double de 30 = ...
- la moitié de 30 + la moitié de 60 = ...

B3 **Complète** les phrases avec **la somme de** ou **la différence entre**.

- 24 est .... 14 et 10.
- 12 est .... 32 et 20.
- 50 est .... 30 et 20.
- 40 est .... 35 et 5.

Résoudre des problèmes

A4 C'est l'anniversaire du grand-père d'Ismaël.
Ismaël lui demande son âge.
Voici sa réponse : « Pour savoir mon âge, tu additionnes la moitié de 60, la moitié de 50 et la moitié de 20 ! »
Combien de bougies le grand-père d'Ismaël aura-t-il sur son gâteau d'anniversaire ?

....
....
....

B4 Dans sa ferme, Léonard a 100 canards, 50 poules et 25 lapins.
Dans celle de Baptiste, il y a la moitié de canards, le double de poules et le double de lapins.
Combien d'animaux Baptiste a-t-il au total ?

....
....
....

Multiplication par un nombre à 2 chiffres (2)

…… …… …… …… ……

Compétences : Mettre en œuvre un algorithme de calcul posé pour la multiplication. Mémoriser des faits numériques et des procédures.

Découvrir

A. Éli, Alice et Marc ont fait la même multiplication, mais ils ne trouvent pas le même résultat.

• **Barre** les opérations fausses.

Éli

Je multiplie par 3 sur la 1re ligne, et par 4 sur la 2e ligne.

```
    5 7
  × 4 3
  -----
  1 7 1
  2 2 8
  -----
  3 9 9
```

Alice

Je multiplie par 3 sur la 1re ligne. Je multiplie par 40. Je multiplie d'abord par 10 en mettant un zéro, puis je multiplie par 4.

```
      5 7
    × 4 3
  -------
    1 7 1
  2 2 8 0
  -------
  2 4 5 1
```

Marc

Je multiplie par 3 sur la 1[re] ligne, et par 40 sur la 2[e] ligne.

```
      5 7
    × 4 3
  -------
    1 5 1
  2 0 8 0
  -------
  2 2 3 1
```

• **Associe** chaque remarque à l'enfant qui convient.

opération exacte et résultat juste	oubli de multiplier par 10 à la 2e ligne de calcul	oubli de l'ajout de retenues
•	•	•
• Éli	• Alice	• Marc

B. Alice explique sa méthode.

Étape n° 1

4 × 7 = 28 Je pose 8 et je retiens 2.

```
      6 4   [2]
    × 3 7
    -----
        8
```

Étape n° 2

6 × 7 = 42 + 2 de retenue

```
      6 4   [2̸]
    × 3 7
    -----
    4 4 8
```

Étape n° 3

Je multiplie par 10, donc j'écris un 0.

```
      6 4   [2̸]
    × 3 7
    -----
    4 4 8
        0
    -----
```

Étape n° 4

```
      6 4   [1 2̸]
    × 3 7
    -------
    4 4 8
  . . 2 0
  -------
  . . . .
```

Termine l'étape 4 de la multiplication d'Alice.

Appliquer

1. **Calcule** la série de multiplications.

```
   6 8        6 8        6 8
 ×   4      × 3 0      × 3 4
 -----      -----      -------
 . . .      . . .        . . .
                       . . . .
                       -------
                       . . . .
```

2. **Termine** le calcul des multiplications.

```
     5 7          8 2
   × 2 6        × 3 8
   -------      -------
   3 4 2        6 5 6
 . . . .      . . . .
 -------      -------
 . . . .      . . . .
```

3. **Calcule.**

```
     7 4        6 7        4 2        3 7
   × 4 7      × 4 2      × 7 6      × 6 2
   -------    -------    -------    -------
   . . .      . . .
 . . . .    . . . .
 -------    -------
 . . . .    . . . .
```

Calcul mental : S'entraîner à calculer le double des nombres courants.

S'entraîner

Parcours A

A1 **Calcule** la série de multiplications.

			6	4
×				3
		.	.	.

			6	4
	×		2	0
	.	.	.	.

			6	4
	×		2	3
		.	.	.
	.	.	.	.
	.	.	.	.

A2 **Termine** le calcul des multiplications.

		6	4
×		1	3
	1	9	2
	.	.	.
	.	.	.

			4	9
	×		2	5
		.	.	.
		.	.	.
	.	.	.	.

A3 **Calcule**. Tu peux vérifier les résultats avec ta calculatrice.

	7	3
×	2	6

	8	6
×	4	3

Parcours B

B1 **Complète** le calcul des multiplications.

			4	6
	×		5	3
		.	.	8
	2	3	0	0
	.	.	.	8

			6	7
	×		4	8
		.	.	6
	2	6	8	0
	.	.	.	6

			9	5
	×		7	4
		.	.	.
	.	.	.	.
	.	.	.	.

			7	3
	×		8	9
		.	.	.
	.	.	.	.
	.	.	.	.

B2 **Pose** et **calcule**. Tu peux vérifier les résultats avec ta calculatrice.

$79 \times 35 =$ ....

$87 \times 49 =$ ....

Résoudre des problèmes

A4 Ce roman est un grand succès !
Il coûte 27 €.
Le libraire en a vendu 36 aujourd'hui
Quelle est la recette de la journée pour la vente de ce livre ?

....

....

....

....

B3 L'usine automobile livre les voitures par trains partout en France. Chaque train comporte 12 wagons de 8 automobiles.
En juin, 24 trains identiques ont quitté l'usine.
Combien de voitures ont été livrées en juin ?

• ....

• ....

....

....

79 Les mesures de capacité

Compétences : Connaître et utiliser les unités de mesure de capacité (L, dL et cL) et leurs relations.
Comparer et additionner des capacités.

Découvrir

Emma et Florian aiment jouer avec l'eau. Ils trouvent plusieurs solutions pour remplir une bouteille **d'un litre** avec des récipients différents.

50 cL   25 cL   20 cL   1 dL

A. Écris et **calcule** les opérations correspondant à leurs solutions.

1re solution

....

2e solution

....

3e solution

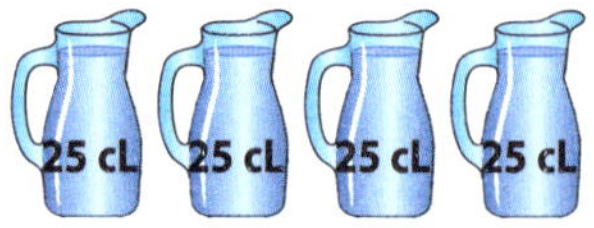

....

• **Complète** les égalités. • 1 L = ... dL • 1 L = ... cL • 1 dL = ... cL

B. Emma et Florian ont rempli chacun une bassine avec plusieurs récipients. **Calcule** la quantité d'eau versée par chaque enfant en cL.

Emma

....

Florian

....

• **Entoure** le nom de l'enfant qui a versé le plus d'eau.

Emma   Florian

• **Justifie** ta réponse en comparant les capacités. ....

Appliquer

1. Calcule la quantité totale d'eau en cL.

....

....

2. Complète les égalités.

- 4 L = ... dL
- 600 cL = ... L
- 350 cL = ... dL

3. Calcule.

- 1 L + 25 cL + 7 dL = ... cL
- 3 L + 5 dL + 25 cL + 50 cL = ... cL
- 2 L + 50 cL + 1 L + 5 dL = ... L

4. Compare avec > ou <.

- 3 L .... 260 cL
- 4 L .... 45 cL
- 2 L et 5 dL .... 260 cL

Calcul mental : S'entraîner à calculer la moitié des nombres en utilisant la table de 2.

S'entraîner

Parcours A

A1 **Calcule** la quantité totale d'eau.

.... L

....

.... L

....

A2 **Transforme** en L.

- 50 dL = ... L
- 600 cL = ... L
- 700 cL = ... L
- 70 dL = ... L

A3 **Additionne** et **donne** la réponse.

- 50 cL + 50 cL + 20 cL + 80 cL = ... cL = ... L
- 50 cL + 50 cL + 90 cL + 10 cL = ... cL = ... dL
- 2 L + 50 cL + 4 dL + 10 cL = ... dL = ... L

A4 **Écris** les deux capacités en cL, puis **compare**-les avec les signes <, > ou =.

- 3 L → cL
- 250 cL → cL

→ ...... cL cL

Parcours B

B1 **Calcule** la quantité totale d'eau.

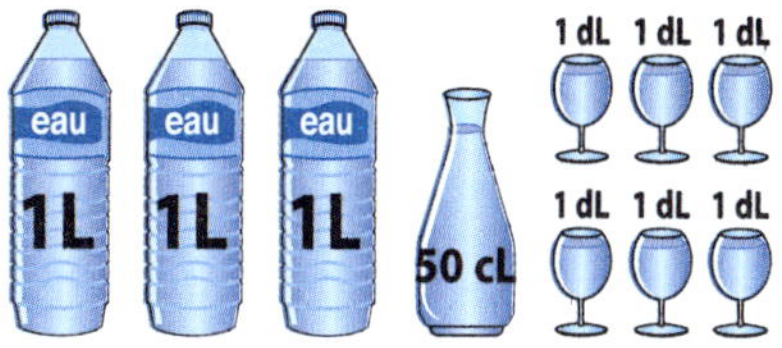

.... dL

....

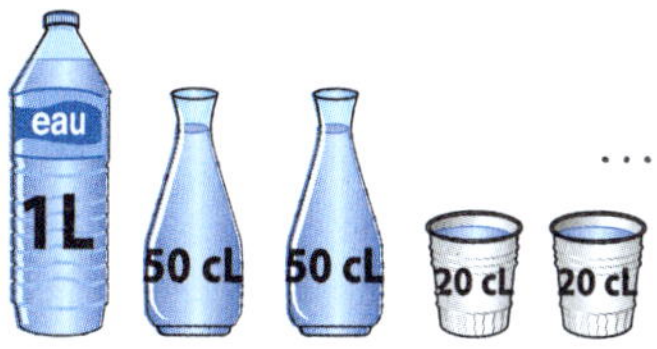

.... L et cL

....

B2 **Transforme** en cL.

- 8 L = ... cL
- 9 L et 10 cL = ... cL

B3 **Écris** en L et cL.

- 725 cL = ... L et cL
- 935 cL = ... L et cL

B4 **Calcule** la quantité totale en L à partir du nombre de récipients de chaque sorte.

Récipients	1 L	50 cL	20 dL	50 cL
Nombre	4	1	2	3

....

B5 **Compare** avec <, > ou =.

- 200 cL .... 3 L
- 2 L et 5 dL .... 250 cL

Résoudre des problèmes

A5 Pour l'anniversaire de Hugo, sa maman prépare un cocktail ! Elle mélange 1 L de jus d'ananas, 60 cL de jus de fruit de la passion, 20 cL de grenadine et 20 cL de jus de citron. Quelle quantité totale de cocktail prépare-t-elle ? **Donne** ta réponse en cL, puis en L.

....

....

....

B6 Thierry a acheté 3 bouteilles de 1 L d'eau, 1 bouteille de 75 cL de sirop de citron et 2 canettes de 2 dL de soda. Quelle quantité totale de boissons a-t-il achetée ? **Donne** ta réponse en L et cL.

....

....

....

....

80 La symétrie

Compétences : Reconnaître si une figure présente un axe de symétrie. Trouver les axes de symétrie d'une figure en utilisant le papier-calque. Compléter une figure pour qu'elle soit symétrique par rapport à un axe donné.

Découvrir

Isaure et Lucas cherchent l'axe de symétrie de l'avion.

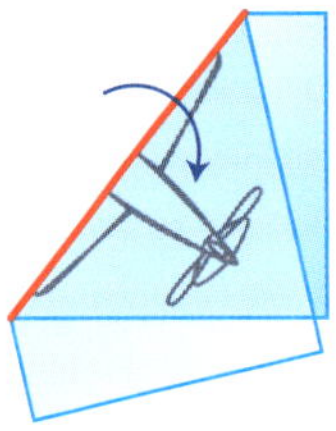

Lucas décalque l'avion.
Il plie le papier-calque pour que la partie du haut du dessin recouvre la partie du bas.

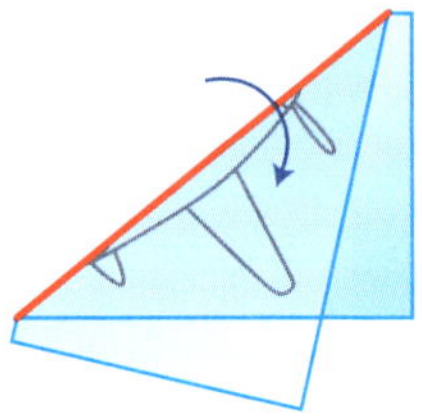

Isaure décalque l'avion.
Elle plie le papier-calque pour que la partie gauche recouvre exactement la partie droite du dessin.

• Isaure et Lucas pensent avoir trouvé un axe de symétrie de l'avion, mais ils ne sont pas d'accord !

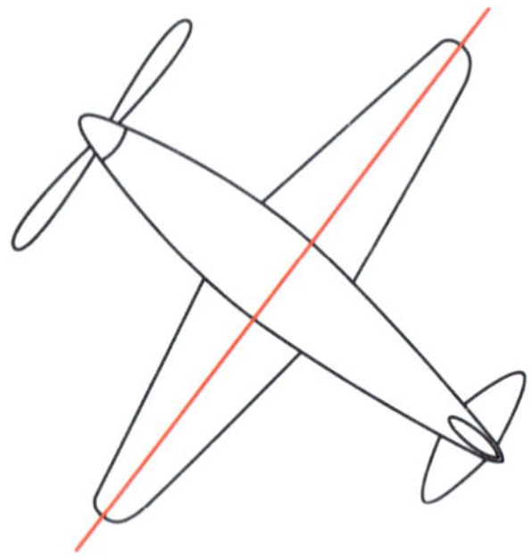

Lucas

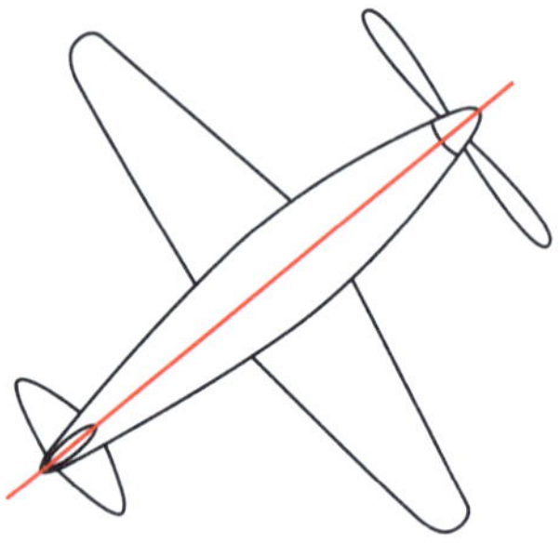

Isaure

• **Réalise** le même travail qu'Isaure et Lucas avec du papier-calque.

• **Entoure** le prénom de celui qui a trouvé l'axe de symétrie de l'avion.

Appliquer

1. **Décalque** la figure et **trouve** un axe de symétrie par pliage.
Trace-le ensuite sur cette figure.

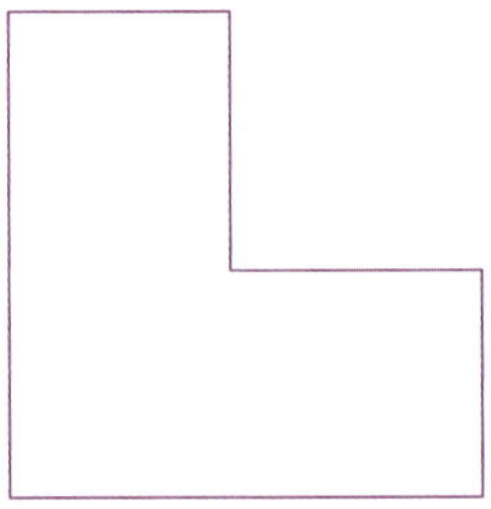

2. **Complète** ces figures pour qu'elles soient symétriques par rapport à l'axe rouge.

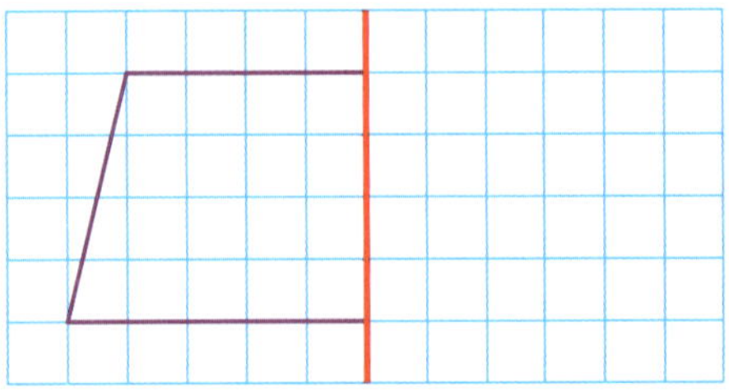

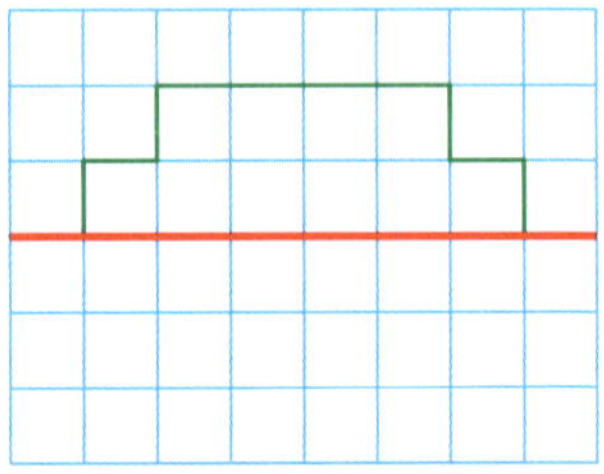

Calcul mental : S'entraîner à calculer le triple des nombres en utilisant la table de 3.

S'entraîner

Parcours A

A1 **Décalque** la figure et **trouve** un axe de symétrie par pliage. **Trace**-le ensuite sur la figure ci-dessous.

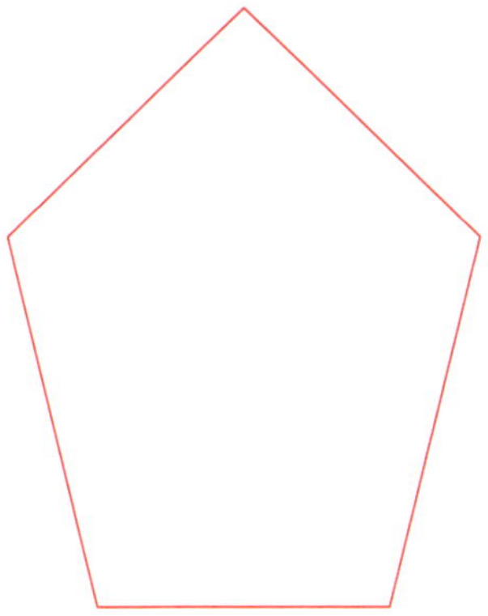

A2 Laquelle de ces deux figures a un axe de symétrie ? **Vérifie** à l'aide du papier-calque, puis **trace**-le sur la figure.

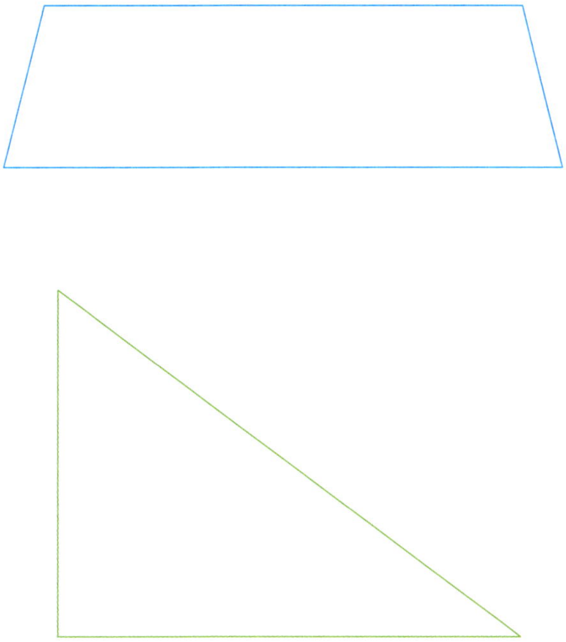

A3 **Complète** cette figure pour qu'elle soit symétrique par rapport à l'axe rouge.

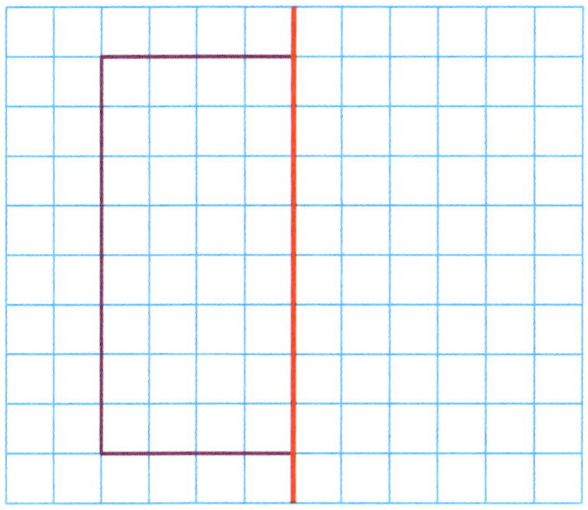

Parcours B

B1 **Décalque** les figures et **trouve** un axe de symétrie par pliage. **Trace**-les ensuite sur les figures ci-dessous.

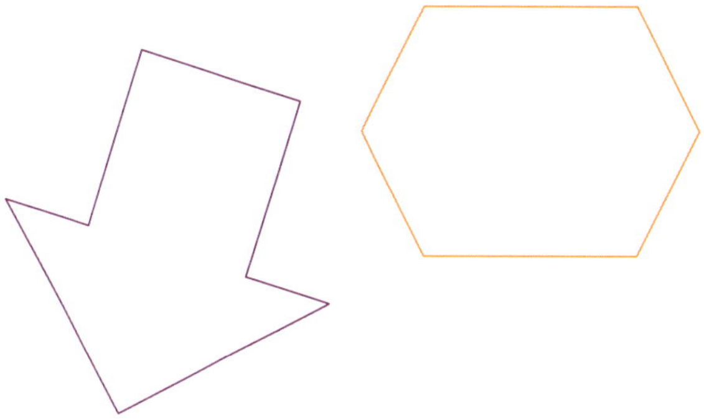

B2 Lesquelles de ces figures ont au moins un axe de symétrie ? **Vérifie** à l'aide du papier-calque, puis **trace**-les sur les figures.

B3 **Complète** cette figure pour qu'elle soit symétrique par rapport à l'axe rouge.

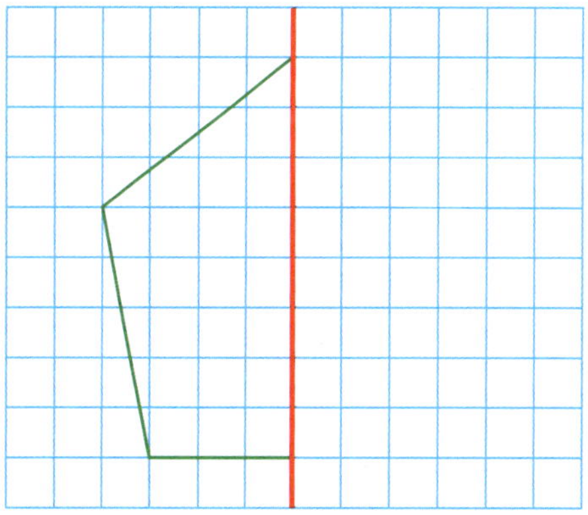

81 Méthodologie : choisir la bonne opération (3)

Compétence : Résoudre des problèmes issus de situations de la vie quotidienne conduisant à utiliser les opérations étudiées.

Découvrir

A. La cuve de récupération d'eau de pluie contient 998 L d'eau. Lundi, le jardinier arrose ses plantations et utilise 450 L d'eau de la cuve.

Quelle quantité d'eau reste-t-il dans la cuve ?

• **Entoure** la formule de calcul qui correspond au problème.

capacité totale = capacité A + capacité B

capacité A = capacité totale – capacité B

capacité totale = capacité A × nombre de fois

• **Résous** le problème.

....

....

....

B. Mardi, le jardinier utilise un arrosoir qui pèse 14 kg lorsqu'il est plein. Il doit remplir 25 fois son arrosoir pour arroser la totalité de son jardin.

Quelle masse d'eau transporte-t-il en tout ?

• **Entoure** la formule de calcul qui correspond au problème.

masse totale = masse A + masse B

masse A = masse totale – masse B

masse totale = masse A × nombre de fois

• **Résous** le problème.

....

....

....

Appliquer

Entoure la formule de calcul qui correspond au problème, puis **résous**-le.

Au début de la journée, la cuve d'essence de la station-service est pleine. Elle a une capacité totale de 8 500 L. À la fin de la journée, 2 300 L d'essence ont été vendus.
Quelle quantité d'essence reste-t-il dans la cuve à la fin de la journée ?

capacité totale = capacité A + capacité B

capacité A = capacité totale – capacité B

capacité totale = capacité A × nombre de fois

....

....

....

Calcul mental : Calculer en utilisant les propriétés des opérations.

Résoudre des problèmes

Parcours A

Pour chaque problème, **entoure** la bonne formule de calcul, puis **résous**-le.

A1 Le chef cuisinier prépare une vinaigrette pour assaisonner sa salade composée. Il mélange 66 cL d'huile d'olive et 33 cL de vinaigre.

Quelle quantité de vinaigrette a-t-il préparée ?

capacité totale = capacité A + capacité B

capacité A = capacité totale – capacité B

capacité totale = capacité A × nombre de fois

A2 Samir veut savoir combien pèse son petit chien. Il monte d'abord seul sur la balance, et constate qu'il pèse 42 kg. Il prend ensuite son chien dans ses bras. La balance indique alors 48 kg.

Quelle est la masse du chien ?

masse totale = masse A + masse B

masse A = masse totale – masse B

masse totale = masse A × nombre de fois

A3 Le magasin de sucreries a reçu 12 boîtes de 15 kg de bonbons chacune.

Quelle quantité totale de bonbons a-t-il reçue ?

masse totale = masse A + masse B

masse A = masse totale – masse B

masse totale = masse A × nombre de fois

Parcours B

B1 Un pot de confiture est composé d'un pot en verre et de confiture à l'intérieur. Lorsqu'il est plein, le pot de confiture pèse 450 g. La masse du pot en verre est de 100 g.

Quelle masse de confiture y a-t-il dans un pot ?

B2 Le camion-citerne des pompiers a une capacité totale de 3 500 L d'eau. Mardi, les pompiers ont utilisé 450 L d'eau pour éteindre un feu de paille. Ils ont ensuite été appelés pour un feu de cheminée, où ils ont utilisé 495 L.

De retour à la caserne, quelle quantité d'eau doivent-ils ajouter pour remplir à nouveau le camion-citerne ?

B3 Le centre de loisirs a commandé 25 VTT et souhaite se les faire livrer. La camionnette du magasin peut transporter 300 kg. Chaque VTT pèse 13 kg. La camionnette pourra-t-elle transporter tous les VTT en un seul voyage ?

82 Ce qu'il faut retenir (9)

Le double, la moitié, la somme, la différence

Leçon 77

La moitié et le double

50 + 50 = 100

50 est **la moitié** de 100.

50 **× 2** = 100

100 est **le double** de 50.

La somme

50 **+** 25 = 75

75 est **la somme de** 50 et 25.

La différence

75 **–** 50 = 25

25 est **la différence entre** 75 et 50.

Multiplication par un nombre à 2 chiffres (2)

Leçon 78

Pour calculer une multiplication :

• Il faut être attentif aux retenues.

```
      5 7      7 × 5 = 35       3
    × 3 5      Je pose 5.       Je retiens 3.
    -----
      . 5
  . . . .
  -------
  . . . .
```

```
      5 7      5 × 5 = 25                  3
    × 3 5      J'ajoute la retenue :
    -----      25 + 3 = 28.
    2 8 5
  . . . .
  -------
  . . . .
```

• Il ne faut pas oublier le zéro de la 2e ligne de calcul.

```
                                    5 7
                                  × 3 5
                                  -----
Je multiplie par 3.             2 8 5
                              1 7 1 0   Je multiplie par 10. Je mets un zéro.
                              -------
J'additionne les 2 lignes pour avoir le résultat. → 1 9 9 5
```

Les mesures de capacité

Leçon 79

1 L = 10 dL

1 L = 100 cL

1 dL = 10 cL

Pour **additionner** des capacités, il faut les écrire dans la même unité.

4 L + 50 cL + 25 cL = …

↓

400 cL + 50 cL + 25 cL = 475 cL

Pour **comparer** des capacités, il faut les écrire dans la même unité.

3 L et 45 cL

↓

300 cL > 45 cL

La symétrie

Leçon 80

Lorsque l'on plie une figure selon son axe de symétrie, les deux parties **se superposent exactement**.

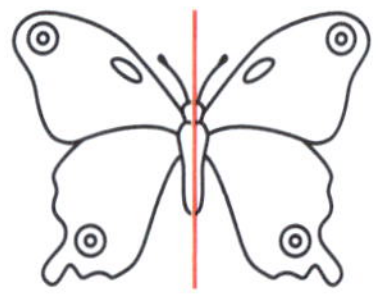

Une figure peut avoir plusieurs axes de symétrie.

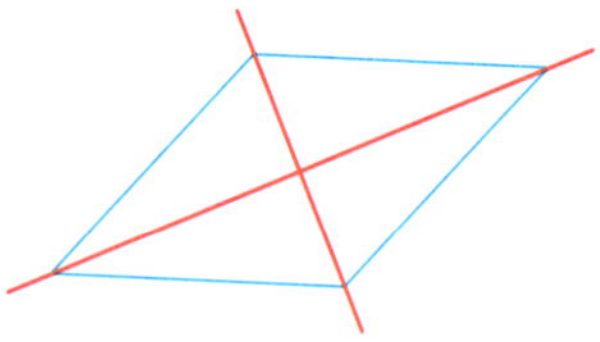

Méthodologie : choisir la bonne opération (3)

Leçon 81

Quel que soit le problème à résoudre, qu'il porte sur les quantités, les masses, les capacités ou les longueurs, il faut lire et comprendre l'énoncé, **choisir la formule de calcul** qui convient, calculer et répondre à la question du problème.

Problèmes sur les capacités

capacité totale = capacité A + capacité B

capacité A = capacité totale – capacité B

capacité totale = capacité A × nombre de fois

Problèmes sur les masses

masse totale = masse A + masse B

masse A = masse totale – masse B

masse totale = masse A × nombre de fois

33 Bilan (9)

1 **Complète** les phrases avec **le double** ou **la moitié**.

- 8 est .... de 16.
- 25 est .... de 50.
- 20 est .... de 10.
- 60 est .... de 30.

2 **Complète** les phrases avec **la somme de** ou **la différence entre**.

- 8 est .... 20 et 12.
- 6 est .... 27 et 21.
- 18 est .... 9 et 9.
- 14 est .... 12 et 2.

3 **Calcule**.

$$\begin{array}{r} 6\ 4 \\ \times\ 5\ 8 \\ \hline \end{array} \qquad \begin{array}{r} 9\ 3 \\ \times\ 7\ 2 \\ \hline \end{array}$$

4 **Pose** et **calcule**. Tu peux vérifier le résultat avec ta calculatrice.

85 × 46 = ...

5 **Complète** les égalités.

- 5 L = ... cL
- 700 cL = ... L
- 8 L = ... dL
- 469 cL = ... dL et cL
- 3 L + 50 cL + 50 cL = ... L
- 6 L + 20 cL + 80 cL + 60 cL = ... cL

6 **Calcule**.

- 60 cL + 40 cL + 10 cL + 90 cL = ... cL = ... L
- 5 L + 50 cL + 3 dL + 7 dL + 50 cL = ... dL = ... L
- 3 L + 70 cL + 2 dL + 10 cL = ... dL = ... L

7 **Compare** avec <, > ou =.

- 300 cL .... 3 L
- 4 L et 6 dL .... 350 cL
- 2 L .... 190 cL
- 50 cL .... 5 dL

8 **Décalque** la figure et **trouve** un axe de symétrie par pliage. **Trace**-le ensuite sur la figure ci-dessous.

9 **Complète** cette figure pour qu'elle soit symétrique par rapport à l'axe rouge.

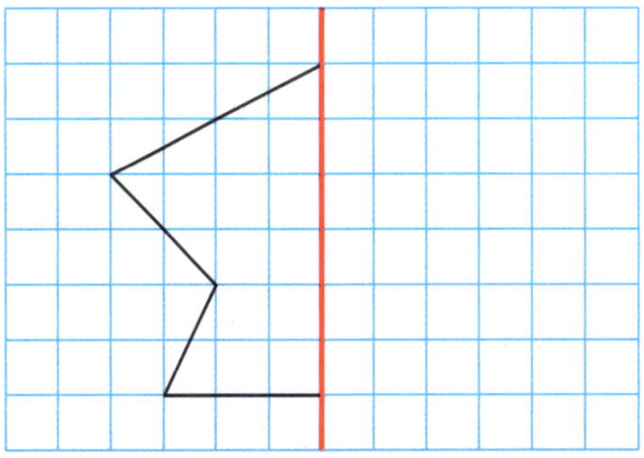

84 Situations de partage

....

Compétence : Construire le sens de la division.

Découvrir

À la fête foraine, la grande roue peut accueillir 6 personnes par nacelle.

A. Un car de touristes anglais arrive devant l'attraction.
24 d'entre eux veulent faire un tour sur la grande roue.

• Combien de nacelles les touristes anglais vont-ils occuper ? ....

....

....

B. Un groupe de 42 touristes japonais a réservé un tour sur la grande roue.
Combien de nacelles les touristes japonais vont-ils occuper ?

• **Complète** l'égalité.

6 × .... = 42

• **Réponds** à la question du problème. ....

....

Appliquer

1. Observe les dessins et **complète**.

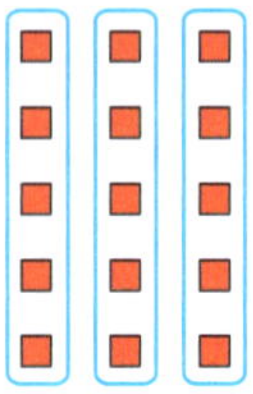

15 partagé en 3 = ...

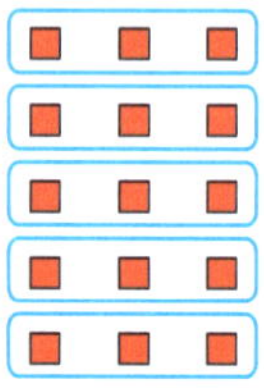

15 partagé en 5 = ...

42 partagé en 6 = ...

42 partagé en 7 = ...

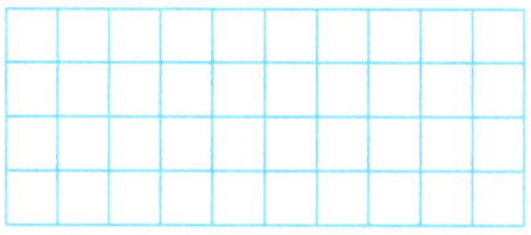

40 partagé en 4 = ...

40 partagé en 10 = ...

2. Complète.

• .... × 5 = 15
• .... × 7 = 42
• .... × 8 = 40
• .... × 7 = 28

3. Complète.

• 18 partagé en 3 = ...
• 25 partagé en 5 = ...
• 21 partagé en 7 = ...
• 16 partagé en 2 = ...

4. Écris le nombre de fois comme dans l'exemple.

• Dans 24, combien de fois 4 ? 6 fois
• Dans 28, combien de fois 7 ? ....
• Dans 35, combien de fois 5 ? ....

Calcul mental : Calculer en utilisant les relations entre les nombres 15, 30, 45, 60, 90.

S'entraîner

Parcours A

A1 **Observe** les dessins et **complète**.

20 partagé en 4 = ...

20 partagé en 5 = ...

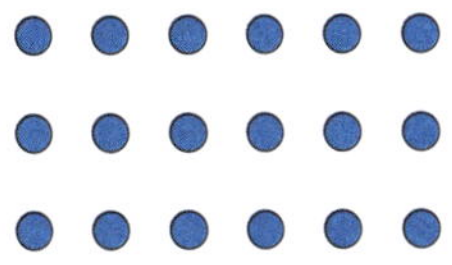

18 partagé en 3 = ...

18 partagé en 6 = ...

A2 **Complète** les multiplications.

- .... × 6 = 30
- .... × 5 = 20
- .... × 7 = 14
- .... × 9 = 36

A3 **Complète**.

- 6 × 4 = 24 → 24 partagé en 4 = ...
  → 24 partagé en 6 = ...
- 7 × 5 = 35 → 35 partagé en 7 = ...
  → 35 partagé en 5 = ...

A4 **Complète** les phrases.

- Dans 27, combien de fois 3 ? .... fois
- Dans 24, combien de fois 4 ? .... fois
- Dans 36, combien de fois 6 ? .... fois

Parcours B

B1 **Complète**.

48 partagé en 6 = ...

48 partagé en 8 = ...

50 partagé en 5 = ...

50 partagé en 10 = ...

B2 **Complète** les multiplications.

- .... × 7 = 56
- .... × 9 = 54
- .... × 8 = 48
- .... × 6 = 60

B3 **Complète**.

- 9 × 8 = 72 → 72 partagé en 8 = ...
  → 72 partagé en 9 = ...
- 7 × 6 = 42 → 42 partagé en 6 = ...
  → 42 partagé en 7 = ...

B4 **Complète** les phrases.

- Dans 81, combien de fois 9 ? .... fois
- Dans 42, combien de fois 6 ? .... fois
- Dans 72, combien de fois 8 ? .... fois

Résoudre des problèmes

A5 Avant de partir en croisière sur son voilier, Yann veut acheter 18 bouteilles d'eau minérale.
Les bouteilles sont vendues par packs de 6.
Combien de packs d'eau Yann doit-il acheter ?

....

....

....

B5 Pendant la randonnée dans la montagne, Salomé a cueilli 8 framboises, Théo 7 et Malik 9.
Ils se partagent le total des framboises à parts égales.
Combien de framboises chaque enfant aura-t-il ?

....

....

....

Le cube et le pavé droit

Compétences : Reconnaître et trier les solides usuels parmi des solides variés. Nommer des solides (cube et pavé droit) et les décrire (faces, sommets, arêtes).

Découvrir

A. Malik et Faustine ont tracé toutes les faces de leur solide. **Complète** le tableau.

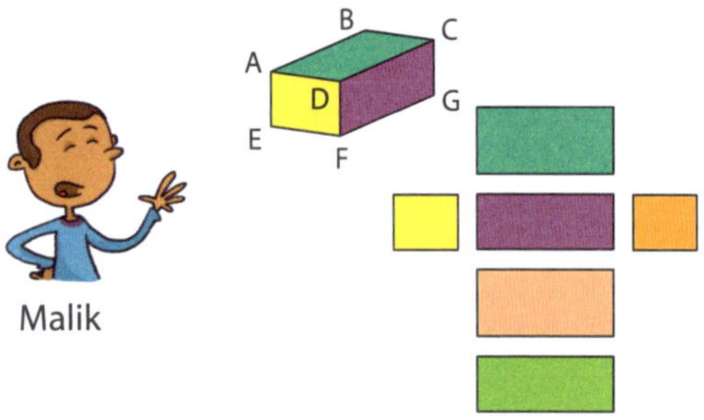

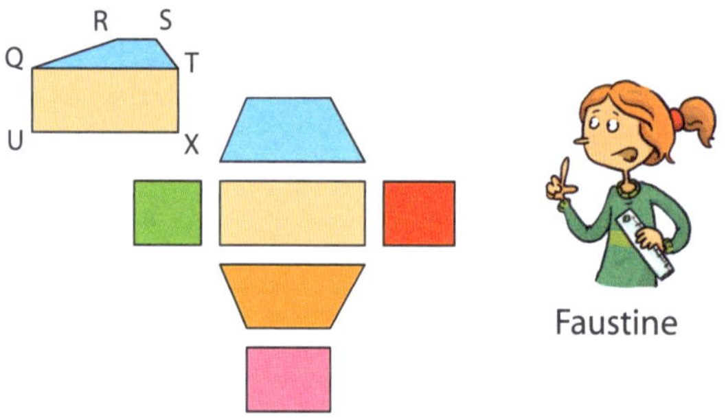

Nombre de…	faces	arêtes	sommets	faces rectangulaires
Solide de Malik	....	....	....	....
Solide de Faustine	....	....	....	....

Complète les phrases.

Pour qu'un solide soit un pavé droit, il faut que toutes ses faces soient ....

C'est .... qui a le pavé droit.

B. Malik et Faustine cherchent le solide qui est un cube.

• **Colorie** les faces carrées de chaque solide.

• **Complète** la phrase.

C'est .... qui a un cube, car toutes les faces de son solide sont ....

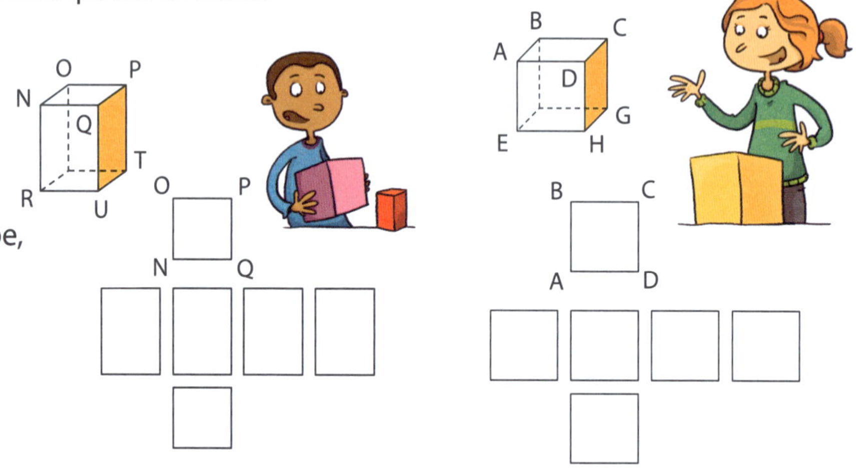

Appliquer

• **Colorie** le cube en jaune.

• **Colorie** le pavé droit en rouge.

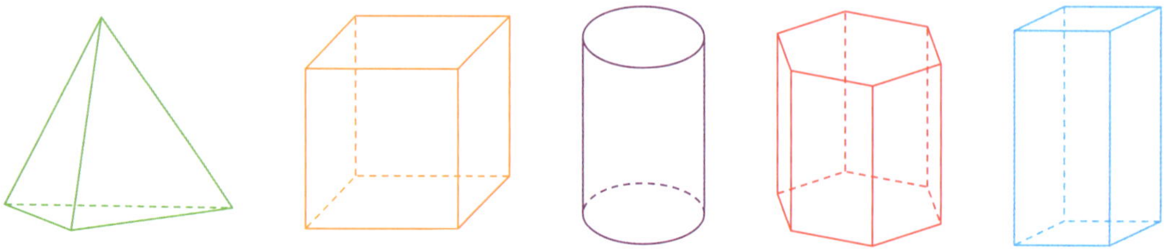

Calcul mental : Trouver le nombre pensé.

S'entraîner

Parcours A

A1 Lequel de ces deux solides est un cube ? **Entoure**-le.

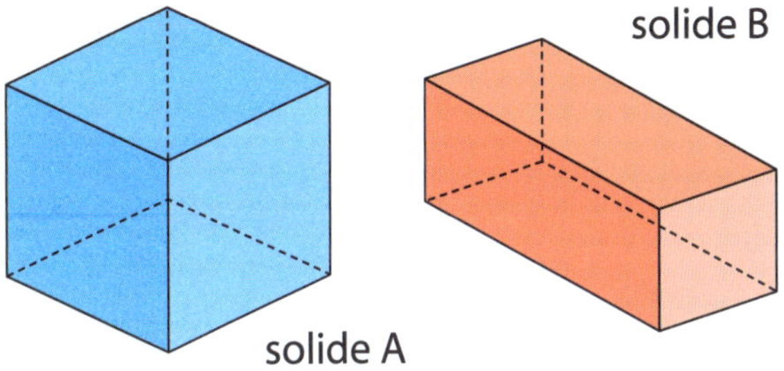

solide A — solide B

A2 Lequel de ces deux solides est un pavé droit ? **Entoure**-le.

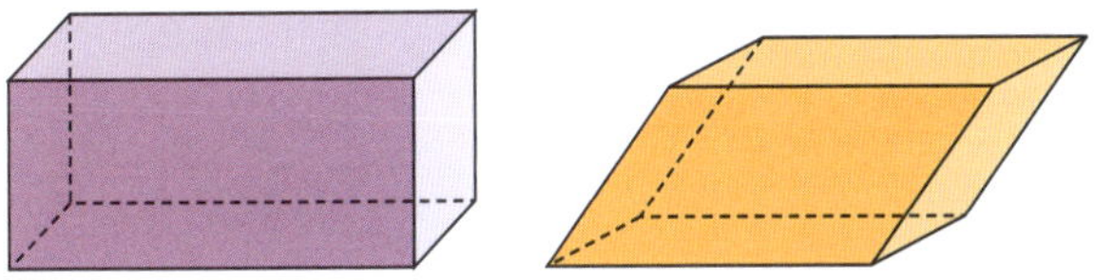

solide C — solide D

A3 **Nomme** les arêtes de ce cube.

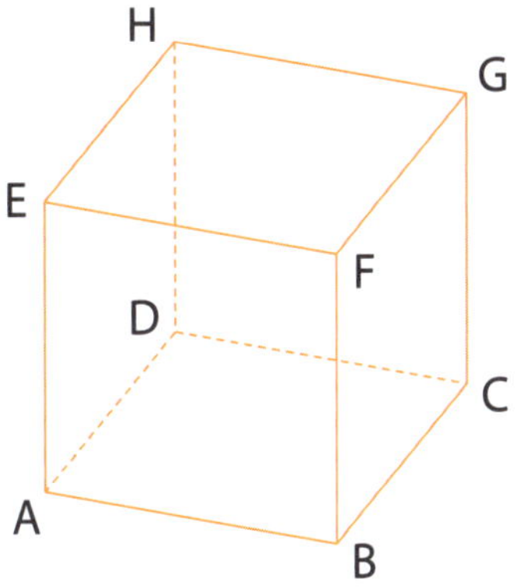

....
....
....
....
....
....

A4 **Nomme** les deux faces coloriées de ce pavé droit.

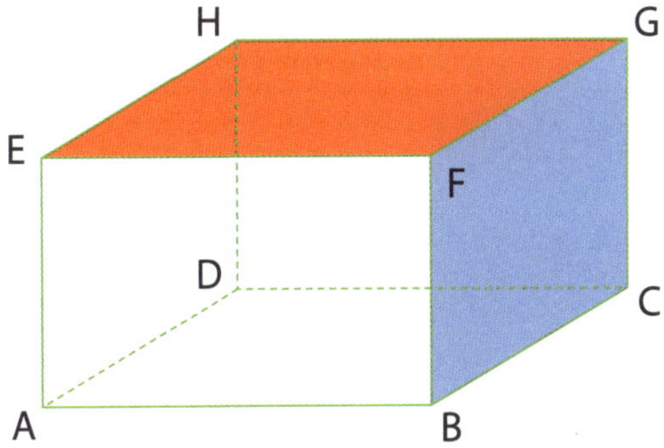

....
....

Parcours B

B1 **Nomme** les faces jaune et orange de ce solide. Quel est son nom ?

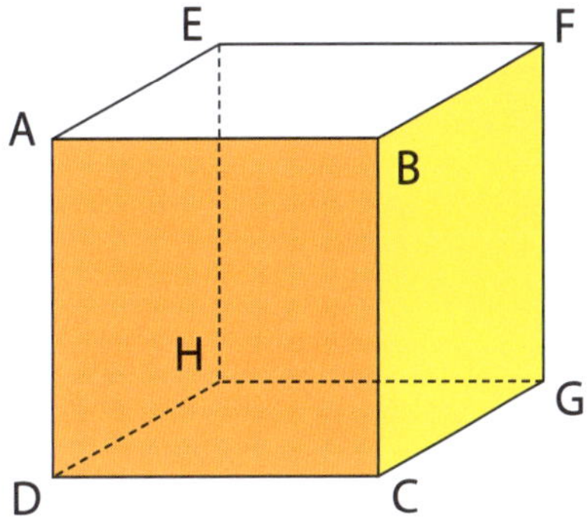

....
....
....
....
....
....

....

B2 **Nomme** les 6 faces rectangulaires de ce pavé droit.

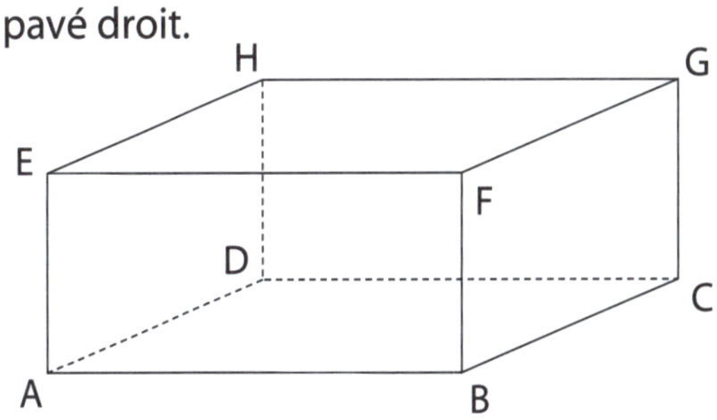

....
....

B3

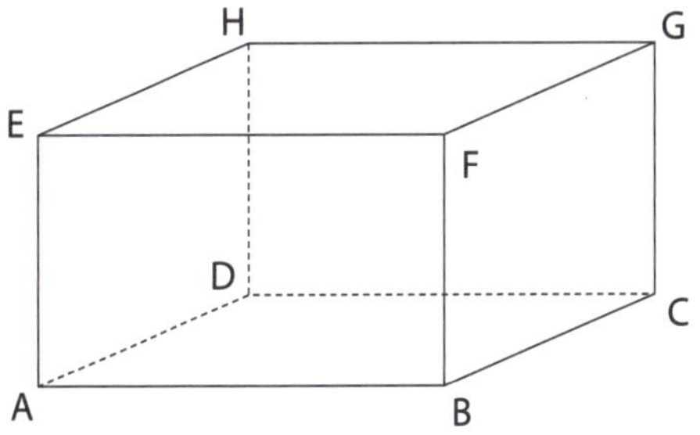

• **Colorie** la bonne réponse, puis **complète**.
Les faces de ce solide sont des [triangles] [rectangles] [carrés].

C'est donc un ....

• **Relie** les faces qui ont les mêmes dimensions, comme dans l'exemple.

ADHE •	• EFGH
ABCD •	• DCGH
ABFE •	• BCGF

• **Repasse** en rouge les arêtes qui ont la même longueur que AB, en vert les arêtes qui ont la même longueur que BC, et en bleu les arêtes qui ont la même longueur que AE.

GRANDEURS ET MESURES

86 Les mesures de masse (2)

Compétences : Connaître et utiliser les unités de mesure de masse (g, kg et T) et leurs relations.
Estimer un ordre de grandeur. Comparer et additionner des masses.

Découvrir

Quentin prépare un exposé sur les animaux. Il cherche la masse de chaque animal.

A. Aide-le en entourant la mesure avec la bonne unité.

la baleine
9 000 g ou 9 T (tonnes)

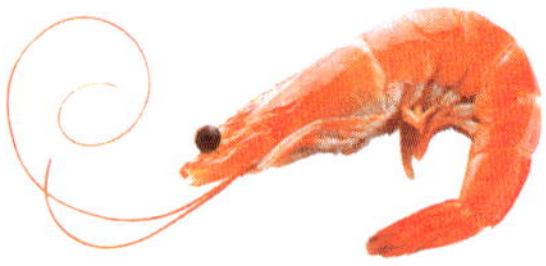
la crevette
30 g ou 30 kg

le thon
45 g ou 45 kg

la raie
5 g ou 5 kg

B. Quentin indique les masses de quatre mammifères. **Complète**.

le lièvre
7 kg = 7 000 g

le rhinocéros
3 T (tonnes) = 3 000 kg

le koala
9 kg = ... g

l'éléphant
5 T (tonnes) = ... kg

• **Complète** les égalités. 1 tonne = ... kg 1 kg = ... g

C. Quentin a trouvé que l'éléphant mâle pèse 5 T et la femelle pèse 4 500 kg.
Quelle serait leur masse totale si on les mettait ensemble sur une très grande balance ?

....

....

D. Quentin a mélangé les animaux et leur masse.

• **Relie** chaque animal à sa masse.

le lion • le poussin • l'hippopotame • l'aigle • le ver de terre

4 kg • 175 kg • 1 500 kg • 10 g • 40 g

• **Range** les masses dans l'ordre croissant.

.... < .... < .... < .... < ....

Appliquer

1. Complète.

• 4 T = ... kg
• 6 000 kg = ... T
• 6 000 g = ... kg
• 8 T et 600 kg = ... kg

2. Additionne les masses.

• 4 kg + 2 000 g = ... g = ... kg
• 450 g + 3 kg = ... g
• 2 T + 760 kg = ... kg
• 4 T + 6 000 kg = ... T

3. Compare avec > ou <.

• 780 kg ..... 2 T
• 9 kg ..... 8 590 g
• 10 kg ..... 9 000 g
• 4 T ..... 3 800 kg

Calcul mental : S'entraîner sur les situations de partage.

S'entraîner

Parcours A

A1 **Entoure** la masse des objets dans la bonne unité.

- un rôti de bœuf 1 g 1 kg 1 T
- une voiture 1 g 1 kg 1 T
- une chaise 10 g 10 kg 10 T

A2 **Complète**.

- 2 000 g = ... kg
- 8 T = ... kg
- 6 000 kg = ... T
- 5 kg = ... g

A3 **Écris** les masses dans la même unité et **calcule** l'addition.

- 2 kg + 500 g = ... g + ... g
  = ... g
- 4 000 g + 2 kg = ... kg + ... kg
  = ... kg
- 5 T + 3 000 kg = ... kg + ... kg
  = ... kg

A4 **Compare** avec **>** ou **<**.

- 6 500 g ..... 7 kg
- 2 kg ..... 850 g
- 35 T ..... 3 650 kg
- 45 kg ..... 2 T

Parcours B

B1 **Entoure** la masse des objets dans la bonne unité.

- une baguette de pain 250 g 3 kg 1 T
- une paire de chaussures 50 g 600 g 3 kg
- une tondeuse à gazon 700 g 35 kg 4 T

B2 **Complète**.

- 2 500 g = ... kg et .... g
- 6 kg et 800 g = ... g
- 7 050 kg = ... T et .... kg

B3 **Calcule** l'addition dans l'unité demandée.

- 4 kg et 300 g + 700 g
  = ... = ... g
- 6 500 g + 2 kg et 500 g
  = ... = ... kg
- 3 000 kg + 3 T + 2 000 kg + 1 T
  = ...
  .... = ... T

B4 **Compare** avec **>**, **<** ou **=**.

- 6 kg .... 700 g
- 4 T .... 5 600 g
- 6 000 kg .... 6 T
- 7 000 g .... 7 kg

Résoudre des problèmes

A5 Le cheval pèse 568 kg, l'âne pèse 375 kg.
Calcule la différence de masse entre les deux mammifères.

....
....
....

A6 La fermière possède 4 vaches.
Chaque vache pèse en moyenne 500 kg.
Quelle est la masse totale des 3 vaches en T ?

....
....
....

B5 Le camion pèse 5 T quand il est vide. Avec la totalité de son chargement, il pèse 9 T et 550 kg. Quelle masse le camion peut-il transporter en T et kg ?

....
....
....

B6 Dans son épicerie, Alphonse reçoit des cartons contenant chacun 48 barquettes de framboises. Chaque barquette pèse 95 g.
Quelle est la masse d'un carton en kg et g ?

....
....
....

Les mots pour exprimer les unités de mesure

....	....	....	....	....

Compétences : Connaître et utiliser le vocabulaire spécifique aux grandeurs et mesures. Exprimer une mesure dans une ou plusieurs unités.

Découvrir

A. Camélia se perd dans les unités de mesure. **Aide**-la en remplaçant chaque mot par son abréviation.

mètre	gramme	litre	heure	euro	décilitre
....	....	....	....	....	....

tonne	centimètre	minute	centime	kilomètre
....	....	....	....	....

kilogramme	millimètre	seconde	centilitre	décimètre
....	....	....	....	....

B. Elle prépare un tableau pour classer ces abréviations en fonction de la nature des unités. **Complète**-le.

Unités de longueur	Unités de masse	Unités de monnaie	Unités de capacité	Unités de temps
....	....	....	....	....
....	....	....	....	....

C. Loïc est un champion des opérations. Ses calculs sont toujours justes, mais il oublie toujours d'indiquer les unités. Voici les réponses qu'il donne à une série de problèmes. **Complète** ses réponses.

Les rollers m'ont coûté 75 .... La maison mesure 7 ....

La citerne contient 1 500 .... Le film a duré 2 ....

La barquette de fraises pèse 500 ....

D. Célia se pose une question sur les unités. **Donne**-lui la réponse.

1 kilogramme = 1 000 grammes   1 kilomètre = 1 000 mètres

Que signifie le préfixe « kilo » ? ....

Appliquer

Complète les énoncés de problèmes avec les unités de mesure qui conviennent.

- Il y a 62 .... de Lyon à Saint-Étienne, et 147 .... de Saint-Étienne à Clermont-Ferrand. Quelle est la distance entre Lyon et Clermont-Ferrand si l'on passe par Saint-Étienne ?
  ....
- Papa pèse 78 .... et Léa pèse 40 .... Quelle est la différence de masse entre eux ?
  ....
- Le film commence à 14 .... et se termine à 16 .... Quelle est sa durée ?
  ....
- L'arrosoir peut contenir 11 .... Je le remplis 5 fois pour arroser toutes mes fleurs. Quelle capacité d'eau ai-je utilisée ?

Calcul mental : Résoudre des problèmes simples.

PROBLÈMES

88 Problèmes pour apprendre à chercher (5)

....

Compétence : S'engager dans une démarche de résolution de problèmes en émettant des hypothèses, en les testant, en essayant plusieurs pistes, en exposant sa démarche de recherche.

1 Combien de petits cubes sont nécessaires pour chaque construction ?

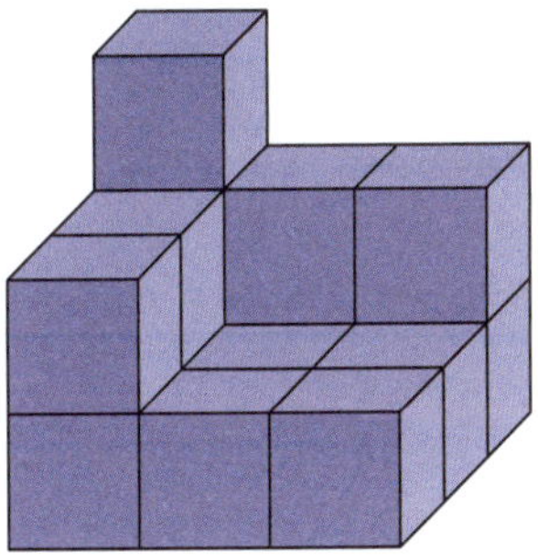

....

Fais tes essais.

....

Fais tes essais.

2 **La clôture de Loris**

Loris a refait la clôture d'un des côtés de son terrain, avec un grillage. Il a placé un poteau tous les 2 m et a mis 21 poteaux.
Quelle longueur de grillage a-t-il utilisée ?

....

....

3 **Les unités de mesure codées**

Sur la planète Calculus, les extraterrestres utilisent des chiffres pour remplacer les lettres.
Voici comment ils écrivent chaque unité de mesure. **Traduis** chaque unité de mesure codée.

- 7 – 8 – 17 – 15 – 8
  M È T R E
- 2 – 10 – 12 – 13 – 7 – 8 – 17 – 15 – 8
  ....
- 21 – 15 – 3 – 7 – 7 – 8
  ....
- 2 – 10 – 12 – 13 – 21 – 15 – 3 – 7 – 7 – 8
  ....
- 12 – 10 – 17 – 15 – 8
  ....
- 6 – 8 – 23 – 15 – 8
  ....

4 **Remplir l'aquarium**

Mon aquarium a une capacité exacte de 27 L d'eau.
Pour le remplir, je n'ai qu'une grande bassine dont la contenance est de 10 L et un petit jerrycan de 3 L.
Comment puis-je faire pour verser exactement 27 L d'eau dans mon aquarium ?

....

....

Fais tes essais.

Calcul mental : S'entraîner sur les situations de partage.

89 Ce qu'il faut retenir (10)

Situations de partage

Leçon 84

21 billes partagées entre 3 enfants

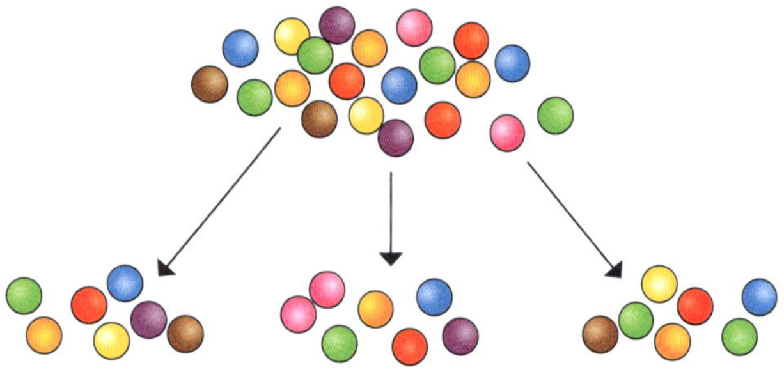

7 billes par enfant

Il est utile de se servir des tables de multiplication.

… × 3 = 21

Je cherche un nombre qui, multiplié par 3, donne 21. ⟶ C'est 7.

7 × 3 = 21

21 partagé en 3 = 7

Dans 21, combien de fois 3 ? ⟶ 7 fois

Le cube et le pavé droit

Leçon 85

Le pavé droit

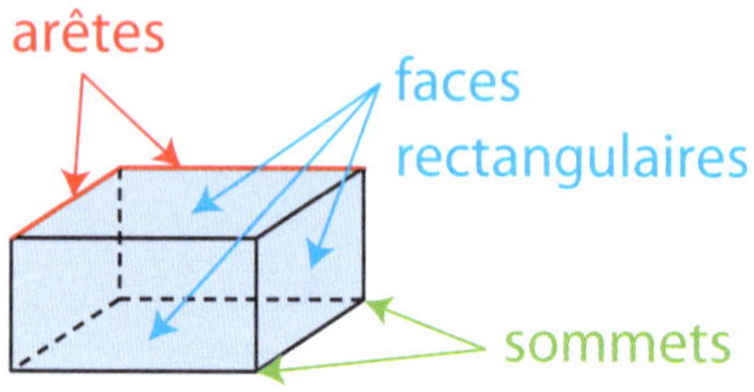

Le pavé droit a :
- 6 faces rectangulaires ;
- 12 arêtes ;
- 8 sommets.

Le cube

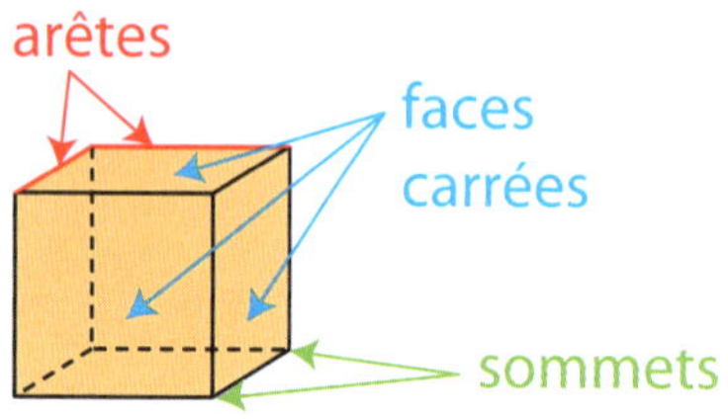

Le cube a :
- 6 faces carrées ;
- 12 arêtes ;
- 8 sommets.

Les mesures de masse (2)

Leçon 86

T = tonne
kg = kilogramme
g = gramme

1 T = 1 000 kg
1 kg = 1 000 g

Pour **comparer** deux masses, il faut les écrire dans la même unité.

2 T et 4 500 kg
↓
2 000 kg < 4 500 kg

Pour **additionner** des masses, il faut les écrire dans la même unité.

300 kg + 5 T
↓
300 kg + 5 000 kg = 5 300 kg

Les mots pour exprimer les unités de mesure

Leçon 87

Unités de masse	Unités de temps	Unités de capacité	Unités de monnaie	Unités de longueur
gramme (g) kilogramme (kg) tonne (T)	seconde (s) minute (min) heure (h)	centilitre (cL) décilitre (dL) litre (L)	euro (€) centime (c)	millimètre (mm) centimètre (cm) décimètre (dm) mètre (m) kilomètre (km)

90 Bilan (10)

1 **Observe** les dessins et **complète**.

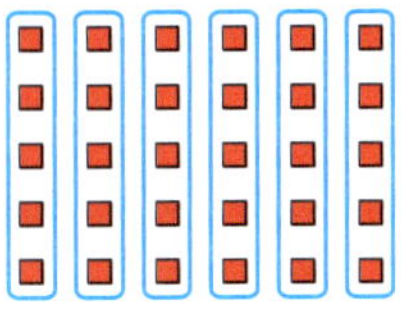

30 partagé en 6 = ...

30 partagé en 5 = ...

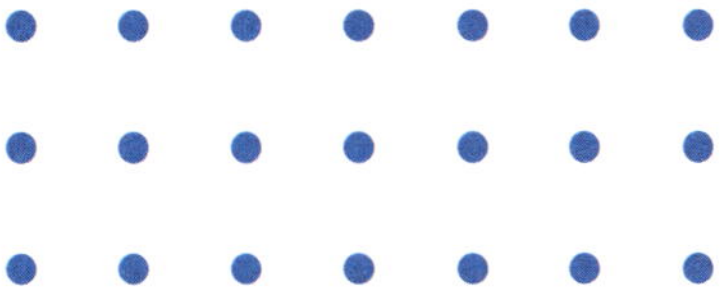

21 partagé en 7 = ...

21 partagé en 3 = ...

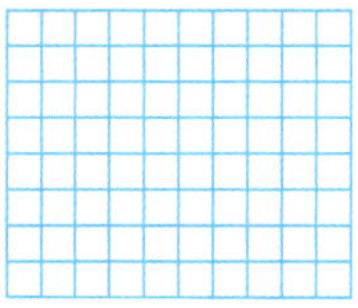

80 partagé en 8 = ...

80 partagé en 10 = ...

2 **Complète**.

- 8 × 7 = 56 → 56 partagé en 8 = ...
  → 56 partagé en 7 = ...
- 9 × 6 = 54 → 54 partagé en 9 = ...
  → 54 partagé en 6 = ...

3 **Complète** les multiplications.

- .... × 5 = 25
- .... × 8 = 48
- 4 × .... = 32
- .... × 7 = 21
- .... × 6 = 54
- 9 × .... = 63

4 a) Pourquoi ce solide n'est-il pas un cube ?

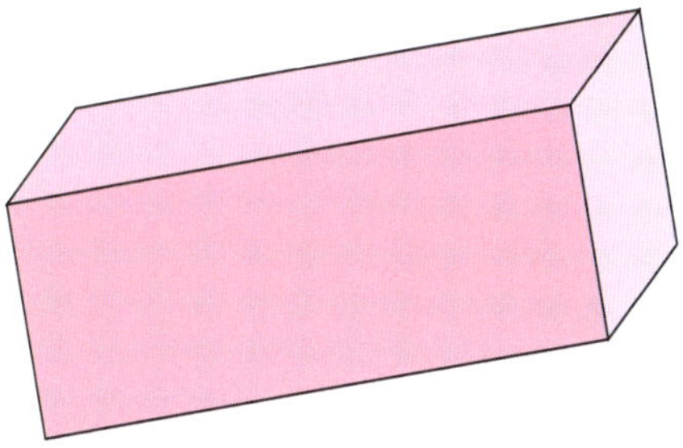

Justifie ta réponse.

....

....

b) **Colorie** la bonne réponse, puis **complète**.

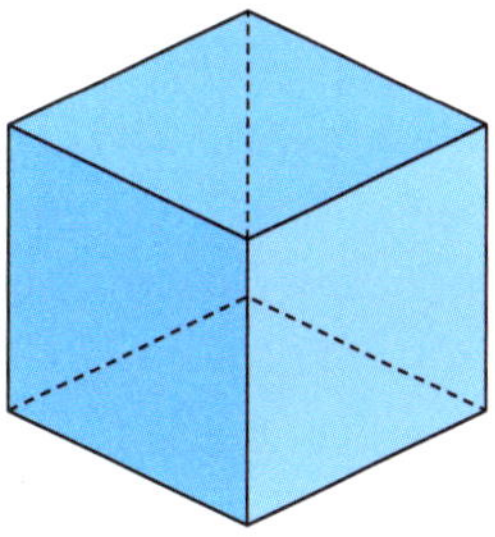

Les faces de ce solide sont des

rectangles | triangles | carrés.

C'est donc un ....

5 **Complète**.

- 3 000 g = ... kg
- 8 kg = ... g
- 2 T = ... kg
- 8 000 kg = ... T
- 5 kg et 200 g = ... g
- 9 130 kg = ... T et .... kg

6 **Additionne** les masses.

- 3 kg + 3 000 g = ... = ... kg
- 580 g + 6 kg = ... = ... g

7 **Compare** avec <, > ou =.

- 240 kg .... 1 T
- 9 kg .... 9 000 g
- 7 kg .... 6 340 g
- 9 T .... 8 900 kg

Crédits photographiques

p. 15 : © nl_studio / Fotolia
p. 26 : © Freesurf / Fotolia
p. 31 : © Patrick Sabonnadière / Biosphoto
p. 52 : © Andriy Bezuglov / Fotolia
p. 62 : © Eurasia / Robert Harding World Imagery / Getty Images
p. 65 : © Stephen Smith / The Image Bank / Getty Images
p. 68 : © Philippe Sheubel
p. 69 hg : © Ingo Bartussek / Fotolia
p. 69 bg : © skyfotostock / Fotolia
p. 69 hd : © zlikovec / Fotolia
p. 69 bd : © WavebreakMediaMicro / Fotolia
p. 90 : © Joelle Icard / StockImage / Getty Images
p. 111 : © Zia Soleil / Iconica / Getty Images
p. 112 h : © selensergen / Fotolia
p. 112 b : © sdecoret / Fotolia
p. 114 : © Gary Ombler / Dorling Kindersley / Getty Images
p. 118 h : © Philippe Body / Hoa-Qui / Gamma-Rapho
p. 118 b : © Serge Sautereau / Hoa-Qui / Gamma-Rapho
p. 119 g : © Susan Barr / Workbook Stock / Getty-Images
p. 119 d : © Cavan Images / The Image Bank / Getty Images
p. 121 hg : © liliya kulianionak / Fotolia
p. 121 bg : © Silvano Rebai / Fotolia
p. 121 hd : © reivax38000 / Fotolia
p. 121 bd : © Radu Razvan / Fotolia
p. 124 : © jcavale / Fotolia
p. 125 : © fotoinfot / Fotolia
p. 141 : © Gwenael Knichel / REA
p. 146 : © Environment Images / UIG / Getty Images
p. 151 : © Jarry / Tripelon / Top / Gamma-Rapho
p. 154 hg : © Sylvain Cordier / Jacana / Gamma-Rapho
p. 154 hmg : © angorius / Fotolia
p. 154 hmd : © lunamarina / Fotolia
p. 154 hd : © lioneldivepix / Fotolia
p. 154 bg : © Matauw / Fotolia
p. 154 bmg : © E.O. / Fotolia
p. 154 bmd : © daphot75 / Fotolia
p. 154 bd : © M. & N. Kassir

Imprimé en Espagne par MACROLIBROS, S. L.
Dépôt légal : Février 2017 - Collection n° 47 - Édition 01
36/3666/7

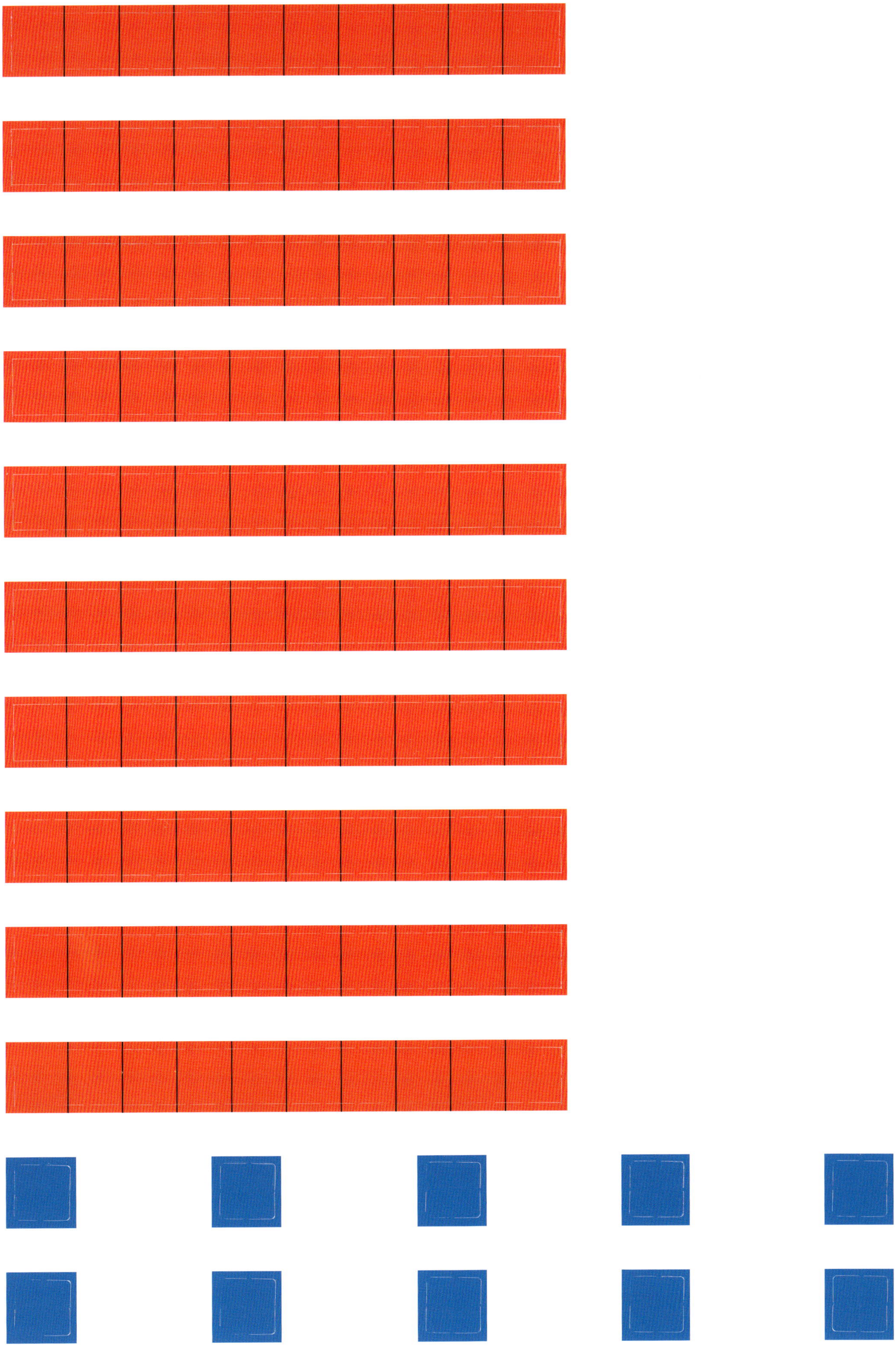

10

10

10

10

10

10

10

10

10

10

1 1 1 1 1

1 1 1 1 1

100 100 100 100

100 100 100

100 100 100

1 000 1 000 1 000

1 000 1 000 1 000

1 000 1 000 1 000

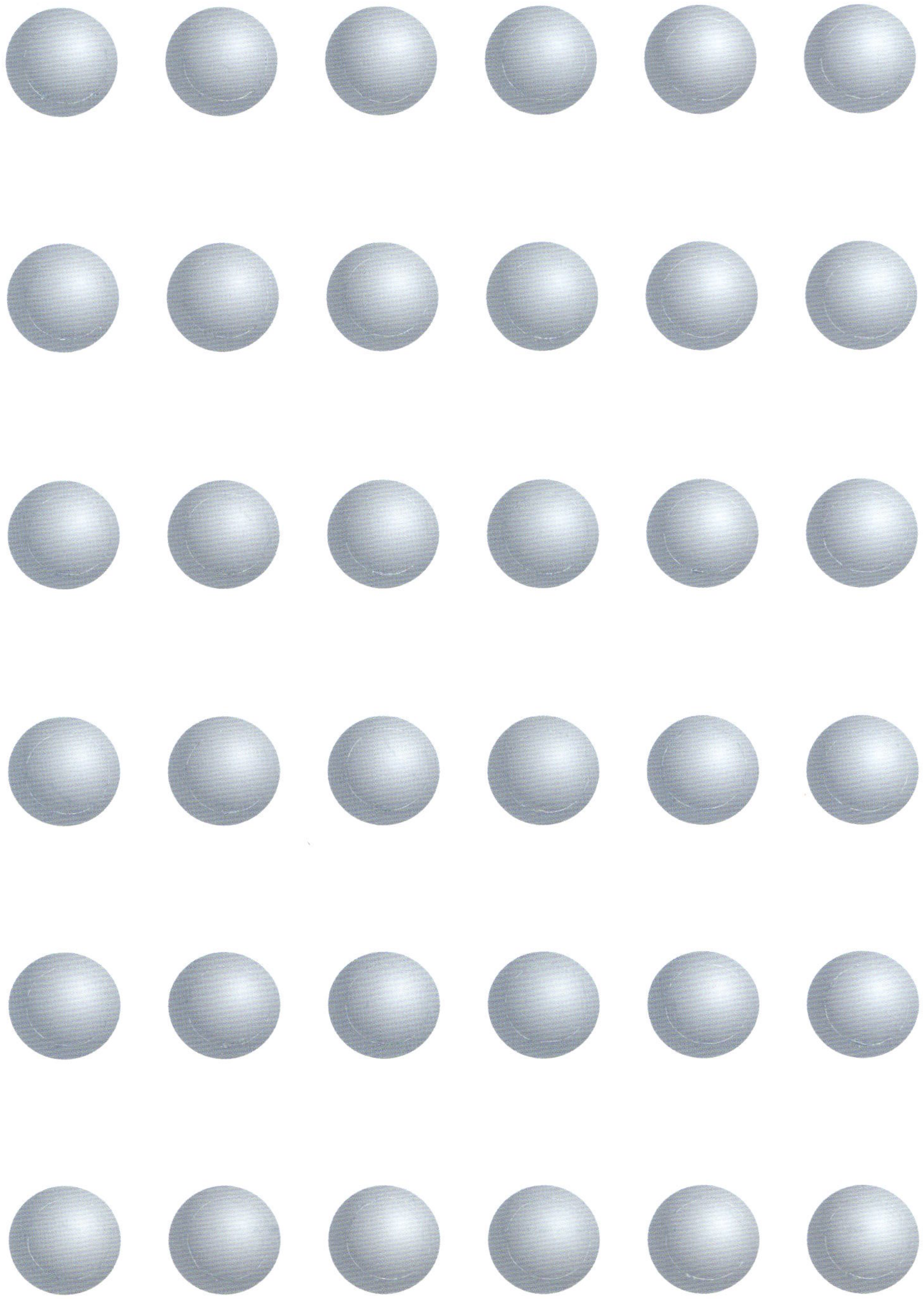

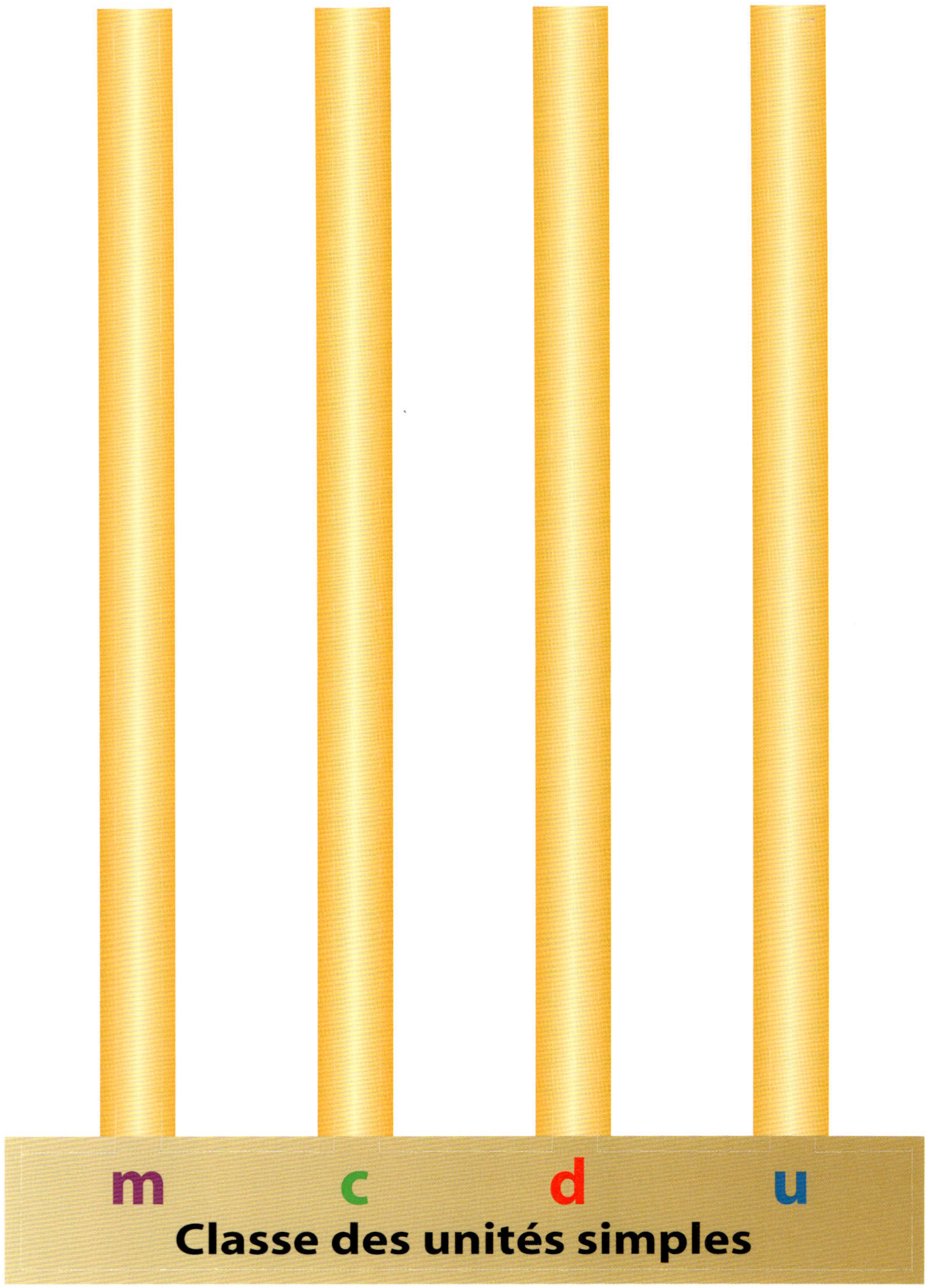
m c d u
Classe des unités simples

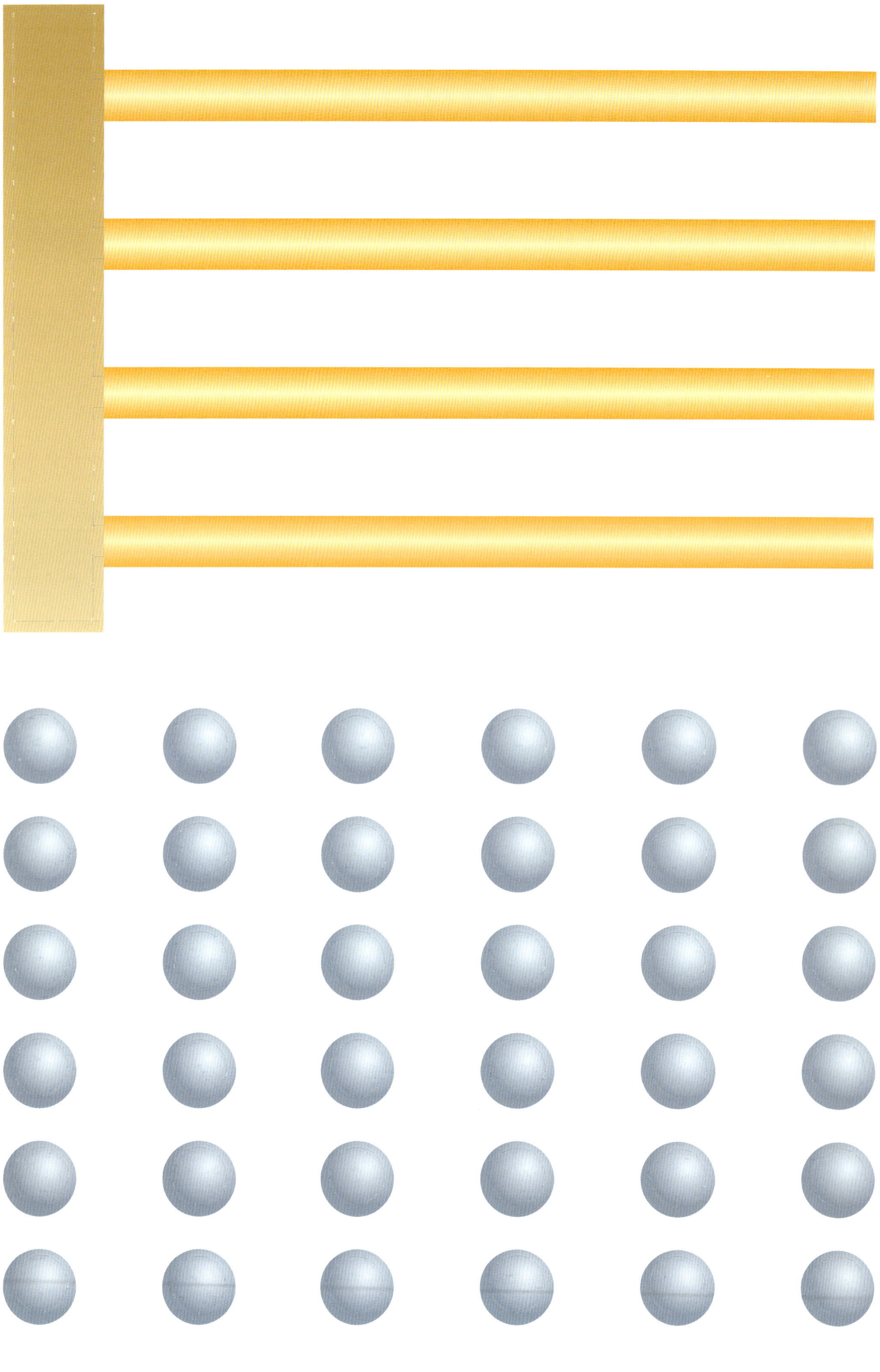

JANVIER		FÉVRIER		MARS		AVRIL		MAI		JUIN	
1 Mercredi		1 Samedi		1 **Dimanche**		1 Mercredi		1 Vendredi		1 Lundi	23
2 Jeudi		2 **Dimanche**		2 Lundi	10	2 Jeudi		2 Samedi		2 Mardi	
3 Vendredi		3 Lundi	6	3 Mardi		3 Vendredi		3 **Dimanche**		3 Mercredi	
4 Samedi		4 Mardi		4 Mercredi		4 Samedi		4 Lundi	19	4 Jeudi	
5 **Dimanche**		5 Mercredi		5 Jeudi		5 **Dimanche**		5 Mardi		5 Vendredi	
6 Lundi	2	6 Jeudi		6 Vendredi		6 Lundi	15	6 Mercredi		6 Samedi	
7 Mardi		7 Vendredi		7 Samedi		7 Mardi		7 Jeudi		7 **Dimanche**	
8 Mercredi		8 Samedi		8 **Dimanche**		8 Mercredi		8 Vendredi		8 Lundi	24
9 Jeudi		9 **Dimanche**		9 Lundi	11	9 Jeudi		9 Samedi		9 Mardi	
10 Vendredi		10 Lundi	7	10 Mardi		10 Vendredi		10 **Dimanche**		10 Mercredi	
11 Samedi		11 Mardi		11 Mercredi		11 Samedi		11 Lundi	20	11 Jeudi	
12 **Dimanche**		12 Mercredi		12 Jeudi		12 **Dimanche**		12 Mardi		12 Vendredi	
13 Lundi	3	13 Jeudi		13 Vendredi		13 Lundi	16	13 Mercredi		13 Samedi	
14 Mardi		14 Vendredi		14 Samedi		14 Mardi		14 Jeudi		14 **Dimanche**	
15 Mercredi		15 Samedi		15 **Dimanche**		15 Mercredi		15 Vendredi		15 Lundi	25
16 Jeudi		16 **Dimanche**		16 Lundi	12	16 Jeudi		16 Samedi		16 Mardi	
17 Vendredi		17 Lundi	8	17 Mardi		17 Vendredi		17 **Dimanche**		17 Mercredi	
18 Samedi		18 Mardi		18 Mercredi		18 Samedi		18 Lundi	21	18 Jeudi	
19 **Dimanche**		19 Mercredi		19 Jeudi		19 **Dimanche**		19 Mardi		19 Vendredi	
20 Lundi	4	20 Jeudi		20 Vendredi		20 Lundi	17	20 Mercredi		20 Samedi	
21 Mardi		21 Vendredi		21 Samedi		21 Mardi		21 Jeudi		21 **Dimanche**	
22 Mercredi		22 Samedi		22 **Dimanche**		22 Mercredi		22 Vendredi		22 Lundi	26
23 Jeudi		23 **Dimanche**		23 Lundi	13	23 Jeudi		23 Samedi		23 Mardi	
24 Vendredi		24 Lundi	9	24 Mardi		24 Vendredi		24 **Dimanche**		24 Mercredi	
25 Samedi		25 Mardi		25 Mercredi		25 Samedi		25 Lundi	22	25 Jeudi	
26 **Dimanche**		26 Mercredi		26 Jeudi		26 **Dimanche**		26 Mardi		26 Vendredi	
27 Lundi	5	27 Jeudi		27 Vendredi		27 Lundi	18	27 Mercredi		27 Samedi	
28 Mardi		28 Vendredi		28 Samedi		28 Mardi		28 Jeudi		28 **Dimanche**	
29 Mercredi		29 Samedi		29 **Dimanche**		29 Mercredi		29 Vendredi		29 Lundi	27
30 Jeudi				30 Lundi	14	30 Jeudi		30 Samedi		30 Mardi	
31 Vendredi				31 Mardi				31 **Dimanche**			

JUILLET			AOÛT			SEPTEMBRE			OCTOBRE			NOVEMBRE			DÉCEMBRE		
1	Mercredi		1	Samedi		1	Mardi		1	Jeudi		1	**Dimanche**		1	Mardi	
2	Jeudi		2	**Dimanche**		2	Mercredi		2	Vendredi		2	Lundi	45	2	Mercredi	
3	Vendredi		3	Lundi	32	3	Jeudi		3	Samedi		3	Mardi		3	Jeudi	
4	Samedi		4	Mardi		4	Vendredi		4	**Dimanche**		4	Mercredi		4	Vendredi	
5	**Dimanche**		5	Mercredi		5	Samedi		5	Lundi	41	5	Jeudi		5	Samedi	
6	Lundi	28	6	Jeudi		6	**Dimanche**		6	Mardi		6	Vendredi		6	**Dimanche**	
7	Mardi		7	Vendredi		7	Lundi	37	7	Mercredi		7	Samedi		7	Lundi	50
8	Mercredi		8	Samedi		8	Mardi		8	Jeudi		8	**Dimanche**		8	Mardi	
9	Jeudi		9	**Dimanche**		9	Mercredi		9	Vendredi		9	Lundi	46	9	Mercredi	
10	Vendredi		10	Lundi	33	10	Jeudi		10	Samedi		10	Mardi		10	Jeudi	
11	Samedi		11	Mardi		11	Vendredi		11	**Dimanche**		11	Mercredi		11	Vendredi	
12	**Dimanche**		12	Mercredi		12	Samedi		12	Lundi	42	12	Jeudi		12	Samedi	
13	Lundi	29	13	Jeudi		13	**Dimanche**		13	Mardi		13	Vendredi		13	**Dimanche**	
14	Mardi		14	Vendredi		14	Lundi	38	14	Mercredi		14	Samedi		14	Lundi	51
15	Mercredi		15	Samedi		15	Mardi		15	Jeudi		15	**Dimanche**		15	Mardi	
16	Jeudi		16	**Dimanche**		16	Mercredi		16	Vendredi		16	Lundi	47	16	Mercredi	
17	Vendredi		17	Lundi	34	17	Jeudi		17	Samedi		17	Mardi		17	Jeudi	
18	Samedi		18	Mardi		18	Vendredi		18	**Dimanche**		18	Mercredi		18	Vendredi	
19	**Dimanche**		19	Mercredi		19	Samedi		19	Lundi	43	19	Jeudi		19	Samedi	
20	Lundi	30	20	Jeudi		20	**Dimanche**		20	Mardi		20	Vendredi		20	**Dimanche**	
21	Mardi		21	Vendredi		21	Lundi	39	21	Mercredi		21	Samedi		21	Lundi	52
22	Mercredi		22	Samedi		22	Mardi		22	Jeudi		22	**Dimanche**		22	Mardi	
23	Jeudi		23	**Dimanche**		23	Mercredi		23	Vendredi		23	Lundi	48	23	Mercredi	
24	Vendredi		24	Lundi	35	24	Jeudi		24	Samedi		24	Mardi		24	Jeudi	
25	Samedi		25	Mardi		25	Vendredi		25	**Dimanche**		25	Mercredi		25	Vendredi	
26	**Dimanche**		26	Mercredi		26	Samedi		26	Lundi	44	26	Jeudi		26	Samedi	
27	Lundi	31	27	Jeudi		27	**Dimanche**		27	Mardi		27	Vendredi		27	**Dimanche**	
28	Mardi		28	Vendredi		28	Lundi	40	28	Mercredi		28	Samedi		28	Lundi	1
29	Mercredi		29	Samedi		29	Mardi		29	Jeudi		29	**Dimanche**		29	Mardi	
30	Jeudi		30	**Dimanche**		30	Mercredi		30	Vendredi		30	Lundi	49	30	Mercredi	
31	Vendredi		31	Lundi	36				31	Samedi					31	Jeudi	

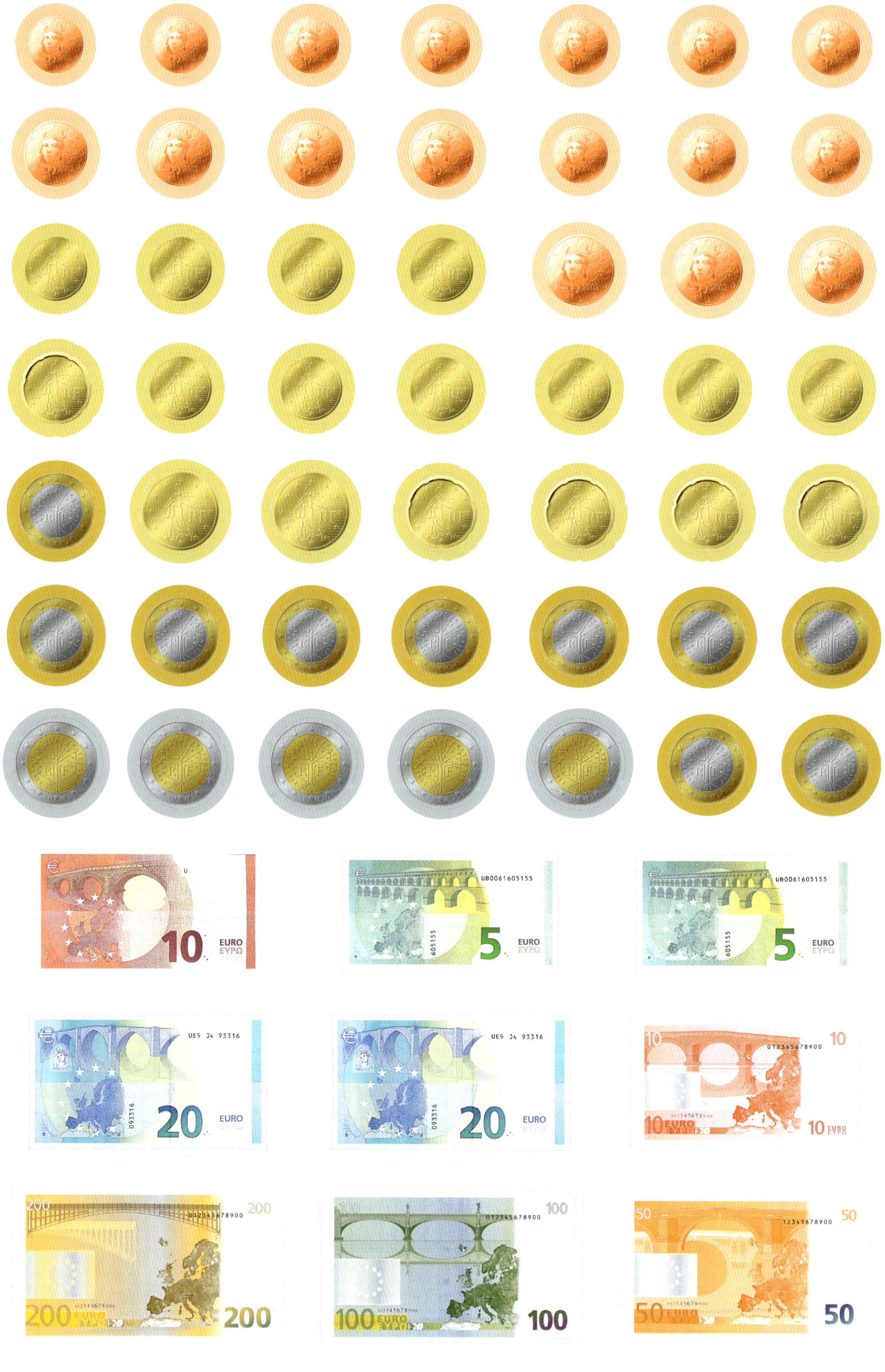

10 EURO
UB0061605155
5 EURO
UB0061605155
5 EURO
UE9 J4 93316
20 EURO
UE9 J4 93316
20 EURO
10
012345678900
10 EURO
200
012345678900
200 EURO
100
012345678900
100 EURO
50
12345678900
50 EURO

la moitié de 20	la moitié de 10	le double de 5
la moitié de 100	le double de 30	le double de 50
la moitié de 60	le double de 10	le double de 15
la moitié de 50	la moitié de 90	le double de 25

10	5	10
100	60	50
30	20	30
50	45	25

3×6 6×3	4×6 6×4	6×6	7×6 6×7
8×6 6×8	9×6 6×9	10×6 6×10	5×6 6×5
3×7 7×3	4×7 7×4	5×7 7×5	7×7
8×7 7×8	9×7 7×9	10×7 7×10	2×8 8×2
3×8 8×3	4×8 8×4	5×8 8×5	8×8
9×8 8×9	10×8 8×10	2×9 9×2	3×9 9×3
4×9 9×4	5×9 9×5	9×9	10×9 9×10

42	36	24	18
30	60	54	48
49	35	28	21
16	70	63	56
64	40	32	24
27	18	80	72
90	81	45	36

L'horloge

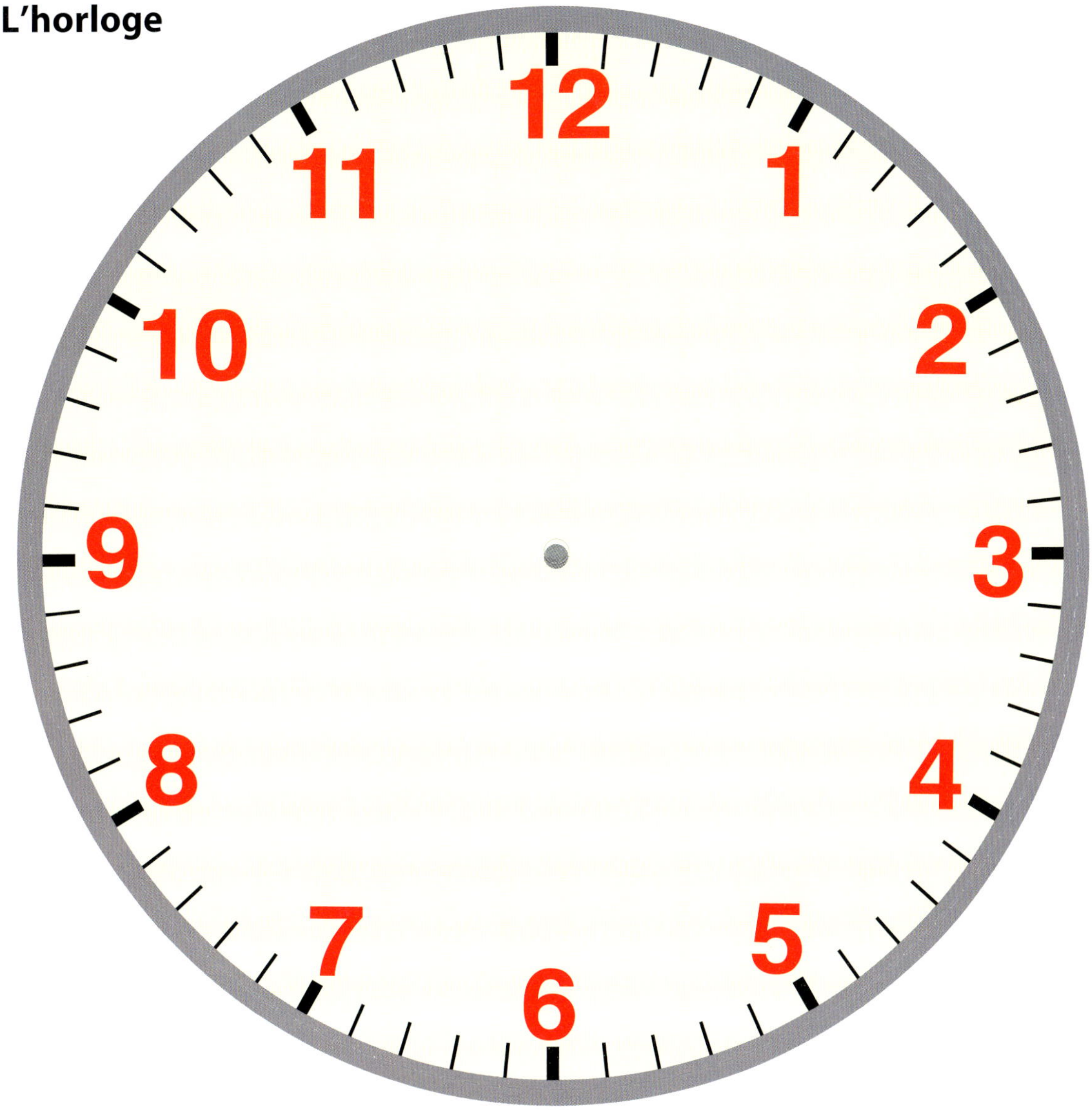

La règle graduée

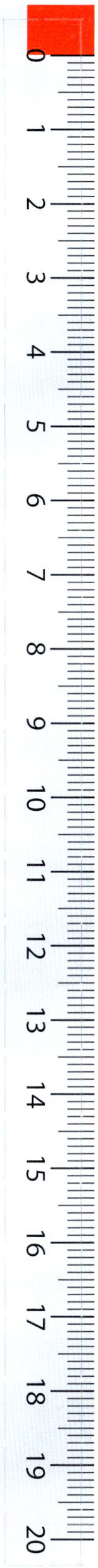

L'équerre

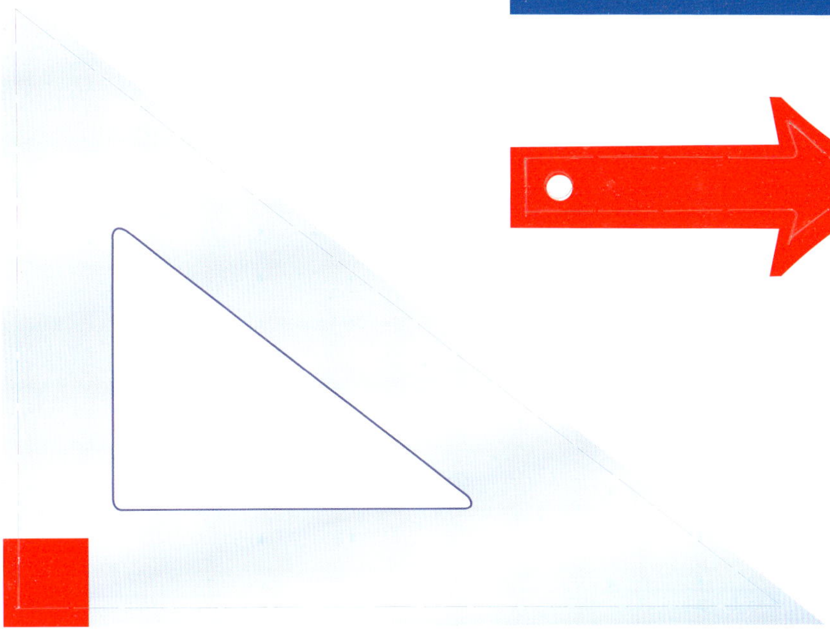

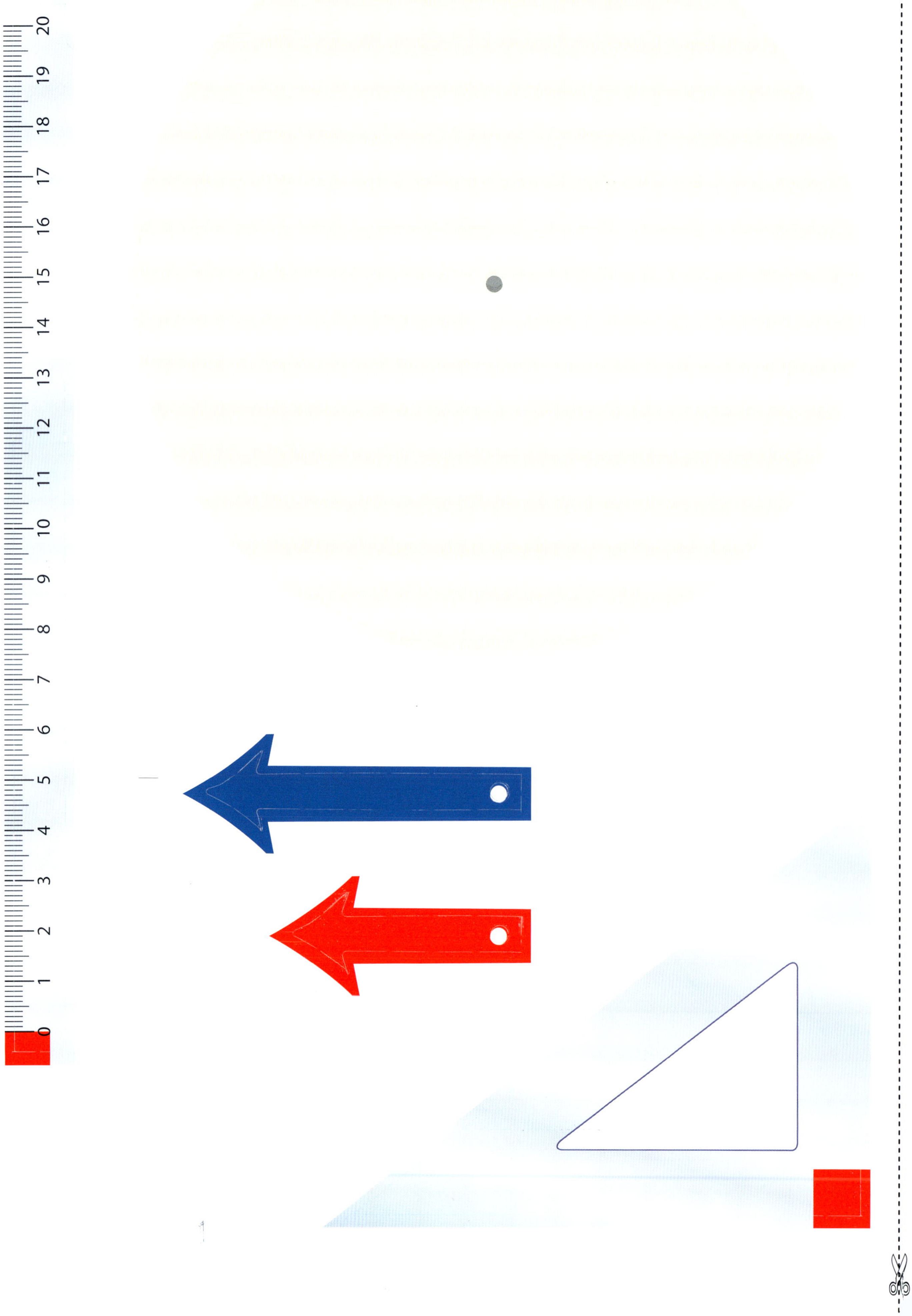
0 1 2 3 4 5 6 7 8 9 10 11 12 13 14 15 16 17 18 19 20